Bekämpfung hoher Grubentemperaturen

Von

Dr. mont. B. Stočes und **Dr. mont. B. Černík**

Ingenieur, Professor a. d. montanistischen
Hochschule in Příbram

Ingenieur, Dozent a. d. montanistischen
Hochschule in Příbram

Mit 110 Textabbildungen
und 2 Tafeln

Berlin
Verlag von Julius Springer
1931

ISBN-13: 978-3-642-90438-7   e-ISBN-13: 978-3-642-92295-4
DOI: 10.1007/978-3-642-92295-4

Vorwort.

In vorliegendem Buche besprechen wir die Einflüsse, welche die Grubenlufttemperatur bestimmen, und geben allgemeine Anleitungen für die Berechnung und Beobachtung der Temperaturverhältnisse in Gruben, sowie Richtlinien, wie beim Lösen der Grubenkühlungsfragen vorzugehen ist. Um den Umfang des Buches in erträglichen Grenzen zu halten, mußte auf die Behandlung der Wärmeverhältnisse in der Erdkruste, der geothermischen Tiefenstufe, sowie auf die Beschreibung der Meßapparate verzichtet werden. Aus demselben Grunde mußte auch die genauere Beschreibung der Verhältnisse bestimmter Gruben unterbleiben, weil dies ein eingehenderes Bekanntmachen mit den Ortsverhältnissen erfordert hätte. Dessen ungeachtet glauben wir, daß jeder Techniker auf Grund dieses Buches die Verhältnisse eines jeden Spezialfalles beurteilen und ermitteln kann, um danach die beste Kühlungsart für eine gegebene Grube zu bestimmen.

An dieser Stelle danken wir Herrn Prof. V. Beran, Prof. V. Cibuš und Prof. A. Parma für ihre wertvollen Ratschläge und Mithilfe, sowie Herrn Ing. Dr. G. Měska, welcher zu den Kapiteln über Schießarbeit und Grubenbrände beigetragen hatte und eine Korrektur der Handschrift vornahm. Herrn Prof. Dr. F. Pavlíček gebührt unser Dank für seine Anteilnahme am Kapitel über die Oxydation der Kohle und Herrn M. U. Dr. Richard Fibich für die Mitbearbeitung der medizinischen Kapitel. Wir danken auch den Herren Ing. J. Bílek, Ing. J. Erlebach, Ing. J. Härtel, Ing. A. Míček, Ing. J. Svitavský, Ing. V. Vojtěch und J. Zoubek für die wertvollen Dienste bei der Durchführung der Versuche und Herrn Ing. N. Litwinov außerdem für die große Mühe, die er sich mit der Berechnung zahlreicher Diagramme gegeben hatte, und Herrn J. Erlebach für die Mithilfe hauptsächlich bei der Durchsicht der Literatur. Herrn Ing. J. Křivohlavy danken wir für die mustergültige Übersetzung und Durchführung der Korrekturen vorliegenden Buches. Schließlich danken wir den Herren Obersektionsräten Dr. O. Placht und Dr. J. Hrozný vom Unterrichtsministerium in Prag für die moralische und finanzielle Unterstützung unserer Arbeiten.

Endlich danken wir der Verlagsbuchhandlung für die Bereitwilligkeit, mit welcher sie sich der Herausgabe des Werkes hingab.

Příbram, im August 1931.

Dr. mont. Bohuslav Stočes,
Dr. mont. Bořivoj Černík.

Inhaltsverzeichnis.

Zweiter Teil.

Einfluß hoher Temperatur und Feuchtigkeit auf den menschlichen Organismus und auf die Arbeitsleistung.

Dritter Teil.

Mittel zur Erniedrigung hoher Temperaturen und Feuchtigkeiten.

Zusammenstellung der regelmäßig benutzten Buchstabenbezeichnungen und Maßeinheiten.

Eventuelle Ausnahmen und spezielle Bezeichnungen sind im Texte selbst angeführt.

a Änderung der Gesteinstemperatur in ^{0} C/m.

A mechanisches Wärmeäquivalent $= \dfrac{1}{427} = 0{,}00234$ kgcal/kgm.

b barometrischer Druck in mm Hg.

c Geschwindigkeit m/s.

c spezifische Wärme in kgcal/kg oder kgcal/cbm.

c_v spezifische Wärme der Gase bei konstantem Volumen in kgcal/kg oder kgcal/cbm.

c_p spezifische Wärme der Gase bei konstantem Drucke in kgcal/kg oder kgcal/cbm.

C Änderung der Wettertemperatur beim Sinken; $\doteq 0{,}01^0$ C/m.

d Durchmesser in m.

D Durchmesser in m.

d_a, D_a äußerer Durchmesser in m.

d_i, D_i innerer Durchmesser in m.

e Basis der natürlichen Logarithmen $= 2{,}718$.

e, e', E Dampfdruck in mm Hg.

F Querschnitt in qm.

g Erdbeschleunigung m/s^2 $= 9{,}81$.

G Luftmenge kg/s.

h Depression in mm W.S. oder kg/qm.

k Wärmedurchgangszahl kgcal/1^0 C·h·qm.

k $= \dfrac{c_p}{c_v}$.

m $T_0 - t_0 =$ Anfangsunterschied zwischen der Temperatur des Gesteines (T_0) und derjenigen der Luft (t_0) am Mundloche, usw.

p Gasdruck in kg/qm $=$ mm W.S.

q Feuchtigkeitsgehalt der Luft in g/kg oder g/cbm.

Q Wärmemenge in kgcal.

r Halbmesser in m.

r_a äußerer Halbmesser in m.

r_i innerer Halbmesser in m.

r Verdampfungswärme in kgcal/g.

R Gaskonstante.

S $= \dfrac{k \cdot U}{3600 \cdot c_p \cdot G}$.

t Temperatur in ^{0} C.

T Temperatur in ^{0} C.

U Umfang in m.

U_a äußerer Umfang in m.
U_i innerer Umfang in m.
v spezifisches Volumen in cbm/kg.
V Volumen in cbm.
w Reibungszahl zwischen Luft und den Wänden der Luftleitung.
x Länge in m.
z Schichtmächtigkeit, Tiefe der durchgekühlten Zone in m.
α Wärmeübergangszahl in kgcal/1^0 C · h · qm.

α_s $= \dfrac{\alpha}{3600}$.

γ spezifisches Gewicht kg/cbm.
η Wirkungsgrad in %.
Θ absolute Temperatur $= 273 + t^0$ C.
λ Wärmeleitzahl kgcal/1^0 C · h · qm/m.
π $= 3{,}14159$.
τ Zeit in Stunden oder Sekunden.
φ relative Luftfeuchtigkeit in %.

a) Die benützten Maßeinheiten und ihre Bezeichnungen:

^{0} C $= ^0$ Grad (Celsius).
^{0} abs   Grad absolut.
at   technische Atmosphäre $= $ kg/cm^2.
ata   absoluter Druck in kg/cm^2 (auch at abs.).
atü   Überdruck in at.
kgcal   Kilogrammkalorie.
gcal   Grammkalorie.
h   Stunde.
l   Liter
min   Minute.
s   Sekunde.
cbm $= $ m^3 kubischer Meter.
qm $= $ m^2 Quadratmeter.
PS   Pferdestärke $= 75$ kgm/s.
W.S.   Wassersäule.
Hg S.   Quecksilbersäule.

b) Beziehungen einiger der wichtigsten Maßeinheiten.

1 PSh $= 270000$ kgm.
1 KWh $= 860$ kgcal.
1 PSh $= 632$ kgcal.
1 kgcal $= 427$ kgm.
1 Ws $= 0{,}239$ gcal.
1 KW $= 1{,}36$ PS $= 102$ kgm/s.
1 PS $= 0{,}736$ KW.
1 PS $= 75$ kgm/s.

760 mm Hg $= 10333$ kg/qm $= 10333$ mm W.S. $= 1$ At (alt).
735,5 mm Hg $= 10000$ kg/qm $= 10000$ mm W.S. $= 1$ at.
1 mm W.S. $= 1$ kg/qm.

$\ln a = \log$ nat $a = \log e \cdot \log a = 2{,}30\ 2585 \log a$.
$\log a = \log$ brig $a = $ gem. $\log a = 0{,}43\ 4294 \ln a$.

Ergänzungen während des Druckes.

1. Im Kapitel II, Seite 4 soll angeführt werden, daß der Wärmestrom in der Erdkruste je nach der geothermischen Stufe ca. 5 bis 0,5 kgcal pro qm und Tag beträgt. Diese Wärmemenge Q wird aus der geothermischen Tiefenstufe Δt und der Wärmeleitfähigkeit λ des Gesteines, aus welchem die betreffende Gegend besteht, folgendermaßen berechnet:

$$Q = \lambda : \Delta t \text{ kgcal/h . qm.}$$

Man sieht, daß diese Wärmemenge sehr klein ist und dort, wo die Wetterführung nur einigermaßen gut ist, praktisch ohne Einfluß auf die Wettertemperatur bleiben muß.

Stellen wir uns z. B. einen Abbauraum einer Grundfläche von 10×10 qm vor. in den nur 10 cbm/min Luft einströmen, so kann sich die Luft durch den geothermischen Wärmestrom höchstens um $0,11^0$ C, normal um $0,03^0$ C, erwärmen.

2. Im Kapitel VII, Absatz 2, wo wir den Einfluß des Hauwerkes auf die Wettertemperatur, bzw. die Kühlung des Hauwerkes durch Wasser besprochen haben, weiters im Kapitel XXXVIII (Temperaturregulation der Grubenwetter durch deren Befeuchtung) haben wir vergessen, die sogenannte Benetzungswärme zu erwägen.

Wird eine poröse, vor allem staubförmige Masse mit Wasser von mehr als 4^0 C befeuchtet, so wird die Benetzung neben anderem mit einer Wärmeentfaltung verbunden, deren Menge in erster Linie von der Größe der befeuchteten Fläche abhängt.

So kann z. B. bei der Befeuchtung von 1 kg staubförmiger Kohle nach Chappuis[1] bis 7,5 kgcal entwickelt werden; bei 1 kg pulverförmiger Tonerde bis 2,75 kgcal. Befeuchten wir aber eine grobkörnigere Masse, wie z. B. Sand u. dgl., so ist die auf die Masseneinheit bezogene entwickelte Wärmemenge wesentlich geringer. Nach Schwalbe[2] entwickelt 1 kg trockener Mauersand bei einer Befeuchtung mit 1 kg Wasser 0,04 kgcal; verwenden wir eine größere Wassermenge, so entwickelt sich bis zu einem bestimmten Maximum immer mehr und mehr Wärme, so daß bei Verwendung von 1,5 kg Wasser 0,15 kgcal erhalten werden.

Es ist interessant, daß aus den Versuchen von Schwalbe hervorgeht, daß bei Verwendung von kühlerem Wasser als 4^0 C anstatt einer Erwärmung eine Abkühlung der Masse eintritt.

---

[1] Chappuis, P.: Wied. Ann. **19**, 33 (1883).
[2] Schwalbe, G.: Drudes Ann. **16**, 42 (1905).

Einleitung.

Bekämpfungsursachen hoher Grubentemperaturen.

Der Kampf gegen hohe Grubentemperaturen wird besonders aus
zwei Gründen geführt. Erstens ist es die Rücksicht auf die
Gesundheit des Arbeiters, weiters sind es wirtschaftliche
Gründe.

Die hygienischen Gründe waren die Ursache verschiedener bergpolizeilicher
Anordnungen, welche eine Verkürzung der Arbeitszeit betreffen. So heißt es in
Deutschland im § 93 ABG., Novelle von 1905, daß: „Für Arbeiter, welche an Betrieben, an denen die gewöhnliche Temperatur mehr als 28° C beträgt, nicht bloß
vorübergehend beschäftigt werden, die Arbeitszeit 6 Stunden nicht übersteigen
darf.‟

An einer anderen Stelle des angeführten Paragraphen heißt es: „Es darf nicht
gestattet werden, an Betriebspunkten, an denen die gewöhnliche Temperatur
mehr als 28° C beträgt, Über- oder Nebenschichten zu verfahren.‟

Die kurzen Schichten wirken auch auf die Belegschaft, welche die
normale Schicht verfährt, ungünstig. Der Bergleute wegen, die ihren
Arbeitsort eher verlassen, muß oft aus Sicherheitsgründen die Förderung in manchen Förderstrecken eingestellt werden. Außerdem
weigern sich die Arbeiter, an Stellen mit extremen Temperaturen zu arbeiten.

Aber auch eine bedeutende Luftfeuchtigkeit übt auf den Organismus des Arbeiters einen ungünstigen Einfluß aus. Deswegen beachten
die bergpolizeilichen Vorschriften in letzter Zeit auch die Feuchtigkeit.

Ein weiterer Grund, warum den hohen Temperaturen die Stirn
geboten wird, ist die kleinere Leistung des Arbeiters.

Deswegen bemühte sich der Bergtechniker seit aller Anfang an, wo
die Frage der hohen Grubentemperaturen dringend wurde, ihnen auf
alle möglichen Arten zu trotzen.

Erster Teil.

Wettertemperaturbestimmende Faktoren.

I. Was bestimmt die Lufttemperatur in der Grube?

Auf die Gestaltung der Lufttemperatur in der Grube haben verschiedene Umstände einen Einfluß. In erster Linie wird die Temperatur der Wetter durch die Temperatur des Gesteines, in welchem die Grubenstrecken getrieben sind, bestimmt.

Daß die Lufttemperatur in der Grube auch von jener Temperatur beeinflußt wird, mit welcher die Luft in die Grube einströmt, ist klar. Es ist nicht einerlei, ob in die Grube die Luft mit -20^0 C oder mit $+30^0$ C eintritt. Kalte Wetter kühlen die Streckenwände in bedeutende Tiefen durch und verringern dadurch das Durchdringen der Wärme aus dem Inneren des Gesteinsmassives; warme Luft erwärmt die kühlen Wände der oberen Horizonte und bildet dadurch eine Art Wärmereservoir, aus welchem im Winter wieder Wärme entnommen wird.

Die Lufttemperatur in der Grube wird aber auch durch die Feuchtigkeit, welche die Luft in die Grube mitbringt, bestimmt. Der Wärmeinhalt trockener und feuchter Luft ist grundverschieden. Auch erwärmt und kühlt sich trockene und feuchte Luft verschieden rasch ab. Trockene Luft nimmt in der Grube Feuchtigkeit auf und kühlt sich dadurch ab. Nimmt 1 cbm Luft 1 g Wasser auf, so kühlt sie sich um $2{,}1^0$ C ab. Die Feuchtigkeit des umliegenden Gesteines und überhaupt das Vorhandensein des Wassers und seine Verteilung in den Grubenbauen reguliert daher die Grubenwettertemperatur in weitgehendem Maße.

Das Wasser hat auf die Lufttemperatur auch einen anderen Einfluß. Die Wärmeleitfähigkeit sowie der Wärmeübergang des trockenen und feuchten Nebengesteines sind völlig verschieden; auch die Wärmeübertragung kann hier verschieden erfolgen. Beim trockenen Gestein nur durch Leitung, beim vom Wasser gesättigten auch durch Strömung. Auch die Temperatur des in der Grube strömenden Wassers selbst bestimmt die Temperatur der Luft, weil das Wasser seine Wärme verhältnismäßig leicht an die Luft abgibt.

Es wird aber nicht nur die Gesteinswärme der Grubenluft mitgeteilt; die Grube selbst ist eine Wärmequelle. Die Luft oxydiert die in der Grube anstehende Kohle bzw. das Erz. Das in der Luft vorhandene Wasser hat eine Hydratation vieler Stoffe zur Folge, CO_2 der Luft gibt Anlaß zur Karbonatbildung usw., und viele dieser Vorgänge sind exothermisch.

Strömt durch die Grube mehr Luft, so verteilt sich natürlich die ihr übergebene Wärme auf eine größere Masse und die Erwärmung ist sodann entsprechend kleiner. Es ist also auch die durch die Grube strömende Luftmenge maßgebend.

Das Brennen der Lichter, das Atmen der Menschen, der Betrieb der Motore, das Abschießen und jede mechanische Arbeit sind Wärmequellen und haben auf die Grubenlufttemperatur einen Einfluß. Ähnlich ist es mit der Erwärmung der Luft durch die Körper der Arbeiter.

Ausbrüche zusammengedrückter Gase aus dem Gestein, sowie die Expansion komprimierter Luft kühlen dagegen die Grubenluft ab.

Aber selbst das Auf- und Niederströmen der Luft hat eine Temperaturänderung zur Folge. Beim Niederströmen wird die Luft komprimiert und dadurch erwärmt, beim Strömen nach aufwärts abgekühlt. Schließlich ist auch die Abbaumethode nicht ohne Einfluß auf die Gestaltung der Grubenlufttemperatur.

Man sieht also, daß zur Gestaltung der Grubenlufttemperatur eine lange Reihe verschiedener Faktoren beiträgt, daß es also ein komplizierter Prozeß ist. Darum können auch die Methoden, die eine Regelung der Grubenlufttemperatur bezwecken, sehr verschieden sein. Sie können anstreben, die übermäßige Lufterwärmung zu verhindern, also preventiv zu sein, oder eine Abkühlung verfolgen, wenn eine Verhinderung nicht möglich war.

II. Einfluß der Gebirgswärme auf die Grubenwettertemperatur.

Die Gebirgswärme hat auf die Temperatur der Grubenwetter einen maßgebenden Einfluß.

1 cbm Wetter verbraucht zu seiner Erwärmung um 1^0 C 0,31 kgcal; 1 cbm Gebirge ca. 500 kgcal. Sollte nun das Gebirge durch die Wetter um 1^0 C abgekühlt werden, so könnte 1 cbm Gebirge ca. 1600 cbm Wetter um 1^0 C erwärmen.

In die Grube strömt allerdings während der ganzen Betriebszeit eine ungeheure Menge Grubenwetter; demgegenüber werden die Grubenbaue von Millionen Tonnen Gebirge, dessen Wärmekapazität Milliarden kgcal beträgt, umhüllt.

So umfaßt beispielsweise eine Grube, deren Grubenbaue in einem Würfel mit einer 500 m langen Kante verteilt sind, 125 Millionen cbm oder 312500 Millionen kg Gebirge. Sollte man dieses Gebirge um 10⁰ C abkühlen, müßten ihm 625 Milliarden kgcal entführt werden. Diese Menge wäre imstande, 200 Milliarden cbm Wetter um 10⁰ C zu erwärmen.

Strömen nun in die Grube in einer Minute 10000 cbm Wetter, so ergibt sich daraus eine Jahreswettermenge von 5 Milliarden cbm. Diese Wettermenge könnte nun die oben bestimmte Wärmemenge in 40 Jahren ableiten, falls aber in den Würfel keine neue Wärme von den Seiten hinzuströmen, und wenn in der Grube selbst, durch verschiedene Prozesse, keine neue Wärme entstehen würde.

Aus diesem Beispiel ist zu ersehen, daß an ein halbwegs ökonomisches Durchkühlen des Würfels nicht zu denken ist, sobald nicht die Grube seit Beginn des Betriebes mit einer großen Wettermenge systematisch bewettert wurde.

Es soll aber daran erinnert werden, daß nicht der ganze Würfel durchgekühlt werden muß. Bei der geringen Leitfähigkeit der meisten Gesteine genügt es, die Umgebung der Strecken in eine Tiefe von einigen Metern durchzukühlen, damit der Wärmezufluß dadurch bedeutend unterbunden werde.

Bei der Wetterkühlung müssen wir uns daher darauf beschränken, nur die Arbeitsorte und höchstens noch die Haupteinziehstrecken zu kühlen.

Die Grunderscheinung der Wettererwärmung durch einen festen Körper, was ja das Gebirge auch ist, ist der Wärmeübergang und die Konvektion, und wir müssen uns daher zuerst mit diesen beiden Erscheinungen befassen.

1. Konvektion. Wärmeübergang.

Mit Konvektion bezeichnen wir das Übertragen der Wärme mittels eines Gas- oder Flüssigkeitsstromes.

Die Menge der Wärme, die aus einem festen Körper in das vorbeiströmende Gas übergeht, richtet sich nach dem Newtonschen Gesetze:

$$Q_s = \alpha \cdot (T' - t) \cdot F \cdot \tau. \tag{1}$$

Darin bedeutet: α die Wärmeübergangszahl[1], T' die Temperatur

---

[1] Der Wärmeübergang von einem festen in flüssige oder gasförmige Körper oder umgekehrt begegnet auf der Berührungsfläche einem Widerstande. Die Wärmeübergangszahl stellt dann jene Wärme in kgcal vor, die durch 1 qm der Berührungsfläche in einer Stunde hindurchgeht, wenn zwischen der Wand und dem Gase ein Temperaturunterschied von 1⁰ C besteht.

des Gebirges, t die Temperatur der Luft, F die Fläche in qm, an welcher sich die Luft und das Gestein berühren, τ die Zeit in Stunden.

Die Gleichung (1) ist zwar in ihrer theoretischen Konzeption sehr einfach, stellt aber in Wirklichkeit ein sehr unzukömmliches Problem vor.

a) Bestimmung der mittleren Lufttemperatur.

Das Newtonsche Gesetz setzt einen gewissen Temperatursprung $(T' - t)$ zwischen der Wand und dem Gas voraus, welcher tatsächlich aber nicht besteht. Man kann im Gegenteil sagen, daß die Temperatur des strömenden Gases von der eigentlichen Temperatur der Wand allmählich bis zu einem gewissen Minimum oder Maximum, welches sich gewöhnlich in der Mitte des Wetterstromes befindet, verläuft (Abb. 1). In der Richtung von der Wand weg sinkt die Tempera-

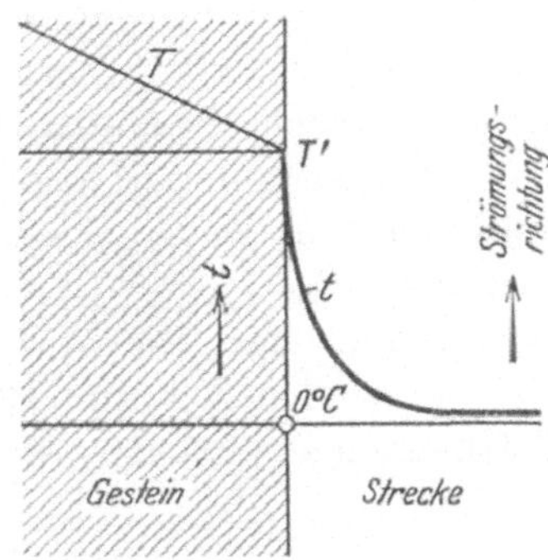

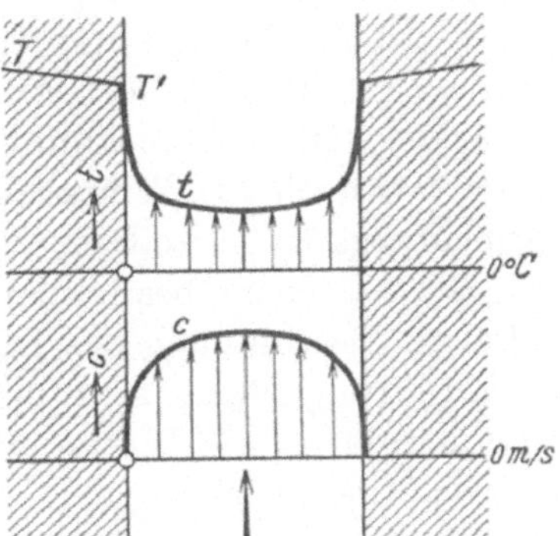

Abb. 1. Temperaturverteilung in einer festen Wand (T) und im vorbeiströmenden Gase (t).

Abb. 2. Temperatur- (t) und Geschwindigkeitsverteilung (c) im strömenden Gase.

tur zuerst sehr rasch, dann aber allmählicher. Analog, allerdings umgekehrt, verläuft die Geschwindigkeit, die an der Wand am kleinsten, wenn nicht gar gleich Null, und in der Mitte des Stromes am größten ist (siehe Abb. 2).

Weil in die Gleichung (1) die Lufttemperatur t einzusetzen ist und diese sich in dem Streckenprofile ändert, ist es nötig, die mittlere Lufttemperatur zu berechnen. Hierbei ist es notwendig, verschiedene Unregelmäßigkeiten, welche in der Wärmeverteilung des gemessenen Profiles auftreten, zu berücksichtigen. Die Temperaturverteilung im Streckenquerschnitte hat Schultz-Redeker im Glückauf 1924 behandelt und wir verweisen hier auf seine Abhandlung.

Will man den mittleren Wert der Wettertemperatur t bestimmen, so muß man an jedem gemessenen Punkte neben der Temperatur auch die diesbezügliche Geschwindigkeit resp. die durchströmende Luftmenge ermitteln, was nicht gerade eine einfache Aufgabe ist.

b) Bestimmung der Wärmeübergangszahl.

Beschwerlicher ist es aber, wenn man die Wärmeübergangszahl α bestimmen soll, da dieselbe keine einfache physikalische Größe ist, sondern eine sehr komplizierte Funktion einer Reihe konstanter und veränderlicher Größen darstellt, die untereinander gar nicht stammverwandt sind.

Hier sei nur so viel gesagt, daß wir im weiteren nach der Gleichung

$$\alpha = 2 + \alpha' \cdot \sqrt{c} \qquad (2\,\text{a})$$

oder

$$\alpha = 2 + \alpha' \cdot \sqrt[3]{c^2} \qquad (2\,\text{b})$$

berechnen werden, wobei wir hier von anderen Gleichungen, z. B. nach Nusselt und Gröber usw., absehen wollen. In den Gleichungen (2a), (2b) bedeutet c die Geschwindigkeit des Wetterstromes in m/s; der Koeffizient α' drückt die Qualität der Berührungsfläche aus, wobei gewöhnlich $\alpha' = 5 \div 10$ für Grubenverhältnisse zu setzen ist.

Für die weitere Berechnung der Wärmemenge Q_s nach Gleichung (1) müssen wir noch die Temperatur des Gesteines T'' bestimmen. Für den Wärmeübergang ist sodann die Oberflächentemperatur entscheidend. Und gerade die zu bestimmen ist ziemlich schwer.

Da die Bestimmung des Koeffizienten α, wie auch der Temperatur der Berührungsfläche sehr beschwerlich ist, verwenden wir zur Bestimmung der in die Wetter überführten Wärmemenge statt der Gleichung (1) die Gleichung

$$Q = k\,(T_0 - t)\,F\,\tau, \qquad (3)$$

in welcher statt der Oberflächentemperatur T'' die ursprüngliche Temperatur T_0 des ungestörten, unabgekühlten Gesteines vorkommt, welche sich bedeutend einfacher bestimmen läßt.

Die Wärmeübergangszahl α ist hier durch den Koeffizienten k ersetzt, welcher angibt, wieviel Wärme durch die durchgekühlte Zone in die Strecke gelangt, d. h. wieviel Wärme auf 1 qm der durchgekühlten Zone durch- und übergeht, und zwar bei einer Durchkühlungstiefe z (in m) während einer Stunde, bei einer Temperaturdifferenz zwischen der Luft und dem Gesteinsinnern von 1^0 C.

Geht nämlich aus der Luft oder aus einem anderen Gase Wärme durch einen festen Körper hindurch, so addieren sich die Durchgangs- als auch die Übergangswiderstände (Abb. 12a).

Für einen plattenförmigen[1] Körper (Abb. 12a) ist dann der reziproke Wert des Koeffizienten k die Summe aller Widerstände:

$$\frac{1}{k} = \frac{1}{\alpha_1} + \frac{1}{\alpha_2} + \frac{z}{\lambda}. \qquad (4)$$

---

[1] Der Wert von k ist auch von der Form der Strecke abhängig; siehe S. 25ff.

k nennen wir die Wärmedurchgangsfähigkeit,

α_1 die Übergangsfähigkeit auf einer Plattenseite,

α_2 die Übergangsfähigkeit auf der anderen Plattenseite,

z die Stärke der Platte in Metern,

λ die Leitfähigkeit der Platte senkrecht zur begrenzten Fläche.

In der Grube geht die Wärme gewöhnlich nur durch eine Trennungsfläche, und zwar zwischen der Luft und dem Gesteine hindurch (siehe Abb. 12b), weswegen das Glied α_1 entfällt, so daß

$$\frac{1}{k} = \frac{1}{\alpha_2} + \frac{z}{\lambda}. \tag{5}$$

Ist jedoch $z = 0$, so entfällt auch das zweite Glied und es wird $k = \alpha$; in diesem Falle können wir die Gleichung (1) statt (3) benützen. Dies ist immer notwendig, wenn es sich um frische, nicht durchgekühlte Strecken handelt. Sonst können wir in den folgenden Gleichungen je nach Bedarf α und T' durch k und T_0 ersetzen.

In Gleichung (3) ist auch die Bedeutung des Koeffizienten α, welcher sich sehr schwer bestimmen läßt, bei weitem kleiner, was im Kapitel III, Seite 31 ff. klargelegt wird.

Da die Durchkühlungstiefe am Anfange der Strecke mit der Zeit größer werden wird als weiter in der Strecke, wird der Wert von k am Anfange der Strecke am kleinsten sein und weiterhin immer größer werden. Die Durchkühlungstiefe kann aber mit der Zeit in der ganzen Strecke so groß werden, daß der Einfluß von α vernachlässigt werden kann. Auch die Änderungen von k sind dann unbedeutend, so daß wir k als konstant annehmen können.

Die Bedeutung von k und T_0 wird im Kapitel III ausführlicher behandelt, wo über die Einwirkung der Wetter auf die Gebirgstemperatur gesprochen wird.

2. Berechnung der Wettererwärmung an Hand einiger typischer Fälle.

a) Temperaturänderung der durch eine Strecke strömenden Wetter, wenn die Streckenulme eine konstante Temperatur haben.

Der Einfachheit halber werden wir vorerst den Fall erwägen, daß die Gesteinstemperatur längs der ganzen Strecke die gleiche ist. Dieser Fall ist in Wirklichkeit nur dort möglich, wo die Strecke horizontal ist, sich an allen Stellen gleich tief unter der Erdoberfläche befindet und wo ein Wärmeverlust aus dem Gestein sofort durch Wärmezufuhr aus dem Inneren des Gesteines ersetzt wird.

Aber auch in diesem Falle wird die Lufttemperaturzunahme in der Zeiteinheit oder längs eines bestimmten Weges immer kleiner und kleiner, weil sich die Wetter auf ihrem Wege durch die Strecke erwärmen, wodurch auch der Wärmeunterschied zwischen ihnen und dem Gestein

immer kleiner und kleiner wird. Wetter, die am Anfang der Strecke
eine Temperatur von 20^0 C hatten, haben am Ende eventuell 30^0 C.
1 qm der Streckenwandoberfläche überführt also an jeder Stelle der
Strecke eine andere Wärmemenge in die Wetter (siehe Abb. 3).

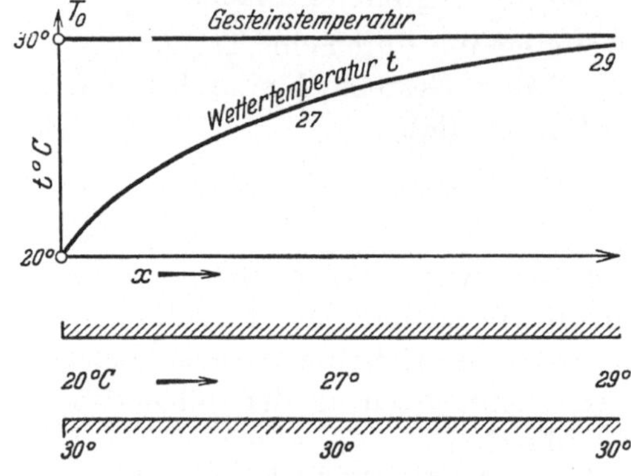

Abb. 3. Schematische Darstellung des Verlaufes
der Wettertemperaturzunahme in einer Strecke,
deren Ulme überall gleiche Temperatur haben.

Es gilt somit die Gleichung

$$Q = \alpha \cdot (T' - t) \cdot F \cdot \tau \qquad (6)$$

nur für sehr kleine Abschnitte
und Zeiträume, oder nur, wenn
die thermischen Verhältnisse
konstant sind, also sich weder
zeitlich noch örtlich ändern.
Dort wo sich die Wettertemperatur beim Durchgang durch
die Strecke ändert, muß diese
Änderung dadurch berücksichtigt
werden, daß man dF für das
einfache F, nach der Gleichung

$$dF = U \cdot dx, \qquad (7)$$

setzt. Dabei ist U der Umfang der Strecke und dx die Länge, längs
welcher der Wärmeübergang erfolgt.

Wir setzen dann voraus, daß der Wärmeübergang statt τ Stunden
nur eine Sekunde dauert; daher müssen wir α, welches sonst die in einer
Stunde übertretende Wärme angibt, durch eine Sekundengröße ersetzen,
d. h.

$$\alpha_s = \frac{\alpha}{3600} . \qquad (8)$$

Die übergehende Wärme Q wird G kg/s Wettern mitgeteilt, die sich
um dt bei konstantem Druck, also bei einer spezifischen Wärme c_p,
erwärmen. Wir können daher schreiben:

$$dQ_s = \alpha_s \cdot (T' - t) \cdot U \cdot dx = G \cdot c_p \cdot dt; \qquad (9)$$

dabei bedeutet dQ_s die in einer Sekunde aus einer Fläche $U \cdot dx$ bei einer
Wärmeübergangszahl α_s durchgehende Wärmemenge, T' die aktuelle
Temperatur der Strecke auf der erwogenen Stelle, t die aktuelle Tempe-
ratur der Wetter daselbst.

Aus Gleichung (9) erhalten wir die Erwärmung der Wetter dt

$$dt = \frac{\alpha_s \cdot U \cdot (T' - t) \cdot dx}{G \cdot c_p} = \frac{U \cdot (T' - t) \cdot \alpha \cdot dx}{3600 \cdot G \cdot c_p} . \qquad (10)$$

Bei Berechnungen der Lufterwärmung für größere Streckenab-
schnitte muß die Gleichung (10) integriert werden.

Bezeichnen wir der Einfachheit halber

$$S = \frac{\alpha \cdot U}{3600 \cdot G \cdot c_p},\tag{11}$$

so erhalten wir

$$dt = S \cdot (T' - t) \cdot dx.\tag{12a}$$

Isolieren wir nun die Veränderlichen in Gleichung (12a), so erhalten wir

$$\frac{1}{S} \cdot \frac{dt}{T' - t} = dx.\tag{12b}$$

Da wir voraussetzen, daß die Gesteinstemperatur T' längs der ganzen Strecke konstant ist, können wir vom Anfang der Strecke, wo $x = 0$ m und wo die Gebirgstemperatur $T' = T_0$ und die Wettertemperatur t_0 ist, bis zu einer Entfernung von x m, wo die Gebirgstemperatur ebenfalls T_0, aber die Wettertemperatur t ist, integrieren. Wir erhalten

$$x = -\frac{1}{S} \cdot \ln \frac{T_0 - t}{T_0 - t_0}.\tag{13}$$

Einfachheitshalber setzen wir für

$$T_0 - t_0 = m\tag{14}$$

und erhalten nach einfachem Zurechtlegen

$$t = T_0 - \frac{T_0 - t_0}{e^{S \cdot x}} = T_0 - \frac{m}{e^{S \cdot x}}.\tag{15}$$

Die Erwärmung der Wetter auf einer Länge von 1 m in einer Entfernung von x m erhalten wir aus der Gleichung (15) als

$$\frac{dt}{dx} = \frac{m \cdot S}{e^{S \cdot x}}.\tag{16}$$

Die Wettertemperatur auf einer bestimmten Stelle der Strecke erhalten wir, wenn wir in Gleichung (15) für x den entsprechenden Wert einsetzen. Es sei z. B.

$$T_0 = 35^0\,\text{C}$$
$$t_0 = 20^0\,\text{C}$$
$$U = 4 \cdot 2 = 8\,\text{m}.$$
$$c = 2\,\text{m/s}, \qquad c_p = 0{,}24,$$
$$\alpha = 2 + 6\sqrt{2} = 10, \qquad G = 2 \cdot 1{,}24 \cdot 4 = 10\,\text{kg},$$
$$S = \frac{\alpha \cdot U}{G \cdot c_p} = \frac{10 \cdot 8}{3600 \cdot 10 \cdot 0{,}24} = \frac{1}{108} = 0{,}009259.$$

Sodann beträgt die Temperatur nach den ersten 100 m:

$$t = 35 - \frac{35 - 20}{2{,}71^{100 \cdot 0{,}009259}} = 35 - 5{,}9701 = 29{,}03^0\,\text{C}.$$

Der Temperaturverlauf ist in der Zahlentafel 1 zusammengestellt.

Dieses Beispiel lehrt, daß die Erwärmung für 1 m Strecke veränderlich ist und zu Beginn 0,14° C, nach 300 m 0,0086 beträgt und später nahezu verschwindet.

Nach einiger Zeit, wenn x einen genügend großen Wert erreicht hat, vergrößert sich in Gleichung (15) der Nenner des negativen Gliedes so weit, daß wir das ganze Glied vernachlässigen können, so daß sich die Gleichung (15) auf die Form

$$t = T_0$$

vereinfacht, d. h. die **Wettertemperatur gleicht sich nach einer genügend langen Zeit auf die Gebirgstemperatur aus. Bei sehr langen Strecken ist also der Einfluß der Anfangstemperatur der einfallenden Wetter belanglos**[1].

Gleichung (13) kann zur Berechnung der Zeit, bzw. der Entfernung x, in welcher sich beide Temperaturen ausgleichen, bzw. für die der Unterschied $(T_0 - t)$ praktisch gleich Null (z. B. kleiner als 0,01° C), oder allge-

Zahlentafel 1.

Wettertemperaturverlauf und -änderung in einer Strecke. Anfangsunterschied der Wettertemperatur 15° C, $c = 2$ m/s, $\alpha = 10$, $U = 8$ m.

x m	t °C	$\dfrac{dt}{dx}$
0	20	0,139
25	23,1	0,110
50	25,5	0,087
100	29,03	0,055
200	32,5	0,022
300	34,0	0,0086
400	34,6	0,0034
500	34,8	0,0014
600	34,9	0,0005
700	35,0	0,0002
800	35,0	0,0001

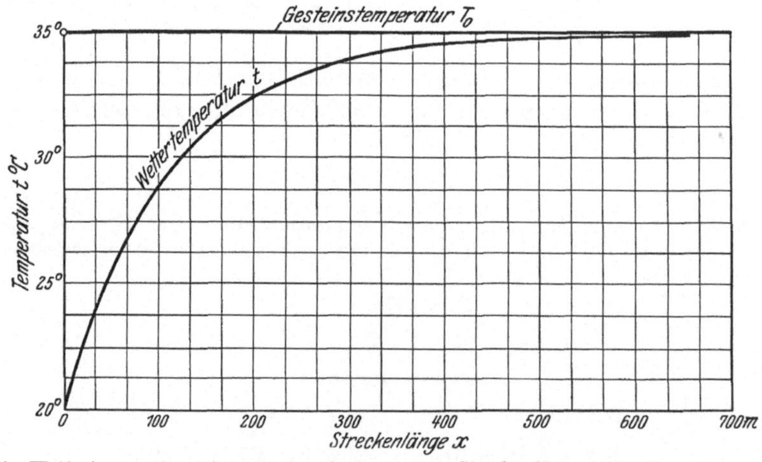

Abb. 4. Wettertemperatursteigerung in einer warmen Strecke für $\alpha = 10$, $U = 8$ m, $c = 2$ m/s.

mein $T_0 - t = m_{min}$ wird, dienen. Also:

$$x = \frac{1}{S} \cdot 2{,}30258 \cdot \log \frac{T_0 - t_0}{m_{min}} = \frac{G \cdot c_p}{\alpha_s \cdot U} \cdot 2{,}30258 \cdot \log \frac{T_0 - t_0}{m_{min}} . \qquad (17)$$

---

[1] Dies gilt jedoch nur dann, wenn wir die kalte Luft kürzere Zeit hindurch einführen. Führen wir sie aber längere Zeit ein, so kühlen sich die Wände der Strecken durch und man kann die kalte Luft viel weiter in die Grube bringen, wie aus den Ausführungen des Kapitels III zu ersehen ist.

In unserem Beispiele gleichen sich die Temperaturen auf 1^0 C nach 292 m aus, auf $0,1^0$ C nach einer Entfernung von 541 m, auf $0,01^0$ C nach 790 m und auf $0,001^0$ C nach 1038 m.

Graphisch kann man den Temperaturausgleich für unser Beispiel folgendermaßen darstellen (Abb. 4).

Aus dem Diagramm 5 ist zu ersehen, daß die Wettertemperatur nach einer gewissen Zeit gleich wird, auch wenn die Anfangstemperatur ganz beliebig war.

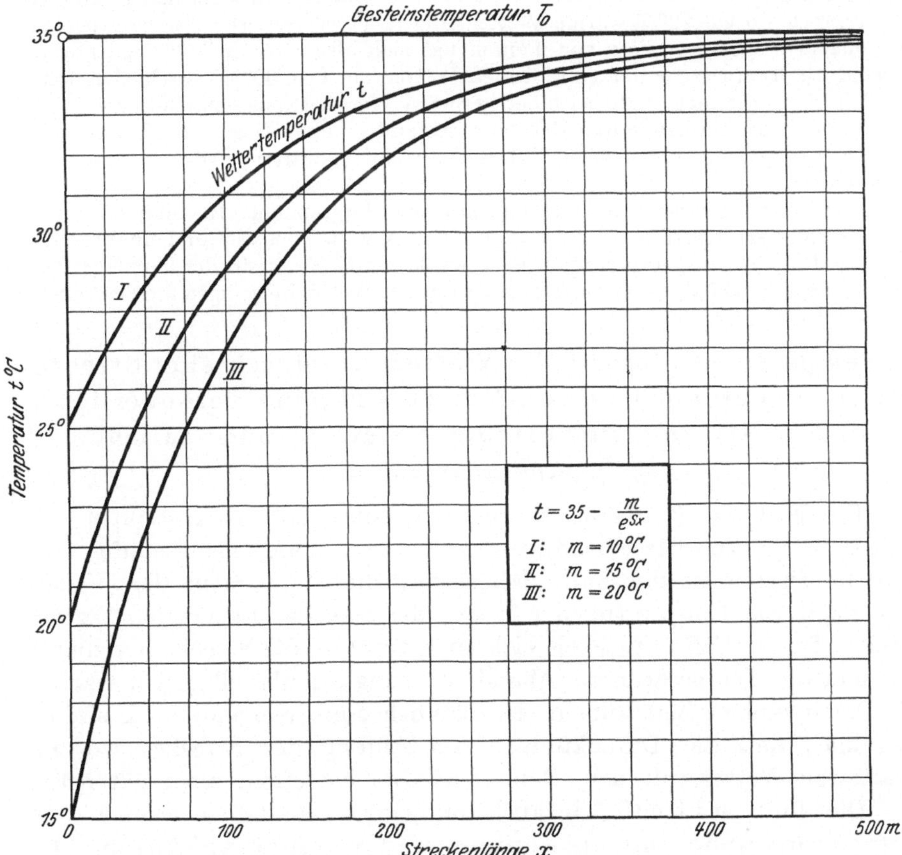

Abb. 5. Einfluß des Anfangstemperaturunterschiedes m der Wetter auf ihre Endtemperatur.

Das Diagramm 5 stellt die Fälle vor, wo die Wetter in die Strecke mit einer von der Gebirgstemperatur verschiedenen Temperatur einfallen, und zwar 10^0 C (Kurve I), 15^0 C (Kurve II), 20^0 C (Kurve III) und wo die Wärmeübergangsfähigkeit groß ist, nämlich $\alpha = 10$. Die Wettertemperatur steigt in der Strecke sehr rasch, so daß schon nach 500 m die drei ursprünglichen Unterschiede auf Werte kleiner als $0,5^0$ C gesunken sind. In einer Entfernung von 1000 m gleichen sich dann alle drei Wettertemperaturen auf praktisch gleiche Werte aus.

Die Verhältnisse, unter denen der Austausch stattfand, sind: Die Strecke hatte einen Querschnitt von $2 \cdot 2$ qm, einen Umfang von $U = 8$ m; die Wetter strömten mit einer Geschwindigkeit von 2 m/s, so daß bei einem spezifischen Gewichte $\gamma \doteq 1{,}25$ kg/cbm, die Wettermenge $G = F \cdot c \cdot \gamma \doteq 10$ kg/s betrug. Die Übergangsfähigkeit setzen wir mit Rücksicht auf die Geschwindigkeit von 2 m/s gleich 10. Danach beträgt $S = 0{,}009259$ (siehe Seite 9).

Bei kleinen Wetterstromgeschwindigkeiten beobachten wir oft ein Ausgleichen von noch größeren Temperaturunterschieden. Im Prokopi-Einziehschachte der Příbramer Gruben haben wir im Winter 1929 beobachtet, daß die einfallenden Wetter von 30⁰ C unter Null am Anschlagorte, in einer Tiefe von 1250 m, eine konstante Temperatur von 18⁰ C über Null hatten. Diese Temperatur änderte sich auch während der Sommerhitze nicht und stieg erst in den schwülen Julitagen auf 19,6⁰ C, wo ca. 29⁰ C warme Wetter eingefallen waren. Die Temparatur am Anschlagorte in einer Tiefe von 1250 m hat sich also nur um 1,6⁰ C geändert, obwohl die Temperatur der einfallenden Wetter um fast 60⁰ C verschieden war. Es läßt sich erkennen, daß bei einer geringen Wetterstromgeschwindigkeit von ca. 1 m/s — die im genannten Schachte bestand — eine Tiefe von 1250 m vollständig genügt, um die großen Unterschiede auf praktisch gleiche Werte auszugleichen.

Noch auffälliger ist dies beim Bau langer Gebirgstunnel. Im Simplontunnel war die Wettertemperatur vom vierten Kilometer an konstant und unabhängig von der Eintrittstemperatur, trotzdem man 35 cbm/s Wetter in den Tunnel trieb. Weiter im Tunnel näherte sich die Temperatur der Wetter derjenigen des Gesteines.

b) Temperaturänderung der Wetter, die durch eine Strecke strömen, deren Ulme von Ort zu Ort eine veränderliche, und zwar eine gleichmäßig steigende oder fallende Temperatur haben.

Der Fall, wo T' überall gleich ist, wo also die Gesteinstemperatur längs der ganzen Streckenlänge dieselbe ist, kommt nicht häufig vor. Am häufigsten ist der Fall, daß sowohl die Temperatur der Wände als auch die Temperatur der durch die Strecke strömenden Wetter steigt. Dieser Fall entwickelt sich auch dort, wo die Strecke horizontal ist und die Temperatur der Wand ursprünglich überall gleich war.

Nach einiger Zeit kühlen sich nämlich die Streckenulme ab und es ist klar, daß die Durchkühlung am Anfang der Strecke, wo die kältesten Wetter mit dem Gebirge zusammentreffen, am größten ist.

Die Luft erwärmt sich auch unterwegs, so daß sich auch die Streckenwände immer weniger und weniger abkühlen. Dadurch ändert sich t und T', und folglich auch der Wärmeunterschied zwischen der Luft und dem Gestein von Stelle zu Stelle.

Die Berechnung der Wettertemperatur an irgendeiner Streckenstelle ändert sich gegenüber der früheren Berechnung folgendermaßen: Die Anfangswettertemperatur sei t_0, die Gebirgstemperatur bei der Einziehöffnung sei T_0, so daß wir wieder laut Gleichung (14)

$$T_0 - t_0 = m$$

setzen können. Setzen wir voraus, daß sich die Gebirgstemperatur mit der Tiefe, resp. mit der Entfernung von der Einziehöffnung gleichmäßig, nach Gleichung

$$T' = T_0 + ax \tag{18}$$

ändert.

Jene Wärme, die aus dem Gebirge in die Wetter überführt wird, ruft eine Erhöhung ihrer Temperatur, analog der Gleichung (12a), hervor, so daß wir schreiben können

$$dt = S \cdot (T' - t) \cdot dx. \tag{19}$$

Die Gebirgstempertur ändert sich nach Gleichung

$$dT' = a \cdot dx. \tag{20}$$

Durch Subtraktion der Gleichung (19) von (20) erhalten wir

$$d(T' - t) = \{a - S \cdot (T' - t)\}\, dx \tag{21a}$$

oder

$$dx = \frac{d(T' - t)}{a - S \cdot (T' - t)}. \tag{21b}$$

Durch Integration in Grenzen wie bei der Gleichung (13) und durch entsprechende Umformung erhalten wir:

$$t = T' - \frac{a}{S} + \frac{a}{S \cdot e^{Sx}} - \frac{m}{e^{Sx}}. \tag{22a}$$

Setzen wir für T' den Ausdruck aus der Gleichung (18), so erhalten wir

$$t = T_0 + ax - \frac{a}{S} + \frac{a}{S \cdot e^{Sx}} - \frac{m}{e^{Sx}}. \tag{22b}$$

Für ein genügend großes x verschwinden die zwei letzten Glieder und die Gleichung (22b) geht in die Form über:

$$t = T_0 + ax - \frac{a}{S} = T - \frac{a}{S}. \tag{23}$$

Daraus ergibt sich die resultierende Temperaturänderung

$$\Delta t = T' - t = \frac{a}{S}, \tag{24}$$

oder: die Temperaturdifferenz stellt sich schließlich auf einer konstanten Größe ein, die sich beim weiteren Verlaufe nicht ändert. Da nun nach unserer Voraussetzung die Gebirgstemperatur gleichmäßig steigt, muß auch die Wettertemperatur gleichmäßig steigen; es muß sich also die Temperaturdifferenz nach Gleichung (24) in so einer Höhe einstellen, daß aus dem Gebirge in die Wetter so viel Wärme übergeht, daß ihre Temperatur gleichmäßig und gleich rasch, wie diejenige des Gebirges, steigen kann.

Das Diagramm 6 stellt die Temperaturänderung der durch eine Strecke strömenden Wetter dar, wobei die Ulmtemperatur um 3⁰ C pro 100 m steigt. Die Anfangsgebirgstemperatur ist 15⁰ C, die einfallenden Wetter haben einmal 0⁰ C (Kurve *I*), im zweiten Falle 15⁰ C (Kurve *II*) und im dritten Falle 30⁰ C (Kurve *III*).

Der Streckenquerschnitt beträgt 2·2 qm, die Wettergeschwindigkeit ist wieder 2 m/s. Die durchgehende Wettermenge ist daher $G = 4 \cdot 2 \cdot 1{,}25 = 10$ kg/s. Dabei sehen wir von kleinen Änderungen des spezifischen Gewichtes der Wetter ab, die

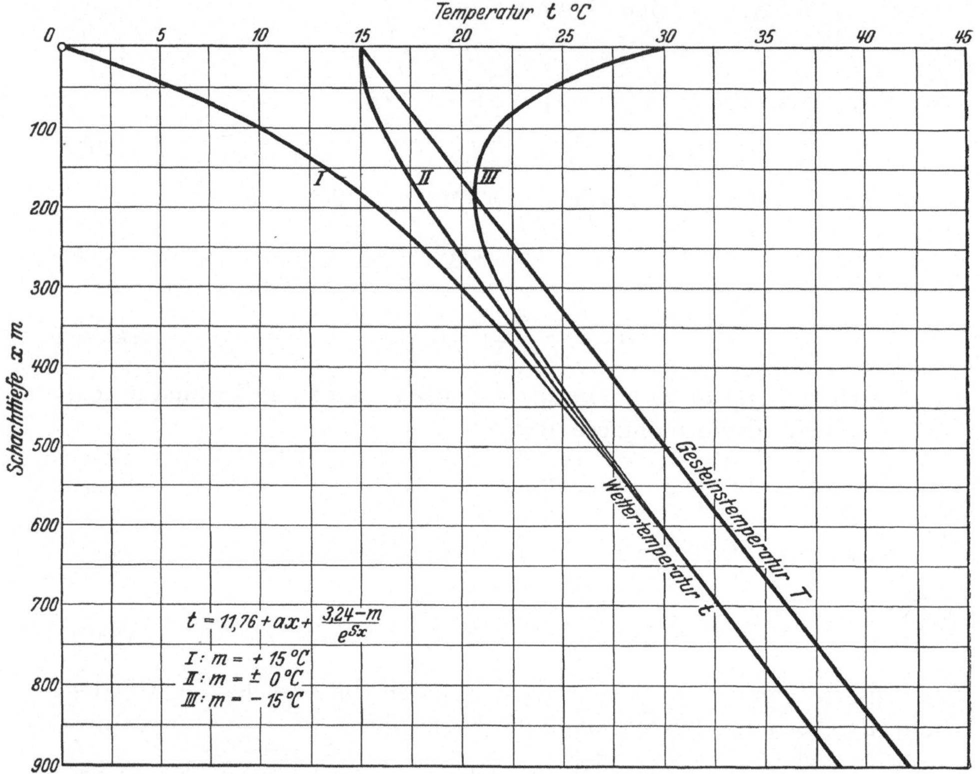

Abb. 6. Wettertemperaturverlauf in einer Strecke mit zunehmender Stoßtemperatur. Anfangstemperatur der Wetter von 0⁰ bis 30⁰, Endtemperatur überall gleich. Anfangstemperaturunterschied $= m$. $T \equiv T'$.

auf Grund der verschiedenen Anfangstemperaturen entstehen. Die Übergangsfähigkeit setzen wir wieder $\alpha = 10$.

Danach ist

$$\frac{a}{S} = \frac{0{,}03}{0{,}00926} = 3{,}24\,.$$

Die Gesteinstemperatur T' verläuft nach Gleichung (18)

$$T' = 15 + 0{,}03\,x\,.$$

Im Einklang mit der Gleichung (22b) bildet man eine Gleichung für den Wettertemperaturverlauf

$$t = 15 + a\,x - 3{,}24 + \frac{3{,}24 - m}{e^{S\,x}}$$

oder

Kurve　I:　$t_0 = 0^0$;　　$m = 15^0$ C;　　$t = 11{,}76 + 0{,}03\,x - \dfrac{11{,}76}{e^{0{,}00926\,x}}$;

Kurve　II:　$t_0 = 15^0$;　　$m = 0^0$ C;　　$t = 11{,}76 + 0{,}03\,x + \dfrac{3{,}24}{e^{0{,}00926\,x}}$;

Kurve　III:　$t_0 = 30^0$;　　$m = -15^0$ C;　$t = 11{,}76 + 0{,}03\,x + \dfrac{18{,}24}{e^{0{,}00926\,x}}$.

Man sieht, daß sich alle drei Kurven einem gleichen Verlaufe nähern, und zwar dem Verlaufe jener Temperatur, die hinter der Gebirgstemperatur an jeder Stelle um eine konstante Größe, d. i. 3,24°, zurückbleibt.

Nehmen wir statt $\alpha = 10$ eine kleinere Größe an, so wäre der Verlauf vollkommen analog, der resultierende Temperaturunterschied wäre aber größer und würde sich später einstellen, als im Falle der größeren Wärmeübergangszahl.

Im Einklange mit den obigen Berechnungen hat man auf den Südafrikanischen Gruben konstatiert, daß sich der resultierende Unterschied der Wettertemperatur gegenüber der Gesteinstemperatur auf ca. $T' - t = 10^0$F ($5{,}6^0$ C) einstellt (nach E. C. Ranson).

3. Zusammenfassung.

Aus obigen Gleichungen und Berechnungen, hauptsächlich aus den Gleichungen

$$dt = \frac{\alpha \cdot U}{3600 \cdot c_p \cdot G} \cdot (T' - t) \cdot dx \tag{25}$$

und

$$t = T_0 - \frac{T_0 - t_0}{e^{\frac{\alpha \cdot U}{3600 \cdot c_p \cdot G}x}} \tag{26}$$

folgt, daß die Wärmemenge, die aus dem Gebirge in die Wetter überführt wurde, bzw. die Temperaturerhöhung der durch die Strecke strömenden Wetter, bestimmt wird durch:

a) das Temperaturgefälle zwischen dem Gebirge und den Wettern. Da dieses Gefälle im Laufe der Streckenbetriebszeit kleiner wird, hängt die Menge der überführten Wärme auch von der Streckenbetriebszeit ab;

b) die Geschwindigkeit, bzw. die Wetterstrommenge;

c) die Wärmeübergangsfähigkeit, bzw.

d) die Durchgangsfähigkeit und damit auch durch die Leitfähigkeit des Gebirges;

e) die spezifische Wärme der Wetter und damit auch durch ihren Druck und durch ihre Feuchtigkeit, und durch

f) die Größe der Umhüllungsfläche der Grubenbaue.

Die Gleichung (25) gibt uns den Temperaturzuwachs in einem bestimmten Augenblicke und bei einem bestimmten Zustande an, die Gleichung (26) sodann den Gesamtverlauf der Temperatur während der Wetterbewegung in der Strecke. Diese beiden Gleichungen muß man sich bei den folgenden Erwägungen vor Augen halten.

Analysieren wir nun noch den Einfluß der einzelnen Faktoren, welche die Menge der überführten Wärme und die resultierende Temperatur bestimmen.

Ad a. Einfluß der ursprünglichen Wettertemperatur auf ihre Endtemperatur. Es scheint, daß die ursprüngliche Wettertemperatur einen entscheidenden Einfluß hat. Je kühler die Wetter in die Strecke einfallen, desto weiter können sie kühl vorwärts kommen. Aus den vorhergehenden Berechnungen und hauptsächlich aus dem Diagramm 5 geht aber hervor, daß der Einfluß der ursprünglichen Temperatur nach verhältnismäßig kurzen Entfernungen vom Streckenanfang schwindet, besonders wenn die Wärmeübergangsfähigkeit nur einigermaßen größer ist. Infolgedessen müssen nicht ursprünglich kühlere Wetter zur Arbeitsstelle mit einer niedrigeren Temperatur als die ursprünglich warmen Wetter kommen, wenn die Arbeitsstelle hinter jenem Orte liegt, wo sich die Temperaturen ausgleichen.

Man erreicht also nicht immer eine Abkühlung des Arbeitsortes, wenn man in den Schacht Wetter von 0^0 C statt solcher von 20^0 C einfallen läßt. Die Wettererwärmung hängt von der Temperaturdifferenz zwischen dem Gebirge und den Wettern ab. Diese ist größer, wenn wir in die Strecke kältere Wetter führen. Solche Wetter erwärmen sich rascher und intensiver, daher auf relativ kürzeren Entfernungen.

Ad b. Einfluß der Geschwindigkeit bzw. der Menge der strömenden Wetter auf ihre Temperatur. Der Einfluß der Geschwindigkeit des Wetterstromes bzw. der Menge der strömenden Wetter ist sehr bedeutend. Erhöhe ich die Geschwindigkeit auf das Doppelte, so erhöht sich das G in den Gleichungen (25) und (26) ebenfalls auf das Doppelte. Das hat zur Folge, daß die Erwärmung in einem bestimmten Augenblicke auf die Hälfte sinkt [siehe Gleichung (25)], allerdings unter der Voraussetzung, daß sich mit der Geschwindigkeit nicht auch die Übergangszahl α ändert. Da sich aber mit der Geschwindigkeit nach Gleichung (2) auch α erhöht, wird die Erwärmung für einen bestimmten Augenblick bei einer doppelten Geschwindigkeit größer sein als die Hälfte.

Auch auf den Temperaturverlauf hat die Erhöhung der Geschwindigkeit einen ziemlich großen Einfluß, wie das Diagramm 7 beweist, wo die Kurven für die Geschwindigkeit 0,5, 1,0, 2,0, 4,0, 6,0 m/s berechnet sind.

Bei einer Geschwindigkeit von 6 m/s wird die Wettertemperatur erst in einer Entfernung von 1000 m auf jene Höhe gebracht, welche bei einer Geschwindigkeit von 0,5 m/s in einer Entfernung von kaum 100 m erreicht war. Aus diesem Diagramme ist auch zu ersehen, daß der Einfluß der Wettergeschwindigkeit neben der Übergangsfähigkeit am größten ist. *Wenn wir die Wettermenge verdoppeln, so erreichen wir eine gewisse Temperatursteigerung in fast zweifacher Entfernung.* Genau ist aber die Temperaturänderung der Wettermenge nicht proportional. Übrigens

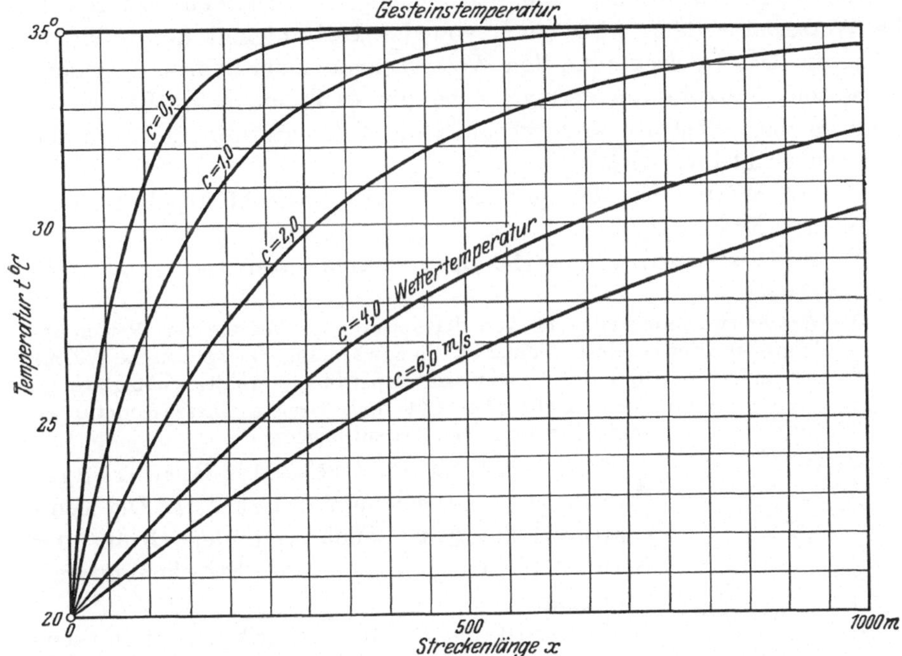

Abb. 7. Temperaturverlauf der Wetter bei verschiedener Luftgeschwindigkeit c.

ist das Diagramm 7 derart übersichtlich, daß es weiterer Erklärungen nicht bedarf.

Ad c. **Einfluß der Wärmeübergangsfähigkeit auf die Wettertemperatur.**

Ist die Wärmeübergangszahl doppelt, so wird aus dem Gebirge in die Wetter doppelt so viel Wärme überführt. Es ist also sehr viel daran gelegen, diese Zahl in die Berechnung möglichst genau einzuführen. Können wir die Zahl direkt nicht genau bestimmen, so können wir sie indirekt ermitteln, und zwar so, daß wir an einer bestimmten Streckenstelle die Berührungsfläche, die Wettermenge, ihre Geschwindigkeit und die tatsächliche Erwärmung messen und die Wärmeübergangszahl aus der Gleichung (27)

$$dt = \frac{U \cdot \alpha_s}{G \cdot c_p} \cdot (T' - t) \cdot dx \tag{27}$$

für die gegebenen Verhältnisse rückrechnen.

Die Übergangsfähigkeit können wir dann für eine andere Geschwindigkeit nach der Gleichung (2a) resp. (2b) umrechnen.

Bei schwieriger Bestimmung von α rechnen wir lieber mit der Wärmedurchgangszahl k, was übrigens bei durchgekühlten Strecken immer nötig ist.

Ad d. Einfluß der Gebirgsleitfähigkeit auf die Wettertemperatur. Natürlich ist die Wärmemenge, die aus dem Gebirge in die Wetter überführt wird, auch von der Leitfähigkeit des Gebirges abhängig. Das Gebirge kann den Wettern nicht mehr Wärme abgeben, als es selbst zuzuführen vermag. Übergibt es ihnen mehr Wärme, so kühlt es sich selbst ab, wodurch auch die Wärmezufuhr im Laufe der Zeit immer kleiner wird.

Wieviel Wärme das Gebirge den Wettern maximal abgeben kann, ist aus den Erwägungen des Kapitels III zu ersehen.

Ad e. Einfluß der spezifischen Wärme der Luft auf ihre Erwärmung.

Die Wettererwärmung ist auch von der spezifischen Wärme der Wetter abhängig. Je größer diese ist, desto kleiner ist die Erwärmung. Die spezifische Wärme der Wetter ändert sich mit der Feuchtigkeit, allerdings verhältnismäßig wenig, etwas mehr aber mit dem Drucke. Diese Änderungen sind aber praktisch bedeutungslos.

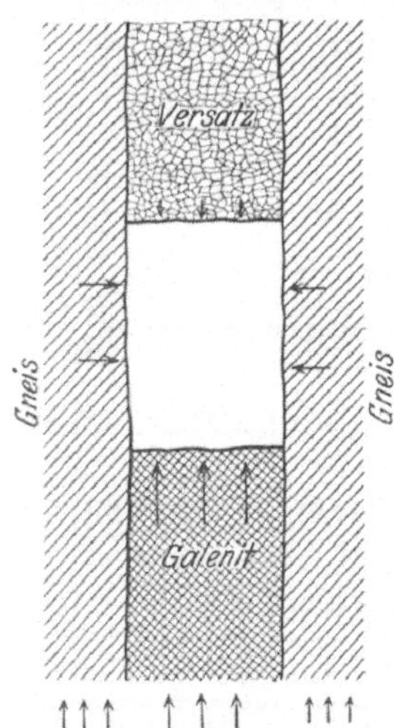

Abb. 8. Schematische Darstellung der unregelmäßigen Wärmezuführung in eine Strecke, welche in einem leitfähigen Gange getrieben ist.

Adf. Einfluß der Größe der Berührungsfläche auf die Wettertemperatur. Die Temperaturerhöhung ist auch von der Größe der Berührungsfläche, also vom Streckenumfange abhängig.

Vergrößern wir den Streckenumfang derart, daß die geometrische Form unverändert bleibt, so erhöhen wir damit auch den Querschnitt und die Wettermenge, vorausgesetzt, daß die Wettergeschwindigkeit gleich bleibt. Da aber der Umfang linear, der Querschnitt aber quadratisch wächst, vergrößert sich die Wettermenge relativ mehr als die Wärmemenge und die Erwärmung wird infolgedessen kleiner.

Ändert man aber den Umfang derart, daß der Querschnitt gleich bleibt, z. B. durch Verlängerung einer Streckendimension und Verkürzung der anderen, der Höhe u. ä., so bleibt die Wettermenge praktisch gleich, solange man nicht zu extremen Veränderungen greift, aber die zugeführte Wärmemenge wird größer.

Von diesem Standpunkte aus wäre selbstverständlich das beste Profil des Grubenbaues ein Kreis oder ein Quadrat, weil diese Formen bei einem großen Querschnitte den kleinsten Umfang haben.

Es wäre allerdings zu erwägen, daß bei Erzgängen die größte Wärmemenge von der Sohle, eine kleinere von den Ulmen und die kleinste von der Firste zugeführt wird (Abb. 8). Deshalb vergrößert sich bei einer Profilvergrößerung, bei gleichbleibender Geschwindigkeit, die Wettermenge viel mehr als die durchgehende Wärmemenge.

Da man aber durch eine bestimmte Strecke gewöhnlich eine bestimmte Wettermenge zu führen hat, kann man bei einer Querschnittvergrößerung auch die Geschwindigkeit verkleinern. Die Geschwindigkeit verkleinert sich dann quadratisch — wenn durch die Strecke eine gleiche Wettermenge strömen soll —, der Umfang linear.

Da bei kleinen Streckenprofilen die Geschwindigkeit groß, also die Berührungszeit der Luft mit dem Gestein, sowie die Berührungsfläche klein ist, scheint es, daß auch die Erwärmung viel kleiner sein wird; dies trifft aber nicht zu, wie die folgenden Beispiele zeigen werden.

Zahlentafel 2. Wettertemperaturverlauf in Strecken verschiedener Durchmesser.

$$t = 30 - \frac{15}{e^{S \cdot x}}.$$

d		1,0	1,5	2,0	2,5	3,0	3,5	4,0
U	πd	3,14	4,40	6,28	7,85	9,42	11,00	12,57
F	$\frac{1}{4}\pi d^2$	0,79	1,54	3,14	4,90	7,07	9,62	12,57
V	$\frac{1}{4}\pi d^2 c$	7,00	7,00	7,00	7,00	7,00	7,00	7,00
c	m/s	9,00	4,50	2,20	1,50	1,00	0,72	0,55
α	$2 + 5\sqrt{c}$	17,0	12,5	9,4	8,15	7,0	6,25	5,7
$1000 \cdot S$	$\dfrac{\alpha\, U \cdot 10^3}{3600 \cdot G \cdot c_p}$	6,86	7,07	7,59	8,23	8,48	8,84	9,35
h	mm W.S.	324,00	54,00	9,7	4,0	1,3	0,6	0,3
$\mathrm{PS_{th}}$		30,24	5,00	0,90	0,33	0,12	0,06	0,03
x								
0		15⁰	15⁰	15⁰	15⁰	15⁰	15⁰	15⁰
50		19,36	19,45	19,74	20,06	20,18	20,36	20,60
100		22,45	22,60	22,98	23,41	23,38	23,80	24,11
200	Abb. 9 . .	26,20	26,35	26,72	27,11	27,25	27,44	27,69
300		28,09	28,20	28,46	28,73	28,82	28,94	29,09
400		29,04	29,11	29,28	29,44	29,50	29,56	29,64
500		29,52	29,56	29,66	29,76	29,78	29,82	29,86
c		1,50	1,50	1,50	1,50	1,50	1,50	1,50
V		1,18	2,31	4,71	7,00	10,60	14,43	18,90
α		8,15	8,15	8,15	8,15	8,15	8,15	8,15
$1000 \cdot S$		19,36	13,83	9,68	8,22	6,44	5,53	4,83
h		10,00	6,67	5,00	4,00	3,33	2,86	2,50
$\mathrm{PS_{th}}$		0,16	0,21	0,31	0,39	0,47	0,55	0,63
x								
0		15,00	15,00	15,00	15,00	15,00	15,00	15,00
50		24,28	22,50	20,76	20,06	19,12	18,64	18,22
100		27,84	26,24	24,30	23,41	22,13	21,37	20,74
200	Abb. 10 . .	29,69	28,95	27,84	27,11	25,87	25,04	24,29
300		29,95	29,76	29,18	28,73	27,84	27,15	26,48
400		29,99	29,95	29,68	29,44	28,86	28,30	27,82
500		29,99	29,99	29,88	29,76	29,41	29,06	28,66

Erwägen wir zwecks Vergleiches das folgende Beispiel: Ein und dieselbe Wettermenge — nämlich 7 cbm/s, d. h. ca. 9 kg/s — strömt durch verschiedene Strecken kreisförmigen Querschnittes hindurch, so daß sich der Durchmesser d und zufolge dessen auch die Geschwindigkeit c und die Wärmeübergangszahl α ändert (siehe Zahlentafel 2).

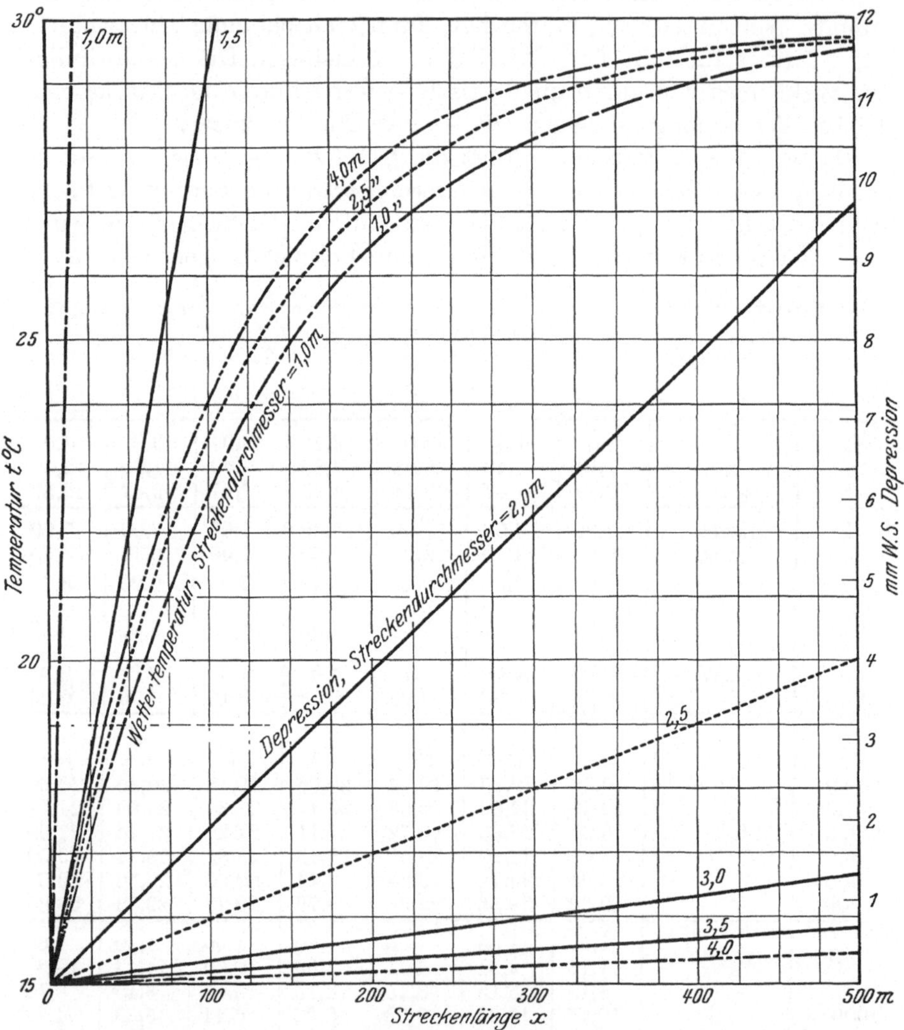

Abb. 9. Temperatur- und Depressionsverlauf der Wetter in Strecken verschiedener Durchmesser bei gleichbleibender Wettermenge. Die Kurven stellen Wettertemperaturen und die Geraden die Depressionen vor.

Fallen die Wetter mit einer Temperatur von $t_0 = 15^0\,\mathrm{C}$ in die Strecke ein und ist die Ulmtemperatur in der Strecke überall gleich, und zwar $T_0 = 30^0\,\mathrm{C}$, so ändert sich die Wettertemperatur t längs der Strecke nach der Gleichung

$$t = T_o - \frac{15}{e^{Sx}} = 30 - \frac{15}{e^{Sx}}, \tag{28}$$

wo S für die einzelnen Querschnitte laut Gleichung (11) berechnet wird.

In der Zahlentafel 2 sind die einzelnen Werte zusammengestellt und die Wettertemperatur in 7 verschiedenen Entfernungen vom Mundloche der Strecke aus eingetragen. Graphisch ist der Verlauf der Temperatur im Diagramm 9 dargestellt.

Nachdem jedoch zwischen den einzelnen Kurven ein geringer Unterschied

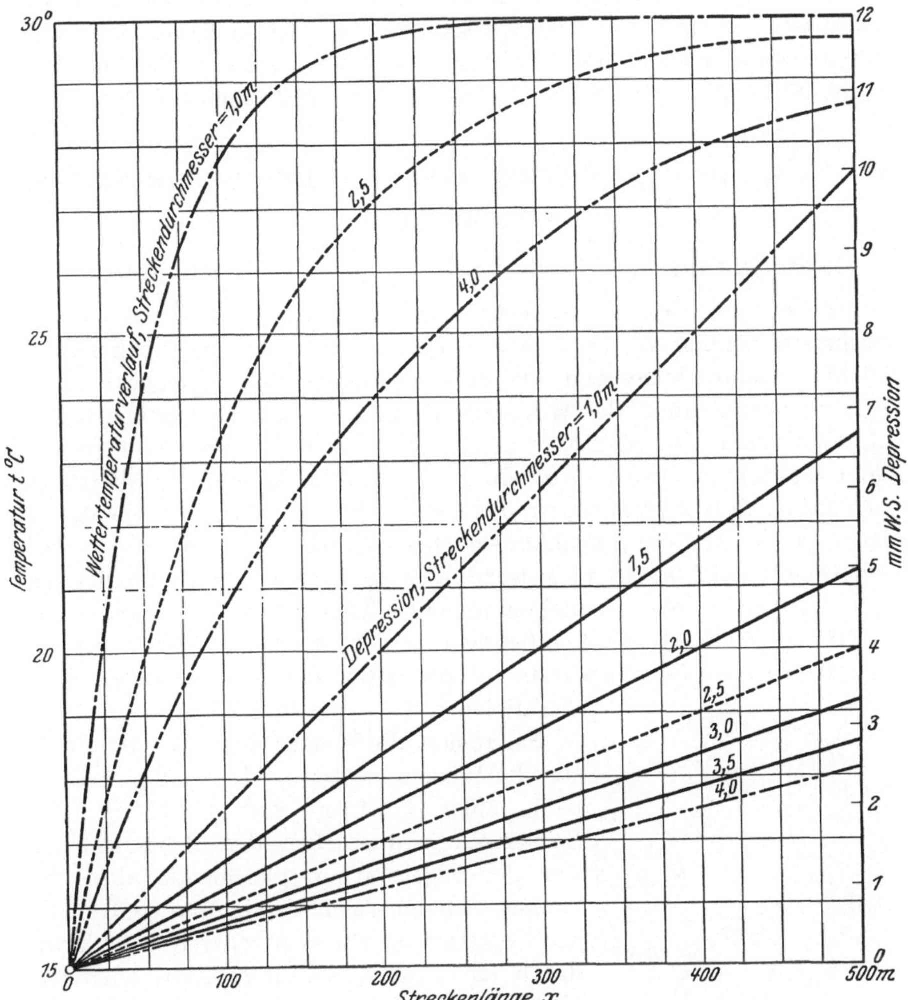

Abb. 10. Temperatur- und Depressionsverlauf der Wetter in Strecken verschiedener Durchmesser bei gleicher Geschwindigkeit. Die Kurven stellen Wettertemperaturen und die Geraden die Depressionen vor.

besteht, ist bloß die Kurve, welche den Strecken vom Durchmesser 1, 2·5 und 4 gehört, eingetragen.

Wenn wir also den Durchmesser von 4 m auf 1 m verkleinern und die Geschwindigkeit von 0,5 auf 9 m vergrößern (zwecks Beibehaltung der gleichen Wettermenge), so wird wohl die aktuelle Erwärmung bei der engeren Strecke kleiner als bei der breiten sein.

Der Unterschied in der Erwärmung ist aber nicht groß, die Depression jedoch und somit auch die Betriebskraft steigen enorm. Siehe die geraden Linien (Depression) in Abb. 9.

Verkleinern wir den Querschnitt der Strecke bei gleichbleibender Geschwindigkeit, so steigt die Depression weniger, die Luftmenge sinkt aber rasch. Deshalb steigt die Wettererwärmung bei kleineren Streckendurchmessern rascher, bei größeren langsamer als im vorhergehenden Falle. Siehe Abb. 10 und die untere Hälfte der Zahlentafel 2.

III. Einfluß der Wetter auf die Ulmtemperatur der Grubenbaue.

1. Bedeutung des Fortschreitens der Ulmdurchkühlung.

Im vorigen Kapitel ist der Einfluß der Gesteinstemperatur auf die vorbeiströmenden Wetter erörtert. Die Temperatur der Streckenulme ist als konstant angesehen. Die dort angeführten Gleichungen können uns zur Berechnung der Wettererwärmung bei einem gegebenen Zustande dienen, sie geben aber nicht an, wie sich die Wärmezufuhr aus dem Gestein im Laufe der Zeit ändert. Wir können sie allerdings mit Erfolg dort anwenden, wo das Gestein bereits so weit durchgekühlt ist, daß eine weitere Abkühlung nach innen nicht stattfindet, wo also ein Gleichgewichtszustand zwischen der aus dem Inneren[1] zugeführten und der von den Wettern aufgenommenen Wärme bereits eingetreten ist.

Im folgenden Kapitel wollen wir den Einfluß der Wetter auf die Temperatur des Gesteines selbst besprechen und studieren, wie sie diese modifizieren.

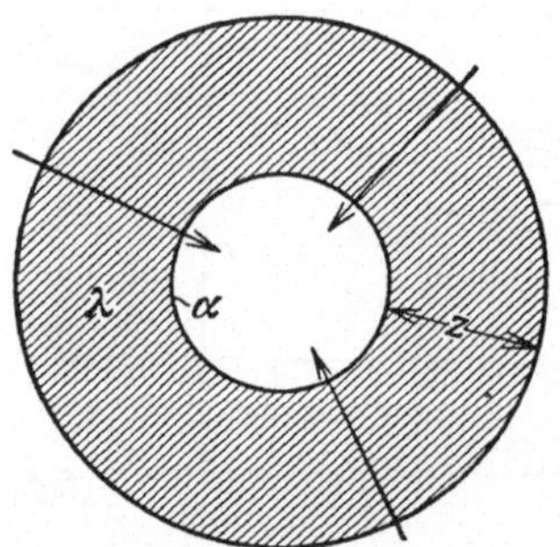

Abb. 11. Wärmestrom durch eine durchgekühlte Zone.

Entziehen die Wetter den Streckenulmen ständig Wärme, so ist es klar, daß sich diese nach einer gewissen Zeit abkühlen. Die Streckenulme übergeben den Wettern einen Teil der Eigenwärme; gleichzeitig aber verkleinert sich die Wärmezufuhr aus dem Inneren des Gesteines in die Wetter, weil die Wärme durch eine starke, relativ schlecht leitfähige Masse hindurchgehen muß (siehe Abb. 11). Die Durchkühlung der Ulme hat also eine verringerte Wärmeabnahme durch die vorbeiströmenden Wetter zur Folge.

Die Durchkühlung der Ulme erfolgt je weiter desto langsamer, bis schließlich die Wärmeabnahme durch die Wetter jener Wärmemenge

---

[1] Unter dem Inneren des Gesteines verstehen wir hier die hinteren, von der Streckenwand weit entfernten Partien des Gebirges.

gleichkommt, die durch das Gestein zuströmt, und ein ausgeglichener Zustand eintritt.

Durch die folgenden Betrachtungen soll ermittelt werden, wann dieser Zustand eintritt, wie breit die durchgekühlte Zone sein wird, wieviel Wärme durch diese hindurchgehen wird und wieviel Eigenwärme sie an die Wetter abgibt.

2. Wärmeströmung durch eine ebene Wand.

Strömen in einer bestimmten Zeit Wetter von t_2^0 C durch eine Strecke, deren Ulme eine ursprüngliche Gesteinstemperatur t_1^0 C haben, so wird dem Gestein die Wärme vorerst von der Oberfläche entzogen, wodurch diese abgekühlt wird. Im folgenden Augenblick erfolgt aber die Erwärmung der Wetter schon bei veränderten Zuständen, weil sich die Temperatur der Streckenwände unterdessen geändert hat. Die Gesteinsfläche mit der Temperatur t_1 verschob sich einigermaßen ins Innere des Gesteines, und zwar in eine Tiefe z, so daß nun der eigentliche Wärmeübergang nicht nur nach dem Koeffizienten α erfolgt, sondern auch nach dem Widerstande der z m mächtigen Schicht mit der Leitfähigkeit λ (siehe Abb. 12).

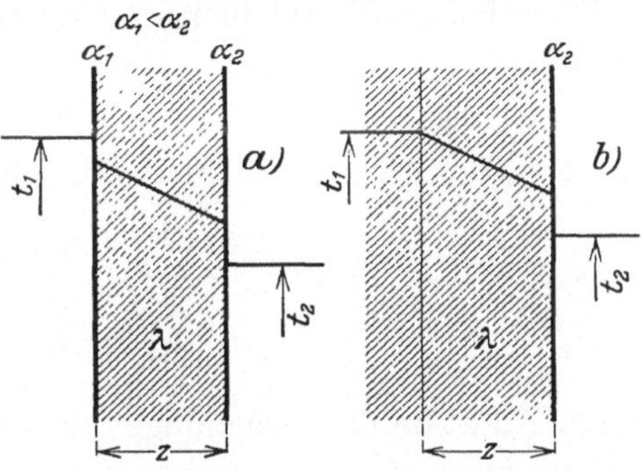

Abb. 12a. Temperaturverlauf beim Wärmedurchgang durch eine ebene Platte.

Abb. 12b. Wärmedurchgang durch eine durchgekühlte ebene Gesteinswand. Durchkühlungstiefe z m.

Zum Widerstande der Übergangsfläche gesellt sich nun auch der Widerstand der Schicht, die sich zwischen die Berührungsfläche und die Fläche mit der Temperatur t_1 einschiebt. Die Fläche mit der Temperatur t_1 dringt im Laufe des Betriebes in immer größere Tiefen. Dadurch wächst der Durchgangswiderstand und es verringert sich die in die Wetter überführte Wärmemenge.

Betrachten wir eine schon durchgekühlte, z m mächtige Zone, Abb. 13. Die ursprüngliche Temperatur des Gesteines sei t_1, diejenige der Wetter t_2. Es muß allerdings vorausgesetzt werden, daß das Temperaturgefälle der durchgekühlten Zone linear verläuft, daß also das durchgekühlte Gestein selbst keine Wärme mehr abgibt. Bezeichnen wir die Ulmtemperatur mit t'; weiters sei in Abb. 13 I die

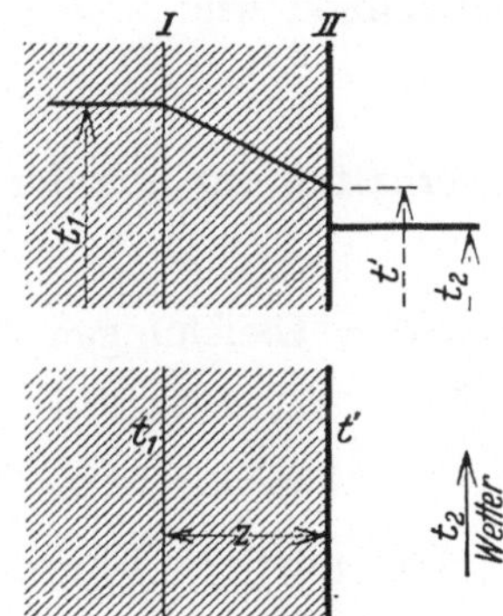

Abb. 13. Temperaturverlauf in einer durchgekühlten geraden Gesteinswand.

Fläche, die im Gestein die Temperatur t_1 hat, II die Ulmfläche, die mit den Wettern in Berührung steht.

Durch die Fläche II geht in die Wetter in der Zeiteinheit die Wärmemenge

$$Q_2 = \alpha \cdot F \cdot (t' - t_2) \tag{29}$$

über.

Im Gestein geht von der Fläche I zur Fläche II

$$Q_1 = \frac{\lambda}{z} \cdot F \cdot (t_1 - t') \tag{30}$$

über.

Diese beiden Wärmemengen sind einander gleich, so daß wir setzen können:

$$Q_1 = Q_2 = Q \,.$$

Aus den Gleichungen (29) und (30) folgt das Temperaturgefälle:

$$\frac{Q}{\alpha \cdot F} = t' - t_2 \,, \tag{31}$$

$$\frac{Q \cdot z}{\lambda \cdot F} = t_1 - t' \,. \tag{32}$$

Durch Addition der Gleichungen (31) und (32) erhalten wir:

$$\frac{Q}{F}\left[\frac{1}{\alpha} + \frac{z}{\lambda}\right] = t_1 - t_2 \,. \tag{33}$$

Aus dieser Gleichung resultiert die Wärmemenge

$$Q = \frac{1}{\dfrac{z}{\lambda} + \dfrac{1}{\alpha}} \cdot F \cdot (t_1 - t_2) \,. \tag{34}$$

Bezeichnen wir:

$$\frac{1}{k} = \frac{z}{\lambda} + \frac{1}{\alpha} \,, \tag{34a}$$

so erhalten wir aus der Gleichung (34):

$$Q = k \cdot F \cdot (t_1 - t_2) \,. \tag{35} \equiv (3)$$

Aus den Gleichungen (29), (30) und (35) folgt die Temperatur des Ulmes

$$t' = t_2 + \frac{k}{\alpha}\,(t_1 - t_2) \,. \tag{36}$$

Das mittlere Temperaturgefälle im Ulme ist durch den Ausdruck

$$\Delta t_m = \frac{t_1 - t'}{z} \; {}^0\mathrm{C/m} \tag{37}$$

gegeben.

Die Wärmeströmung durch eine gerade Wand kommt besonders in Abbauen, wo mächtige Flöze oder Gänge abgebaut werden, in Betracht.

Beispiel. Betrachten wir eine gerade Wand von 1 qm; die Leitfähigkeit des Gesteines sei $\lambda = 0,25$, die durchgekühlte Zone sei 1 m breit. Es sei $\alpha = 10$, die ursprüngliche Temperatur des Gesteines sei $t_1 = 30^0$ C und die Temperatur der strömenden Wetter $t_2 = 20^0$ C. Welche Wärmemenge geht in 1 Stunde durch die Wand hindurch?

Die Wärmedurchgangszahl ist nach Gleichung (34a):

$$k = \frac{1}{\dfrac{1}{\alpha} + \dfrac{z}{\lambda}} = \frac{1}{\dfrac{1}{0,25} + \dfrac{1}{10}} = 0,244 \; .$$

Die Wärmemenge, die durch 1 qm Wand in 1 Stunde hindurchgeht, ist nach Gleichung (35)

$$Q = 0,244 \cdot 1 \cdot (30 - 20) = 2,44 \; \text{kgcal/h} \cdot \text{qm} \; .$$

Ein 100 qm großer Abbau leitet in 1 Stunde in die Wetter eine Wärmemenge von 244,0 kgcal.

Die Temperatur der Streckenulmoberfläche folgt aus der Gleichung (36):

$$t' = 20 + \frac{0,244}{10} \, (30 - 20) = 20,244^0 \, \text{C} \; .$$

3. Wärmeströmung in einer Strecke von kreisförmigem Querschnitte.

Auf den Wärmefluß hat auch die Form des Grubenbaues einen Einfluß. Der Einfachheit halber wollen wir zuerst die Wärmeströmung in einer Strecke von kreisförmigem Querschnitte betrachten. Es sei in Abb. 14 $d_i = 2 r_i$ der Durchmesser der Strecke, $d_a = 2 r_a$ der Durchmesser der durchgekühlten Zone, t_1 die ursprüngliche Temperatur des Gesteines, t' die Ulmtemperatur, t_2 die Temperatur der vorbeiströmenden Wetter. Die Wärmeleitfähigkeit λ soll in jeder Richtung ringsherum um die Strecke gleich sein.

Für den Wärmeübergang aus dem Ulme in die Wetter auf einer Streckenlänge von 1 m gilt die Gleichung

$$Q = \alpha \cdot \pi \cdot d_i \cdot (t' - t_2) \; \text{kgcal/h} \; . \qquad (38)$$

Betrachten wir einen konzentrischen Ring vom Halbmesser r und der Breite dr. Der Temperaturzuwachs auf dieser Länge dr sei dt. Die Wärmemenge, die in der Zeiteinheit durch diesen Ring hindurchgeht, ist gleichfalls Q, so daß

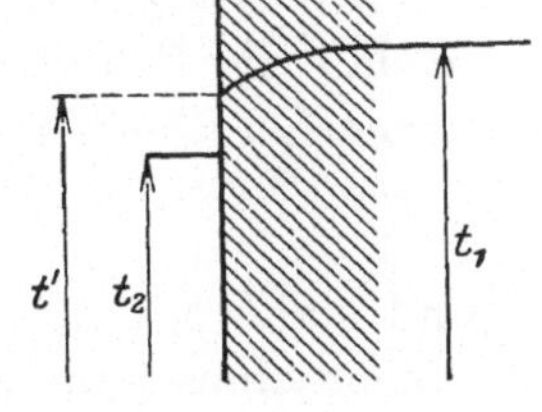

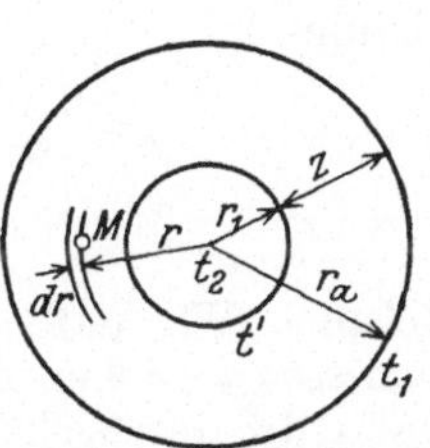

Abb. 14. Temperaturverlauf in einer durchgekühlten Gesteinswand. Strecke mit kreisförmigem Querschnitte.

wir in Übereinstimmung mit der Gleichung (30) schreiben können:

$$Q = \frac{\lambda}{dr} \cdot 2 \cdot \pi \cdot r \cdot dt \; , \qquad (39\,\text{a})$$

daraus folgt:

$$dt = \frac{Q}{2\,\pi\,\lambda} \cdot \frac{d\,r}{r}\,. \tag{39b}$$

Aus der Gleichung (39b) kann man durch Integration in den Grenzen von $r = r_i$ bis $r = r_a$ ableiten:

$$t_1 - t' = \frac{Q}{2\,\pi\,\lambda} \ln \frac{r_a}{r_i} = \frac{Q}{2\,\pi\,\lambda} \ln \frac{d_a}{d_i} \tag{40a}$$

oder

$$Q = \frac{2 \cdot \pi \cdot \lambda}{\ln \dfrac{d_a}{d_i}} \cdot (t_1 - t')\,. \tag{40b}$$

Errechnen wir aus den Gleichungen (38) und (40b) die Temperaturdifferenzen und addieren wir die Gleichungen, so erhalten wir nach einfacher Zurechtlegung:

$$Q = \frac{\pi \cdot d_i}{\dfrac{1}{\alpha} + \dfrac{d_i}{2\,\lambda} \ln \dfrac{d_a}{d_i}} \,(t_1 - t_2)\,. \tag{41}$$

Den Ausdruck im Nenner bezeichnen wir als den reziproken Wert der Wärmedurchgangszahl k, die für die Wärmeströmung durch das Gestein senkrecht zur kreisförmigen Strecke gilt, d. i.

$$\frac{1}{k} = \frac{1}{\alpha} + \frac{d_i}{2\,\lambda} \ln \frac{d_a}{d_i}\,, \tag{42}$$

so daß die Schlußgleichung für die Wärmeströmung aus dem Gestein in die Strecke bei einem kreisförmigen Querschnitte wieder gleich ist:

$$Q = k \cdot \pi \cdot d_i \,(t_1 - t_2)\ \text{kgcal/h} \tag{43}$$

und steht mit der Gleichung (35) im Einklange, weil $\pi\,d_i = F = $ der Fläche eines laufenden Meters der Strecke.

Aus den Gleichungen (38) und (43) erhalten wir die Temperatur des Ulmes t':

$$t' = t_2 + \frac{k}{\alpha}\,(t_1 - t_2) = t_2 + \frac{t_1 - t_2}{1 + \dfrac{\alpha\,d_i}{2\,\lambda} \ln \dfrac{d_a}{d_i}}\,. \tag{44}$$

Beispiel. Wir hätten eine Strecke von kreisförmigem Querschnitte mit einem Durchmesser $d_i = 3$ m und einer Länge $x = 100$ m. Die Strecke sei alt, so daß die Breite der durchgekühlten Zone $z = 5$ m ist. Somit ist $d_a = d_i + 2\,z = 13$ m. Ist $\lambda = 0,25$, $\alpha = 10$, so ist nach Gleichung (42)

$$k = \frac{1}{0,1 + \dfrac{3}{2 \cdot 0,25} \cdot 2,3026 \log \dfrac{13}{3}} = 0,1125\,.$$

Die ursprüngliche Temperatur des Gesteines sei $t_1 = 35^0$ C und die Temperatur der Wetter $t_2 = 25^0$ C.

Nach Gleichung (43) geht in 1 Stunde in der $x = 100$ m langen Strecke aus dem Gestein in die Wetter die Wärmemenge

$$Q = k \cdot \pi \cdot d_i \cdot (t_1 - t_2) \cdot x = 0{,}1125 \cdot 3{,}14 \cdot 3 \cdot (35 - 25) \cdot 100 = 1059 \ \text{kgcal/h}$$

über.

Ist die Wettergeschwindigkeit in der Strecke $c = 2$ m/s, so geht in 1 Stunde die Wettermenge

$$V = \frac{\pi \cdot d_i^2}{4} \cdot c \cdot 3600 = 7 \cdot 2 \cdot 3600 = 50\,400 \ \text{cbm/h}$$

hindurch.

Zur Erwärmung eines Kubikmeters um 1^0 C sind 0,3 kgcal nötig, oder 50 400 cbm/h benötigen 15 120 kgcal. Die Temperaturerhöhung der Wetter auf einer Länge von 100 m beträgt also

$$\Delta t = \frac{1059}{15\,120} = 0{,}07^0 \ \text{C}.$$

Dabei setzen wir ein konstantes Temperaturgefälle $t_1 - t_2 = 10^0$ C voraus, was strenggenommen nicht zutrifft.

4. Wärmeströmung in einer Strecke mit rechteckigem Querschnitte.

Der Querschnitt der Strecken weicht sehr häufig von der Kreisform, für welche der Ausdruck k in der Gleichung (42) bestimmt wurde, ab. Es läßt sich nicht einmal die Gleichung (34a) verwenden. Die Gleichung für den kreisförmigen Querschnitt der Strecke läßt sich hier nur für weitere Entfernungen von den Streckenulmen — von ungefähr 5 bis 10 m angefangen — verwenden. Für die Zone in der Nähe der Ulme muß man die Form des Querschnittes beachten.

Im folgenden werden wir das k für die Form eines rechtwinkeligen Viereckes berechnen, wobei vorausgesetzt sein soll, daß λ in allen Richtungen gleich ist, und daß die Isothermen ungefähr der Strecke ähnliche Rechtecke bilden (Abb. 15).

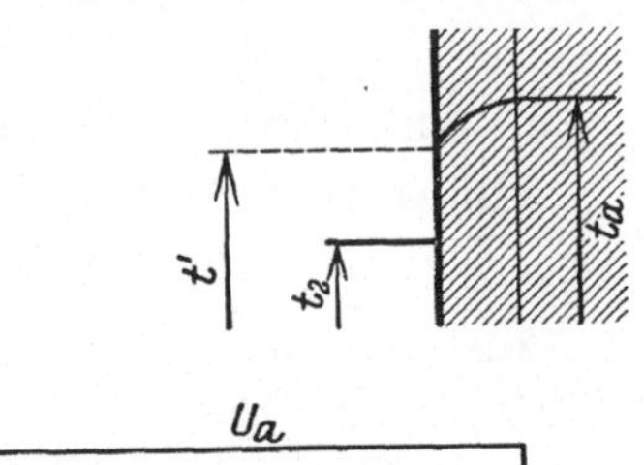
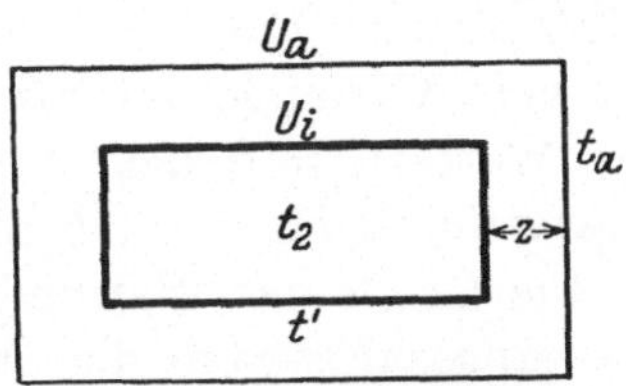

Abb. 15. Temperaturverlauf in einer durchgekühlten Gesteinswand. Strecke mit rechteckigem Querschnitte.

Es sei in Abb. 15 U_i der Umfang der Strecke in m, t_2 die Wettertemperatur, t' die Streckenulmtemperatur, U_a der Umfang der Isotherme in einer Tiefe von z_a, t_a die Temperatur auf der Isotherme U_a.

In einer Tiefe von z m sei der Umfang U. Durch die Fläche $U \cdot 1$ qm geht die Wärme nach der Gleichung

$$Q = \lambda \cdot U \cdot \frac{dt}{dz}.$$

Nachdem

$$U = U_i + 8z\,,\tag{45}$$

so wird

$$Q = \lambda \cdot \{U_i + 8z\}\frac{dt}{dz}\,,\tag{46}$$

oder nach Zurechtlegung und Integration

$$t_a - t' = \frac{Q}{8\,\lambda}\ln\frac{U_i + 8\,z}{U_i}\,.\tag{47}$$

Durch die Ulme strömt die gleiche Wärme nach der Gleichung

$$Q = \alpha \cdot U_i \cdot (t' - t_2)\tag{48}$$

oder

$$t' - t_2 = \frac{Q}{\alpha \cdot U_i}\,.\tag{49}$$

Durch Addition beider Gleichungen erhalten wir

$$t_a - t_2 = \frac{Q}{U_i}\left[\frac{1}{\alpha} + \frac{U_i}{8\,\lambda}\ln\frac{U_i + 8\,z}{U_i}\right]\tag{50}$$

oder

$$Q = k \cdot U_i \cdot (t_a - t_2)\,,\tag{51}$$

wobei bedeutet

$$\frac{1}{k} = \frac{1}{\alpha} + \frac{U_i}{8\,\lambda}\ln\frac{U_i + 8\,z}{U_i}\,.\tag{52}$$

5. Änderung der Wärmedurchgangszahl mit der Zeit. Abhängigkeit der Wärmedurchgangszahl von der Tiefe der Schichtendurchkühlung.

Aus den oben angeführten Gleichungen ist zu ersehen, daß die Wärmemenge, die durch die durchgekühlte Zone hindurchgeht, nicht nur vom Umfange der Strecke und der Temperaturdifferenz zwischen den Wettern und dem Gesteine, sondern auch von der sogenannten Wärmedurchgangszahl k abhängig ist.

Die Größe der Wärmedurchgangszahl k hängt ab von der Wärmeübergangszahl, von der Wärmeleitfähigkeit, vom Durchmesser der durchgekühlten Zone und vom Durchmesser d des Grubenbaues.

Von diesen Faktoren ist nur λ und d_i konstant. α ändert sich bei einer unveränderten Wettergeschwindigkeit nur sehr gering. Dafür ändert sich aber mit der Zeit d_a, weil die Breite der durchgekühlten Zone mit der Zeit zunimmt. Folglich ist auch die durch die durchgekühlte Zone strömende Wärmemenge vom Alter der Strecke, also auch von der Zeit, während welcher die Zone der Abkühlung ausgesetzt ist, abhängig.

Die Wärmedurchgangszahl ist für verschiedene Querschnitte einer kreisförmigen Strecke und für verschiedene Breiten der durchgekühlten

Zone — bei einer Wärmeübergangszahl $\alpha = 10$ — in der Zahlentafel 3 berechnet; die Resultate sind in den Diagrammen 16, 17 und 18 eingezeichnet.

Zahlentafel 3. Wärmedurchgangszahlen k für folgende Bedingungen: Strecken mit kreisförmigem Querschnitt, $d_i = 3$ bis 5 m. Halbmesser der durchgekühlten Zone $d_a = 3$ bis 15 m. Die Wärmeübergangszahl α überall gleich 10. Gesteinsleitfähigkeiten $\lambda = 0{,}2$, $1{,}0$, $1{,}5$.

$$\frac{1}{k} = \frac{1}{\alpha} + \frac{d_i}{2\lambda} \ln \frac{d_a}{d_i}$$

$d_i = 3{,}0$		$d_i = 3{,}5$		$d_i = 4{,}0$		$d_i = 4{,}5$		$d_i = 5{,}0$	
d_a	k	d_a	k	d_a	k	d_a	k	d_a	k
			1. $\lambda = 0{,}2$.						
4,0	0,443	4,0	0,788	4,0	—	4,0	—	4,0	—
4,5	0,318	4,5	0,435	4,5	0,782	4,5	—	4,5	—
5,0	0,254	5,0	0,310	5,0	0,429	5,0	0,778	5,0	—
7,5	0,143	7,5	0,148	7,5	0,156	7,5	0,171	7,5	0,193
10,0	0,109	10,0	0,108	10,0	0,108	10,0	0,110	10,0	0,114
12,5	0,092	12,5	0,089	12,5	0,087	12,5	0,086	12,5	0,086
15,0	0,082	15,0	0,078	15,0	0,075	15,0	0,073	15,0	0,072
			2. $\lambda = 1{,}0$.						
4,0	1,881	4,0	2,997	4,0	—	4,0	—	4,0	—
4,5	1,412	4,5	1,852	4,5	2,980	4,5	—	4,5	—
5,0	1,154	5,0	1,381	5,0	1,830	5,0	2,967	5,0	—
7,5	0,678	7,5	0,695	7,5	0,737	7,5	0,800	7,5	0,898
10,0	0,524	10,0	0,516	10,0	0,517	10,0	0,527	10,0	0,545
12,5	0,446	12,5	0,430	12,5	0,420	12,5	0,417	12,5	0,418
15,0	0,398	15,0	0,378	15,0	0,364	15,0	0,356	15,0	0,351
			3. $\lambda = 1{,}5$.						
4,0	2,579	4,0	3,905	4,0	—	4,0	—	4,0	—
4,5	1,978	4,5	2,543	4,5	3,890	4,5	—	4,5	—
5,0	1,637	5,0	1,937	5,0	2,516	5,0	3,875	5,0	—
7,5	0,984	7,5	1,008	7,5	1,066	7,5	1,154	7,5	1,289
10,0	0,767	10,0	0,755	10,0	0,756	10,0	0,770	10,0	0,797
12,5	0,655	12,5	0,631	12,5	0,617	12,5	0,612	12,5	0,614
15,0	0,585	15,0	0,556	15,0	0,537	15,0	0,525	15,0	0,518

Aus den Diagrammen und Zahlentafeln für die durchgekühlte Zone ist zu ersehen, daß zu Beginn der Durchkühlung ein großes Temperaturgefälle in den Streckenulmen herrscht. Die Wärmedurchgangszahl k ist zu dieser Zeit groß, nachdem die Breite der durchgekühlten Zone klein ist. Mit zunehmender Breite verkleinert sich k allmählich. Dies bezeugt auch die Erfahrung, daß infolge des großen Temperaturgefälles zu Beginn sehr viel Wärme an die Wetter abgegeben wird. Später aber — mit wachsender Breite der durchgekühlten Zone — wird diese Wärmemenge immer kleiner.

Die Wärmeübergangszahl k ändert sich für verschiedene Tiefen der durchgekühlten Zone **nur zu Beginn stärker**, wie aus jeder Gleichung, die die Wärmeübergangszahl angibt, z. B. aus der Gleichung (34a) (ebene Platte), zu ersehen ist. Wir bringen diese Gleichung auf eine für die Berechnung bequemere Form, nämlich

$$k = \frac{\lambda}{\dfrac{\lambda}{\alpha} + z}.$$

Wie sich dieses k in Gesteinen mit verschiedenem λ und α, sowie

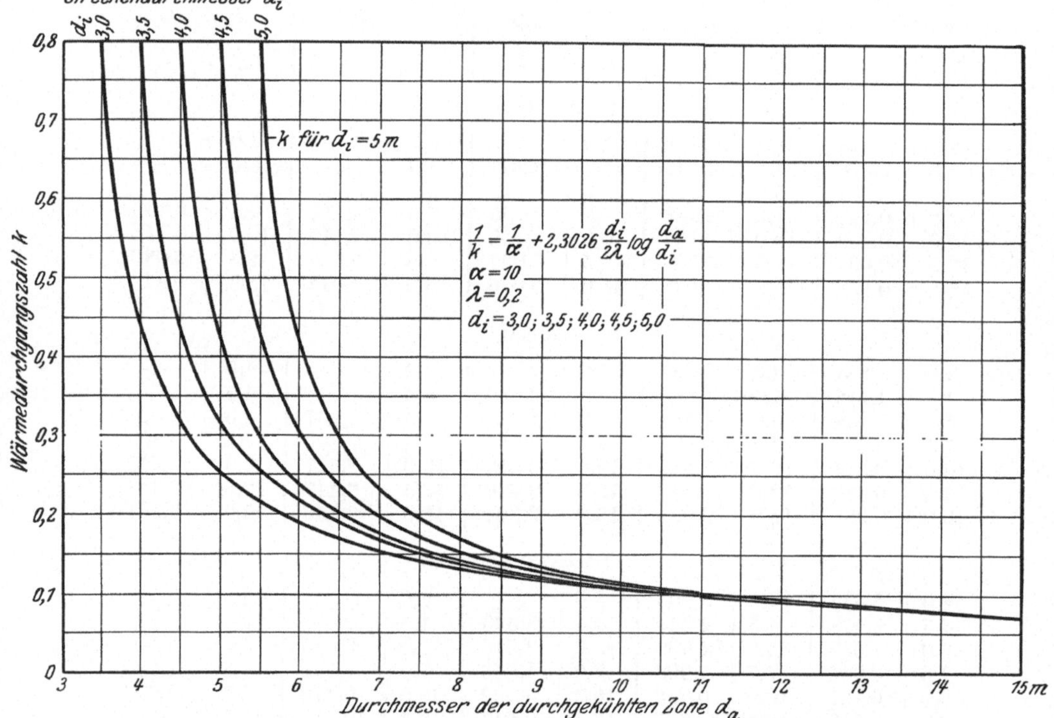

Abb. 16. Abhängigkeit der Wärmedurchgangszahl von der Tiefe der durchgekühlten Zone für verschiedene Streckendurchmesser. $\alpha = 10$, $\lambda = 0,2$.

mit verschiedenen Tiefen der Durchkühlung z ändert, ist aus dem Diagramm 19 zu ersehen, wo k für verschiedene Tiefen z und markantere Übergangs- (α) und Leitzahlen (λ) aufgetragen ist.

Man sieht, daß die Kurve der Durchgangsfähigkeit am stärksten und raschesten beim kleinsten λ sinkt (Kurve *I* bzw. *IV*). Hier genügt schon eine verhältnismäßig kleine Durchkühlung der Oberflächenschicht in eine Tiefe $z = 0,14\,m$, damit die Durchgangsfähigkeit auf ein Neuntel des ursprünglichen Wertes, wo die Streckenoberfläche die Temperatur des ursprünglichen Gesteines hatte, sinke. Sobald die

Durchkühlung der Stöße in eine bestimmte Tiefe vorgeschritten ist, sinkt k bei der weiteren Durchkühlung nur sehr wenig; mit anderen Worten, je kleiner die Leitfähigkeit des Gesteines ist, desto kleiner sind die Veränderungen der Durchgangsfähigkeit, von einer bestimmten minimalen Tiefe beginnend.

In derjenigen Strecke, welche bei demselben λ ein größeres α hat, ist die Änderung der gesamten Übergangsfähigkeit am Anfang viel rapider als in der Strecke, welche ein kleineres α hat; aber nach dieser schnellen Änderung konvergiert die resultierende Durchgangsfähigkeit der Strecke mit größerem α zum gleichen Werte der Strecke mit einem kleineren α (Kurve I und IV, bzw. II und V, bzw. III und VI).

Ist aber die Leitfähigkeit des Gesteines größer, so sinkt das k mit der Betriebszeit langsamer, so daß sich der stationäre Zustand etwas später einstellt. Vergleiche die Kurven $I—II—III$ oder $IV—V—VI$.

Es ist folgerichtig, daß der Einfluß des α, von einer bestimmten Tiefe angefangen, gering ist, so daß er vernachlässigt werden kann. Bei einer tief reichenden Durchkühlung kann also die Geschwindigkeit des Wetterstromes und infolgedessen auch das α beliebig sein, das k bleibt gleich und nähert sich dem für eine große Durchkühlung

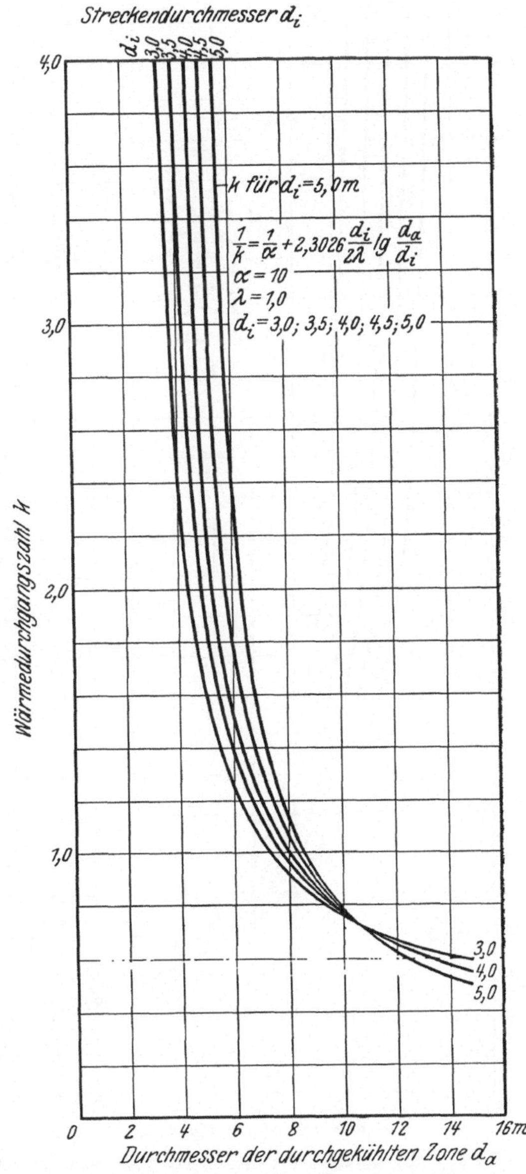

Abb. 17. Abhängigkeit der Wärmedurchgangszahl von der Tiefe der durchgekühlten Zone für verschiedene Streckendurchmesser. $\alpha=10$, $\lambda=1,0$.

geltenden Werte

$$k = \frac{\lambda}{z} *.$$

Vergleiche I mit IV, II mit V, III mit VI. Mit anderen Worten, für ein und dieselbe Strecke (gleiches λ) bleibt die Kurve k, wie immer auch das α sei, eine und dieselbe.

In Abb. 19 ist zu sehen, daß die Kurven I und IV schon in einer Tiefe von 0,1 m beinahe zusammenfallen, obwohl α zweimal so groß ist. Die Kurven II und V unterscheiden sich schon von 1 m Tiefe angefangen sehr wenig, genau so wie die Kurven III und VI in einer Tiefe von 2 m nahezu identisch sind.

Daraus folgt, daß das Zusammenfallen der Kurven k um so eher erfolgt, je weniger leitfähig das Gestein ist. Es hat

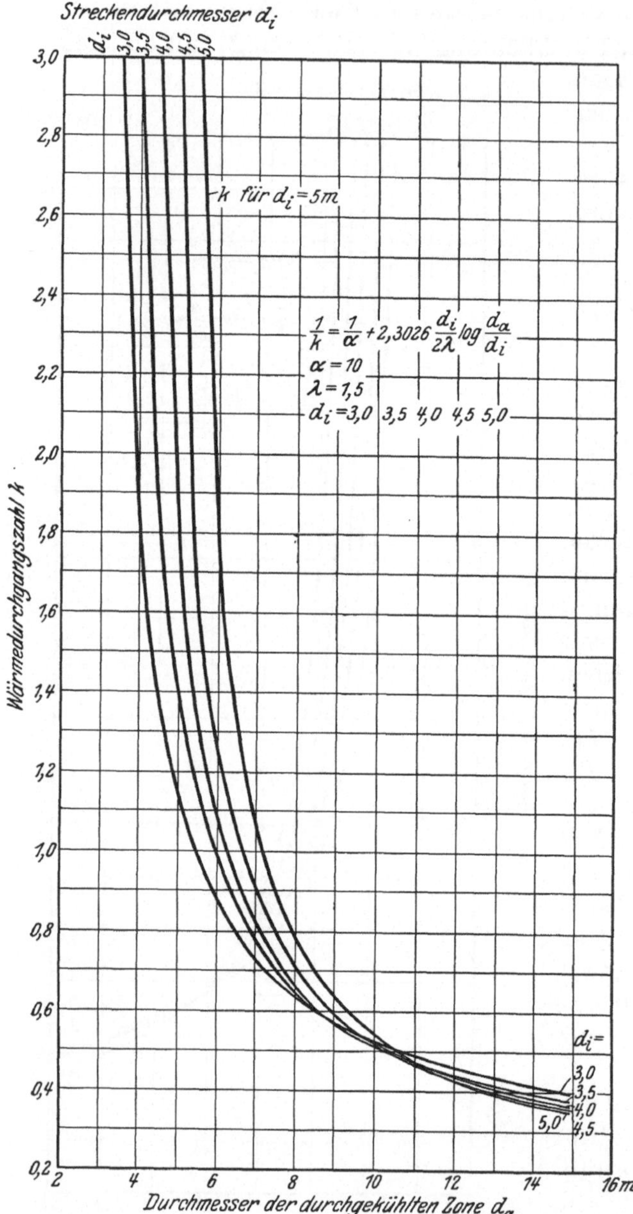

Abb. 18. Abhängigkeit der Wärmedurchgangszahl von der Tiefe der durchgekühlten Zone für verschiedene Streckendurchmesser. $\alpha = 10$, $\lambda = 1,5$.

* Ist die Tiefe der Durchkühlung z genügend groß, so kann das Glied $\dfrac{\lambda}{\alpha}$ in der

Gleichung $k = \dfrac{\lambda}{\dfrac{\lambda}{\alpha} + z}$ weggelassen werden und k gleicht sodann $k = \dfrac{\lambda}{z}$.

somit auch die Leitfähigkeit des Gesteines auf die Wettererwärmung einen maßgebenden Einfluß.

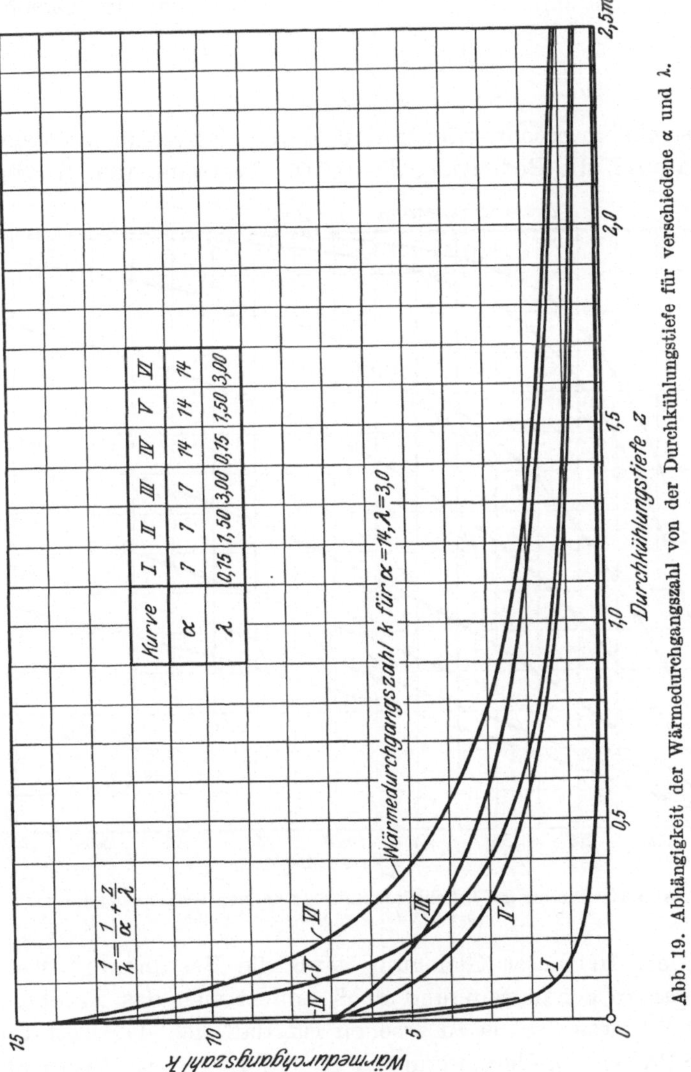

Abb. 19. Abhängigkeit der Wärmedurchgangszahl von der Durchkühlungstiefe für verschiedene α und λ.

6. Bedeutung der Wärmedurchgangszahl k bezüglich der vom Gestein an die Wetter abgegebenen Wärmemenge.

Die obenstehenden Ausführungen sind für die Berechnung der Wärme, die aus den Stößen in die Wetter übergeht, sehr wichtig. Im Kapitel II haben wir diese Menge aus der Gleichung $Q = \alpha \cdot F \cdot (t' - t)$ berechnet und schon bei dieser Gelegenheit aufmerksam gemacht, daß die Bestimmung des α und ebenso der Ulmtemperatur t' sehr beschwerlich ist. Führen wir aber statt α den Wert k und statt t' die ursprüngliche Gesteinstemperatur t_1 ein, so erhalten wir die Gleichung

$$Q = \frac{1}{\dfrac{1}{\alpha} + \dfrac{z}{\lambda}} \cdot F \cdot (t_1 - t_2);$$

diese erscheint beschwerlicher und komplizierter, doch ist sie genauer, weil dadurch die Bedeutung des schwer bestimmbaren Koeffizienten α

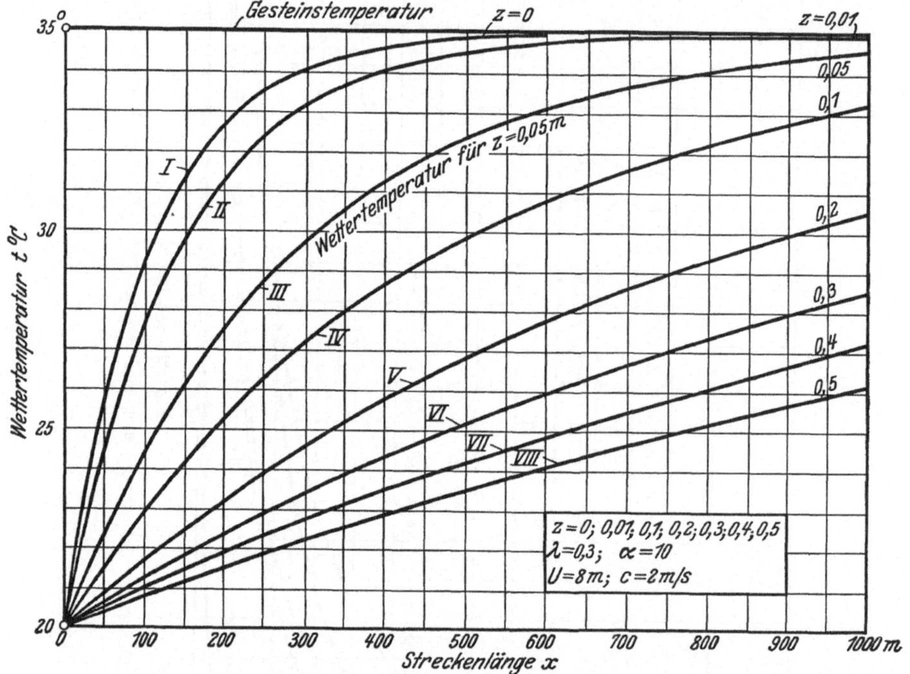

Abb. 20. Einfluß der Durchkühlungstiefe z auf den Wettertemperaturverlauf.
$c = 2\,\text{m/s}$, $U = 8\,\text{m}$, $G = 10\,\text{kg/s}$.

schwindet. In dieser Gleichung muß die Bestimmung des Wertes α nicht gar so genau sein und doch ändert sich das Ergebnis nur unbedeutend, was daraus zu ersehen ist, daß sich das Resultat nur um wenige Prozente ändert, wenn wir einmal $\alpha = 5$, das zweite Mal $\alpha = 10$ setzen, wogegen früher eine Änderung von 100% eintrat.

Genau so spielt bei größeren Durchkühlungen eine kleine Differenz bei der Tiefenbestimmung der Durchkühlung, welche eingesetzt werden muß, eine kleine Rolle, besonders wenn es sich um wenig leitfähige Gesteine und eine längere Zeit hindurch bewetterte Strecke handelt.

Setzen wir z. B. in die obere Gleichung einmal $\alpha = 5$ und $z = 5$ und dann $\alpha = 10$ und $z = 6$, so ändert sich das Q bei $t_1 - t_2 = 20$ nur in einem Verhältnisse

$270 : 310$; bei $z = 10$ und 11 ändert sich das Q im Verhältnisse $104 : 110$, also unbedeutend, obwohl wir beim α einen Fehler von 100% gemacht haben und statt 10 m Durchkühlungstiefe 11 m genommen haben.

Das Diagramm 20 zeigt den Einfluß der fortschreitenden Durchkühlung des Stoßgesteines auf die Temperatur der strömenden Wetter.

Die Kurven sind für eine Strecke durchgerechnet, die einen Querschnitt von 2×2 qm und einen Umfang von 8 m hat; die Wettergeschwindigkeit beträgt 2 m/s und die Anfangstemperatur der Wetter 20^0 C. Die Anfangstemperatur des Gesteines beträgt 35^0 C. Die Übergangsfähigkeit $\alpha = 10$; die Leitfähigkeit des Gesteines $\lambda = 0,3$, $G \doteq 10$ kg/s.

Die Durchgangsfähigkeit ist nach Gleichung (52) berechnet. Daraus ergeben sich folgende, für die Temperaturerhöhung maßgebende Daten (Zahlentafel 4):

Zahlentafel 4. Größe der Wärmeübergangszahl k und der Größe S für verschiedene Durchkühlungstiefen (vgl. Abb. 20).

z Meter . .	0,0	0,01	0,05	0,1	0,2	0,3	0,4	0,5
k	10,0	7,5	3,81	2,39	1,41	1,03	0,818	0,689
$S \cdot 10^3$ . . .	9,259	6,944	3,525	2,217	1,308	0,957	0,757	0,637

Nach Gleichung (11) ist

$$S = \frac{8 \cdot k}{10 \cdot 0,24 \cdot 3600} = 0,000\,925\,9\ k.$$

Im übrigen ist der Verlauf aller 8 Kurven klar. Die Wettererwärmung schreitet nur allmählich vorwärts, sobald das Stoßgestein nur einigermaßen durchgekühlt ist. Bei dieser Leitfähigkeit des Gesteines ist, von $0,3$ m angefangen, die weitere Durchkühlung nur von kleinen Änderungen der Durchgangsfähigkeit k begleitet. Je mächtiger die durchgekühlte Schicht ist, desto kleiner ist der Einfluß der ursprünglichen Übergangsfähigkeit α und desto weniger unterscheiden sich voneinander die k. Die derart mächtige Schicht durchkühlt sich in einigen Wochen oder Monaten, je nach der vorbeiströmenden Wettermenge, nach der Leitfähigkeit des Gesteines und selbstverständlich auch nach der Temperatur der strömenden Wetter.

Im Diagramme 21 und der Zahlentafel 5 ist angeführt, wie sich die Wetter in einer rechteckigen Strecke erwärmen, wenn die Stöße 35^0 C warm sind und wenn die Anfangstepmeratur der Wetter 15^0 C, 20^0 C und 25^0 C beträgt.

Zahlentafel 5.
Wärmeübergangszahl k für eine rechteckige Strecke (vgl. Abb. 21).

$$\frac{1}{k} = \frac{1}{\alpha} + \frac{U}{8\,\lambda} \ln \frac{U + 8\,z}{U}.$$

$$\lambda = 0,3; \quad U = 8 \text{ m}; \quad \alpha = 10.$$

	$T_0 - t_0$ ^{0}C	α	z m	k
I_1	10	10	—	10,0
II_1	15	10	—	10,0
III_1	20	10	—	10,0
I_2	10	10	0,1	2,394
II_2	15	10	0,1	2,394
III_2	20	10	0,1	2,394
I_3	10	10	0,4	0,818
II_3	15	10	0,4	0,818
III_3	20	10	0,4	0,818

Analysieren wir dieses Diagramm genauer!

Die mit dem Index 1 versehenen Kurven (I_1, II_1, III_1) entsprechen, laut Tafel 5, dem Anfangszustande, wo also $z = 0$ ist.

Den Gleichungen (34a) bzw. (42) oder (52) zufolge ändert sich das k bedeutend, sobald eine auch nur schwache Schicht des Stoßgesteines durchgekühlt ist. Setzen wir nun voraus, daß sich das Gestein nach einigen Tagen in eine Tiefe von 1 dm ($z = 0{,}1$ m) abkühlt. Bei einer Gesteinsleitfähigkeit von $\lambda = 0{.}3$ sinkt k nach der Gleichung (52) auf

$$\frac{1}{k} = \frac{1}{10} + \frac{8}{8 \cdot 0{,}3 \cdot 0{,}4343} \log \frac{8{,}8}{8} = 0{,}4177 = \frac{1}{2{,}394}.$$

Gleichzeitig sinkt S auf den Wert

$$S = \frac{2{,}394 \cdot 8}{3600 \cdot 10 \cdot 0{,}24} = 0{,}002\,22.$$

Diesem Zustande der Wärmeübergangsfähigkeit entsprechen im Diagramme 21 die Kurven, die mit dem Index 2 versehen sind, also I_2, II_2 und III_2.

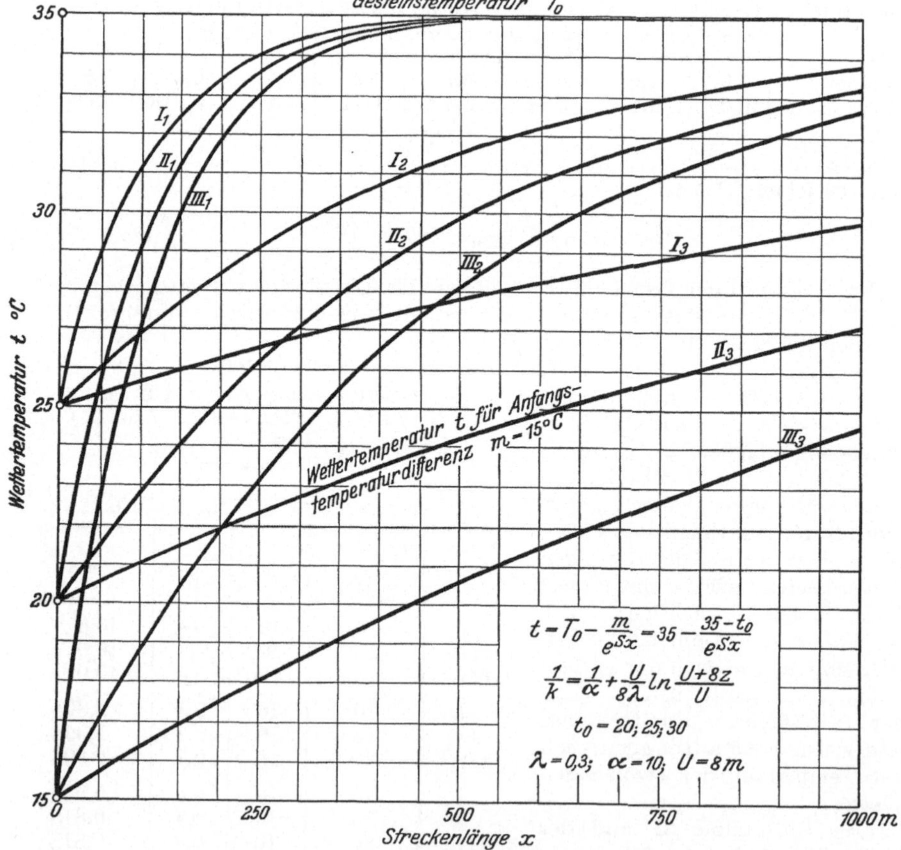

Abb. 21. Wettertemperaturverlauf in Strecken mit verschiedener Anfangstemperaturdifferenz und verschiedener Durchkühlungstiefe.

Man erkennt, daß der Ausgleich der Wettertemperatur viel langsamer erfolgt wie beim vorigen Zustande, so daß am Diagramme noch für eine Entfernung von 1000 m ein Temperaturgefälle von 1,2°, 1,8° und 2,4° besteht, wogegen vorhin 0,0° C war. Aber auch jetzt kann man beobachten, daß sich alle Temperaturen, genau so wie früher, einer einzigen, resultierenden Wettertemperatur, d. i. 35⁰ C, nähern. Der einzige Unterschied ist der, daß dieses Ausgleichen langsamer erfolgt.

Durch die weitere Wärmeabnahme schreitet die Durchkühlung der Stöße in noch größere Tiefen vor, und zwar bis in eine Tiefe von $z = 0{,}4$ m, so daß wir $k = 0{,}818$ erhalten; dadurch ändert sich auch S auf den Wert $S = 0{,}000\,757$.

Die Kurven der Wettertemperatur gehen allmählich aus dem mit dem Index 2 bezeichneten Zustande in denjenigen über, der mit dem Index 3 bezeichnet ist. Das Diagramm zeigt, daß das Ausgleichen der Temperaturen viel allmählicher erfolgt, so daß die Wetter, die mit einer Temperatur von 15⁰ C in die Strecke eingefallen sind, noch nach 1000 m kaum eine Temperatur von 25⁰ C haben, wogegen sie früher, zu Beginn des Betriebes, in einer Tiefe von 500 m nahezu 35⁰ C hatten. In diesem Falle haben sich die Wetter also nur um 10⁰ C erwärmt. Wetter, die mit einer Temperatur von 20⁰ C eingefallen sind, haben nach 1000 m 27⁰ C, so daß sie sich um bloße 7⁰ C erwärmt haben. Es ist aber leicht zu erkennen, daß sich die Wetter auch auf 35⁰ C erwärmen würden, wenn die Strecke genügend lang wäre. Die Wettertemperatur würde sich von der ursprünglichen Differenz von 10⁰ C auf 0,1⁰ C erst in einer Entfernung von 7128 m, die Differenzen von 15⁰ C in einer Entfernung von 7756 m und die Differenzen von 20⁰ C erst in einer Entfernung von 8200 m ausgleichen. Auf 0,01⁰ C sinkt die Temperaturdifferenz von 10⁰ C, 15⁰ C und 20⁰ C in einer Entfernung von 10690 m, 11321 m und 11766 m.

Man kann also sagen, daß sich auch bei diesem allmählichen Wärmeübergange die Temperaturunterschiede der eben angeführten Größen nach Entfernungen von über 12000 m auf praktisch gleiche Werte ausgleichen.

Die eben genannten Ziffern zeigen, daß der Unterschied in der Distanz, in welcher der Ausgleich stattfindet, nicht besonders groß ist, trotzdem der Anfangstemperaturunterschied groß war. Der Anfangswettertemperaturunterschied hat also für die Temperatur der Wetter an entfernteren Orten im gegebenen Zeitpunkte keine große Bedeutung[1]. Für die Zukunft hat er aber eine enorme Bedeutung, weil wir mit kühleren Wettern die Ulmdurchkühlung in eine größere Tiefe und Distanz bedeutend rascher durchführen können. Die Durchkühlung der Ulme verschiebt gewaltig den Punkt und die Distanz, in welcher der Ausgleich stattfindet, wie der bloße Anblick des Diagrammes 21 zeigt: Auf 1⁰ wird die Temperatur ausgeglichen: bei nicht durchgekühltem Gestein in einer Entfernung von 250—300 m, bei einer Durchkühlung von 0,1 m erst in einer Distanz von ca. 1400, bei einer Durchkühlung von 0,4 m erst nach ca. 4000 m.

7. Bedeutung der Neigung der Gefällekurve.

Auf die durchgehende Wärmemenge hat eigentlich nicht die tatsächliche Durchkühlungstiefe einen Einfluß, sondern die Tangente des Winkels, den die Gefällekurve mit der Übergangsfläche in dem ihnen gemeinsamen Schnittpunkte einschließt (siehe Abb. 22); also

$$\operatorname{tg} \alpha = \left(\frac{dT}{dz}\right)_0.$$

---

[1] Vergleiche Seite 56.

Somit verstehen wir unter der Tiefe der durchgekühlten Zone

$$z_0 = \frac{T_0 - t}{\operatorname{tg} \alpha},$$

und nicht die tatsächliche Breite dieser Zone. T_0 bedeutet die ursprüngliche Gesteins- und t die Stoßtemperatur.

8. Der Verlauf des Temperaturgefälles in der durchgekühlten Zone. Breite der durchgekühlten Zone.

Aus der Gleichung

$$\frac{d\,t}{d\,r} = \frac{Q}{2\,\pi\,r\,\lambda} \qquad\qquad (53) \equiv (39\,\mathrm{a})$$

ersieht man, daß sich das um eine kreisförmige Strecke gebildete Temperaturgefälle mit der Entfernung vom Grubenorte immer mehr und mehr verringert (siehe Abb. 22). Es bedeutet r die Entfernung von der

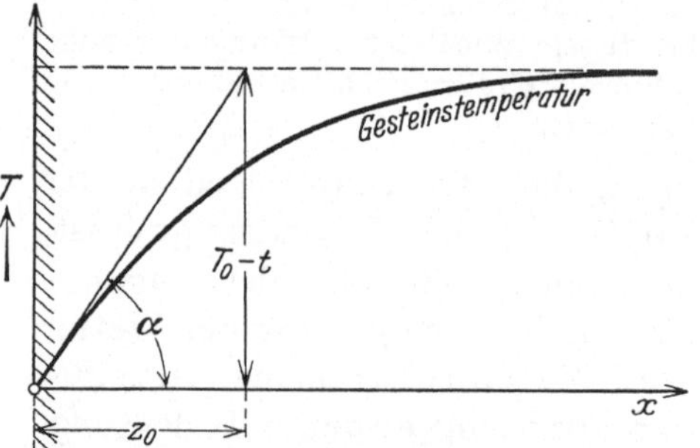

Abb. 22. Tangente der Gefällekurve = scheinbare Durchkühlungstiefe.

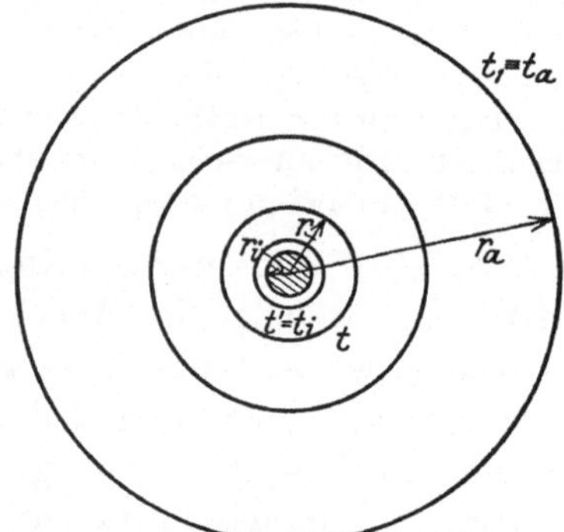

Abb. 23. Isothermen um eine Strecke mit kreisförmigem Querschnitte.

Mitte des Grubenbaues (bei einer Strecke mit einem kreisförmigen Querschnitte). Wird r vergrößert, so verkleinert sich der Wert des ganzen Ausdruckes, was eine kleinere Neigung der Gefällekurve bedeutet. Es wird also die Temperatur von der Wand aus anfangs rasch steigen, später aber langsamer, so daß die Kurven der gleichen Temperaturen, die Vollgradisothermen, voneinander immer weiter und weiter entfernt sein werden. Die Entfernungen der einzelnen Isothermen erhalten wir aus der Gleichung (40b) durch einfache Änderung auf die Exponentialform

$$r = r_i \cdot e^{\frac{2\pi\lambda}{Q}(t - t')}, \qquad\qquad (54)$$

wobei wir statt r_a einfach r schreiben, also den Halbmesser, welcher jener Stelle gehört, wo die Temperatur t herrscht. Setzen wir für t verschiedene Werte, z. B. 30^0, 31^0, 32^0 C usw., so erhalten wir den Halbmesser der entsprechenden Isothermen (siehe Abb. 23).

Für die einhüllende Fläche der durchgekühlten Zone, demnach für die entfernteste Isotherme, ist

$$r = r_a; \qquad t = t_1,$$

so daß die Gleichung (54) in die Form

$$r_a = r_i\, e^{\frac{2\pi\lambda}{Q}(t_1 - t')} \tag{55}$$

übergeht.

Der Ausdruck $\dfrac{2\pi\lambda}{Q}$ ist für ein bestimmtes Gestein und für bestimmte Wärmeverhältnisse eine konstante Größe. Bezeichnen wir

$$C = e^{\frac{2\pi\lambda}{Q}}, \tag{56}$$

so folgt

$$r = r_i\, C^{t - t'} \tag{57a}$$

oder

$$t = t' - \frac{\log r_i}{\log C} + \frac{1}{\log C}\cdot \log r, \tag{57b}$$

$$t = K_1 + K_2\cdot \log r. \tag{57c}$$

Daraus resultiert

$$r_a = r_i\, C^{t_a - t'}. \tag{58}$$

Aus der Gleichung (57a) resultiert

$$C = \sqrt[t-t']{\frac{r}{r_i}}. \tag{59}$$

Ist die Temperatur t im Kältemantel in einer Entfernung r vom Mittelpunkt des Grubenbaues bekannt[1], ferner auch die Temperatur der Streckenulme t' und auch die ursprüngliche Temperatur des Gesteines t_1, so kann man die Breite des Kältemantels (Abb. 23), d. i. die Tiefe, auf welcher sich im Gestein ein Temperaturgefälle bemerkbar macht, aus den Gleichungen (55) oder (58) und (59) bestimmen. Aus denselben Gleichungen kann man die Lage der einzelnen Kurven gleicher Temperaturen, d. s. Isothermen, ermitteln.

Bei der Berechnung der Konstanten C nach der letzten Gleichung muß man die Temperatur des Grubenbaustoßes kennen; man kann sie direkt oder mittels der Gleichung (44) ermitteln.

9. Form der durchgekühlten Zone.

Unter der Form der durchgekühlten Zone versteht man die Gestaltung der entstandenen isothermischen Flächen um den Grubenbau herum. Diese Flächen sind in erster Linie von der Leitfähigkeit des

---

[1] Man kann sie in irgendeinem Bohrloche bestimmen.

Gesteines abhängig. Die Durchkühlung des Gesteines schreitet nur am Anfang ihres Weges, also nur in unmittelbarer Nähe der Strecken-

stöße, parallel zur Kühlungsfläche vorwärts, so daß die isothermischen Flächen die Form des erweiterten Grubenbaues einnehmen. Aber schon nach kurzem Verlaufe, einige Meter von der Strecke, gleichen sich die Unregelmäßigkeiten, die Kanten, Ecken, aus und die Form der Fläche rundet sich ab, wobei die durchgekühlte Zone die Gestalt eines Kreiszylinders erhält, soweit es sich natürlich um homogenes Gestein, also beispielsweise um Granit, Sandstein, Kalkstein und ähnliches Gestein, dessen Leitfähig-

Abb. 24. Isothermen um eine Strecke mit rechteckigem Querschnitte in homogenem Gesteine.

keit in allen Richtungen gleich ist, handelt. In Abb. 24 ist diese allmähliche Abrundung und Ausgleichung der Unregelmäßigkeiten der Oberfläche der Streckenstöße zu sehen.

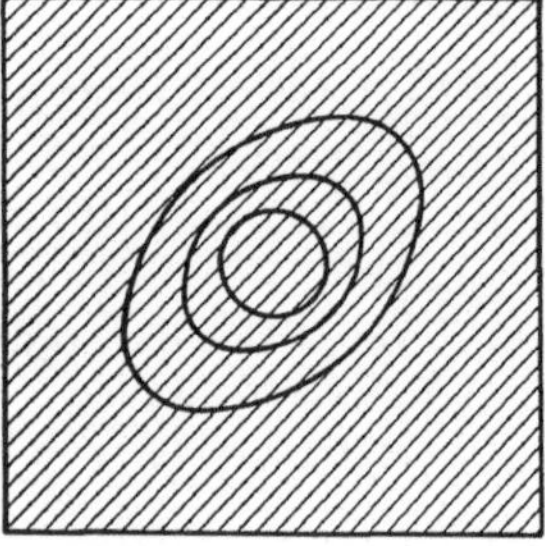

Sobald aber die Leitfähigkeit in einer Richtung abweichend ist, dehnen sich die isothermischen Flächen in der Richtung der größeren Leitfähigkeit aus und deformieren sich zu elliptischen oder ähnlichen Zylinderflächen (siehe Abb. 25). Dieser Fall ist besonders bei Gangoder Schichtenlagerstätten zu beobachten.

Auch die Wärmeübergangszahl ist nicht in allen Teilen des Grubenbaues gleich, da sie von der Geschwindigkeit des Wetterstromes abhängt.

Abb. 25. Isothermen in geschichtetem Gesteine.

Auch bei richtungslosen Gesteinen entsteht eine Deformation der isothermischen Flächen, wenn auch in kleinem Maße, und dies durch

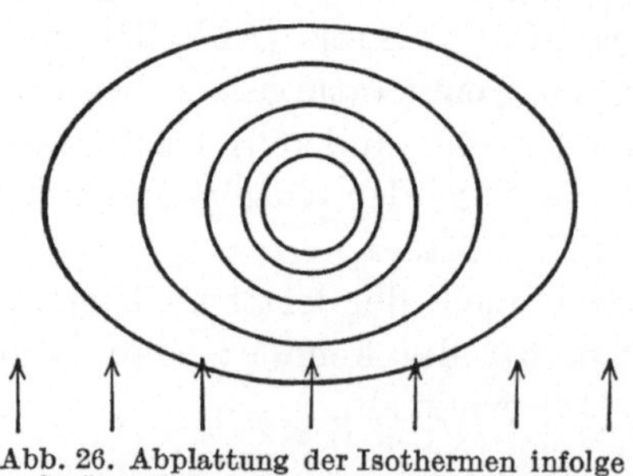

Einwirkung des Stromes der eigenen Gesteinswärme, welche, infolge des Tiefengradienten, die um horizontale Strecken und Tunnel gebildeten isothermischen Flächen in horizontaler Richtung ausdehnt. Dadurch dehnt sich die isothermische Fläche, die sonst einen kreisförmigen Querschnitt hatte, in einen elliptischen Zylinder aus, bei dem die Halbachsen des Querschnittes im Verhältnis bis

Abb. 26. Abplattung der Isothermen infolge Strömens der eigenen Gesteinswärme[1].

1 : 1,5 stehen, wie dies beim Simplontunnel festgestellt wurde. Auf Abb. 26 ist ein ähnlicher Fall dargestellt. Die durchgekühlte Zone hat

---

[1] Genau genommen ist die Deformation der oberen Hälfte eine andere als diejenige der unteren; doch sehen wir hier davon ab.

also nicht überall einen kreisförmigen Querschnitt. Kreisförmig kann er nur in lotrechten Grubenbauen, wie z. B. in den Schächten, Kaminen usw. sein.

10. Menge der Eigenwärme, die von der durchgekühlten Zone an die Wetter abgegeben wird.

Wir hätten einen Punkt m, der in der durchgekühlten Zone in einer Entfernung r vom Mittelpunkte des Grubenbaues gelegen ist. Sinkt in diesem Punkte die Temperatur von der ursprünglichen Größe t_1 auf t, so hat es zur Folge, daß vom Rande der durchgekühlten Zone bis zum Punkte m ein Temperaturgefälle $(t_1 - t)$ entsteht (Abb. 27).

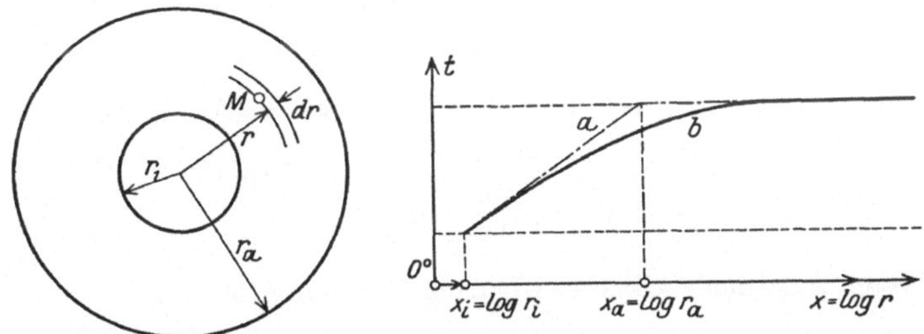

Abb. 27. Wärmeleitung durch eine durchgekühlte Zone einer kreisförmigen Strecke.

Der Wärmeverlust dQ des Ringes vom Halbmesser r, der Länge 1 m und der Breite dr, beträgt sodann:

$$dQ = 2\pi\, r\, \gamma\, c\, (t_1 - t)\, dr, \tag{60}$$

worin c die spezifische Wärme des Gesteines und γ das spezifische Gewicht des Gesteines bedeutet.

Setzen wir für die konstanten Größen $2\pi c\gamma = M$, so erhalten wir

$$dQ = M\, (t_1 - t)\, r\, dr. \tag{61}$$

Für eine vollkommen durchgekühlte Zone gilt die Gleichung (58), die wir den jetzigen Bedingungen dadurch anpassen, daß wir den inneren Halbmesser r_i und damit die in der Zone herrschende Temperatur als veränderlich betrachten; also

$$r_a = r\, C^{t_1 - t}. \tag{62}$$

Durch Logarithmieren dieses Ausdruckes erhalten wir

$$t_1 - t = \frac{\ln r_a - \ln r}{\ln C}. \tag{63}$$

Diesen Ausdruck setzen wir in die Gleichung (61) und erhalten:

$$dQ = \frac{M}{\ln C}\, (\ln r_a - \ln r)\, r\, dr. \tag{64}$$

Durch Integration von r_a bis r_i erhalten wir sodann die ganze Wärmemenge Q, die von der durchgekühlten Zone an die Wetter abgegeben wurde:

$$Q = \frac{M}{4 \ln C} \left[r_a^2 - r_i^2 - 2\, r_i^2 \ln \frac{r_a}{r_i} \right]. \qquad (65)$$

Beispiel. Wieviel Wärme wird dem Gestein entzogen, wenn eine 10 m breite durchgekühlte Zone um eine Strecke von kreisförmigem Profile entsteht? Es sei $d_i = 3$ m.

Der Durchmesser der durchgekühlten Zone wird

$$d_a = d_i + 2\,z = 23 \text{ m}$$

sein. Es sei $\gamma = 2500$, $c = 0{,}22$, $\lambda = 0{,}22$, $\alpha = 10$. Die Wettertemperatur sei $t_2 = 25^0$ C, die ursprüngliche Temperatur des Gesteines $t_1 = 45^0$ C.

Berechnen wir vorerst den Ausdruck

$$M = 2\pi c\,\gamma = 2 \cdot 3{,}14 \cdot 2500 \cdot 0{,}22 = 3455.$$

Die Temperatur des Stoßes berechnen wir aus der Gleichung (44)

$$t' = 25 + \frac{45 - 25}{1 + \dfrac{10 \cdot 3}{2 \cdot 0{,}22} \cdot \ln \dfrac{23}{3}} = 25{,}14^0 \text{ C}.$$

Aus diesem Ausdrucke erhalten wir nach Gleichung (59)

$$C = \sqrt[\,45-25{,}14\,]{\frac{23}{3}} = 1{,}108.$$

Weiters erhalten wir

$$\frac{1}{4 \ln C} = 2{,}44.$$

Wenn wir in die Gleichung (65) die eben gefundenen Größen einsetzen, so erhalten wir

$$Q = 3455 \cdot 2{,}44 \cdot (11{,}5^2 - 1{,}5^2 - 2 \cdot 1{,}5^2 \cdot 2{,}3 \cdot 0{,}8846)$$
$$= 1018076 \doteq 1000000 \text{ kgcal}.$$

Damit also eine durchgekühlte Zone bei einem Temperaturgefälle $(t_1 - t_2) = 20^0$ C sowie einer Breite von 10 m entstehe — bei einem Streckendurchmesser von 3 m —, müssen für einen laufenden Meter der Strecke 1 000 000 kgcal entzogen werden. Diese Wärmemenge kann ca. 330 000 cbm Wetter um 10^0 C erwärmen.

11. Der zeitliche Vorgang bei der Streckendurchkühlung.

Entzieht der Wetterstrom mehr Wärme als aus dem Inneren des Gesteines zugeführt wird, so wird die durchgekühlte Zone mit der Zeit immer breiter. Entführen aber die Wetter nur so viel Wärme, als aus dem Inneren zugeführt werden kann, so ändert sich nicht die Breite der durchgekühlten Zone.

Da die gesamte Wärmemenge, die im Laufe eines langjährigen Betriebes der betreffenden Strecke an die Wetter abgegeben wird, neben anderen von der Temperaturdifferenz beider Medien — des Gesteinstoßes und der Wetter — abhängig ist und weil sich dieser Temperaturunterschied im Laufe der Zeit verkleinert, so verringert sich auch die Wärmemenge, die an die Wetter abgegeben wird, bis sie nach einer gewissen Zahl von Jahren nahezu konstante Größen erreicht.

Die Diagramme 28 und 29 verbildlichen nach Heise[1] die durch eine Strecke im Laufe verschiedener Zeitabschnitte unter verschiedenen Bedingungen entzogene Wärmemenge; die Kurve *1* stellt die Wärmeabnahme pro 1 m Strecke durch eine Strecke von kreisförmigem

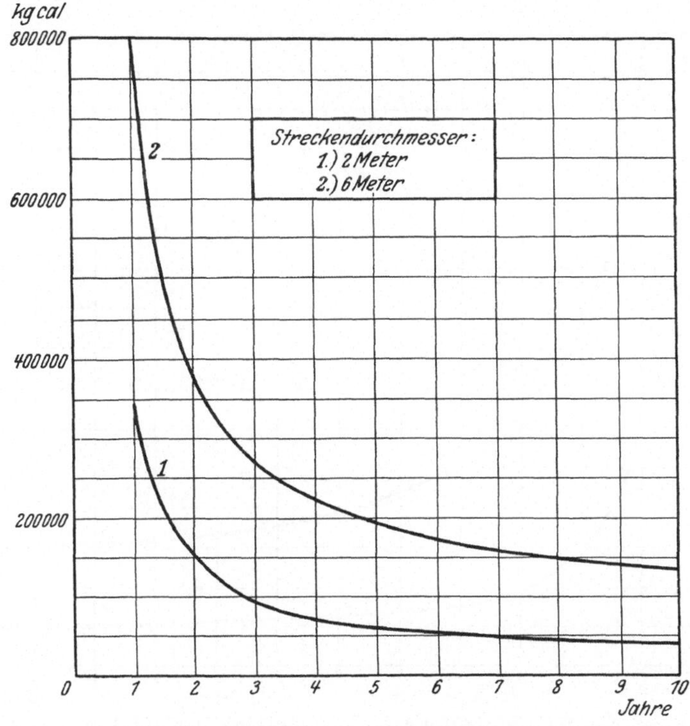

Abb. 28. Vom Gestein an die Wetter pro 1 m Strecke abgegebene Wärmemenge.
(Nach Heise-Drekopf: Glückauf 1923, Tafel 12.)

Querschnitte, dessen Durchmesser 2 m beträgt, dar; die Kurve *2* eine gleiche mit einem Durchmesser von 6 m. Die ursprüngliche Gesteinstemperatur betrug 40° C, die Temperatur der einfallenden Wetter 30° C. Es ist zu ersehen, daß die größte Wärmeabnahme in der ersten Zeit erfolgt, daß sie sich aber bald bis zu einem bestimmten Minimum verkleinert, zu dem sie in beiden Fällen, bei einem kleinen Durchmesser aber rascher, konvergieren. Weiters kann man beobachten, daß die Strecke mit einem kleineren Durchmesser zwar weniger Wärme entzieht, aber viel schneller das Minimum erreicht, also jenen Wert, wo sich die Menge der zugeführten Wärme praktisch nicht mehr ändert.

---

[1] Heise: Glückauf **1923**, 110, Tafel 12.

Auf die Bildung der durchgekühlten Zone hat, wie schon erwähnt wurde, die Wärmeleitfähigkeit des Gesteines einen großen Einfluß. Eine große Leitfähigkeit hat z. B. der Sandstein mit 1,44, Schiefer hat nur 0,8, Kohle gar nur 0,3 bis 0,14. Deswegen durchkühlen sich in der Kohle die Stöße der Strecken langsamer. Die Breite der durchgekühlten Zone beträgt erfahrungsgemäß beim Sandstein 12 bis 14 m, beim Schiefer 8 bis 10 m und bei der Kohle 3 bis 4 m.

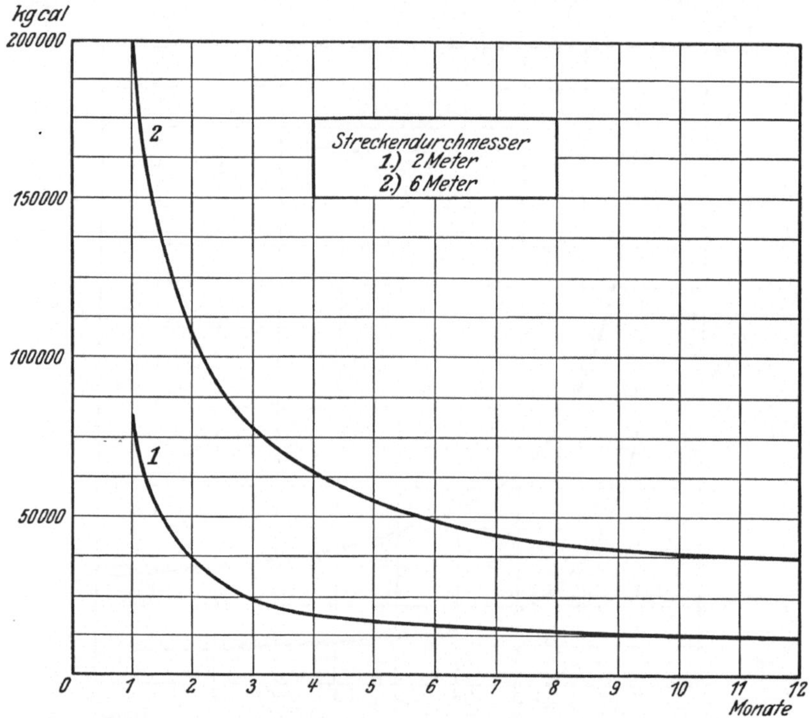

Abb. 29. Vom Gestein an die Wetter pro 1 m Strecke abgegebene Wärmemenge.
(Nach Heise-Drekopf: Glückauf 1923, Tafel 12.)

Die Zeit, die zur Bildung der durchgekühlten Zone nötig ist, geben verschiedene Forscher verschieden an. Zollinger und Metzger haben errechnet, daß sich das Gestein in einem Tage um 5 cm in die Tiefe abkühlt. Die Durchkühlung erfolgt also sehr rasch. Nach 1 bis 2 Jahren erreicht sie die Endform und es ist in der weiteren Zeit der Einfluß der Gesteinstemperatur auf die Grubenwetter fast konstant.

Die Beziehungen zwischen der Zeit τ und der Breite des Kältemantels, das ist seinem Halbmesser r_a, gibt Wiesmann auf Grund seiner Erfahrungen beim Bau der Alpentunnel durch die Formel

$$r_a^2 \log \frac{r_a}{r} = a \cdot (t_1 - t_2)\, \tau \qquad (66)$$

an.

Der Koeffizient a muß in jedem speziellen Falle bestimmt werden. In einem gewissen Falle ist von Wiesmann beim Studium des Wärme-

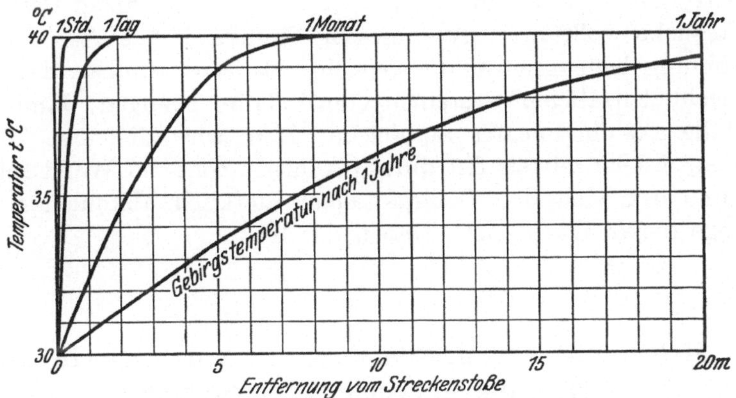

Abb. 30. Temperaturverlauf im Gestein nach verschiedenen Durchkühlungszeiten. (Nach Heise-Drekopf: Glückauf 1923, Abb. 6.)

gefälles und seiner Abhängigkeit von der Zeit der Wert $a = \frac{1}{450}$ bestimmt worden.

Den Verlauf der Gesteinsdurchkühlung studierten auch Heise, Drekopf[1] und Jansen[2]. Am Diagramm 30 ist der Verlauf der Abkühlung nach einer Stunde, einem Tage, einem Monate und einem Jahre für Gneis, also für ein gut leitfähiges Gestein, dargestellt, dessen ursprüngliche Temperatur 40° betrug. Die Temperatur der vorbeiströmenden Wetter war 30° C.

Die von Heise und Drekopf berechneten Resultate sind den von Jansen in Hamm tatsächlich gemessenen und in den Abb. 31 und 32 wieder-

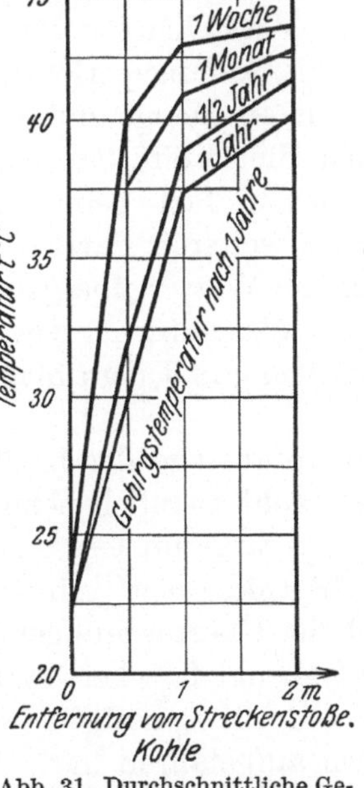

Abb. 31. Durchschnittliche Gebirgstemperatur bei verschiedenem Alter der Stöße in Kohle. (Nach Jansen: Glückauf 1927, Abb. 7.)

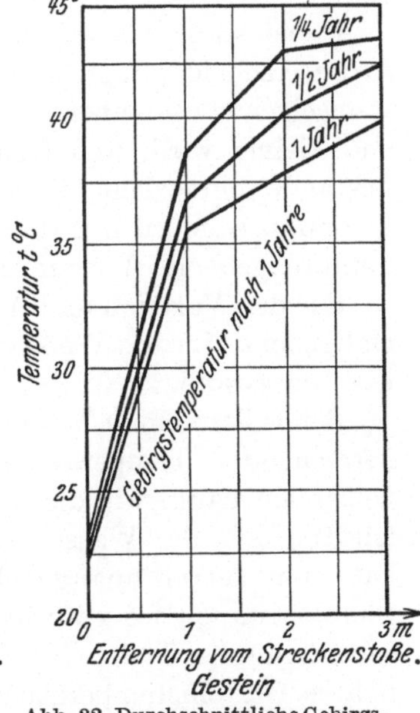

Abb. 32. Durchschnittliche Gebirgstemperatur bei verschiedenem Alter der Stöße in Nebengestein. (Nach Jansen: Glückauf 1927, Abb. 7.)

[1] Heise u. Drekopf: Glückauf **1923** und **1924**.   [2] Jansen: Glückauf **1927**.

gegebenen Resultaten analog. Zwischen beiden besteht nur der Unterschied, daß Heise und Drekopf die Verhältnisse für gut leitfähigen Gneis berechneten, während Jansen in schlecht leitfähigen Gesteinen seine Versuche vollführte. Aus diesem Grunde hat er die analoge Durchkühlung bedeutend später erreicht. Es ist erkennbar, daß auch bei schlecht leitfähigen Gesteinen einige Jahre genügen, damit sich das Gefälle auf ein lineares ausgleiche; dann wird diejenige Wärme abgegeben, welche mittels der durchgekühlten Zone zur Wand geleitet wird, ohne daß sich das Gebirge selbst merklich abkühlen würde. Die Menge dieser Wärme ist gegeben durch

$$Q = \lambda \cdot \left(\frac{dt}{dx}\right)_{x=0} \cdot F \, . \tag{67}$$

12. Die Bedeutung der Bestimmung der vom Gestein an die Wetter abgegebenen Wärmemenge.

Es ist sehr wichtig, zu wissen, bzw. vorausbestimmen zu können, wieviel Wärme vom Gestein an die Wetter abgegeben wird, da man erst auf Grund dieser Kenntnis eine evtl. Kühlanlage richtig bemessen kann.

Dabei sind, wie aus dem Vorstehenden hervorgeht, zwei Perioden zu unterscheiden, und zwar die Anfangsperiode, wo vor allem die Gesteinseigenwärme übergeht, deren Menge mit der Zeit immer kleiner und kleiner wird, und ferner die zweite Periode, die dem stationären Zustande entspricht, in welchem fast keine Eigenwärme des Stoßgesteines, sondern nur die aus weiteren Partien durch das Stoßgestein hindurchgehende Wärme in die Wetter übergeht.

Für den Vortrieb und Abbau ist natürlich vor allem die erste Periode maßgebend, für die Wetterführung in Querschlägen, Stollen und Strecken die zweite.

Beim Tunnelbau ist die Voraussage der im Tunnel voraussichtlich herrschenden Temperaturen wohl ziemlich schwierig, da man schwer beurteilen kann, wie die Temperatur im Gesteine infolge der Gesteinsleitfähigkeit, der Wasserverhältnisse usw. sein wird. Aus dem Grunde hat man schon unangenehme Überraschungen erlebt, wie z. B. im Simplontunnel, wo man auf Grund falscher Voraussetzungen über die geothermische Tiefenstufe und die sonstigen Verhältnisse bedeutend höhere Gesteinstemperaturen aufgefahren hat, als man erwartete.

Daß dadurch der Bau des Tunnels bedeutend teurer kommen kann, als man voranschlagt hatte, ist wohl einleuchtend.

In der Grube ist die Voraussage wohl leichter, da die hohen Wettertemperaturen erst in tieferen Horizonten, auf deren Temperaturverhältnisse man auf Grund der Erfahrung in den oberen Partien doch ziemlich genau schließen kann, lästiger werden.

Handelt es sich um einen Tunnel- oder Streckenvortrieb, den wir uns als ein kreisförmiges Rohr vorstellen müssen, welches innen auf einer gewünschten Temperatur ($\doteq$ der der Wetter) dauernd erhalten werden soll, so kann man die in der ersten Periode abzuleitende Wärmemenge nach der Gleichung (65) berechnen. Dabei muß man natürlich die Gesteinstemperatur voraussehen bzw. annehmen. Die intensivste Durchkühlung dauert einige Monate, und spätestens nach 1 bis 2 Jahren kann man die Verhältnisse als stationär ansehen. Die im stationären Zustande durchgehende Wettermenge ist wieder nach der Gleichung (41) zu berechnen. Dazu ist es naturgemäß nötig zu wissen, wie das Temperaturgefälle im Gesteine verläuft. Zu diesem Zwecke braucht man nur Bohrlöcher in die Stollenwand zu bohren und die in ihnen herrschende Gesteinstemperatur zu bestimmen. Das Temperaturgefälle weicht natürlich von dem ansonsten vorausgesetzten ab, d. h. es ist normalerweise nicht linear, sondern krummlinig.

Wie aus der Gleichung (57c) hervorgeht, ist der Temperaturverlauf ein logarithmischer. Schreibt man jedoch die Gleichung (57c) in der Form

$$t = K_1 + K_2 x,$$

wo $x = \log r$ ist, und zeichnet man diesen Verlauf graphisch auf (Abb. 27), so bekommt man die Linie a. In Wirklichkeit ergibt sich durch Messung eine Kurve b (Abb. 27). Für die übertretende Wärmemenge ist jedoch das Temperaturgefälle in der Übergangsfläche (Punkt $x_i = \log r_i$) maßgebend. In diesem Punkte fällt nach einer genügend langen Streckenbetriebszeit die Kurve b mit ihrer Tangente (Linie a) zusammen. Man braucht also nur die Temperatur in verschiedenen Tiefen im Stoßgesteine zu messen, zeichnet diesen Verlauf auf, als $t = f(\log r) = f(x)$, und ersetzt die gefundene Kurve durch eine Linie — Tangente —, die für den Wärmedurchgang nach der Gleichung (57c) maßgebend ist.

Dabei ist zu beachten, daß die Stoßtemperatur immer etwas höher als die Wettertemperatur ist, da der Übergangswiderstand doch einen Temperatursprung erfordert[1].

Im Falle, daß es sich um Berechnung der Wärmemenge, die in einen Abbau u. dgl. eindringt, handelt, ist die Form des Abbaues entsprechend den vorigen Kapiteln zu würdigen, d. h. man berechnet den Übergang je nachdem, ob sich der Abbauquerschnitt mehr einem Kreise oder einem Vierecke nähert. Für den Fall eines Raumes mit eckigem Querschnitte wird die Berechnung der in der ersten Periode (Abkühlungsperiode) einströmenden Wärmemenge, deren Ausführung

---

[1] Näheres darüber siehe Prof. Andreae: Der Bau langer, tiefliegender Gebirgstunnel, S. 96ff., oder Handb. der Ing.-Wissenschaften 5, 4. Aufl., 159ff. (1920).

hier zu weit führen würde, am besten nach Gröber[1] durchgeführt. Für den stationären Zustand bedient man sich der Gleichung (35)[2].

IV. Der Wärme-, Kälte- und Wärmeausgleichs-Mantel[3].

1. Die durchgekühlte Zone oder der Wärmemantel[4].

Zwecks Erklärung der Grundbegriffe wollen wir annehmen, daß kalte Wetter von 0^0 C in die Grube, deren Stöße überall 20^0 C warm sind, einfallen (siehe Abb. 33a).

Die Luft wird sich an den Stößen erwärmen, wird aber gleichzeitig die Stöße abkühlen. Haben die Wetter in der Grube einen gewissen Weg zurückgelegt, so wird sich ihre Temperatur auf die der Streckenwände ausgleichen und die Wetter werden sich weiter weder erwärmen noch abkühlen. Die Durchkühlung der Ulme wird also nur zu einem gewissen, im Schema der Abb. 33a angeführten Punkte a reichen.

Erwägen wir nun, wie breit die durchgekühlte Zone an verschiedenen Stellen der Grube sein wird, und wie sich die Form und besonders die Länge dieser Zone im Verlaufe der Zeit ändert.

Der Einfachheit halber sei wieder angenommen, daß der Schacht in einem überall 20^0 C warmen Gestein auf einmal abgeteuft wurde, und daß in ihm von einem bestimmten Augenblicke an 0^0 C kalte Wetter einfallen.

Die Wetter streichen gleich am Anfange des Wetterweges an 20^0 C warmen Stößen vorbei und es wird somit der Temperaturunterschied zwischen der Temperatur der Stöße und derjenigen der Wetter 20^0 C betragen, also maximal sein. Mit der Tiefe des Schachtes wird die Temperatur der Wetter steigen. Der Temperaturunterschied zwischen den Wettern und dem Gestein wird also je weiter desto kleiner werden, bis er schließlich den Nullwert erreicht.

Deshalb wird auch das Fortschreiten der Durchkühlung der Stöße zu Beginn des Wetterweges am stärksten sein und wird hier in die größten Tiefen dringen. Mit zunehmender Entfernung vom Schachtkranze wird die Durchkühlung der Stöße immer geringer werden und dadurch in kleinere Tiefen dringen (siehe Abb. 33a).

---

[1] Gröber: Die Erwärmung und Abkühlung einfacher geometrischer Körper. Z. V. d. I. **69**, 705ff. (1925).

[2] Für eingehendere Berechnungen siehe auch Heise-Drekopf: Wärmeausgleichsmantel usw. Glückauf **1923, 1924**.

[3] Diese Kapitel werden hier nur ganz kurz behandelt, weil in der deutschen Fachliteratur über diesen Gegenstand ausführlich geschrieben wurde. Siehe z. B. Arbeiten von Heise und Drekopf in Glückauf **1923**, 81ff. und in Glückauf **1924**, 583ff.

[4] Wärmemantel deshalb, weil sich in diesem Grubenteile die Luft erwärmt.

Im vorhergehenden Abschnitte wurde gezeigt, daß die Durchkühlung der Stöße eine Verminderung des Wärmestromes aus dem
Inneren des Gesteines zu den Stößen und damit auch eine Verzögerung
der Lufterwärmung zur Folge hat. Durch dieses intensive Durchkühlen
des Gesteines zu Beginn des Wetterweges wird den Wettern nur wenig
Wärme zugeführt, und die kalten einziehenden Wetter werden deshalb
im Verlaufe der Zeit immer tiefer und tiefer in die Grube dringen, was
wieder eine Verschiebung des in Abb. 33 eingezeichneten Punktes a

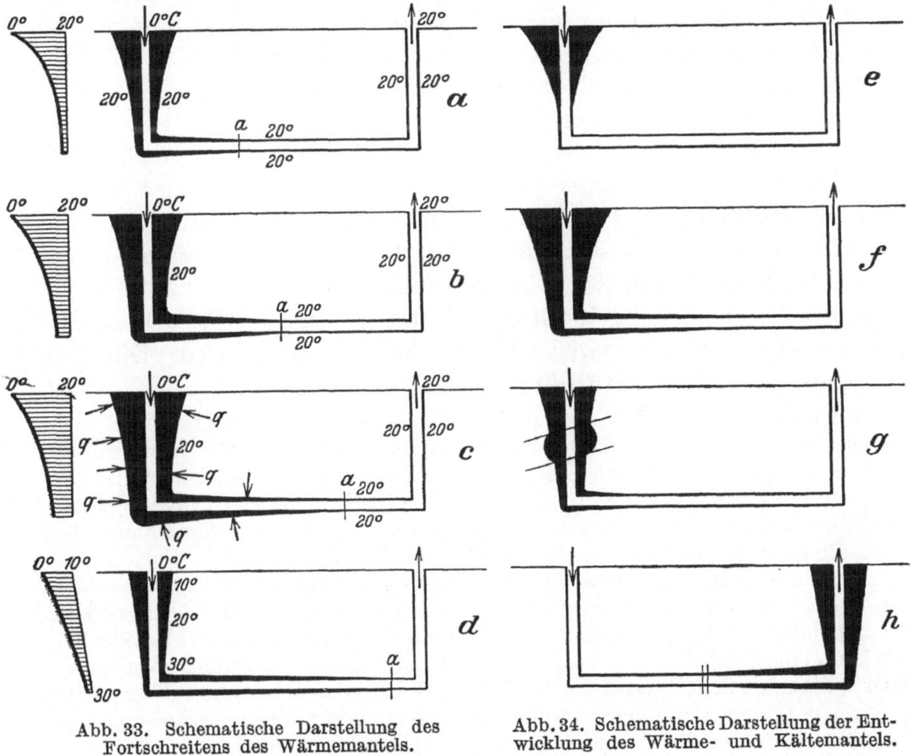

Abb. 33. Schematische Darstellung des   Abb. 34. Schematische Darstellung der Ent-
Fortschreitens des Wärmemantels.   wicklung des Wärme- und Kältemantels.

gegen die Grubentiefe hin nach sich zieht. Der Wärmemantel verlängert
sich somit. Gleichzeitig wird sich die Wärmezone der ganzen Länge
nach erweitern, und zwar relativ mehr in einer größeren Entfernung
vom Mundloche des Wetterweges.

Dieser Prozeß dauert so lange an, bis die durch die durchgekühlte
Zone hindurchgehende Wärmemenge jener Wärmemenge gleicht, die
nötig ist, um die Wetter auf 20° C zu erwärmen. Sobald die Breite
und die Länge dieser Zone diese Dimensionen annimmt, entsteht der
Gleichgewichtszustand, so daß weder der Punkt a weiterschreitet,
noch die durchgekühlte Zone breiter wird (siehe Abb. 33c).

Betrachten wir nun, wie sich die Verhältnisse ändern werden, wenn anstatt einer „Idealgrube", deren Stöße überall eine gleiche Temperatur besitzen (in unserem Falle 20° C), eine solche erwogen wird, deren Stöße mit der Tiefe steigende Temperaturen haben; und zwar sei am Tagkranze die Stoßtemperatur gleich 10° C, am Füllorte 30° C. Die Wettertemperatur am Tagkranze sei wieder 0° C (siehe Abb. 33d)

In diesem Falle entsteht ein Wärmeausgleich später, weil der Temperaturunterschied zu Beginn des Wetterweges nicht gleich so groß ist wie vorher (nunmehr nur 10° C, früher 20° C), und weiters, weil die Wetter auf ihrem weiteren Wege durch die Grube mit immer wärmerem und wärmerem Gestein in Berührung kommen. Der Punkt a in Abb. 33a rückt dadurch viel tiefer in die Grube hinein.

Die Breite der durchgekühlten Zone wird aber nicht mehr so groß sein, weil die Temperaturdifferenz zwischen der Grubenlufttemperatur und der Temperatur der Stöße an den einzelnen Stellen nicht so bedeutend ist. Die Breiten an den einzelnen Stellen differieren ebenfalls nicht so stark wie früher. Vergleiche diese Unterschiede auf den analogen Stellen in den Abb. 33a und d.

Eine so stark durchgekühlte Zone, wie sie sich im Falle a zu Beginn des Wetterweges entwickelt hatte, kommt nirgends vor. Die Zone wird nun enger, aber dafür länger sein.

Es könnte folglich den Anschein erwecken, daß durch diese Zone viel mehr Wärme strömen könne. Dies ist aber nicht der Fall, weil der Unterschied zwischen der Temperatur der Wetter und derjenigen der Stöße nicht so bedeutend und folglich die Wärmezufuhr aus dem Inneren nur klein ist. Es wird also durch die durchgekühlte Zone selbst bei geringerer Breite, dafür aber größerer Ausdehnung beiläufig die gleiche Wärmemenge strömen, wie im Idealfalle a.

Im zweiten Falle wird auch die Bildungsgeschwindigkeit der durchgekühlten Zone viel kleiner sein und es wird sonach länger andauern, bis ein Gleichgewichtszustand eintritt, d. h. bis sich weder die Breite noch die Länge ändert. In Wirklichkeit kann ein Gleichgewichtszustand in einem sich in Betrieb befindlichen, immer tiefer werdenden Schachte nie stattfinden, weil die auf eine bestimmte Temperatur erwärmten Wetter mit immer wärmerem Gestein in Berührung kommen, dessen Temperatur sie annehmen und dieses somit abkühlen müssen.

In all diesen Fällen erwogen wir eine Grube mit entweder überall gleicher oder regelmäßiger Gesteinswärmeleitfähigkeit, ohne jede lokale Wärmequelle. Weiters haben wir auch den Einfluß der Feuchtigkeit auf die Grubenwettertemperatur, als auch den Einfluß der Kompression bei der nach unten gerichteten Bewegung der Wetter nicht berücksichtigt. Die genannten Faktoren verändern aber die regelrechte Form der durchgekühlten Zone.

Bei Gesteinen von größerer Wärmeleitfähigkeit ist die durchgekühlte Zone viel breiter. Befindet sich die ganze Grube in leitfähigerem Gestein, so ist die durchgekühlte Zone zu Beginn ihrer Entwicklung kürzer, dafür aber zu Beginn des Wetterweges relativ breiter. Erst später verbreitert sie sich auch in größerer Entfernung vom Mundloche und die Länge gleicht sich ungefähr auf den normalen Wert aus. Vergleiche Abb. 34e und 34f. Durch die Erweiterung der Zone wird nämlich die Wärmezufuhr aus dem Innern unterbunden, bis sie sich auf den Wert ausgleicht, welchen normal leitfähige Gesteine haben.

Sind aber leitfähigere Schichten nur in einem bestimmten Teile des Wetterweges vorhanden, so entsteht nur in diesem Teile eine Erweiterung der durchgekühlten Zone (siehe Abb. 34 g).

Lokale Wärmequellen beschleunigen den Ausgleich zwischen der Grubenwetter- und Streckengesteinstemperatur und verkürzen und verengen die durchgekühlte Zone. Eine wichtige Wärmequelle besteht in der Kompression der Grubenwetter bei der Bewegung nach unten. Diese Quelle bewirkt besonders in seigeren Schächten eine Verkürzung und Verengung der durchgekühlten Zone.

Sind diese lokalen Wärmequellen so intensiv, daß sie sogar die Wetter über die Gesteinstemperatur hinaus erwärmen, so tritt die dem ersten Falle entgegengesetzte Erscheinung auf: das Gestein erwärmt sich durch den Wärmestrom und es entwickelt sich eine durchgewärmte Zone. Darüber wird jedoch erst weiter unten die Rede sein.

Die Grubenfeuchtigkeit entzieht den Wettern jene Wärme, die ansonsten zu ihrer Erwärmung und dadurch zum Ausgleich der Temperatur zwischen den Wettern und dem Gestein gedient hätte. Die Grubenfeuchtigkeit verlangsamt also den Temperaturausgleich, erweitert und verlängert somit die durchgekühlte Zone.

Analog wie die Feuchtigkeit bewirkt jede andere Quelle, welche die Wettertemperatur vermindert (z. B. Expansion der Wetter auf ihrem Wege nach aufwärts, Ausbrüche von CH_4 und CO_2 usw.), eine Verlängerung und Erweiterung der durchgekühlten Zone.

2. Die durchgewärmte Zone oder der Kältemantel.

Bisher erwogen wir nur jene Grubenpartie, in welcher sich die Wettertemperatur mit derjenigen der sie umgebenden Grubenwände ausgleicht. Nun wollen wir auch denjenigen Teil erwägen, welcher hinter dem Temperaturausgleichspunkte a (Abb. 33 a) liegt, und zwar bis zum Schachtkranze des Ausziehschachtes.

Die Grubenwetter, welche ihre Temperatur auf diejenige des Gebirges ausgeglichen haben, erwärmen sich auf ihrem weiteren Wege fast in allen Fällen. Ihre Wärme geben sie aber gleich an das Gestein ab, d. h. sie erwärmen dieses. Es bildet sich um die Wetterwege eine durchgewärmte Zone. Weil sich die Wetter in dieser Zone an den Stößen abkühlen, nennen wir sie auch den Kältemantel[1].

Diese Zone wird besonders dort breit sein, wo sich in der Grube viel Wärme entwickelt, also hauptsächlichst dort, wo Oxydationsprozesse u. ä. Quellen wirken, weiter dort, wo die Wärmeleitfähigkeit der Gesteine bedeutend und ihre spezifische Wärme klein ist. Gewöhnlich hat aber diese Zone im Vergleiche zur Breite der durchgekühlten Zone beim Schachtkranze nur eine unbedeutende Stärke.

---

[1] Diese Benennung ist hier vom Standpunkte der Wetter aus gewählt. Es wäre vielleicht noch besser, statt Kältemantel „Abkühlungsmantel" und statt Wärmemantel „Erwärmungsmantel" anzuwenden.

Größere Dimensionen nimmt sie erst im Ausziehschachte an, weil dort infolge der Abnahme der Gesteinstemperatur in aufsteigender Richtung ein größerer Temperaturunterschied zwischen den Wettern und dem Gestein herrscht (siehe Abb. 34h). Die Wetter kühlen sich zwar beim Aufsteigen ebenfalls ab, jedoch nur um 1^0 C pro 100 m Höhe, wogegen sich das Gestein auf diese Höhe um durchschnittlich 3^0 C abkühlt. Außerdem scheidet sich noch durch Abkühlung der Wetter im Ausziehschachte Wasser ab, was mit Wärmebildung und Wettererwärmung verbunden ist.

Die übermäßige Wetterabkühlung im Ausziehschachte bedeutet nicht nur eine dauernde Belastung der Ventilatoren, also eine Verteuerung des Betriebes, sondern auch eine Beschädigung des Schachtausbaues infolge ständiger Feuchtigkeit. Dadurch leidet auch das Förderseil, der Förderkorb usw. Es wurden daher Vorkehrungen vorgeschlagen, welche eine Kondensation des Wassers im Ausziehschachte verhindern sollen.

Die vorteilhafteste Einrichtung wäre, in die Grube eine Rohrleitung einzuführen, durch welche entweder Volldampf oder Abfalldampf strömt, dessen Kondensationswärme genügt, die Wetter so weit zu erwärmen, daß sie den Taupunkt nicht erreichen können. Große Fördermaschinen könnten die zu diesem Zwecke nötige Abdampfmenge liefern.

Aus den vorhergehenden Ausführungen geht hervor, daß durch den ständigen Wetterdurchgang das Temperaturgleichgewicht in der Grube derart verändert wird, daß Wärme aus der Grube einesteils entführt wird (die in die Grube einfallenden Wetter sind gewöhnlich kühler als die ausziehenden), anderenteils in der Grube von einer Stelle zur anderen geführt wird, und zwar aus der durchgekühlten in die durchgewärmte Zone.

Dadurch werden die Grubenbaue in zwei Teile geteilt, und zwar in einen Teil, in welchem dem Gestein Wärme entzogen und an die Luft abgegeben wird — Wärmemantel —, und einen, wo die der Luft entnommene Wärme deponiert wird — Kältemantel.

3. Der Wärmeausgleichsmantel.

Bis nun beschäftigten wir uns nur mit dem Falle, daß in die Grube während des ganzen Jahres nur kühlere Wetter, als die Temperatur der Stöße ist, einziehen. Normal schwankt jedoch die Lufttemperatur obertags, und zwar ist im Sommer die Luft wärmer als die Schachttemperatur, im Winter dagegen kühler. Es ist dann natürlich, daß die Wetter um die Einziehbaue analog wie früher eine thermisch veränderte Zone bilden werden.

Würde die Temperatur des Gesteins überall 20^0 C betragen, wie es anfangs erwogen wurde, und die der einziehenden Wetter 40^0 C, so würde sich in der Grube eine durchwärmte Zone von analoger Form und Länge entwickeln, wie in jenem Falle, wo in die Grube um 20^0 C kühlere Wetter strömten, als die Temperatur der Schachtstöße. Da sich aber die Wetter beim Sinken erwärmen, und diese Erwärmung zur bereits bestehenden Wettertemperatur hinzugezählt wird, wäre dieser Mantel länger und auch breiter als im ersten Falle. Die Kompressionswärme verkürzte und verengte früher die durchgekühlte Zone, jetzt aber erweitert und verlängert sie die durchgewärmte. Entgegengesetzt wirkt die Feuchtigkeitsaufnahme aus den Ulmen, welche die Wetter abkühlt und sonach deren Temperatur derjenigen des Gesteines annähert.

Studieren wir nun, welche Verhältnisse sich entwickeln, wenn in die Grube abwechselnd kalte (im Winter) und warme Wetter (im Sommer) einziehen. Die Stöße durchkühlen sich im Winter in bedeutende Tiefen. Die im Sommer einziehenden Wetter begegnen dann zu Beginn ihres Wetterweges sehr kühlem Gesteine, an welchem sie sich stark abkühlen, wodurch sich andererseits das Gestein erwärmt.

Zu Beginn der Wetterwege ändern also die Grubenwände ihre Temperatur je nach der Jahreszeit. Im Winter wird hier Kälte aufgespeichert, im Sommer werden die Extremtemperaturen der Wetter ausgeglichen und auf niedrigere Werte gebracht.

Denjenigen Grubenteil, wo dies geschieht, nennen wir den Wärmeausgleichsmantel.

Bei nur einigermaßen ausgedehnten Grubenbauen ist die Berührungszeit so groß, daß die ausziehenden Wetter das ganze Jahr hindurch die gleiche Temperatur haben.

a) Wovon ist die Wirkung des Wärmeausgleichsmantels abhängig?

Die Vollkommenheit der Wärmeausgleichung ist in erster Linie abhängig von:

1. der Größe der eigenen Temperaturschwankungen, die ausgeglichen werden sollen,

2. ihrer Dauer,

3. der Menge der einfallenden Wetter oder der Wärmemenge, die durch das Gestein im Laufe eines Jahres in beiden Richtungen hindurchströmt,

4. der Eigenschaft der Grubenbaue, das ist von der Größe der Berührungsfläche,

5. der Wärmeübergangszahl und der Wärmeleitfähigkeit des Gesteines, der spezifischen Wärme, dem spezifischen Gewichte und außerdem noch von einer Reihe verschiedener Nebeneinflüsse, wie der Hygroskopizität des Gesteines, der Oxydationswärme, der Kompressionswärme usw.

Es ist selbstverständlich, daß Wettertemperaturschwankungen oberhalb und in der neutralen Zone, welche im anstehenden Gesteine die mittlere Jahrestemperatur der betreffenden Gegend aufweist, am auffälligsten sind, so daß die Jahrestemperaturschwankungen der Wetter gerade um diese Temperatur wie um einen Mittelpunkt erfolgen.

Je tiefer im Einziehschachte, desto kleiner sind diese Schwankungen, bis sie schließlich so abgedämpft werden, daß sie am Ende des Wärmeausgleichsmantels vollkommen verschwinden. Deshalb sind die Wärmeverhältnisse im Wärmeausgleichsmantel in verschiedenen Tiefen verschieden.

b) Die Temperaturverhältnisse in der neutralen Zone der Einziehschächte.

Abb. 35 zeigt den nach Heise-Drekopf wiedergegebenen Verlauf der Temperaturen in der neutralen Zone um einen Schacht, welcher in Gneis abgeteuft wurde; es gilt die Voraussetzung, daß die Jahrestemperaturschwankungen $\pm\,8^{\circ}$ C betragen. Die Kurven sind für die vier Jahreszeiten und für die maximale Schwankung berechnet. Man sieht, daß die Schwankungen schon in einer Entfernung von 15 m vom Schachtstoße

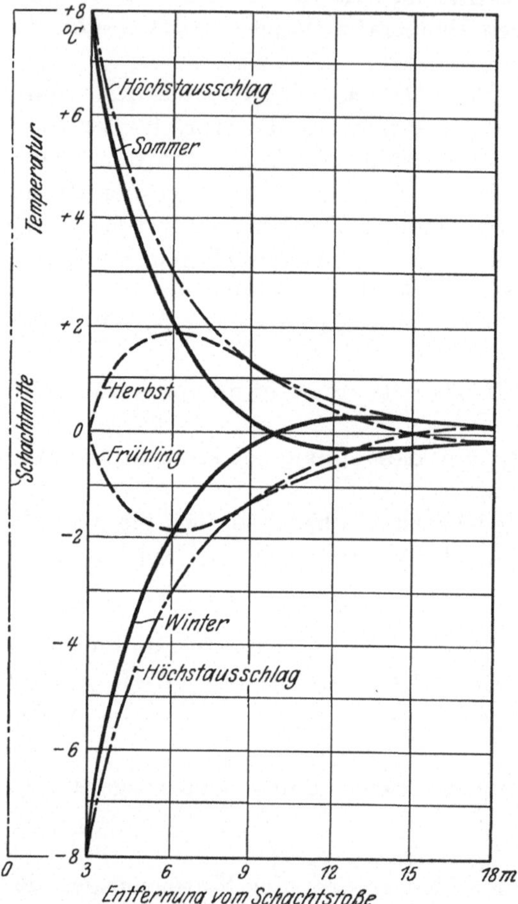

Abb. 35. Jährlicher Temperaturverlauf in der neutralen Zone. (Nach Heise-Drekopf: Glückauf 1923, Abb. 4.)

auf einen Wert gelangen, welcher praktisch Null ist.

Den Einfluß der Gesteinsleitfähigkeit auf die Entfernung, in welcher die Temperaturschwankungen noch wahrnehmbar sind, verbildlicht das Diagramm 36, wo für denselben Schacht, die gleiche Wettergeschwindigkeit und die gleichen äußeren Temperaturschwankungen der Verlauf der Temperaturveränderungen im Innern des Gesteines dargestellt ist.

Aus diesem Diagramme ist zu ersehen, wie die Amplitude mit der Entfernung vom Schachte abnimmt.

c) Der Temperaturverlauf im Gestein längs des ganzen Wärmeausgleichsmantels.

Der Temperaturverlauf im Gestein längs des ganzen Wärmeausgleichsmantels ist dem Verlauf in der neutralen Zone ähnlich, bis auf einige Unterschiede, wie: die extremen Temperaturunterschiede sind abgeschwächt; sie entstehen nicht gleichzeitig, sondern je tiefer desto später; sie sind durch die eigene Gesteinstemperatur — die mit der Tiefe größer wird — modifiziert.

d) Die im Wärmeausgleichsmantel akkumulierte Wärmemenge.

Setzen wir voraus, daß in eine Grube z. B. 800 cbm Wetter, das ist 1000 kg pro Minute, einfallen. Die Wärme, welche bei einer Tagesveränderung von 2^0 C tagsüber im Gestein angehäuft werden muß, beläuft sich auf ca. 360 000 kgcal.

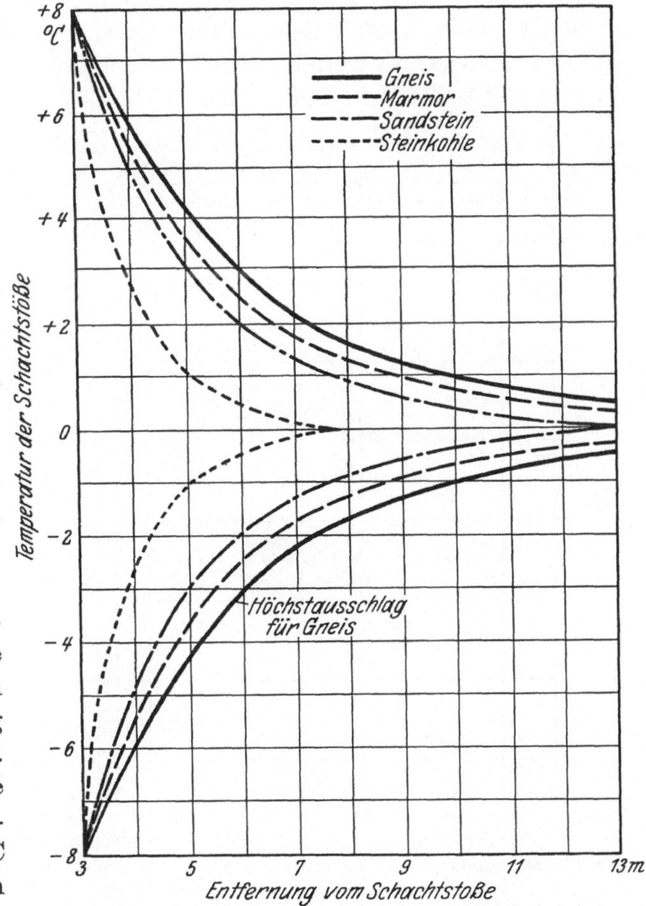

Abb. 36. Größe der Temperaturschwankungen in verschiedenen Entfernungen vom Schachtstoße für Gesteine verschiedener Leitfähigkeit. (Nach Heise-Drekopf: Glückauf 1923, Abb. 5.)

Beträgt nun die Jahresveränderung 10^0 C, so beträgt die im Sommer angehäufte Wärmemenge für diesen Schacht ca. 648 000 000 kgcal.

Die Wärmemenge, die jährlich durch den Wärmeausgleichsmantel hindurchgeht, ist abhängig von:

1. der Wettermenge,
2. der Amplitude und der Dauer der einzelnen Wärmeperioden.

Je kleiner die Menge der einfallenden Wetter ist, desto vollkommener wird ihre Temperatur ausgeglichen. In Erzgruben, wo eine kleinere

Wettermenge benötigt wird, ist ihre Temperatur gewöhnlich, noch vor Erreichung der Schachtsohle, das ganze Jahr hindurch gleich.

In Kohlengruben, wo der Wetterverbrauch viel größer ist, genügt oft weder der Schacht noch die Querschläge, um die Temperaturschwankungen auszugleichen, so daß die Temperatur nicht nur in den Abbauen, sondern oft sogar hinter ihnen, vor dem Ausziehschachte, schwankt. Jansen veröffentlichte in Glückauf 1927, S. 1ff. seine Beobachtungen für die einzelnen Monate (Abb. 37).

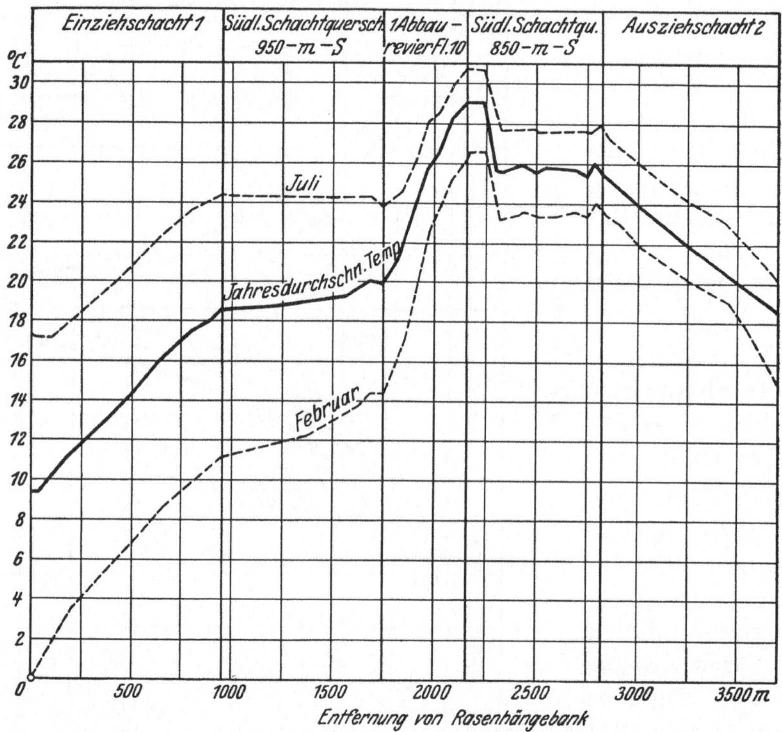

Abb. 37. Jahresdurchschnitts-Maximal- und -Minimaltemperaturen an einzelnen Stellen der Grube. (Nach Jansen: Glückauf 1927, Abb. 5.)

Die zwischen den Wettern und dem Gestein in den einzelnen Profilen der Einziehstrecken überführte Wärmemenge ist je nach der Entfernung des betreffenden Profiles vom Schachtkranze sehr verschieden.

Die oberhalb der neutralen Zone zwischen den Wettern und dem Gestein übergehende Wärmemenge ist die größte vom ganzen Wärmeausgleichsmantel, weil hier die größten Wärmeamplituden sind.

e) Einfluß der Größe und Beschaffenheit der Berührungsfläche auf die Ausmaße des Wärmeausgleichsmantels.

Je besser die Wärmeübertragung auf der Berührungsfläche ist, desto kürzer wird die Länge des Mantels sein. Deshalb ist bei glatt ausgemauerten Schächten der Wärmeausgleichsmantel länger, als bei einfach ausgebauten, unausgenauerten Schächten. Bei ausgemauerten Schächten tritt noch die Isolationsfähigkeit der Mauerung hinzu, so daß dadurch der Wärmedurchgang verringert wird.

Bei sonst gleichen Wettergeschwindigkeiten tritt ein Ausgleich bei engen Grubenbauen früher als bei breiten ein, wo die Berührungsfläche relativ kleiner ist. Es ist somit die Ausgleichswirkung eines einzigen breiten Schachtes oder einer einzigen breiten Strecke viel kleiner, als die mehrerer enger Schächte oder Strecken, deren Gesamtprofil demjenigen der breiten Strecke gleich ist.

Wie rasch Schächte bzw. Bohrungen kleiner Durchmesser die Temperatur ausgleichen, ist aus der Abb. 38 zu ersehen, wo die im Wärmeausgleichsmantel in einer Länge von 1000 m zurückgehaltene Wärmemenge für den Fall dargestellt ist, daß die Wetter mit einer Geschwindigkeit von 4 m strömen. Die zurückgehaltene Wärmemenge ist in Prozenten der mit der Luft einziehenden Wärme angegeben.

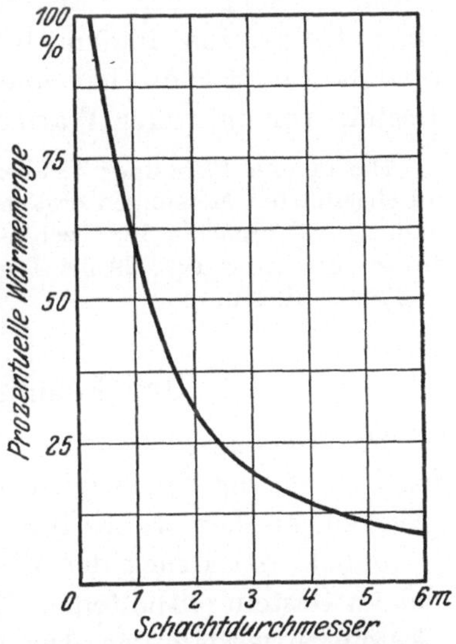

Abb. 38. Die vom Wärmeausgleichsmantel verschieden breiter Schächte zurückgehaltene Wärmemenge in Prozenten bei gleicher Wettergeschwindigkeit (4 m) und Wetterweglänge 1000 m. (Nach Heise-Drekopf: Glückauf 1923, 1076.)

f) Einfluß der Wettergeschwindigkeit auf die Ausmaße des Wärmeausgleichsmantels.

Je größer die Geschwindigkeit ist, desto geringer ist der Ausgleich, und desto weiter in die Grube werden die Temperaturschwankungen fortgepflanzt. Sobald beispielsweise der Wetterstrom in einer Reihe paralleler Ströme geleitet wird, deren Geschwindigkeit kleiner ist, gleicht sich die Temperatur bedeutend rascher aus. Dort wo der Abbau auf einige wenige Stellen konzentriert ist und wo die Wetter daher nur wenig geteilt werden, sind die Temperaturschwankungen oft sogar in den Abbauen bemerkbar.

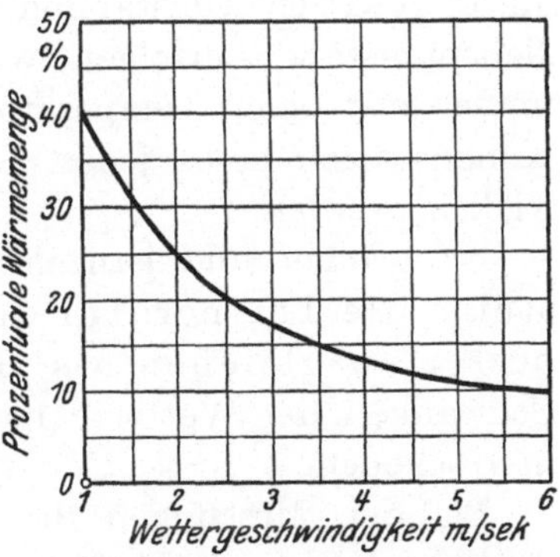

Abb. 39. Die vom Wärmeausgleichsmantel eines 1000 m tiefen und 4 m breiten Schachtes zurückgehaltene Wärmemenge bei verschiedener Wettergeschwindigkeit. (Nach Heise-Drekopf: Glückauf 1923, 1076, Tafel 6.)

Die Temperaturausgleichung ist daher bei einer größeren Anzahl von Einziehschächten vollkommener als bei einem einzigen Schachte.

Die Abhängigkeit des Wärmeausgleiches von der Geschwindigkeit der Wetter ist aus dem Diagramm 39 zu ersehen. In diesem ist die prozentuelle Menge der durch das Gestein zurückgehaltenen Wärme in einer Länge von 1000 m bei verschiedenen Geschwindigkeiten dargestellt. Der Schacht hat einen Durchmesser von 4 m und ist in einem Gestein von mittlerer Wärmeleitfähigkeit abgeteuft.

Die in den Příbramer Gruben an der Sohle eines 1300 m tiefen Schachtes durchgeführten Messungen ergaben, daß sich die Temperatur in der Tiefe nicht änderte und immer $+18^0$ C zeigte, trotzdem in den Schacht während der Winterfröste des Jahres 1928/29 bei Tag Wetter von ca. -5^0 C und in der Nacht ca. -30^0 C einfielen.

4. Der Feuchtigkeitsausgleichsmantel.

Das Gestein kann durch Veränderung seiner natürlichen Gebirgsfeuchtigkeit die Feuchtigkeit der Luft in der Grube regulieren und ausgleichen, ähnlich wie es ihre Temperatur ausgleicht.

Sobald der Druck der Wasserdämpfe in der Luft unter den Druck der im Gestein enthaltenen Dämpfe sinkt, beginnt das Wasser aus dem Gestein zu verdampfen. Die Verdampfung dauert nun so lange an, bis sich der Überdruck im Gestein ausgleicht und auf den Druck der Dämpfe in der Luft sinkt.

Dieser Prozeß ist aber einigermaßen komplizierter als der der einfachen Temperaturausgleichung: die Temperaturausgleichung kann unter gewissen Umständen nur hinsichtlich der Wärme, ohne jede Nebenumstände, erfolgen, wogegen die Ausgleichung der Feuchtigkeit immer mit einer Temperaturausgleichung verbunden ist, weil durch Kondensation eines jeden Gramms Wasserdampfes ca. 600 gcal entwickelt werden.

Im großen und ganzen kann gesagt werden, daß feuchte Gesteine die Temperatur des einziehenden Wetterstromes viel besser ausgleichen als trockenes Gestein. Es ist also auch das Schwanken der Wettertemperatur in feuchten Gruben viel kleiner als in trockenen.

Bei den Messungen der Temperaturvariationen muß man daran denken, daß die Nachsättigung durch Wasserdämpfe den Einfluß des Gesteines oft vollkommen verschleiert.

So beobachtete Jansen an einem warmen Julitage den Verlauf der Feuchtigkeit und der Wettertemperatur und fand, daß 85% der Temperaturerniedrigung der einziehenden Wetter die Nachsättigung und nur 15% das Gestein verursachte.

V. Einfluß der Bewegung der Luft in lotrechter Richtung auf ihre Temperatur.

1. Adiabatische Kompression.

Bewegen sich Wetter im Schachte nach abwärts, so gelangen sie in Zonen mit immer größer werdendem Drucke und werden daher komprimiert. Durch Kompression wird aber Wärme hervorgerufen.

Es ist nun zu ermitteln, um wieviel sich die nach unten strömenden Wetter erwärmen.

Wir betrachten den Einziehschacht als vollkommen trocken und nehmen an, daß sich die Luft von den Schachtwänden weder erwärmt noch abkühlt. Die Luftgeschwindigkeit sei dann derart, daß eine Wärmeleitung in vertikaler Richtung weder durch Strömung noch durch Strahlung möglich ist, so daß ein Ausgleichen der Temperatur nicht stattfinden kann. Infolgedessen bleibt die ganze durch Kompression entwickelte Wärme in der Luft, d. h. es erfolgt ein adiabatischer Prozeß.

Da die Berechnung einigermaßen langwierig und schließlich in jedem Buche über Physik oder Meteorologie zu finden ist, führen wir nur den resultierenden Druck an:

$$p = p_0 \cdot \left\{ \frac{x}{p_0 \cdot v_0} \cdot \frac{k-1}{k} + 1 \right\}^{\frac{k}{k-1}} = p_0 \cdot \left\{ \frac{x}{R \cdot \Theta_0} \cdot \frac{k-1}{k} + 1 \right\}^{\frac{k}{k-1}}. \qquad (68)$$

Die Druckzunahme ist:

$$\Delta p = p - p_0 = p_0 \left\{ \left(\frac{x}{p_0 v_0} \cdot \frac{k-1}{k} + 1 \right)^{\frac{k}{k-1}} - 1 \right\}. \qquad (68\,\mathrm{a})$$

Die Gleichung (68) lehrt, daß der Druck in einer Tiefe von x m dem Drucke auf der Oberfläche gleicht, wenn dieser mit dem Faktor

$$\left\{ \frac{x}{p_0 \cdot v_0} \cdot \frac{k-1}{k} + 1 \right\}^{\frac{k}{k-1}}$$

multipliziert wird. Darin ist nur die Tiefe x eine Veränderliche, alle anderen Faktoren sind Konstanten, die nur vom ursprünglichen Zustande der Luft am Schachtkranze abhängig sind.

Aus der zahlenmäßigen Berechnung folgt, daß der anfängliche Druck $p_0 = 760$ mm Hg um ca. 9 mm Hg pro jede 100 m steigt.

Das spezifische Gewicht der Wetter folgt teils aus der Gleichung (68), teils aus der Gleichung, die für die adiabatische Änderung Geltung hat, d. i. $p \cdot v^k = p_0 \cdot v_0^k$.

Mittels einer einfachen mathematischen Operation erhalten wir das spezifische Volumen

$$v = v_0 \cdot \left\{ \frac{k-1}{k} \cdot \frac{x}{R \cdot \Theta_0} + 1 \right\}^{\frac{1}{1-k}}, \qquad (69)$$

respektive das spezifische Gewicht

$$\gamma = \gamma_0 \cdot \left\{ \frac{k-1}{k} \cdot \frac{x}{R \cdot \Theta_0} + 1 \right\}^{\frac{1}{k-1}}. \tag{70}$$

Mittels der Gleichungen (68), (69) und (70) erhalten wir schließlich die Temperatur der durch Kompression beim Strömen nach unten erwärmten Luft, und zwar

$$\Theta = \Theta_0 \cdot \left(\frac{x}{R \cdot \Theta_0} \cdot \frac{k-1}{k} + 1 \right). \tag{71}$$

Setzen wir in der Gleichung (71) für $k = \dfrac{c_p}{c_v}$ und für $c_p - c_v = R \cdot A$, so erhalten wir nach Zurechtlegung

$$\Theta = \frac{A}{c_p} \cdot x + \Theta_0 = C \cdot x + \Theta_0. \tag{72}$$

Daraus resultiert die Temperaturzunahme:

$$\varDelta t = \Theta - \Theta_0 = \frac{A}{c_p} x = C x. \tag{72a}$$

Da $A = \frac{1}{427}$ und $c_p = 0{,}237 *$, so erhalten wir nach Einsetzen in die Gleichung (72)

$$\Theta = \frac{1}{427 \cdot 0{,}237} \cdot x + \Theta_0 \doteq 0{,}01\, x + \Theta_0. \tag{73}$$

Nachdem $\Theta = 273 + t^0$ C, ändert sich die Gleichung (73) auf die einfache Form $t = t_0 + 0{,}01\, x$.

Die Temperatur in einer Tiefe von x m gleicht also der um ca. 1^0 C für je 100 m Tiefe vergrößerten Anfangstemperatur.

Erwärmen sich die Wetter für je 100 m um 1^0 C, so beträgt die Erwärmung in einer Tiefe von 1000 m 10^0 C, wenn die Wettertemperatur nur infolge der Druckerhöhung steigt. Man sieht, daß diese Erwärmung sehr bedeutend ist.

Der Wettererwärmung im Einziehschachte entspricht eine Abkühlung im Ausziehschachte, weil die Wetter nach oben steigen, wodurch eine Expansion entsteht.

Die Erscheinung der Wettererwärmung infolge der Kompression kommt in vollem Maße überall vor, wenn sie auch durch andere Einflüsse (Feuchtigkeitsaufnahme usw.) kompensiert wird. Die Wettererwärmung durch Kompression in tiefen Schächten erreicht ⅓ bis ½ der gesamten Wettererwärmung.

---

* Für reine, trockene Luft. Wird die Luft feucht oder mit anderen Gasen, wie z. B. mit Kohlensäure, Methan usw. verunreinigt, so ändert sich wohl c_p, doch hat dies in der Grubenpraxis für die Größe C keine Bedeutung.

2. Wettertemperaturänderungen bei einer lotrechten Bewegung und gleichzeitigen Erwärmung oder Abkühlung seitens der Ulme.

Alle bisherigen Erwägungen fußten auf der Voraussetzung eines adiabatischen Prozesses, d. h. dem Wetterstrome wird Wärme weder von außen zugeführt, noch von diesem nach außen abgegeben. In Wirklichkeit bewirken die Ulme eine Erwärmung oder Abkühlung des Wetterstromes. Aber auch andere Wärmequellen führen ihm Wärme zu oder ab. Man kann jedoch berechnen, wieviel Wärme der Wetterstrom von den Ulmen erhalten oder an diese abgegeben hat und wieviel Wärme sich durch die eigene Kompression entwickelte.

Diese Berechnung wollen wir folgendermaßen durchführen:

Setzen wir voraus, daß die Wetter durch den Schacht mit einer gleichförmigen Geschwindigkeit c m/s strömen und eine Anfangstemperatur t_0 haben, daß sich die Gesteinstemperatur des Schachtes für jeden Meter um a^0 C, nach der Gleichung $T = T_0 + ax$ resp. $dT = a \cdot dx$, ändert. Diese Gesteinstemperaturänderung a ist von der geothermischen Tiefenstufe abhängig und beträgt gewöhnlich 0,03° C/m bis 0,01° C/m, eventuell mehr oder weniger.

Für die Berechnung setzen wir voraus, daß sich die Wetter vorerst in einer unendlich kurzen Zeit, bzw. Strecke durch eigene Kompression erwärmen, und daß dann erst die Erwärmung durch Übergang eintritt, trotzdem beide Prozesse gleichzeitig verlaufen. Die zugehörigen Änderungen und Werte bezeichnen wir mit dem Index c und s, je nach dem, ob es sich um Kompression oder um Wärmeübergang handelt.

Für die Kompression gilt die Gleichung (72), durch deren Differenzierung wir

$$dt_c = C \, dx \qquad (74)$$

erhalten. Anstatt $d\Theta$ schreiben wir dt.

Die konvektive Erwärmung erfolgt nach der Gleichung für den Wärmeübergang $Q = \alpha \cdot (T - t) \cdot F \cdot \tau$; da sich die Wärmemenge mit der Fläche ändert, können wir schreiben $F = x \cdot U$, wobei x die zurückgelegte Bahn und U den Umfang des Schachtes bedeutet. Für eine unendlich kleine Wärmemenge dQ und für eine Zeit $\tau = 1$ Stunde gilt:

$$dQ_s = \alpha \cdot (T - t) \cdot U \cdot dx. \qquad (75)$$

Da G kg/s Wetter strömen, strömen in einer Stunde $3600 \, G$ kg/h und erwärmen sich um dt_s; es ist sodann

$$dQ_s = 3600 \cdot G \cdot c_p \cdot dt_s = \alpha \cdot U \cdot (T - t) \cdot dx$$

oder

$$dt_s = \frac{\alpha \cdot U \cdot (T - t)}{G \cdot c_p \cdot 3600} \cdot dx = S \cdot dx \cdot [T - t]. \qquad (76)$$

Darin bedeutet:

$$S = \frac{\alpha \cdot U}{G \cdot c_p \cdot 3600}. \tag{77}$$

Durch Addition der Gleichungen (74) und (76) erhalten wir die gesamte Erwärmung dt:

$$dt = dt_c + dt_s = \{C + S \cdot (T - t)\}\, dx. \tag{78}$$

Die Gesteinstemperatur ändert sich nach der oben angeführten Gleichung

$$dT = a \cdot dx, \tag{79}$$

so daß wir durch Subtraktion der Gleichung (78) von (79)

$$d(T - t) = \{a - C - S \cdot (T - t)\}\, dx \tag{80}$$

erhalten.

Isolieren wir die Veränderlichen und integrieren wir in den Grenzen von der Oberfläche, wo $x = 0$, $T = T_0$, $t = t_0$ nach x, $T = T$, $t = t$, so erhalten wir nach Einsetzen für $T_0 - t_0 = m$

$$x = - \frac{1}{S} \cdot \ln \frac{a - C - S \cdot (T - t)}{a - C - S \cdot m}. \tag{81}$$

Nach Überführung dieser Gleichung auf eine Exponentialform, und nach endgültiger Zurechtlegung erhalten wir

$$t = T - \frac{a - C}{S} + \frac{a - C}{S \cdot e^{Sx}} - \frac{m}{e^{Sx}}, \tag{82}$$

beziehungsweise

$$t = T_0 + a \cdot x - \frac{a \cdot G \cdot c_r \cdot 3600}{\alpha \cdot U} + \frac{C \cdot G \cdot c_p \cdot 3600}{\alpha \cdot U}$$
$$+ \frac{a \cdot G \cdot c_p \cdot 3600}{\alpha \cdot U \cdot e^{Sx}} - \frac{C \cdot G \cdot c_p \cdot 3600}{\alpha \cdot U \cdot e^{Sx}} - \frac{T_0 - t_0}{e^{Sx}}. \tag{83}$$

Von einer gewissen Tiefe beginnend verkleinern sich die Glieder mit der Exponentialfunktion im Nenner so sehr, daß wir sie vernachlässigen können, da sie auf die Änderung der Temperatur praktisch keinen Einfluß mehr haben. Die Temperatur steigt von da an linear mit der Tiefe nach der Gleichung

$$t = T - \frac{a}{S} + \frac{C}{S}, \tag{84a}$$

$$\Delta t = T - t = \frac{a}{S} - \frac{C}{S} = \Delta t_s - \Delta t_c, \tag{84b}$$

oder von einer gewissen Tiefe angefangen kann man den Einfluß der ursprünglichen Wettertemperatur, der durch $m = T_0 - t_0$ ausgedrückt erscheint, nicht mehr wahrnehmen und die Wettertemperatur steigt genau so rasch wie die Gesteinstemperatur, nämlich um $a\,^0/\mathrm{m}$.

Beispiele.

Nach Gleichung (83) sind die Kurven im Diagramme 40 für folgende Werte berechnet: $\alpha = 10$, $a = 0{,}03^0$/m, $C = 0{,}01^0$/m, $U = 10$ m, $c_p = 0{,}24$, $T_0 = 10^0$ C, $t_0 = -30^0$, -10^0, 0^0, $+10^0$, $+20^0$, $+30^0$, $+40^0$, $+60^0$.

Die Bedeutung der einzelnen Glieder der Hauptgleichung (82) geht aus der Diskussion der Gleichung (84b) hervor.

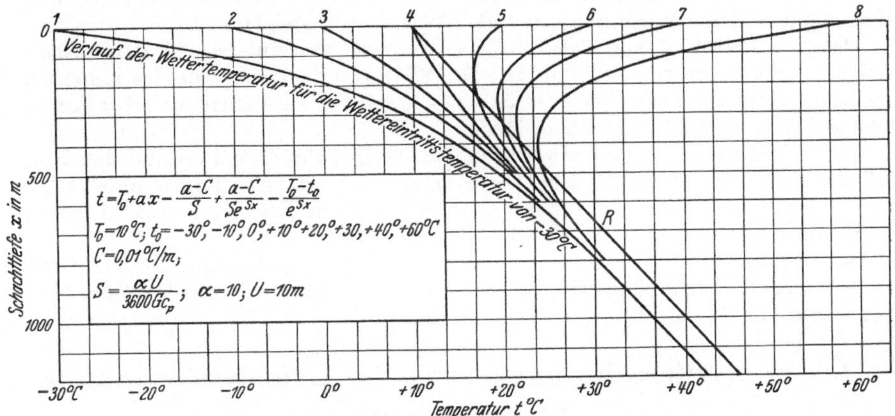

Abb. 40. Wettertemperaturverlauf in einem seigeren Schachte. Anfangstemperaturunterschied -40 bis $+50^0$ C. (Nach Černík: Hornický věstník 1929.)

a) **Einfluß der Gesteinswärme.** Betrachten wir das erste Glied der Gleichung (84b):

$$\Delta t_s = \frac{a}{S} = \frac{3600 \cdot a \cdot G \cdot c_p}{\alpha \cdot U}. \tag{85a}$$

Umgeformt gibt es

$$3600 \cdot a \cdot G \cdot c_p = \alpha \cdot U \cdot \Delta t_s. \tag{85b}$$

Die linke Seite dieser Gleichung bedeutet diejenige Wärmemenge, die nötig ist, um G kg Wetter in jeder Sekunde um a^0 C, also um so viel zu erwärmen, als die Gesteinstemperatur steigt.

Die rechte Seite bedeutet dann diejenige Wärmemenge, die aus dem Gesteine in die Wetter unter gegebenen Verhältnissen (α, U) übergehen würde, wenn ein Temperaturunterschied von Δt_s vorhanden wäre.

Es ist also Δt_s derjenige Temperaturunterschied, der so viel Wärme aus den Schachtstößen in die Wetter zu führen vermag, daß die Wettertemperatur mit der Tiefe gleichmäßig, wie die Gesteinstemperatur der Stöße, steige.

Wäre also keine Erwärmung durch Kompression vorhanden, so würde die Gleichung (84b) in die Gleichung (1) übergehen.

b) **Einfluß der Kompression.** Schreiben wir das zweite Glied der Gleichung (84b) in der Form:

$$S \cdot \Delta t_c = C \tag{86a}$$

oder

$$3600 \cdot C \cdot G \cdot c_p = \alpha \cdot U \cdot \Delta t_c, \tag{86b}$$

so sehen wir, daß die linke Seite diejenige Wärmemenge bedeutet, die die Wetter um C^0 in jeder Sekunde erwärmt, also um so viel, als die Erwärmung durch Kompression beträgt. Die rechte Seite bedeutet dann diejenige Wärmemenge, die unter gegebenen Verhältnissen (α, U) aus den Schachtstößen in die Wetter übergeht, falls der Temperaturunterschied Δt_c ist. Nachdem diese Wärmemenge infolge der adiabatischen Kompression unter allen Umständen auftritt, ist dieses Glied in der Gleichung negativ, d. h. um diesen Wert kann die aus den Schachtstößen übertretende resultierende Wärmemenge kleiner sein.

Mit anderen Worten: Der resultierende Temperaturunterschied Δt, um welchen die Wettertemperatur von derjenigen der Schachtstöße differiert, stellt sich auf einer solchen Höhe ein, damit die Wetter so viel Wärme erhalten, daß ihre Temperatur mit derjenigen der Schachtstöße gleich schnell steigen kann.

Dieser Unterschied kann also positiv oder negativ sein, je nach dem gegenseitigen Verhältnisse von Δt_s und Δt_c. Die Wettertemperatur kann also um einen gewissen Betrag oberhalb oder unterhalb der jeweiligen Gesteinstemperatur liegen, doch steigt sie mit ihr in gleichem Maße.

Die Wettererwärmung ist also durch den Einfluß des Gesteines und den Einfluß der Kompression modifiziert. Die Kompression erscheint immer unter allen Umständen, wogegen der Einfluß des Gesteines nur eine Ergänzung des Einflusses der Kompression auf die eben berechnete Temperatur ist.

Bei Beobachtungen erhalten wir den Einfluß des Gesteines dadurch, daß wir von jeder beobachteten Temperatur jene Größe abzählen, die der Kompressionstemperatur für die gegebene Tiefe entspricht.

3. Ist es möglich, die Entstehung der Kompressionswärme zu verhindern?

Es tauchte der Vorschlag auf, die Kompressionswärme durch erhöhte Depression zu kompensieren[1].

Dieser Vorschlag entsprang folgender Idee: Wenn man die Kompression verhindert, so kann sich auch die begleitende Folgeerscheinung — die Kompressionswärme — nicht einstellen. Dies wäre nur durch jene Depression zu erreichen, die der Druckzunahme gleichkommt. Erwägen wir nun, ob dies möglich ist.

Dem Vorschlage zufolge wäre dies dadurch möglich, daß wir im Einziehschachte eine so starke Depression hervorrufen, daß die Wetter auf ihrem ganzen Wege durch die Grube ein Druckgefälle hätten, wodurch auch bei der Bewegung nach unten keine Druckerhöhung stattfinden würde.

Wie groß müßte dieses Druckgefälle sein? Aus der Gleichung (68) kann man errechnen, daß der Druck für je 100 m Tiefe um 9 mm Hg zunimmt. Damit also dieser Druckzuwachs ausgeglichen werde, müßte das Druckgefälle wenigstens 9 mm Hg für je 100 m Tiefe sein. Für 1000 m Tiefe müßte es also 90 mm Hg sein, somit 1170 mm Wassersäule. Wenn wir bedenken, daß die Ventilatoren auf den Schächten gewöhnlich mit einer Depression von nur wenigen Zehnern mm Wassersäule arbeiten und zu ihrem Betriebe doch schon große Kräfte benötigen, so ersehen wir, daß die Kompensation der Kompression infolge der Druckzunahme nach unten unmöglich große Ventilatoren benötigen würde.

Aber auch wenn man diese Depression erzeugen wollte, könnte man dadurch die Kompressionserwärmung doch nicht beseitigen, wie aus den Betrachtungen des Kapitels IX ohne weiteres hervorgeht.

Will man nämlich eine bestimmte Depression erzeugen, so muß die betreffende Leitung der Luftströmung einen entsprechenden Wider-

---

[1] Siehe Dipl.-Ing. F. Kogelheide: Die Bekämpfung hoher Wettertemperaturen durch besondere Gestaltung der Bewetterung und Grubenräume. Glückauf **1927.**

stand entgegensetzen. Handelt es sich um eine horizontale Luftleitung, so kompensiert die Expansionskälte die Reibungswärme, so daß sich der Einfluß der Reibung in keiner merklichen Temperaturerhöhung der strömenden Wetter zeigt. Kommt jedoch bei der vertikalen Wetterbewegung noch die durch Expansion zu kompensierende Kompression hinzu, so bleibt hier doch die Reibungserwärmung, die im vollen Maße erscheint, ohne durch etwas kompensiert werden zu können. Man beseitigt also auf diese Weise vielleicht die Kompression, ruft aber gleichzeitig eine gleich große Wettererwärmung hervor.

4. Wie groß ist die Kompressionswärme, die bei der Bewegung nach unten entsteht, und wo soll ihre Quelle gesucht werden?

Wie groß die Kompressionswärme ist, die bei der Bewegung nach unten entsteht, können wir uns vorstellen, wenn wir die Menge dieser Wärme bei einem Schachte berechnen, der 1000 m tief ist und in den in einer Minute 1000 cbm Wetter geführt werden. Die Wetter erwärmen sich hier um ungefähr 10^0 C; es gleicht also die in einer Minute entwickelte Wärmemenge $1000 \cdot 10^0$ C $\cdot 0,3 = 3000$ kgcal; in einer Stunde sind es 180000 kgcal.

Man stellt sich die Frage, wo diese ungeheure Wärmemenge herkommt. Der Ventilator kann sie nicht geben, weil diese Wärme, auf mechanische Arbeit überführt, 300 PS gleichkommt. Der Ventilator selbst ist für die kleine Wettermenge von 1000 cbm/min mit einem Motor von etwa 10 PS betrieben.

Diese Wärme ist eigentlich der Änderung der potentiellen Energie auf 1000 m Höhe äquivalent. Wenn nämlich die Wetter aus einer Höhe von $x = 1000$ m herunterfallen, so ist ihre potentielle Energie um $m \cdot x$ kleiner, wobei m das Gewicht des gefallenen Körpers ist, bei uns das Gewicht der Wetter in kg, also 1300 kg, weil 1000 cbm Luft 1300 kg wiegen, und x die zurückgelegte Bahn in lotrechter Richtung, also 1000 m, bedeutet.

Multiplizieren wir $1300 \cdot 1000 = 1300000$ kgm, so erhalten wir die Menge der kgm. Überführen wir diese Arbeit in Wärme durch Division mit 427 (dem mechanischen Wärmeäquivalent), so erhalten wir $1300000 : 427 \doteq 3000$ kgcal. also jene Zahl, die wir aus der Wettererwärmung errechnet haben.

Eine kleine Differenz entsteht durch ungenaue Angabe des Gewichtes der Luft und ihrer spezifischen Wärme, da sich diese Größen mit dem Drucke und der Temperatur ändern.

5. Belastet die Kompressionswärme den Ventilator?

Es scheint auch, daß die Kompressionswärme gegen die Bestrebung des Ventilators dadurch gerichtet ist, daß sich die Wetter erwärmen, wobei die warme Luft die Tendenz hat, im Einziehschachte nach oben zu strömen, also in umgekehrter Richtung wie sie der Ventilator treiben will. Dies trifft aber nicht zu. Es ist zwar wahr, daß sich die Wetter erwärmen, doch werden sie gleichzeitig verdichtet, und nur die Dichte entscheidet, ob die Luft sinkt oder nicht. Die Temperatur ist nicht maßgebend, wenn sich nicht gleichzeitig die Dichte ändert. Die Kompressionswärme hat also mit dem Ventilator nichts gemein und beschwert ihn in keiner Weise.

Gegen die Ventilatorarbeit stellen sich nur andere Wärmequellen im Einziehschachte. Erwärmen sich nämlich die Wetter außer durch Kompression auch durch die Ulme und andere Wärmequellen, so daß ihre Temperatur um mehr als 1° C/100 m ansteigt, so wird das spezifische Gewicht der Wetter kleiner, so daß sie sodann das Bestreben haben, im Einziehschachte zurückzuströmen.

Im Ausziehschachte bildet wieder die Erwärmung durch die Ulme und andere Wärmequellen einen natürlichen Auftrieb der Wetter, und der Ventilator überwindet nur den Unterschied beider Faktoren. Der Regel nach erwärmen sich jedoch die Wetter im Ausziehschachte nicht, sondern kühlen sich im Gegenteil ab, so daß sie — wie die übermäßige Erwärmung im Einziehschachte — durch ihre Abkühlung im Ausziehschachte den Ventilator beschweren können, falls wieder die Temperaturerniedrigung größer ist als 1° C in 100 m Tiefe. Aus diesem Grunde muß man die Kompressionswärme infolge der Bewegung in lotrechter Richtung von anderen Wärmequellen unterscheiden.

VI. Oxydation der Kohle, der Erze und des Grubenholzes und ihr Einfluß auf die Erwärmung der Grubenwetter.

(Die Kapitel über die Oxydation der Kohle und des Holzes wurden unter Mithilfe der Herren **Prof. Dr. F. Pavlíček** und **Dr. Ing. G. Měska** bearbeitet.)

Durch Oxydation der Kohle, der Erze und des Gesteines, sowie durch Faulen des Grubenholzes und der organischen Stoffe wird die Temperatur der Grubenwetter erhöht. Eine genaue Größenbestimmung dieser Erwärmung ist jedoch ziemlich kompliziert; es ist aber sicher, daß die Wärmeentwicklung durch Oxydation der Kohle sehr groß ist. Die frischen Wetter in den Abbauen der Steinkohlengruben sollten die Kohlenstöße abkühlen; aber in vielen Fällen erwärmen sie diese. In Erzgruben ist die Wettertemperatur bei gleicher Tiefe weit niedriger als in Steinkohlengruben, auch wenn die ursprünglichen Gesteinstemperaturen gleich hoch waren. Das ist auch ein Grund, warum die Kohlengruben die Tiefe der Erzgruben nicht erreichten.

Haldane verwies schon in einer Abhandlung vom Jahre 1899 darauf, daß die Oxydation der Kohle den größten Anteil an der Temperaturerhöhung in Kohlengruben hat und daß diese Wärmequelle alle anderen Quellen übertrifft.

1. Oxydation der Erze und der Gesteine.

Kommen Mineralien mit Luft in Berührung, so erfolgen viele exothermische Reaktionen. Namentlich bei der Zersetzung von Schwefelverbindungen wird eine große Wärmemenge frei. So wächst auch in den

Quecksilbergruben von Idria die Temperatur um 1^0 C pro 10 m Tiefe. HgS hat an der Luft die Neigung sich in Hg und S zu zersetzen, wobei 10,6 kgcal pro g-Mol frei werden. Der ausgeschiedene Schwefel wird zu SO_2 oxydiert, was weitere 69,26 kgcal bietet.

Blei- und Zinksulfide brennen von selbst. Eisen- und Kupfersulfide, sowie bituminöse Schiefer brennen ebenso, wenn sie zu feinem Staub zerkleinert sind und der Luft daher eine große Oberfläche bieten. Bekannt sind die Brände in den Pyritgruben in Sibirien in Rußland, in Huelva in Spanien, in Smolnik in der Slowakei.

Wir führen eine Zahlentafel der durch Oxydation mancher Sulfid-Minerale entfalteten Wärme an.

Außer durch Sulfidoxydation kann auch durch Oxydation der Metalloxyde

Zahlentafel 6. Wärmebildung bei der Umwandlung wichtiger Sulfide in Oxyde.

Ursprüngliches Mineral	Entstandenes Mineral	Wärmebildung pro 1 g Metall in kgcal
FeS	$FeO + SO_3$	3,26
CuS	$CuO + SO_3$	2,68
Cu_2S	$Cu_2O + SO_3$	1,36
PbS	$PbO + SO_3$	0,83

auf eine höhere Stufe, weiters durch Hydratation der Oxyde, der Silikate u. a., ja sogar durch Umkristallisation (z. B. Arragonit in Kalzit) Wärme entfaltet werden. Die Reaktionsgeschwindigkeit dieser Prozesse ist aber meistens so klein, daß die dabei entfaltete Wärme keine Bedeutung für die Grubenlufterwärmung besitzt. So ist z. B. die Umwandlung der Amphibole und Pyroxene in Serpentin und weiterhin in Asbest mit Wärmeentwicklung verbunden; diese Reaktionen, welche während ganzer geologischer Zeiträume verlaufen, haben für uns keinen praktischen Wert. Eine merklichere Erwärmung erfolgt in Salzbergwerken durch Hydratation des Kieserites und Karnalites.

Bedeutungslos für die Erwärmung der Grubenwetter ist auch der mit einer Wärmeentfaltung verbundene Atomzerfall radioaktiver Stoffe, obwohl man dem Radium und seinen Produkten ein Ausgleichen der Wärmeverluste der Erdkugel an den Weltenraum zuschreibt.

Zahlentafel 7. Oxydations- und Hydratationswärmen einiger Mineralien.

$CaSO_4$	zu $CaSO_4 . 2H_2O$	4,6 kgcal/mol $CaSO_4$
$MgSO_4$	„ $MgSO_4 . 7H_2O$	24,1 kgcal/mol $MgSO_4$
$CuSO_4$	„ $CuSO_4 . 5H_2O$	18,6 kgcal/mol $CuSO_4$
FeO	„ Fe_2O_3	573,0 gcal/kg Fe
FeO	„ Fe_3O_4	439,0 gcal/kg Fe
Al_2O_3	„ $Al_2O_3 . 3H_2O$	29,0 gcal/kg Al_2O_3
ZnO	„ $ZnCO_3$	191,0 gcal/kg ZnO
MnO	„ $MnCO_3$	313,0 gcal/kg MnO
FeO	„ $FeCO_3$	346,0 gcal/kg FeO
CuO	„ $CuCO_3$	140,0 gcal/kg CuO
FeO	„ $FeSiO_3$	124,0 gcal/kg FeO
MnO	„ $MnSiO_3$	76,0 gcal/kg MnO
CaO	„ $Ca . Al_2O_3$	8,0 gcal/kg CaO
2CaO	„ $2CaO . Al_2O_3$	29,0 gcal/kg CaO
3CaO	„ $3CaO . AlO$	12,0 gcal/kg CaO

2. Die durch das Erstarren des Mörtels und des Zements bedingte Wärmeentfaltung.

Als Ergänzung sei hier angeführt, daß auch durch das Erstarren des Mörtels und des Zements Wärme entfaltet wird. Diese Wärme kann aber nur in engen, schlecht bewetterten Strecken, in welchen größere Bauarbeiten durchgeführt werden, eine Bedeutung haben. So wurde beim Teufen des Annaschachtes in Příbram, wo die Schachtstöße mit einer starken Betonschicht ausgekleidet wurden, ein Temperaturanstieg auf 37° C bemerkt, trotzdem nirgends in der Grube keine so hohe Temperatur festgestellt wurde. Diese Temperatur war um so unangenehmer, als bei dem Erstarren des Betons auch etwas Wasser frei wird.

3. Wovon ist die Oxydationsfähigkeit der Kohle abhängig?

Die spontane Oxydation der Kohle durch den Luftsauerstoff kann man folgendermaßen erklären:

Der Luftsauerstoff wird anfangs von der Kohle adsorbiert, d. h. physikalisch gebunden, und zwar nach Parr bis zu einer Temperatur von 50° C. Die Adsorption ist immer mit einer Wärmeentwicklung verbunden, wie man deutlich bei der Adsorption der Gase durch aktive Kohle beobachten kann. Durch die entwickelte Wärme erwärmt sich die Kohle und der Sauerstoff beginnt sodann mit der Kohle, unter weiterer Wärmeentfaltung, chemisch zu reagieren, wodurch die Reaktionsgeschwindigkeit weiterhin steigt.

Der Sauerstoff wird wahrscheinlich durch die Kohle, und zwar durch ihre oxydationsfähigen Komponenten, unter Bildung labiler Superoxyde, welche den Sauerstoff aktivieren und weiter oxydierend wirken, molekular gebunden[1]. Diese Superoxyde geben dann Sauerstoff ab und oxydieren mit ihm auch resistentere Stoffe nach der Gleichung:

$$A + O_2 = AO_2; \qquad AO_2 + B = AO + BO.$$

Die Aufgabe des Stoffes B kann auch ein und derselbe Stoff übernehmen, so daß dann die Gleichung gilt:

$$AO_2 + A = 2 AO.$$

Auf diese Weise werden in erster Linie kolloidale Protohuminsäuren mit aldehydischem Charakter, sowie ungesättigte Verbindungen oxydiert werden.

Die Kohle ist ein schlechter Wärmeleiter und es häuft sich daher in ihr die Wärme an, soweit sie natürlich nicht anderweitig abgeführt

---

[1] Daß die Sauerstoffabsorption nicht nur ein rein physikalischer, sondern auch ein chemischer Prozeß ist, geht daraus hervor, daß dabei mehr Wärme entfaltet wird, als der physikalischen Absorption entsprechen würde, und zwar ungefähr die Hälfte jener Wärme, die bei der Oxydation auf Kohlendioxyd durch die gleiche Sauerstoffmenge entwickelt wird.

wurde. Mit wachsender Temperatur steigt die Absorption des Sauerstoffes bis zur Sättigung der Kohle. Über diesem Zustande geht schon die Oxydation selbständig vor sich, und die Kohle beginnt sich zu entzünden. Die Temperatur der merklichen spontanen Oxydation pflegt zwischen 200 bis 275° zu sein, und bei ungefähr 350° entzündet sich die Kohle. Bei der Oxydation wird durch Kohle CO_2, CO und H_2O abgegeben.

In jeder Kohlenart ist gewöhnlich Fusain enthalten (Fusit, Faserkohle). Fusain adsorbiert am leichtesten den Luftsauerstoff und entzündet sich leicht auch bei einer verhältnismäßig niedrigen Temperatur und glimmt dann bei dunkelroter Glut weiter. Die dabei entwickelten Verbrennungsprodukte sind fast geruchlos, so daß man sie in der Grube nicht so leicht wahrnehmen kann, weswegen sie in den Bergwerken gefährlich sind. In einem Falle entzündete sich Fusainstaub durch eine in seiner Nähe befindliche elektrische Lampe. Fusain nimmt Sauerstoff bei niedrigeren Temperaturen auf und verursacht eine Erwärmung der übrigen Kohlenkomponenten. Vitrain und Clarain oxydieren sich schwieriger als Fusain, aber immerhin leichter als Durain. Die Unterschiede sind aber nicht derart, daß man schließen könnte, daß nur bestimmte Steinkohlenkomponenten ihre Selbstentzündung bewirken.

Reine, aschenarme Kohle ist gewöhnlich leichter selbstentzündbar[1], weil die Kohlenmasse um so mehr mit Sauerstoff reagieren kann, je reiner sie ist.

Die Oxydationsgeschwindigkeit ist auch von der Inkohlungsstufe abhängig. Je mehr inkohlt die Kohle ist, desto weniger unbeständige und ungesättigte Verbindungen enthält sie, und desto schwächer ist die Kolloidphase vertreten. Und gerade die Kolloide adsorbieren den Sauerstoff sehr leicht. Deswegen bieten anthrazitische Kohle und Anthrazit der Oxydation den größten, Lignite und Braunkohlen den kleinsten Widerstand.

Es gibt aber auch Stein- und Braunkohlenarten, welche in gleichem Maße inkohlt sind, und dennoch hat die eine Kohlenart eine größere Neigung zur Oxydation als die andere. Die Ursache ist im ursprünglichen Pflanzenmateriale, aus welchem die Kohle gebildet wurde, sowie in den Verhältnissen, unter welchen sie entstanden ist, zu suchen.

Die Adsorptionsfähigkeit wird durch Verwitterung der Kohle verringert. Auch der Gasreichtum der Kohle ist eine Funktion ihrer Adsorptionsfähigkeit.

Eine einheitliche, abgeschlossene Ansicht über die Oxydation der Kohle anzuführen, ist nicht möglich, weil der Chemismus der Kohle wenig erforscht ist, und was oft für eine Kohlenart gilt, kann nicht für eine andere angewendet werden. Deshalb ist auch die Oxydation der Kohle von verschiedenen Autoren verschieden ausgelegt worden, je nach dem, welche Kohle sie untersucht haben. Aus der Literatur ist zu ersehen, daß beinahe jeder Komponente, in welche die Kohle zerlegt wurde, die Oxydationsursache zugeschrieben wird.

4. Bedeutung der Größe der Oberfläche und der Zerklüftung.

Je poröser die Kohle ist, desto leichteren Zutritt hat der Sauerstoff und desto eher wird sie oxydiert. Ein von Dislokationen nicht gestörtes und von Diaklasen nicht durchdrungenes Kohlenflöz ist gewöhnlich für Luft schwer durchlässig. Die Luft dringt aber leicht durch Kohlen-

---

[1] Bei sonst gleicher Zusammensetzung.

stöße, falls in ihnen Risse sind. Die Intensität der Zerklüftung wird neben anderem durch den Druck des Gebirges und des Hangenden bestimmt. Daß die Luft durch Spalten leicht dringt, beweist die Entstehung der Brände in Kohlenpfeilern.

Der Oxydationsverlauf der Kohle ist von der Größe der Oberfläche, welche sie der Einwirkung des Sauerstoffes bietet, abhängig. Deshalb hat auch die Struktur der Kohle eine Bedeutung, weil sie die Bröckelfähigkeit und die Neigung der Kohle zur Staubbildung bestimmt. Die Bröckelung der Kohle unterstützen die Fusainstreifen, nach denen sie sich beim Abbau loslöst. Fusain ist sehr bröckelig und geht sehr leicht in Staub über, namentlich wenn die Kohle trocken war. Wenig inkohlte Kohlen, Torf, Lignite, welche viel Wasser enthalten, zerfallen an der Luft sehr leicht. Auf der Oberfläche verdampft das Wasser mehr als im Inneren, weswegen sich die Oberfläche stärker als der Kern zusammenzieht, und es entstehen unregelmäßige Oberflächenspannungen, was einen Zerfall der Kohle zur Folge hat.

5. Einwirkung des Wassers auf die Oxydation der Kohle.

Es wurde beobachtet, daß Kohle mit einer größeren hygroskopischen Feuchtigkeit, das ist einer Feuchtigkeit, welche die Kohle an der Luft beibehält, leichter oxydiert wird, als Kohle mit geringerer hygroskopischer Feuchtigkeit.

Weniger inkohlte Kohlen besitzen immer eine größere hygroskopische Feuchtigkeit als die stärker inkohlten. Der Feuchtigkeitsgehalt der Kohle ist ein Maß ihrer Porosität. Die Menge des in der Kohle enthaltenen hygroskopischen Wassers ist bis zu einem gewissen Maße ein Maß des kolloidalen Zustandes der Kohle. Die Selbstentzündung wird verzögert, weil feuchte Kohle eine höhere spezifische Wärme besitzt und das Wasser durch Wärme vorerst verdampft werden muß, ehe sich die Kohle über 100° erwärmt.

Nach J. Davis und J. Byrn kann man annehmen, daß auf die Oxydationsgeschwindigkeit der feuchten Kohle auch die Luftfeuchtigkeit einen bedeutenden Einfluß besitzt. Das Wasser aus der Kohle verdampft nur so lange, bis ein Gleichgewicht zwischen der Tension des Wasserdampfes in der Luft und der Tension des Wasserdampfes in der Kohle eingetreten ist. Die Kohle erwärmt sich nicht, solange die zur Verdampfung nötige Wärme größer ist als jene Wärme, die durch Oxydation der Kohle entwickelt wird. Ist aber die Luft mit Wasserdampf gesättigt, so besteht diese Kühlwirkung nicht und die Kohle erwärmt sich, was wieder die Oxydation steigert. Die Geschwindigkeit der spontanen Oxydation nimmt also in Gegenwart von Wasserdampf zu. Es gibt Reaktionen, welche an trockener Luft überhaupt nicht verlaufen und erst in Gegenwart von

Wasserdampf erfolgen. Deshalb hat die Trocknung der Wetter eine große Bedeutung. Ein Teil der Feuchtigkeit der Kohle ist für ihre Oxydation Bedingung, und zwar dort, wo das Wasser katalytisch oder in der Weise wirkt, daß sich wie bei der Oxydation Wasserstoffsuperoxyd bildet, der Sauerstoff aktiviert und die Kohle leichter oxydiert wird.

Hat aber die Kohle in der Grube neben der hygroskopischen Feuchtigkeit noch so viel Grubenfeuchtigkeit, daß die Poren mit Wasser gefüllt sind, so wird sich die Kohle nicht oxydieren. Das Wasser verwehrt nämlich der Luft den Zutritt und kann Kohle für Luft undurchlässig machen.

Die Trocknung der Luft kann also auch schaden, hauptsächlich dort, wo dadurch Zerbröckelung der Oberfläche und Staubbildung hervorgerufen wird.

Mit der Feuchtigkeit der Kohle ist auch die Oxydation des Pyrits verknüpft.

Der Einfluß der Bakterien ist bis nun noch nicht erforscht, ist aber bestimmt klein.

6. Die Rolle des Pyrits bei der Kohlenoxydation.

Enthält die Kohle Pyrit, so oxydiert sie sich leichter. Besonders Markasit oxydiert sich sehr rasch, namentlich wenn er fein zerstäubt ist. Die Anfangswärme, die bei der Oxydation des Pyrits entwickelt wird, kann die Ursache einer weiteren intensiven Oxydation der Kohle und dadurch auch einer Temperaturerhöhung sein, was eine Verstärkung der Oxydationsprozesse bis zur Selbstentzündung zur Folge hat.

Die Oxydation des Pyrits geschieht nach folgender Gleichung:

$$4\,FeS_2 + 15\,O_2 + 2\,H_2O = 2\,H_2SO_4 + 2\,Fe_2(SO_4)_3 + 1522\ \text{kgcal}.$$

Von Pyrit durchsetzte Stoffe bedecken sich, als Beweis der Oxydation und Hydratation, mit einer weißen, gelblichen, bis bläulichen Schicht.

Winmill fand, daß sich bei gewöhnlicher Temperatur und bei den in der Grube herrschenden Verhältnissen bei der Oxydation des Pyrits auf jeden Kubikmeter aufgenommenen Sauerstoffes zweimal soviel Wärme entwickelt, als bei der Oxydation der Kohle. Die spezifische Wärme des Pyrits ist ungefähr zwei Drittel der spezifischen Wärme der Kohle (die spezifische Wärme des Pyrits beträgt 0,18 bis 0,2, die der Kohle 0,2 bis 0,4); wenn also gleiche Mengen von Pyrit und Kohle dieselbe Menge O_2 aufnehmen, so erhöht sich die Temperatur im Pyrit mehr als in der Kohle, und zwar dreifach.

Allgemein kann man sagen, daß die Oxydation und Erwärmung des Pyrits viel rascher als die der Kohle stattfindet, und daß seine Oxydation bei niedrigeren Temperaturen als die Oxydation der Kohle vor sich geht.

Die bei der Oxydation der Kohle in der Grube gebildete Wärmemenge ist aber unvergleichlich größer als jene Wärme, die bei der Oxydation des Pyrits entsteht. Durch Oxydation des Pyrits bildet sich zwar mehr Wärme, berechnet auf die Einheit der oxydierten Masse, da aber nur wenig Pyrit, und zwar in vereinzelten Körnern, vorhanden ist, würde die Wärme in die Nebengesteine übergehen, wenn hier nicht gleichzeitig eine Kohlenoxydation erfolgen würde. Die größte Bedeutung des Pyrits in der Kohle für die Erhöhung der Temperatur, neben der initialen Temperaturerhöhung rund um die Pyritkörner, besteht darin, daß sich Pyrit enthaltende Kohle gewöhnlich stärker zermalmt und dadurch der Oxydationswirkung der Luft eine größere Fläche bietet. Wenn Pyrit oder Markasit in der Kohle oxydiert, vergrößert sich sein Volumen, wodurch die Kohle aufgelockert wird, so daß sie leichter zerfällt. Schon ganz dünne, in der Kohle eingelagerte Pyritstreifen unterstützen ihren Zerfall, so daß die Funktion des Pyrits in der Kohle auch eine mechanische ist.

7. Die Oxydationsgeschwindigkeit.

Die von der Kohle absorbierte Sauerstoffmenge ist dem C-Gehalte in der Kohle verhältnisgleich, hängt auch von der O-Menge in der Luft ab und beträgt bis 8 cm³ pro 1 g Kohle. Die Oxydationsintensität ist nicht direkt proportional dem Partialdrucke des Sauerstoffes, sondern der zweiten Wurzel aus dem in der Luft vorhandenen Sauerstoffgehalte.

1 g Kohlenstaub nimmt nach Taffanell bei gewöhnlicher Temperatur auf:

$$\begin{array}{llll}
\text{in } 10 \text{ Tagen} & \ldots\ldots & 1 \text{ cm}^3 & O_2 \\
\text{„ } 30 \text{ „} & \ldots\ldots & 2 \text{ „} & O_2 \\
\text{„ } 60 \text{ „} & \ldots\ldots & 3 \text{ „} & O_2 \\
\text{„ } 120 \text{ „} & \ldots\ldots & 4 \text{ „} & O_2
\end{array}$$

Feuchter Kohlenstaub absorbiert bei niedrigen Temperaturen weniger Sauerstoff als trockener. Mr. Winmill führt für den Oxydationsgrad folgende Gleichung an:

$$A = K \sqrt{P}. \tag{87}$$

$A =$ Oxydationsgrad, $P =$ Sauerstoffprozente, $K =$ Konstante $= 56$ [1].

Ist die Intensität der Oxydation größer, so wird die Luft in der Nähe der Kohlenoberfläche nicht so viel Sauerstoff enthalten wie die entferntere Luft. Dadurch wird sich die Oxydationsgeschwindigkeit in-

---

[1] Das Verhältnis der reagierenden auffallenden Sauerstoffmoleküle zu den auffallenden, aber nicht reagierenden Sauerstoffmolekülen definiert Měska als Intensität der Oxydation.

folge Verweilens der mehr oder weniger verbrauchten Luft in der Nähe der Kohle verkleinern. Je rascher die Luft über die Kohlenoberfläche streichen wird, desto rascher wird sich die verbrauchte Luft durch frische ersetzen und die Oxydationsgeschwindigkeit wird ständig größer werden. Es ist bekannt, daß man durch Luftzufuhr das Brennen beschleunigen kann. Bei einem langsamen Oxydationsverlaufe wird das Strömen der Luft keine so große Bedeutung haben, weil hier die Diffusion der Gase genügt, um die bei der Oxydation verbrauchten Sauerstoffmoleküle zu ersetzen[1]. In Rissen und Poren kann der Luftstrom die Oxydation unterstützen, weil sich die Luft in engen Höhlungen nur sehr langsam auswechselt.

Nach Parr verläuft die Oxydation bereits bei einer Temperatur von 30^0 C ziemlich rasch unter relativ großer Wärmeentwicklung. Dieser Fall besteht gerade im Abbau, wo die Temperatur des Kohlenflözes oft über 30^0 C zu sein pflegt und wo frisch angebrochene Flächen von hoher Temperatur mit der Luft in Berührung kommen, wodurch sie sich rasch oxydieren.

Je größer also die Temperatur in der Grube ist, desto rascher erfolgt die Absorption des Sauerstoffes und desto größer ist die freigewordene Wärmemenge.

8. Wieviel Wärme wird bei der Oxydation der Kohle entwickelt?

Wärmeerzeugende Vorgänge bei der Oxydation der Kohle sind folgende:

1. Adsorption des Sauerstoffes durch die Kohle.

2. Innere Kohlenoxydation durch in der Kohle angesammelten Sauerstoff und die dadurch bedingte Bildung von sauerstoffreicheren Verbindungen, die in der Kohle zurückbleiben.

3. Intensivere Kohlenoxydation, die von CO_2-Entwicklung und Wasserbildung begleitet ist.

Die durch Adsorption des Sauerstoffes und innere Kohlenoxydation entwickelte Wärme läßt sich nicht getrennt bestimmen, weil man nicht genau feststellen kann, wann die Adsorption beendet ist und die innere Oxydation beginnt. Aber auch CO_2 und H_2O bleiben am Anfang in der Kohle eingeschlossen.

Da aber die durch Adsorption und innere Oxydation entwickelte Wärme bei der Bestimmung des Brennwertes der Kohle inbegriffen ist, können wir für unsere Zwecke und angenäherte Berechnungen die Oxydation einfach als langsame Verbrennung betrachten. Durch Oxydation von 1 kg Kohlenstoff zu Kohlendioxyd werden ungefähr

---

[1] Nach Měska.

8000 kgcal entwickelt; oder auf 1 cbm entwickelten CO_2 entfallen, wenn das spezifische Gewicht des CO_2 bei 15^0 und 1 at 1,801 kg/cbm beträgt, 4500 kgcal und auf 1 Liter entwickelten CO_2 4,5 kgcal.

Würde der CO_2-Gehalt der Luft um 0,1% erhöht werden[1], würde es ungefähr 4,5 kgcal entsprechen, und diese Wärme ist imstande, 1 cbm Luft um ungefähr 14^0 C zu erwärmen. Man muß aber feststellen, ob der CO_2-Zuwachs wirklich von der Oxydation der Kohle und nicht aus anderen Quellen stammt, was nicht eine einfache Aufgabe ist. CO_2 konnte schon in der Kohle oder in den Poren der Gesteine eingeschlossen, oder in den Gewässern enthalten sein, oder sogar aus Kohlensäurequellen frei ausströmen. Das durch Atmen und Brennen der Geleuchte gebildete CO_2 kann man verhältnismäßig leicht bestimmen.

Eine annähernde Kontrolle, ob das in den Wettern enthaltene CO_2 nicht aus einer anderen Quelle als aus der Oxydation der Kohle stammt, führen wir durch Vergleich mit dem Sauerstoffverluste der Wetter durch.

Wärme wird aber nicht nur bei der Verbrennung von C auf CO_2, sondern auch bei der Verbrennung von H auf H_2O entwickelt. Diese Erwärmung kann man auf Grund der Kohlenzusammensetzung bestimmen.

Oxydiert sich so viel Kohle, daß dadurch der CO_2-Gehalt um n Hundertstel % vergrößert wird, so erhalten wir die resultierende Wettererwärmung nach Litwinov durch die Gleichung

$$\Delta t = n\left[1{,}40 + \frac{5{,}87}{C}\left(H - \frac{O}{8}\right)\right] - 2\,f \text{ in } {}^0\text{C}. \tag{88}$$

Δt bedeutet die resultierende Erwärmung, C den Kohlenstoffgehalt, H den Wasserstoffgehalt, O den Sauerstoffgehalt der Kohle in % und f den gesamten Zuwachs der Luftfeuchtigkeit nach der Oxydation in g pro cbm, also teils durch Verdampfung der hygroskopischen oder freien Feuchtigkeit, teils durch das durch Oxydation des Wasserstoffes entstandene Wasser. Da es nicht möglich ist, in der Grube zu bestimmen, wieviel Feuchtigkeit durch jeden dieser Prozesse hinzugekommen ist, ist in der Gleichung der leicht bestimmbare Wert f verwendet, welcher aus dem Unterschiede des Wassergehaltes der Luft vor und nach dem Durchgange durch die Oxydationszone ermittelt wird. Dabei wurde der Erwärmungskoeffizient durch Einwirkung des Wasserstoffes auf Grund des oberen Heizwertes dieses Gases berechnet. Z. B. C = 70%, O = 8%, CO_2-Zuwachs = 0,01%, also $n = 1$, $f = 0{,}5$ g, erhalten wir

$$\Delta t = 1{,}40 + \frac{5{,}87}{70}\left(7 - \frac{8}{8}\right) - 1 = 0{,}90^0 \text{ C}. \tag{89}$$

Aus dem Feuchtigkeitsgehalte der Kohle f'% allein kann man die resultierende Wettererwärmung Δt mittels folgender, der Gleichung (88) analogen Formel (88a)

---

[1] Ein Gehalt von 0,1% CO_2 bedeutet, daß 1 cbm einen Liter Kohlendioxyd enthält. Die in den Schacht einziehenden Wetter besitzen ungefähr 0,04% CO_2 und verlassen denselben mit einem Gehalte von 0,1 bis 0,3%.

bestimmen

$$\Delta t = n\left[1{,}40 + \frac{4{,}9}{C}\left(H - \frac{O}{8} - 0{,}022 f'\right)\right].\tag{88a}$$

Ein eventueller Unterschied der nach beiden Gleichungen (88) und (88a) berechneten Resultate deutet darauf hin, daß neben Wasserstoffverbrennung und Kohlenfeuchtigkeit noch andere Feuchtigkeitsquellen — Grubenwasser — tätig waren. Daraus kann man den Anteil bestimmen, mit welchem sich die Wasserstoffverbrennung, die Kohlenfeuchtigkeit und die Grubenwässer mit anderen Feuchtigkeitsquellen an der Luftfeuchtigkeitszunahme beteiligen.

Der Einfluß des Wasserstoffes auf die Erwärmung der Luft bei der Oxydation ist durch das zweite Glied der Gleichung gegeben. Es ist ersichtlich, daß für das ausgeführte Beispiel die Erwärmung durch Oxydation des Wasserstoffes 22% der gesamten Erwärmung beträgt.

Von den anderen Komponenten der Kohle ist nur der Schwefel oxydationsfähig. Da aber für die Erwärmung nur der sulfidische und der organisch gebundene, nicht aber der sulfatische Schwefel eine Bedeutung besitzt, und da der Schwefelgehalt in der Kohle normal nicht 1 bis 2% übersteigt, ist es nicht notwendig, in die Gleichung ein Glied für den Schwefel einzuführen, weil die durch ihn hervorgerufene Erwärmung unbedeutend ist.

In der oben angeführten Betrachtung haben wir vorausgesetzt, daß die Oxydation des Kohlen- und Wasserstoffes gleichzeitig und mit gleicher Geschwindigkeit erfolgt. In Wirklichkeit muß es nicht der Fall sein. Die Kohle ist ein ungewöhnlich kompliziertes Gemenge der verschiedensten organischen Verbindungen, aus Wasser-, Kohlen- und Sauerstoff, deren innere Zusammensetzung uns nicht bekannt ist. Wir können daher voraussetzen, daß die Oxydation nicht in allen Verbindungen mit gleicher Geschwindigkeit verläuft und daß der Luftsauerstoff zuerst jene Verbindungen oxydiert, welche weniger inkohlt sind. Daher werden sich vorerst jene Bestandteile zerlegen, die mehr H und O enthalten, wogegen sich die an Kohlenstoff reichsten Verbindungen langsamer zersetzen. Oxydieren doch junge Kohlen an der Luft viel leichter, als z. B. Anthrazit.

Aus diesem Grunde sind wir berechtigt vorauszusetzen, daß das zweite Glied der oben angeführten Gleichung für die Erwärmung der Luft durch langsame Oxydation bei jüngerer Kohle einen viel höheren Wert besitzen wird, ja sogar das erste Glied überschreiten kann.

Richtig könnten wir die Erwärmung nur dann berechnen, wenn uns nicht nur die CO_2-Zunahme, sondern auch die H_2O-Zunahme bekannt wäre; wenn aber schon die Bestimmung der CO_2-Zunahme infolge bloßer Oxydation schwierig ist, so ist die H_2O-Zunahme infolge der Oxydation noch schwieriger festzustellen.

Im ganzen kann man sagen, daß die Erwärmung des Wetterstromes durch Oxydation gewöhnlich 10^0 C bis 20^0 C beträgt, ja in manchen Fällen auch 30^0 C und 40^0 C. Die bei der Oxydation gebildete Wärme wird nicht ausschließlich zur Erwärmung der Grubenwetter verbraucht, sondern es entfällt auch ein Teil auf die Erwärmung des kalten Versatzes; ferner wird sie auch vom Kohlenflöz und dem umgebenden Gestein aufgenommen.

Nach den Arbeiten von Mr. Lamplough und Miss Hill beträgt die bei der Oxydation der Kohle gebildete Wärme ungefähr 3,3 gcal auf 1 cm³ des von der Kohle adsorbierten Sauerstoffes.

Winmill gibt an, daß sich bei der Adsorption von 1 Kubikfuß Sauerstoff ungefähr 237 B.Th.U. entwickeln, so daß auf 1 cbm adsorbierten Sauerstoffes ungefähr 1600 kgcal entfallen.

Durch Versuche, die Haldane schon zu Ende des 19. Jahrhunderts auf der Grube Hamstead Colliery durchgeführt hat, wurde festgestellt, daß die Sauerstoffabnahme in der Luft des Ausziehwetterstromes direkt mit dem Temperaturzuwachse der Wetter zusammenhängt. Das Verhältnis zwischen der Sauerstoffabnahme und der Vergrößerung der CO_2-Menge ist für eine bestimmte Grube nahezu konstant.

Dr. Haldane hat festgestellt, daß einige Kohlenarten bei der Absorption und bei der Oxydation solche Wärmemengen entwickeln, daß sich bei einer Verringerung des Sauerstoffgehaltes in den Grubenwettern um 0,01% die Temperatur des Wetterstromes um 1,47° C erhöht. Diese hohe Erwärmung wird aber teilweise durch die Erhöhung der Feuchtigkeit kompensiert und in die Umgebung abgeführt.

Mr. Lamplough und Miss Hill haben festgestellt, daß die Sauerstoffabnahme ein- bis dreimal größer zu sein pflegt als die Erhöhung des CO_2-Gehaltes; gewöhnlich aber beträgt die Sauerstoffabnahme 1,5 bis 1,8 der Vergrößerung des CO_2-Gehaltes.

Da es sehr schwer, ja sogar unmöglich ist, zu bestimmen, wieviel Brennstoff sich in der Grube oxydiert hat, dagegen aber ziemlich leicht, wieviel Sauerstoff aus der ursprünglichen Luft verbraucht wurde, kann man nach Měska aus der Sauerstoffabnahme berechnen, wieviel Wärme in der Grube entstanden ist. Man müßte aber jedenfalls auch wissen, wozu und in welchem Verhältnisse Sauerstoff verbraucht wurde, ob zur Adsorption, inneren Oxydation, Oxydation der Wasserstoff- oder Kohlenstoffverbindungen der Kohle, oder einfach zur Sättigung von Grubenwasser usw.

Die Luft enthält 20,9 Vol.-% Sauerstoff und 79,1 Vol.-% anderer Gase, die wir bei unseren technischen Berechnungen als Stickstoff auffassen können. Das Volumverhältnis des Sauerstoffes zum Stickstoffe ist somit $\dfrac{20,9}{79,1} = \dfrac{26,42}{100} = 0,2642.$

Bei der durch Oxydation an Sauerstoff verarmten Luft wird das eben erwähnte Verhältnis kleiner sein. Das Volumverhältnis des Sauerstoffes zum Stickstoffe machen wir zum Maß der Sauerstoffverarmung der Luft. Die Einheiten dieses hundertfachen Verhältnisses bezeichnen wir als Sauerstoffgrade der Luft und den Unterschied der Sauerstoffgrade der ursprünglichen Luft und der Sauerstoffgrade der an Sauerstoff teilweise verarmten Luft als „Desoxydationsgrade" der Luft. Der vollständigen Sauerstoffverarmung entsprechen 26,42 Desoxydationsgrade. Kennen wir den chemischen Prozeß, welcher die Sauerstoffverarmung verursacht hatte, so können wir die Menge der durch vollkommene Sauerstoffverarmung einer Gewichtseinheit der ursprünglichen Luft entwickelte Wärme bestimmen. Erreicht die Sauerstoffverarmung der Luft eine kleinere Anzahl von „Desoxydationsgraden", so entwickelt sich bei ihr pro 1 kg Luft sovielmal weniger Wärme, wievielmal weniger „Desoxydationsgrade" als 26,42 erreicht wurden.

In älten Strecken entwickelte Oxydationswärme wird nach Měska zum Großteile der Luft übergeben, wogegen in den Abbaupartien der Grube, wo ständig neue durchlässige Kohle bloßgelegt wird, die entweder frisch oder nur wenig gealtert weggefördert wird, die entwickelte Oxydationswärme zum Großteil an die Kohle übergeben wird. Im Abbau wird also die Oxydationswärme von der Wärmekapazität der gewonnenen Kohle, evtl. des hereinbrechenden Hangenden aufgenommen, und diese ist im Vergleiche zur Wärmekapazität der Luft sehr groß.

Die gesamte Erwärmung der Wetter muß auch der Summe der
Erwärmung zufolge der Oxydation, Kompression, der Erwärmung
durch das Gebirge und der Abkühlung der Grubenwetter zufolge der
Feuchtigkeitserhöhung usw. gleichen. Jedenfalls mache ich aufmerksam,
daß eine solche Berechnung keine einfache Aufgabe ist und nur als
eine annähernde betrachtet werden kann.

9. Die Zersetzung des Holzes.

Die Zersetzung des Grubenholzes kann auch eine wichtige Ursache
der Temperaturerhöhung der Grubenwetter sein; in Erzgruben kann sie
sogar eine der wichtigsten Ursachen der hohen Temperaturen bedeuten.

Extrem hohe Temperaturen, über 45°, in Erzgruben werden oft
hauptsächlich durch Faulen und Oxydation des Holzes verursacht.
Die Temperatur des umgebenden Gesteines kann dann niedriger als
die Temperatur der Wetter sein; dies wurde z. B. in den nordameri-
kanischen Gruben in Butte beobachtet.

Auch das bedeutende Methanvorkommen in den Wettern der Erzgruben wird meistens durch das Faulen des Holzes in den Strecken,
in welchen keine frischen Wetter streichen, erklärt. Sowohl Methan
als auch CO_2 entwickeln sich durch Fäulnis und Zersetzung der Grubenzimmerung ungefähr nach folgender Gleichung:

$$2\,C_6H_{10}O_5 = 6\,C + 3\,CH_4 + 3\,CO_2 + 4\,H_2O\,. \tag{90}$$

Aus dieser Gleichung ist zu ersehen, daß die das Holz zusammen-
setzende Zellulose auf C, CH_4, CO_2 und Wasser unter Einwirkung von
Wasser und Luftsauerstoff zerlegt wird, wobei sich Wärme bildet.

Das Holz enthält immer oxydationsfähige Stoffe; es sind dies Alde-
hyde, welche in Säuren übergehen. Die Oxydation erfolgt in Gegenwart
von Wasser sehr leicht.

Auf das Holz wirken am meisten Pilze und Mikroorganismen ein.
Die Wirkung ist verschieden und hängt davon ab, welcher Art das
Holz ist, in welcher Temperatur es sich befindet und wieviel Wasser
es besitzt.

Junges, saftreiches, sowie weiches Holz unterliegt leichter der Einwirkung der Pilze und Bakterien als reifes und hartes Holz. Je größer
die Oberfläche ist, die das Holz bietet, wie z. B. zersprungenes Holz,
desto eher wird es angefallen. In Feuchtigkeit sich befindendes Holz,
wie Grubenholz, wird durch Einwirkung der Bakterien bald zerstört.
In alkalischer Umgebung gedeihen Bakterien sehr gut. Pilze und Fäulnis
zerstören Stoffe, welche den Bakterien schädlich sind, und bereiten
ihnen den Boden vor.

Die Bakterien entwickeln sich in einem bestimmten Temperaturintervalle, welches wir Minimum und Maximum bezeichnen, und jene

Temperatur, bei welcher sich die Bakterien am besten vermehren, nennen wir Optimum.

Die Zersetzung des Holzes an der Luft besteht weiter in der Vermoderung und Verwesung, welche Vorgänge von Kohlendioxyd- und Wasserentwicklung begleitet sind. Damit hängt auch die Entwicklung der Wärme zusammen. Die Entwicklung der Wärme bei Vermoderung, Verwesung und Fäulnis in den einzelnen Phasen zu erfassen, ist nicht möglich.

Nach Dr. Měska kann man aus dem bloßen Unterschiede des Heizwertes des frischen und des zersetzten Holzes nicht auf die durch Zersetzung desselben entstandene Wärmemenge schließen. Der Heizwert pro Kilogramm kann bei der Zersetzung sogar steigen. Die Wärmeverluste des Holzes kann man nur nach dem Heizwerte, welcher auf die ursprüngliche Holzmenge umgerechnet wird, bestimmen. Z. B. der ursprüngliche Heizwert des Holzes war 3500 kgcal/kg. Von 1 kg verblieben 0,60 kg eines Heizwertes von 4100 kgcal/kg. Auf jedes ursprüngliche Kilogramm entfallen daher $0,6 \cdot 4100 = 2460$ kgcal.

Der Heizwertabfall des Holzes kann aus folgenden Gründen erfolgen: 1. durch langsame Oxydation des Holzes; 2. durch den Lebensprozeß der Organismen, wie Pilze, Bakterien, Käferlarven, Würmer, Fliegen usw.; 3. durch Zerstäubung des Holzes hauptsächlich durch Käferlarven; 4. durch Auslaugen des Holzes mittels des Wassers; 5. durch Sublimation des Harzes und anderer im Holze enthaltener Stoffe; 6. durch Entweichen brennbarer Gase aus dem Holze; 7. durch Beseitigung, Abtragung und Abstaubung der Körper der am Holze lebenden Organismen, der Pilze, ihrer Sporen u. dgl.

Wärme wird besonders im Falle 1 und 2 entwickelt; in den Fällen 3 bis 7 wird in der Grube fast keine Wärme entwickelt. Wieviel Wärme durch den Lebensprozeß der Organismen entwickelt wird, ist jedoch schwer zu sagen.

Wird die durch die Zersetzung des Holzes entwickelte Wärme nicht abgeführt und ist das Pflanzenmaterial noch jung und leicht zersetzbar, so steigt die Temperatur ziemlich hoch. Einen analogen Prozeß kann man z. B. bei Heu beobachten, welches Sauerstoff aufnimmt und eine derartige Wärme entwickeln kann, daß oft Selbstentzündung des Heues eintritt.

Damit wir uns ein Bild über die Wärmemenge, welche in einer Grube durch Zersetzung des Holzes entwickelt wird, machen können, stellen wir uns eine Erzgrube vor, in welche täglich 10 cbm Holz gebracht wird. Von dieser Menge werden schätzungsweise 4 cbm bald zerbrochen und herausgeholt oder bleiben abseits der Wetterwege im Verbruch, wo sie für die Lufterwärmung keine Bedeutung haben.

Nur 6 cbm bleiben in der Grube so lange, bis sie als zerfallenes Holz wieder herausgebracht werden.

6 cbm des in die Grube gebrachten Holzes wiegen $6 \cdot 600 = 3600$ kg und haben einen Heizwert von 3500 kgcal/kg. Das wieder herausgebrachte Holz hat 60% des ursprünglichen Gewichtes und einen Heizwert von 4100 kgcal/kg.

Der Heizwertabfall des Holzes beträgt $(3500 - 0{,}6 \cdot 4100)$ $= 1040$ kgcal/kg des ursprünglichen Holzes. Nehmen wir an, daß 70% des Heizwertabfalles in Wärme umgewandelt werden. Die dadurch entwickelte Wärme beläuft sich daher auf

$$\{3500 - 0{,}6 \cdot 410\} \cdot 0{,}7 \cdot 3600 = 2\,620\,800 \text{ kgcal/Tag} = 1820 \text{ kgcal/min.}$$

Wie groß wird die äquivalente Erwärmung der Grubenwetter sein, wenn in die Grube 1000 cbm Wetter pro Minute eingeführt werden? Dieselbe beträgt: $1820 : 1000 \cdot 0{,}3 = 6^0$ C.

Für die Zersetzung des Holzes sind in der Grube besonders günstige Bedingungen gegeben. Die Grubenzimmerung befindet sich oft an feuchten Stellen. In der Grube herrscht eine hohe Temperatur, welche die Entwicklung der Bakterien begünstigt. Die Keime werden von den Wettern getragen und vermehren sich an günstigen Stellen. Die Pilze und Mikroorganismen gedeihen, da in die Grube keine Sonnenstrahlen gelangen. Die Zimmerung wird durch den Gebirgsdruck gebrochen und bietet dadurch der Luft und den Mikroorganismen eine große Fläche, so daß sie in das Innere der Stempel leichter eindringen können.

Eine Temperaturerniedrigung der Luft und ihre Austrocknung verlangsamt die Vermoderung des Holzes und vermindert somit die aus dieser Quelle hervorgehende Wärme.

Selbstverständlich wirkt die Imprägnation des Holzes ebenso. In heißen Gruben soll überhaupt so wenig Holz wie nur möglich verwendet werden, und dieses soll gut ausgetrocknet und imprägniert sein.

VII. Einfluß des Hauwerkes auf die Wettertemperatur.

1. Hat das rasche Beseitigen des Hauwerkes aus der Grube einen Zweck?

Es kann die Frage aufkommen, ob es einen Zweck habe, das frisch weggeschossene Hauwerk — mit ursprünglicher Gesteinstemperatur — aus der Grube rasch zu entfernen, damit es dort nicht überflüssig die Luft erwärme, oder ob es unnütz sei.

Zwecklos kann es sein, wenn

1. die Erwärmung der Wetter durch die Berührung des Hauwerkes mit der Luft so gering ist, daß sie nicht ins Gewicht fällt, oder wenn es nicht wenigstens die Betriebsschwierigkeiten, die mit dem beschleunigten Fortschaffen verbunden sind, aufwiegt;

2. das Hauwerk seine Wärme an die Luft so rasch abgibt, daß es sowieso nicht möglich wäre, es in so kurzer Zeit wegzuschaffen.

Das Hauwerk ist oft in kleinen Stücken vorhanden, so daß es den

Wettern eine große Oberfläche freilegt und diese um so rascher erwärmt. Ein wichtiger Umstand ist auch das, daß sich die Wetter gerade am Orte erwärmen, wo der Bergmann arbeitet.

Die spezifische Wärme der Gebirge und der Nutzminerale schwankt zwischen 0,18 bis 0,25 kgcal/kg. Kühlt sich also 1 kg Gebirge um 1° C ab, so werden dabei durchschnittlich 0,2 kgcal frei, die 0,7 cbm Luft um 1° C erwärmen könnten. Welche Wärmemenge bei verschiedenen Abkühlungsgraden des gewonnenen Hauwerkes sowie bei verschiedenen Leistungen frei wird, ist im Diagramm 41 berechnet.

Beispiel. Werden 4 Tonnen pro Schicht abgebaut — Linie 0 ～ 4 — und kühlt sich dieses Hauwerk um 5° C ab — Punkt a —, so werden dadurch ca. 4000 kgcal = Oc frei. Der Punkt c wird mit Hilfe des Punktes b gefunden. Eine nähere Erklärung ist überflüssig.

Kennen wir die durch das Arbeitsort strömende Wettermenge V in cbm/min, die aus dem Arbeitsorte geförderte Hauwerkmenge M in t/Schicht und den Abkühlungsgrad des Hauwerkes $\varDelta T$, so erhalten wir den Erwärmungsgrad der Luft $\varDelta t$ nach der Gleichung

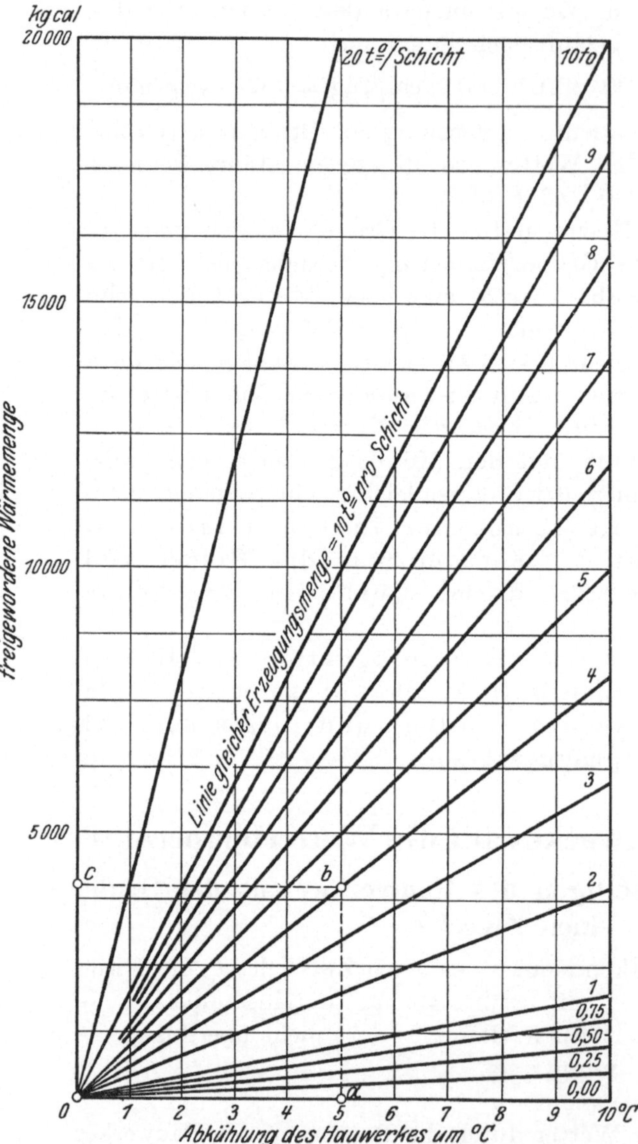

Abb. 41. Freigewordene Wärme durch Abkühlung verschiedener Hauwerkmengen.

$$\varDelta t = \frac{M \cdot 1000 \cdot \varDelta T \cdot c}{V \cdot 60 \cdot 8 \cdot c_p}. \tag{91}$$

Dabei bedeutet c die spézifische Wärme des Gesteines, c_p die spezifische Wärme der Wetter $\doteq 0{,}31$ kgcal/cbm.

Für die laufenden Verhältnisse ist diese Berechnung im Diagramm 42 angeführt. Aus diesem ist zu ersehen, daß das Hauwerk in vielen Fällen tatsächlich so viel Wärme enthält, daß es imstande ist, die Wettertemperatur am Arbeitsorte stark zu erhöhen.

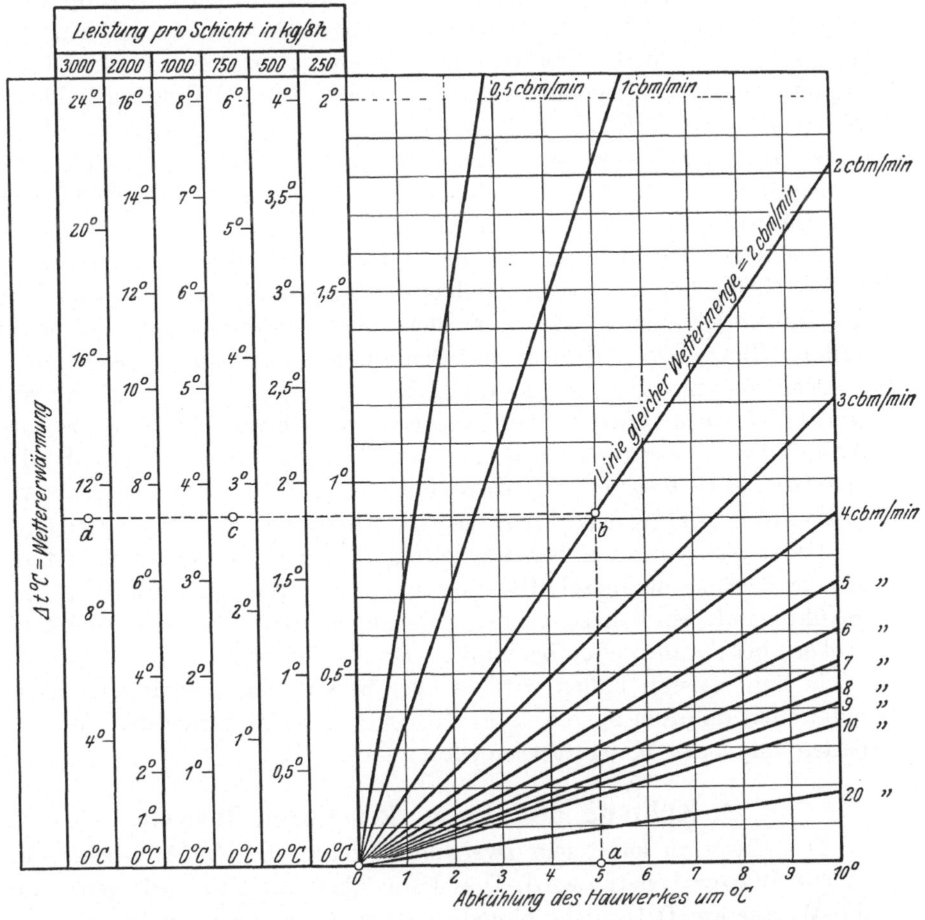

Abb. 42. Wettererwärmung infolge der durch Abkühlung des Hauwerkes freigewordenen Wärme.

Beispiel. Kühlt sich das Hauwerk um 5^0 C ab — Punkt a —, und wird das Ort mit 2 cbm/min bewettert — Linie 0 ~ 2, Punkt b — und werden 750 kg pro 8-stündige Schicht abgebaut — Kolonne 750 —, so erwärmen sich die Wetter um ca. $2\frac{3}{4}^0$ C — Punkt c —. Gewinnt man jedoch an diesem Orte 3 Tonnen pro Schicht — Kolonne 3000 —, so beträgt die Wettererwärmung 11^0 C — Punkt d —.

Es muß aber noch ermittelt werden, wie lange die Abkühlung des Hauwerkes dauert.

Die Berechnung ist schwierig, weil es unmöglich ist, die unregelmäßige Form der einzelnen Hauwerkstücke in Rechnung zu bringen, da sie aufeinander derart lagern, daß die unteren Teile mehr oder weniger vom Wetterstrome isoliert sind, trotzdem aber die Wärme durch direkte Leitung in die oben liegenden abgekühlten Partien abgeben können.

Hier sei nur bemerkt, daß sich die Oberfläche einer freistehenden Steinkugel mit der Wärmeleitfähigkeit $= 1$ und einem Halbmesser 1 dm in 1 Minute um $1{,}2^0$ C, in 10 Minuten um $2{,}3^0$ C und in 100 Minuten um 8^0 C, bei einer urprünglichen Temperaturdifferenz von 15^0 C gegenüber der umliegenden Luft, abkühlt. In 100 Minuten gibt sie 20 kgcal an die Luft ab.

Es ist aber besser, statt langwieriger Berechnungen, durch Messungen direkt in der Grube zu bestimmen, wie lange es dauert, bis sich das Hauwerk auf die umliegende Temperatur abkühlt.

Aus dem Diagramm 42 oder besser aus den direkten Bestimmungen in der Grube können wir beurteilen, ob wir uns mit der Wegschaffung des Hauwerkes aus der Grube beeilen sollen, vorausgesetzt, daß es die anderen Betriebsverhältnisse und Sicherheitsvorkehrungen gestatten.

Das warme Hauwerk soll aber aus der Grube nicht auf jenem Wege entfernt werden, auf welchem die Wetter zum Arbeitsorte ziehen, sondern nach Möglichkeit durch die Wetterausziehstrecken, damit die zur Bewetterung der Arbeitsorte bestimmte Luft nicht unnütz erwärmt werde.

Ist es aus Gründen der Förderung möglich, so werden zuerst die kleinen Stücke weggeschafft, vorausgesetzt, daß sie noch nicht abgekühlt sind. Sind diese aber bereits abgekühlt, so werden zuerst die großen, bis dahin nicht abgekühlten Stücke beseitigt.

In den meisten Fällen wird es aber besser sein, erzwungene Manipulationen dadurch zu ersetzen, daß man das Hauwerk durch Wasserberieselung oder Kaltluftbestreichung abkühlt.

2. Kühlung des Hauwerkes durch Wasser.

Das Hauwerk kann sehr zweckmäßig dadurch gekühlt werden, daß es mit Wasser benetzt wird. Dies kann aber nur dann erfolgen, wenn die Wetter am Orte nicht ohnedies schon übermäßig feucht sind. Zur Zeit der Arbeitsunterbrechung, nach der Schicht, schadet jedoch nicht einmal übermäßige Feuchtigkeit. Da sich die Wetter am Orte gewöhnlich stark erwärmen, sind sie fähig, größere Wasserdampfmengen aufzunehmen, wodurch das Hauwerk bedeutend abgekühlt wird; das verdampfende Wasser entzieht nämlich dem Gebirge die Wärme.

Es ist wichtig, das Hauwerk nur so weit zu besprengen, daß das Wasser bis zum Beginn der neuen Schicht verdampfen kann; ferner muß die Arbeitsstelle vor Beginn der

neuen Schicht mittels eines Stromes trockener Luft „durchgespült", also getrocknet werden.

Wir sind uns dessen bewußt, daß derartige Manipulationen manchmal sehr schwer oder gar überhaupt undurchführbar sind, weil man z. B. unmittelbar nach dem Abschießen das Ort nicht betreten kann. Dort aber, wo es durchführbar ist, soll auch auf diesen Umstand nicht verzichtet werden.

Wieviel Wasser nötig ist, damit sich das Gebirge durch Verdampfung des Wassers abkühle, bestimmen wir aus der Zahlentafel 8: Kühlt sich 1 Tonne Gebirge — die spezifische Wärme desselben sei $c = 0{,}2$ —, um 1^0 C ab, so werden dadurch 200 kgcal frei. Soll diese Wärme durch Wasserverdampfung verbraucht werden, so muß ca. $200 : 600 = 0{,}33$ kg Wasser verdampft werden. Da ein Teil der Wärme auch von der Luft geliefert wird, muß man das Hauwerk mit etwas mehr Wasser besprengen.

Zahlentafel. 8. Wassermenge in Litern, deren Verdampfungswärme die Abkühlung des Hauwerkes um $\varDelta T^0$ C decken soll.

Abkühlung $\varDelta T^0$ C	Leistung pro 8-Stunden-Schicht in Tonnen							
	0,25	0,50	0,75	1,0	2,0	3,0	5,0	10,0
2	0,15	0,30	0,45	0,60	1,30	1,90	3,30	6,60
4	0,32	0,65	0,90	1,30	2,60	3,90	6,60	13,3
6	0,47	0,95	1,41	1,90	3,90	5,90	9,90	19,9
8	0,65	1,30	1,95	2,60	5,30	7,90	13,30	26,6
10	0,82	1,65	2,56	3,30	6,60	9,90	16,60	33,3

Spezifische Wärme des Gesteines $c = 0{,}2$.

Es wirft sich nun die Frage auf, ob der Wetterstrom ausreichen wird, die Menge des Wassers bzw. des gebildeten Dampfes abzuleiten und weiter, ob die dazu nötige Zeit zur Verfügung steht. Würde es sich um ebene Flächen und nicht um Hauwerk handeln, so könnten wir bestimmen, wieviel Wasser die Luft aufzunehmen vermag, weil wir die Geschwindigkeit der Wetter und somit die Zeit, die sie am Arbeitsorte verweilen, kennen. Da es sich aber um unregelmäßige Stücke handelt, müssen wir dies versuchsweise bestimmen.

Fördert 1 Arbeiter in 1 Schicht 1 Tonne Hauwerk einer spezifischen Wärme von 0,2, welches sich durch Benetzen um 5^0 C abkühlt, so müssen 1,667 kg Wasser verdampft werden. Strömen zur betreffenden Stelle in einer Minute 2 cbm Wetter, so entspricht es in 8 Stunden einer Menge von 960 cbm. Es müßte also jeder Kubikmeter Wetter 1,75 g Wasser aufnehmen, was besonders bei höheren Temperaturen sehr leicht möglich ist. Die Feuchtigkeitserhöhung um 1,75 g ist dabei minimal.

VIII. Einfluß der mechanischen Arbeit auf die Wettererwärmung.

Wird mechanische Arbeit geleistet, so wird immer ein Teil in Reibung und dementsprechend in Wärme umgewandelt.

Heben wir einen Körper auf einer schiefen Ebene, so wird ein Teil der aufgewendeten Arbeit zum Vergrößern der potentiellen Energie des gehobenen Körpers verwendet, ein anderer Teil wird durch die Reibungsarbeit verzehrt, und zwar durch Reibung an der Unterlage, an der Luft, durch Reibung des Zugseiles an der Aufwindetrommel usw.

Stellen wir in der Grube einen Motor eines Wirkungsgrades z. B. von 75% auf, so gehen 25% der zugeführten Energie in Wärme über. Mit anderen Worten, aus jeder zugeführten Pferdekraft, welche pro Stunde eine Wärmemenge von 632 kgcal vorstellt, werden 158 kgcal/h in Wärme umgewandelt.

Wir hätten z. B. in einer Strecke, durch welche $V = 240$ cbm/min Wetter strömen, einen Antriebmotor von $N = 100$ PS aufgestellt. Bei einem mechanischen Wirkungsgrade von $\eta_m = 0{,}8$ (allein, ohne die angetriebene Maschine) würde der Motor in 1 Minute die Wärmemenge Q entwickeln:

$$Q = \frac{N \cdot (1 - \eta_m) \cdot 632}{60} = \frac{100 \cdot (1 - 0{,}8) \cdot 632}{60} = 211 \text{ kgcal/min}. \qquad (92)$$

Der Bewetterungsstrom würde sich durch diese Wärme um Δt erwärmen:

$$\Delta t = \frac{Q}{c_p \cdot V} = \frac{211}{0{,}31 \cdot 240} \doteq 3^0 \text{ C}. \qquad (93)$$

Bei Schrämmaschinen, Bohrmaschinen, Schüttelrinnen, Ventilatoren usw. wird fast die ganze ihnen zugeführte Energie in Wärme umgewandelt. Einen eminenten Fall stellt eine horizontal aufgestellte Schüttelrinne vor. Hier wird die gesamte Arbeit in Reibung, also in Wärme, umgewandelt. Benötigt nun eine derartige Schüttelrinne für ihren Betrieb z. B. 5 PS, so bilden sich in 1 Stunde $5 \times 632 = 3160$ kgcal.

Der ähnliche Fall ist bei den Bohrmaschinen. Hier wird ein Teil der zugeführten Energie gleich im Antriebsmechanismus der Maschine in Reibung umgesetzt, der Rest wird sodann vorübergehend in Bewegungsenergie des Bohrers umgewandelt. Diese geht aber beim Anschlage des Bohrers an das Gestein in Reibung und Wärme über. Es könnte zwar behauptet werden, daß ein Teil der Bewegungsenergie zur Überwindung der Gesteinskohäsion verwendet wird; doch wird dieser Anteil, wenn er überhaupt besteht, sehr klein sein und fällt hier nicht ins Gewicht.

Eine wichtige Art der Arbeitsmaschinen, die in Gruben benützt werden, sind die Vertikal- und Schrägaufzüge.

So hebt z. B. ein Doppelaufzug in eine Höhe von 50 m in 1 Stunde 20 Hunte, die mit einer Nutzlast von je 1 Tonne beladen sind; somit 20 Tonnen in einer Stunde. Wenn wir diese Arbeit gleichmäßig auf die ganze Stunde verteilen, so würde sie einer theoretischen Leistung: $N_{th} = \dfrac{20000 \cdot 50}{3600 \cdot 75} = 3{,}7$ PS entsprechen.

Effektiv verbraucht aber der Aufzug eine Leistung $N_e = 6$ PS. Es kann also nicht anders sein, als daß der Unterschied $(N_e - N_{th})$ in Reibung übergegangen ist. In unserem Falle würden sich 2,3 PS in Wärme umwandeln, was einer kalorischen Leistung von $2{,}3 \cdot 632 = 1450$ kgcal pro Stunde entspricht.

Derselbe Fall entsteht bei Untergrundbahnen mit ansteigender Trasse. Ist das Gleis der Bahn wagerecht, so wird die Traktionsenergie vollständig in Reibung umgewandelt und die entstandene Wärme ist nur ein Äquivalent der zugeführten mechanischen Arbeit.

Durchfährt z. B. ein Zug eine wagerechte, 600 m lange Strecke, welche mit einer Wettermenge von 300 cbm in 1 Minute bewettert wird, wobei die Leistung der Grubenlokomotive 25 PS und ihre Geschwindigkeit 12 km pro Stunde beträgt, so berechnen wir die Erwärmung des Bewetterungsstromes folgendermaßen:

Der Zug durchfährt die Strecke in 3 Minuten. Während der Zeit von 3 Minuten arbeitet also eine Leistung von 25 PS und es entwickelt sich eine Wärmemenge

$$Q = \frac{25 \cdot 632 \cdot 3}{60} = 790 \text{ kgcal in 3 Minuten.}$$

Die Erwärmung Δt der in der Strecke strömenden Wetter beträgt sodann

$$\Delta t = \frac{Q}{c_p \cdot V} = \frac{790}{0{,}31 \cdot 3 \cdot 300} \doteq 2{,}8^0 \text{ C}.$$

Die durch das Abbremsen entstandene Wärme berechnen wir ähnlich wie beim Aufzug. Sollen z. B. auf einem einfachwirkenden Bremsberge in 1 Stunde 15 Hunte mit einer Kohlennutzlast von $g_1 = 800$ kg und einem Wagengewichte von $g_2 = 300$ kg auf ein Niveau, welches um 10 m tiefer liegt (lotrecht gemessen), abgebremst werden, so entwickelt sich die Wärmemenge

$$Q = \frac{(g_1 + g_2) \cdot h \cdot 15}{3600 \cdot 75} \cdot 632 = \frac{1100 \cdot 10 \cdot 15 \cdot 632}{270\,000} = 386 \text{ kgcal/h}.$$

Würden z. B. längs des Bremsberges $V = 300$ cbm Wetter in 1 Minute strömen, so wäre die Erwärmung der Wetter

$$\Delta t = \frac{385}{c_p \cdot V \cdot 60} = \frac{385}{0{,}31 \cdot 300 \cdot 60} = \frac{385}{5580} \doteq 0{,}07^0 \text{ C}.$$

Zur mechanischen Maschinenarbeit gesellt sich noch die vom Arbeiter verrichtete mechanische Arbeit. Auch von dieser verwandelt sich ein bestimmter Teil in Reibung und damit in Wärme. Unter gewissen Umständen kann sie gänzlich in Wärme umgewandelt werden. Füllt z. B. der Bergmann das Hauwerk in den Hunt mittels einer Schaufel, so hebt er sie auf das Niveau des Huntes, wodurch er zwar Nutzarbeit leistet, doch wird ein großer Teil seiner Arbeit in Reibung der Schaufel am Hauwerk, am Sohlengestein usw. umgesetzt. Setzen wir z. B. voraus, daß der Bergmann in 1 Stunde 1 Tonne Hauwerk auf das Wagenniveau einer Durchschnittshöhe von 1 m hebt, so beträgt seine Nutzleistung

$$N_e = \frac{1000 \cdot 1}{3600 \cdot 75} = 0{,}0037 \text{ PS}.$$

Da aber ein intensiv arbeitender Mensch ca. $N = 0{,}1$ PS entfaltet, so sehen wir, daß sich der Leistungsunterschied $(N - N_e) = 0{,}0963$ in Reibung umsetzt. Es verwandeln sich also 4% in Nutzarbeit und 96%

in Reibung. Bei anderen durch den Menschen verrichteten Arbeiten ist das Verhältnis $\frac{N_e}{N}$ noch ungünstiger[1], so daß wir ohne weiteres annehmen können, daß fast die gesamte durch den Menschen verrichtete Arbeitsleistung in Wärme umgewandelt wird.

Mit Rücksicht auf die Ausdehnung der Grubenbaue würde die Wettererwärmung auf Grund der mechanischen Arbeitsleistung des Arbeiters nicht ins Gewicht fallen. Tritt aber der Fall ein, daß z. B. am Ende einer Blindstrecke zwei Bergmänner arbeiten und daß die Strecke an ihrem Ende nur mit 2 cbm/min bewettert wird, so kann die Wettererwärmung am Vorort schon ganz beträchtlich werden. Die Wärme, die durch Umwandlung der mechanischen Arbeit der Arbeiter gebildet wird, beträgt

$$Q = 2 \cdot 0{,}1 \cdot 632 \doteq 125\ \mathrm{kgcal/h}\,,$$

und die Wettererwärmung nur infolge der mechanischen Arbeit der Bergleute:

$$\varDelta t \doteq \frac{125}{c_p\,V} = \frac{125}{0{,}3 \cdot 60 \cdot 2} \doteq 3{,}5^0\ \mathrm{C}\,.$$

IX. Erwärmung der Luft durch Reibung in den Wetterwegen. Erwärmung im Ventilator.

Reibungswiderstand. Die in der Strecke strömende Luft begegnet einem Widerstande[2], zu dessen Überwindung ein gewisser Druck nötig ist. Zwecks Verfolgung der Temperaturänderungen dieser strömenden Luft erwägen wir einen x m langen Teil einer horizontalen Wetterstrecke zwischen den Punkten 1 und 2, zwischen welchen ein Überdruck $h = (p_1 - p_2)$ mm W.S. resp. kg/qm herrscht, welcher die Luft mit einer Geschwindigkeit c m/s treibt (Abb. 43). Dieser Überdruck ist durch die bekannte Gleichung

$$h = (p_1 - p_2) = w \cdot \frac{U \cdot c^2}{F}\,x \quad \mathrm{mm\ W.S.\ resp.\ kg/qm} \tag{94}$$

gegeben, worin w den Reibungskoeffizienten, U den Umfang des Wetterweges und F dessen Querschnitt bedeutet. Die zum Durchtreiben

---

[1] Siehe z. B. das Ablauten der Firste, wobei das gelockerte Gestein oft durch bloßes Anrühren, ohne besondere Arbeit des Bergmannes, herunterfällt. Dabei verwandelt sich die Bewegungsenergie in Stoß und schließlich in Wärme, welche aber bedeutend größer ist, als der dazu aufgewendeten Menschenarbeit entsprechen würde.

[2] Die Bewegungswiderstände der Luft werden nicht nur durch die Rauheit der Wetterwegwandungen hervorgerufen, sondern auch durch alle Knie, Ventile, Hähne, d. h. durch jede Stromrichtungsänderung. Näheres darüber siehe z. B. Schüle: Technische Thermodynamik, u. a. m.

von V cbm Luft in 1 Sekunde entgegen diesem Widerstande nötige Arbeit ist

$$L = V \cdot h \text{ kgm.} \tag{95}$$

Das Wärmeäquivalent Q dieser Arbeit L ist

$$Q = A \cdot L = A \cdot V \cdot h \text{ kgcal/s.} \tag{96}$$

Würde diese Wärme V cbm ruhender Luft mitgeteilt werden, so würde ihre Temperatur um Δt_r steigen nach der Gleichung

$$Q = A \cdot V \cdot h = V \cdot c_p' \cdot \Delta t_r = V \cdot c_p \cdot \gamma \cdot \Delta t_r, \tag{97}$$

wobei c_p' die spezifische Wärme der Luft pro 1 cbm, c_p die spezifische Wärme pro 1 kg Luft und γ das spezifische Gewicht der Luft bedeutet. Daraus erhalten wir die Temperaturerhöhung

$$\Delta t_r = \frac{A}{c_p'} \cdot h = \frac{A}{\gamma \cdot c_p} \cdot h, \tag{98}$$

wobei $A = 1 : 427$ und $c_p = 0{,}241$ konstante, dagegen aber h, c_p' und γ von Fall zu Fall veränderliche Größen sind.

Wenn also die strömende Luft keine andere Veränderung erleiden würde, als daß ihr die ganze durch Reibung gebildete Wärme mitgeteilt wird, so würde deren Temperatur um den eben errechneten Wert Δt_r steigen (siehe Abb. 43, Kurve $a-b'$). Bei gasförmigen Körpern tritt aber gleichzeitig noch eine andere Erscheinung auf.

Bekanntlich verwandelt sich nur bei festen und flüssigen Körpern die gesamte Reibungsarbeit in Wärme, die sich durch eine Temperaturerhöhung der reibenden Massen äußert. Bei gasförmigen Körpern wird diese Wärme einerseits zur Kompensation der durch Expansion her-

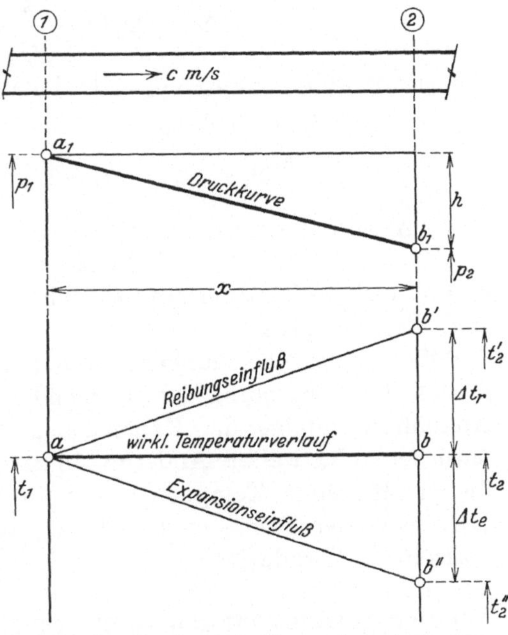

Abb. 43.   Druck- und Temperaturverlauf eines Wetterstromes; Reibungswiderstand berücksichtigt.

vorgerufenen Abkühlung, andererseits zur Beschleunigung des Wetterstromes aufgebraucht. Da es sich bei der Grubenbewetterung nur um kleine Überdrucke, also auch um kleine Beschleunigungen handelt, können wir von diesem Anteil des Arbeitsverbrauches absehen und nur die direkte Expansionskühlung erwägen.

Einfluß der Expansion der strömenden Luft. In dem erwogenen Abschnitte des Wetterweges sinkt der Druck von p_1 auf p_2 um h mm W. S. (Abb. 43, Druckkurve a_1-b_1)[1]. Diese Änderung können wir uns als adiabatisch vorstellen, wobei wir zuerst voraussetzen, daß mit der strömenden Luft keine andere Änderung erfolgt, daß also andere Wärme weder zu- noch abgeführt wird. Diese Änderung verläuft nach der Gleichung

$$\Theta_2'' = \Theta_1 \left(\frac{p_2}{p_1}\right)^{\frac{k-1}{k}} = \Theta_1 \left(\frac{p_1-h}{p_1}\right)^{\frac{k-1}{k}} = \Theta_1 \left(1 - \frac{h}{p_1}\right)^{\frac{k-1}{k}}, \tag{99}$$

wobei $\Theta_1 = 273 + t_1$ bzw. $\Theta_2'' = 273 + t_2''$ bedeutet. Entwickeln wir diesen Ausdruck in eine Reihe und vernachlässigen wir die Glieder mit höheren Exponenten mit Rücksicht darauf, daß h im Vergleiche zum tatsächlichen Drucke p_1 klein ist (in unserem Falle beträgt h maximal nur einige Hundertstel des tatsächlichen Druckes p_1), und setzen wir für $k = \frac{c_p}{c_v}$, so erhalten wir nach Zurechtlegung

$$\Theta_2'' = \Theta_1 \left(1 - \frac{h}{p_1} \cdot \frac{c_p - c_v}{c_p}\right). \tag{100}$$

Setzen wir weiter für $c_p - c_v = A \cdot R$ und weiter für $\frac{\Theta_1}{p_1} R = v_1 = \frac{1}{\gamma_1} = \frac{1}{\gamma}$, so erhalten wir schließlich

$$(\Theta_1 - \Theta_2'') = (t_1 - t_2'') = \Delta t_e = \frac{A}{c_p} \cdot \frac{h}{\gamma}. \tag{101}$$

Diese Abkühlung ist aus der Abb. 43, Kurve $a-b''$ zu ersehen.

Da der Verlauf von h linear ist und die Kurven $a-b'$ sowie $a-b''$ der Größe h verhältnisgleich sind, verlaufen auch diese linear, sind also Geraden.

Wie aus den Gleichungen (98) und (101) zu ersehen ist, ist $\Delta t_r = \Delta t_e$, so daß die Erwärmung der strömenden Luft infolge Reibung durch die Abkühlung infolge der Expansion gänzlich aufgehoben wird, soweit natürlich keine weitere Änderung in der Luft erfolgt. Es verläuft sodann die resultierende Temperatur der in der Wetterstrecke strömenden Luft nach der Kurve $a-b$ Abb. 43, welche praktisch genommen eine horizontale Gerade ist.

Temperaturänderungen der durch eine Wetterstrecke und einen Ventilator strömenden Luft.

Erwägen wir aber nicht nur einen bloßen Wetterweg, sondern einen ganzen Kreislauf des Wetterstromes — Ventilator und Wetterweg —, so sehen wir, daß die Temperatur des Wetterstromes, welcher diesen

---

[1] Der Druck ist, wie schon in Gleichung (94) vorausgesetzt wurde, der Länge nach linear verteilt, so daß die „Druckkurve" eigentlich zu einer Geraden wird. Vgl. Baile, J. B.: Journ. Phys. (2) 8, 29 (1889).

Kreislauf verläßt, ansteigt, was aus den folgenden Erwägungen zu entnehmen ist.

a) Ein am Anfang A eines horizontalen Wetterweges untergebrachter Druckventilator (Abb. 44) saugt aus der Umgebung Luft einer Temperatur T_1 und eines Druckes P an und erzeugt einen Überdruck $p_1 - P = h$ (Druckkurve A_1-a_1), welcher dazu dient, die Luft mit verlangter Geschwindigkeit durch den Wetterweg zu treiben. Dieser Überdruck verringert sich vom Punkte a_1 in der Richtung des Stromes, bis im Punkte B der Luftdruck auf p_2 sinkt, was dem Drucke der umgebenden Luft P gleich kommt (Druckkurve a_1-b_1). Die hier erfolgte geringe Temperaturerhöhung infolge der Geschwindigkeitsverminderung bis zur Ruhe vernachlässigen wir, so daß der resultierende Druck $p_2 = P$ ist.

Das Zusammendrücken der Luft durch den Ventilator

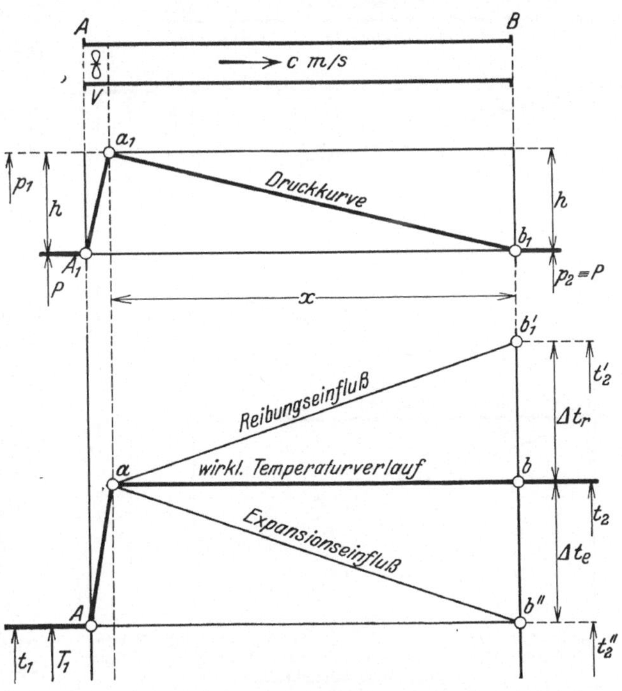

Abb. 44. Druck- und Temperaturverlauf eines Wetterstromes; Reibungswiderstand und Einfluß des Druckventilators berücksichtigt.

um den Wert h erfolgt adiabatisch und ist selbstverständlich mit einer Temperaturerhöhung verbunden nach der Gleichung

$$273 + t_1 = \Theta_1 = (273 + T_1)\left(\frac{p_1}{P}\right)^{\frac{k-1}{k}}, \tag{102}$$

die mit den Gleichungen (98) bzw. (99) identisch ist.

Mit dieser Temperatur tritt die Luft aus dem Ventilator und tritt in die Lutte ein. Dem früher Erwähnten zufolge ändert sich nicht die Temperatur der Luft im Wetterwege, so daß die Luft mit jener Temperatur heraustritt, mit welcher sie aus dem Ventilator in die Lutte eingetreten ist, also mit einer Temperatur $t_2 = t_1$, die im Vergleiche zur ursprünglichen äußeren Temperatur T_1 um die adiabatische Erwärmung höher ist. Diese Erwärmung ist zahlenmäßig jenem Werte gleich, welcher der Temperaturerhöhung infolge Reibung entspricht.

b) Der Saugventilator (Abb. 45) erhellt diesen Fall sehr deutlich, so daß eine weitere Erklärung gar nicht notwendig ist. Man sieht,

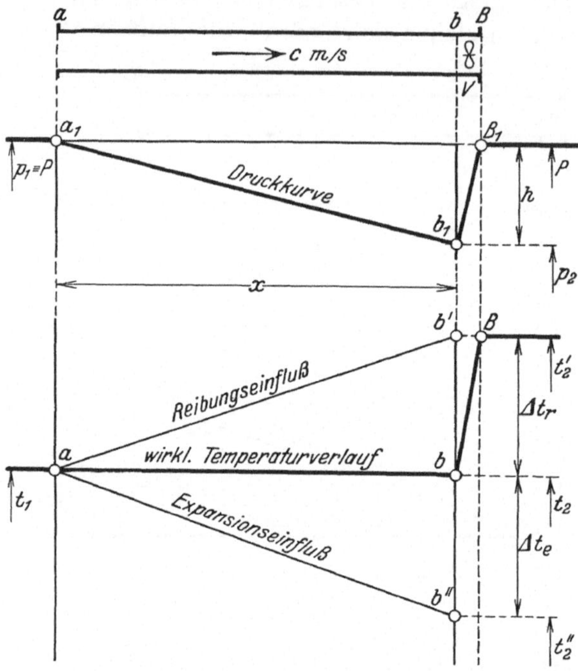

Abb. 45. Druck- und Temperaturverlauf eines Wetterstromes; Reibungswiderstand und Einfluß des Saugventilators berücksichtigt.

daß auch hier die Luft aus dem Kreislaufe Lutte—Ventilator mit einer Temperatur heraustritt, welche um den der Reibung entsprechenden Wert höher ist, weil die vom Ende der Lutte in den Ventilator mit gleicher Temperatur wie in die Lutte eintretende Luft den tatsächlichen Druck um h kleiner als den äußeren hat, so daß die Erhöhung ihres Drukkes auf den äußeren Druck auch ihre Temperatur um den gleichen Wert wie im Falle a erhöht.

Vergleich der Druck- und Saugventilation. Vergleichen wir aber beide Systeme der Druck- und Saugleitung, so sehen wir, daß der Saugventilator im Vergleiche zum Druckventilator einen gewissen Vorteil hat (siehe Abb. 46a, b). Beim Saugventilator nach Abb. 46a gelangt die Luft zum Ort mit der gleichen unveränderten Temperatur, falls man von anderen Einflüssen (warme Ulme usw.) absieht. Beim Druckventilator ist ihre Temperatur am Ort um die entsprechende Erhöhung höher (Abb. 46b).

Diese Temperaturänderung der durch die Lutte strömenden Luft ist allerdings in Wirklichkeit noch durch andere Einflüsse berührt. Handelt es sich um einen elektrisch betriebenen Ventilator, so wird gewöhnlich die im Elektromotor erzeugte Wärme von der strömenden Luft entführt, so daß die Temperatur der Luft um diesen Wert ansteigt. In diesem Falle ist der Nachteil des Druckventilators noch augenfälliger. Wird aber der Ventilator mit komprimierter Luft betrieben, so wird gewöhnlich die kalte expandierte Luft in die Lutte getrieben, außerdem wird die angesaugte Luft über den Motor geleitet, dessen Kühle der Luft mitgeteilt wird, so daß sich dadurch die angesaugte Luft abkühlt, was öfters keinen kleinen Vorteil dieses Ventilationsbetriebes zur Folge hat. In diesem Falle ist manchmal die den Ventilator verlassende Luft kühler als vor dem Ventilator, so daß der mit Preßluft betriebene Druckventilator vorteilhafter als ein Saugventilator sein kann.

Größe der Depression bzw. der evtl. Erwärmung. Mit Rücksicht darauf, daß die normalen Überdrucke bzw. Depressionen, die im Grubenbetriebe üblich sind, gering sind — sie erreichen beim lokalen Betriebe nur einige Zehner mm W. S. —, ist auch die zugehörige eventuelle Erwärmung ziemlich klein. Die folgende Zahlentafel 9 veranschaulicht die resultierende Erwärmung für die einzelnen Überdrucke h. Man sieht, daß selbst sehr große Überdrucke die Temperatur kaum um einige Grade erwärmen. Die Zahlentafel 9 ist nach Gleichung (102) bzw. (98) für $c'_p = 0,3$, also $\Delta t = 0,007802\,h$ gerechnet.

Zahlentafel 9. Lufterwärmung beim Strömen durch Lutten und Ventilatoren.

h	$\Delta t = \dfrac{A}{c_p}\,h = 0,007\,802\,h$
1	0,0078
10	0,0780
100	0,7802
200	1,5604
300	2,3406

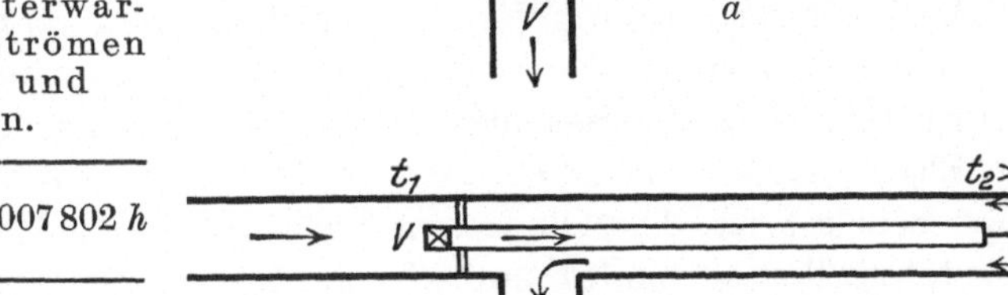

Abb. 46a, b. Lokale Bewetterung mittels eines Saugventilators (46a) und eines Druckventilators (46b).

X. Erwärmung durch Elektrizität.

Die elektrischen Einrichtungen in der Grube können wir mit Rücksicht auf die Wärmeentwicklung in folgende Kategorien einteilen:

1. Leitungen im Schachte und zu den Verbrauchsstellen.
2. Elektromotoren und Transformatoren.
3. Beleuchtung.

Über den Einfluß der elektrischen Beleuchtung auf die Wettertemperatur wird im Kapitel XII gesprochen.

1. Wettererwärmung durch elektrische Leitungen.

Die in einer Sekunde in einem Leiter hervorgerufene Wärme beträgt:

$$Q = 0,24 \cdot I^2 \cdot R \quad \text{gcal/s}; \tag{103}$$

es bedeutet I die Intensität in Ampere, R den Widerstand in Ohm. Die entwickelte Wärme kann man auch aus dem prozentuellen Verluste berechnen; beträgt sonach der Verlust $n\%$ der übertragenen Leistung L (KW), so ist die entwickelte Wärme gleich

$$Q = 0{,}01 \cdot n \cdot L \cdot 0{,}24 \text{ kgcal/s}. \tag{104}$$

Die Verlustzahl n pflegt 4 bis 10% zu sein.

Strömen durch die Strecke V cbm/s Wetter, so erwärmen sie sich durch diese Wärme um Δt nach der Gleichung

$$\Delta t = \frac{0{,}01 \cdot n \cdot L \cdot 0{,}24}{c_p \cdot V} \; ^0\text{C}. \tag{105}$$

Diesen Berechnungen liegt die Beziehung 1 KWh = 860 kgcal zugrunde.

Beispiel. Werden durch einen Schacht 680 KW geleitet und beträgt der Spannungsverlust im Schachte 8%, so werden dadurch $Q = 680 \cdot 0{,}08 \cdot 0{,}24 = 13$ kgcal/s entwickelt. Strömen durch den Schacht gleichzeitig 1200 cbm/min Wetter, d. h. 20 cbm/s, so erwärmen sich dieselben um $\Delta t = 13 : (20 \cdot 0{,}31) = 2{,}15^0$ C.

2. Wettererwärmung durch Transformatoren.

Die Wettererwärmung verursachen die in den Transformatoren entstandenen Verluste, d. h. der Kupfer-(Ohmsche)Verlust und der Eisenverlust (Hysteresisverlust und der Verlust infolge der Wirbelströme). Die Eisenverluste entstehen auch in dem Falle, wo der Transformator nicht belastet ist. Die Ohmschen Verluste sind jedoch bei einem unbelasteten Transformator nur sehr gering.

Bei der Vollkommenheit der heutigen Transformatoren sind die in ihnen entstehenden Verluste sehr klein. Bei ganz kleinen Transformatoren — bis zu 10 KW — betragen sie 4 bis 5%, bei größeren von über 500 KW nur 2 bis 2,5%. Doch können solche Transformatoren eine ziemlich große Wettererwärmung hervorrufen, wenn es sich um große Leistungen und kleine Wettermengen handelt.

Beträgt z. B. der Verlust eines 50-KW-Transformators nur 3%, so erzeugt er ca. $50 \cdot 0{,}03 \cdot 0{,}24 = 0{,}36$ kgcal/s. Wäre dieser Transformator in einer Strecke untergebracht, durch welche nur 60 cbm/min Wetter hindurchströmen, so würden sich dieselben um ca. $1{,}2^0$ C erwärmen.

3. Wettererwärmung durch Motoren.

Die durch die Elektromotoren erzeugte Wärme ist desselben Ursprungs wie bei den Transformatoren; dazu kommt noch als Wärmequelle die Reibung in den Lagern, an den Ringen oder Kollektoren, an der Luft usw. Alle diese Verluste wandeln sich in Wärme um. Ihre Größe ist durch den Wirkungsgrad des Motors gegeben. Der Wirkungsgrad bewegt sich zwischen 70% und 95%, wobei die kleinere Zahl für kleine Maschinen bis zu 2 KW und die größere für große Einheiten von 300 bis 1000 KW aufwärts, je nach der Spannung, gilt.

Beispiel. Wäre beispielsweise ein Motor einer Leistung von 300 KW in einem Bewetterungsstrome von 600 cbm Luft in einer Minute aufgestellt, so würde sich die Luft bei $\eta = 0{,}90$ um

$$\varDelta T = \frac{0{,}24 \cdot 300 \cdot 0{,}1 \cdot 60}{600 \cdot 0{,}31} \doteq 2{,}4^0\,\mathrm{C}$$

erwärmen.

Um die Berechnung von Wärmebilanzen zu erleichtern, führen wir folgendes Diagramm an (Abb. 47), aus welchem die bei verschiedenen

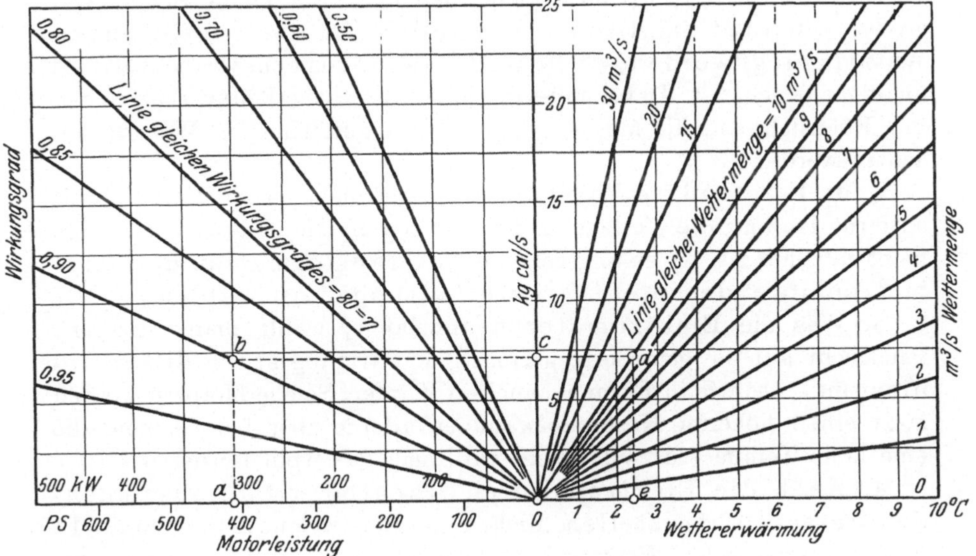

Abb. 47. Wettererwärmung infolge Maschinenarbeit.

Wirkungsgraden und Motoren entwickelte Wärmemenge sowie die Wettererwärmung direkt abgelesen werden kann.

Als Abszissen sind links die Leistungen in KW resp. PS eingetragen, rechts die Erwärmungen. Die Ordinaten stellen die entwickelte Wärme dar. Linien im linken Quadranten sind Linien gleichen Wirkungsgrades, im rechten gleicher Wettermengen.

Soll man z. B. das oben angeführte Beispiel graphisch lösen, so findet man auf der linken Abszissenachse die erwähnte Leistung, 300 KW = Punkt a, ermittelt den Punkt b als Schnittpunkt der zugehörigen Ordinate mit der Linie des gegebenen Wirkungsgrades 0,90, und sucht zu diesem Punkte die Ordinate oc, die die entwickelte Wärmemenge = 7,2 kgcal/s darstellt. Um die Wettererwärmung zu finden, führt man durch den Punkt c eine Horizontale bis zum Schnittpunkte mit der Linie der zugehörigen Wettermenge (600 cbm/min, Punkt d), und die zu demselben gehörige Abszisse $oe = 2{,}4^0$ C stellt die gesuchte Wettererwärmung dar.

4. Übersicht der Verluste.

Rekapitulieren wir nun alle Wärmequellen, die in der Grube durch Elektrifizierung entstehen, so finden wir, daß von der elektrischen

Energie 4 bis 10% in der Leitung, 8 bis 30% im Antrieb in Wärme
übergehen. Von der auf das Licht entfallenden Energie wird alles in
Wärme umgewandelt (siehe Kapitel XII).

Entspricht nun jede KWh 860 kgcal, so erkennen wir, daß aus den
elektrischen Verlusten große Wärmemengen entstehen können.

Soll bei Verwendung der Elektrizität in der Grube die Luft möglichst
wenig erwärmt werden, so muß beachtet werden:

1. Jede Zuleitung, besonders diejenige, die einen Strom von
großer Intensität führt, soll womöglich in die ausziehenden
Wetter gelegt werden, wo die Wettererwärmung dem Grubenbetriebe
nicht mehr schadet. Dabei müssen jedoch die Sicherheitsvorkehrungen
mit Rücksicht auf die Methangefahr in den ausziehenden Wettern beachtet werden.

2. Im Falle, daß die Verbrauchsstelle der elektrischen Energie weit
entfernt ist und die Verlegung der Leitung in die Ausziehwetterwege
nicht möglich ist, ist es angezeigt, eine Transformation des Stromes anzuwenden und stärkere Leitungen zu wählen.

3. Was die Elektromotoren anbelangt, wählt man diese mit
Rücksicht auf die geforderte geringste Erwärmung stark dimensioniert und dies wie in Eisen als auch in Kupfer. Solche Motoren werden
zwar einen höheren Kostenaufwand erfordern, aber bei Gruben, die
eine hohe Temperatur aufweisen, wird sich das wohl rentieren.

4. Auch die Elektromotoren trachten wir in ausziehenden Wettern aufzustellen. Elektromotoren, welche man nicht direkt
in den ausziehenden Wettern unterbringen kann, trachten wir so aufzustellen, daß die Wetter, die durch sie erwärmt werden, durch Neben-
strecken in die Ausziehwetter geführt werden, nicht aber mit Einzieh-
wettern, welche in das Grubenrevier, in die Abbaue usw. strömen, in
Berührung kommen.

5. Bei der Dimensionierung des elektrischen Netzes bestimmen wir
durch die Wärmebilanz, ob es bei gegebenen Verhältnissen vorteilhafter wäre, eine stärkere, jedoch teurere Leitung zu wählen, bei
der sich die Temperatur der Wetter wenig erhöht, oder mit einer ge-
ringeren Investition eine schwächere Leitung, welche jedoch mit Rücksicht auf die höhere Temperatur der Wetter für ihre Abkühlung bestimmte Kostenaufwände verlangen würde.

6. In heißen Gruben, wo sowohl Preßluft, als auch Elektrizität
zur Verfügung steht, geben wir der Preßluft den Vorzug.

XI. Erwärmung durch Gebirgsdruck.

Nachdem das Nutzmineral, z. B. die Kohle, ausgehauen ist, senkt sich die
Firste, bis sie auf die Sohle zu liegen kommt. Dadurch wird die potentielle Energie
der ganzen Hangendmasse kleiner und diese Abnahme wird teilweise in Zerstörungs-

und Zerkleinerungsarbeit umgewandelt. Diese beiden dienen größtenteils zur Überwindung der Reibung, teilweise aber auch zur Überwindung der Kohäsion.

Wie groß der Anteil ist, der auf die Überwindung der Kohäsion entfällt, ist schwer zu bestimmen und wird auch bei verschiedenen Gesteinen verschieden sein. Aller Wahrscheinlichkeit nach wird er aber sehr gering sein. Wir lassen uns keinen Fehler zuschulden kommen, wenn wir annehmen, daß sich die ganze Abnahme an potentieller Energie in Reibung und dadurch in Wärme umwandelt.

Damit wir uns klar werden, welcher Ordnung die durch Senkung entstandene Wärme ist, sei das folgende Beispiel angeführt:

Nehmen wir an, daß wir in einer Tiefe von 1000 m ein 1 m mächtiges Flöz abbauen. Das spezifische Gewicht der Hangendgebirge sei 2500 kg/cbm. Dann hängt über 1 qm des ausgehauenen Flözes eine 2 500 000 kg schwere Masse. Senkt sich die ganze Masse um einen Meter[1], so leistet sie eine Arbeit von 2 500 000 kgm. Diese

$$\text{Arbeit in Wärme umgewandelt, ergibt: } Q = A \cdot L = \frac{2\,500\,000}{427} = 5850 \text{ kgcal}.$$

Wenn wir diese Wärme auf den ganzen Teil des gesenkten Gebirges verteilen würden, würde dessen Temperatur um $\Delta t = \dfrac{Q}{c_p \cdot G} = \dfrac{5850}{0,2 \cdot 1000 \cdot 2500} = 0,0117^0$ C

steigen. Das wäre wohl eine geringe Erwärmung. Wir müssen aber erwägen, daß die Zerstörung des Gebirges fast ausschließlich in einer ca. 10 m mächtigen Schicht, die unmittelbar über dem Flöz lagert, vor sich geht. Das übrige Gebirge senkt sich nur, ohne merklich gestört zu werden, so daß es fast keine Reibungsarbeit leistet. Wir müssen also die gesamte Wärme auf diese Schicht konzentrieren. Dann ist aber ihre Erwärmung: $\Delta t' = 1,17^0$ C.

In diesem Falle ist also die Erwärmung bedeutend größer. Es soll aber bemerkt werden, daß die Senkung allmählich erfolgt, so daß die Wärme genügend Zeit findet, in das umliegende Gebirge zu entweichen, wodurch die tatsächliche Erwärmung unvergleichlich kleiner sein wird, als das oben errechnete $\Delta t'$ angibt, um so mehr, da sich die oberen Gebirgsteile weniger und mit einer bedeutenden Verspätung senken.

Anders verhält sich die Erwärmung der Pfeiler. Diese sind bei der Senkung in erster Linie der Zerdrückung, und zwar einer vollständigen, ausgesetzt. In ihnen konzentriert sich nahezu die gesamte Reibungsarbeit und ihre Erwärmung wird größer sein. Praktisch wurde in Pfeilern eine um 5 bis 8⁰ C höhere Temperatursteigerung wie in der Umgebung gemessen, wovon allerdings ein größerer Teil auf die Oxydation infolge der Zermalmung, und nur ein geringer Teil auf die Reibung bei der Zerdrückung des Pfeilers entfallen dürfte.

Aus diesen Berechnungen kann man entnehmen, daß sich die Erwärmung infolge der Senkung des Hangenden beiläufig um 1⁰ C bewegt, gewöhnlich aber viel kleiner ist. Rees gibt an, daß bei der Senkung eines 273 m mächtigen Hangenden um 0,300 m die Menge der frei gewordenen Wärme pro 1 Quadratfuß 42 kgcal beträgt, was mit unserer Zahl sehr gut übereinstimmt. Diese Wärmemenge kann aber die in die Grube geführten Wetter nur so wenig erwärmen, daß sich die Erwärmung der Messung entzieht. Auch soll erwogen werden, daß die Erwärmung an einer Stelle erfolgt, von der die Arbeitsstelle längst vorgeschritten ist.

Da die Erwärmung von der Größe der Senkung abhängt, ist es klar, daß beim Spülversatzverfahren oder beim Versetzen überhaupt die Erwärmung viel kleiner sein wird, als wenn das ganze Hangende bis auf die Sohle sinkt.

---

[1] Das Hangende wird nicht so stark sinken; hier handelt es sich aber nur um die theoretische Bestimmung der Größenordnung der Wärme, die durch die Senkung hervorgerufen wird.

Der direkte Einfluß des Hangenddruckes und des Senkens kombiniert sich immer mit der Oxydation des Kohlen-, Kies- oder Erzstaubes, der durch die Zermalmung entstanden ist. Dabei können beide Erscheinungen voneinander nicht getrennt werden, so daß die Beobachtung in dieser Richtung sehr schwer ist.

XII. Wettererwärmung durch Beleuchtung.

Wieviel Wärme das Brennen der einzelnen Lampenarten entwickelt und wie groß die Wettertemperaturerhöhung infolgedessen sein kann, folgt aus der folgenden Zusammenstellung nach Treptow:

1. Die Öllampe verbraucht in 1 Stunde 15 bis 20 g Öl. Ist der Heizwert des Öles 8000 kgcal/kg, so beträgt die durch Verbrennen von 15 bis 20 g Öl entwickelte Wärmemenge 120 bis 160 kgcal/h.

2. Die Azetylenlampe. 1 kg Kalziumkarbid entwickelt ungefähr 340 Liter gasförmigen Azetylens. 1000 Liter Azetylen bilden durch Verbrennung 13000 kgcal, d. i. pro 1 Liter 13 kgcal.

Die offene Azetylenlampe verbraucht in 6 Stunden 0,25 kg Karbid und bildet 85 Liter Azetylen, also etwa 184 kgcal in 1 Stunde.

Die Azetylensicherheitslampe verbraucht 0,2 kg Karbid in 10 Stunden, wodurch 68 Liter Azetylen und somit 88,4 kgcal/h gebildet werden.

3. Die Benzinsicherheitslampe benötigt durchschnittlich 6 g Benzin pro Stunde. 1 kg Benzin bildet beim Verbrennen ca. 11000 kgcal, so daß die Lampe ungefähr 66 kgcal in 1 Stunde entwickelt.

4. Die Akkumulatorlampe besitzt gewöhnlich eine Lichtintensität von 1,5 bis 2 Normalkerzen, durchschnittlich 1,75 NK, was $1{,}75 \cdot 1{,}23 = 2{,}15$ Hefnersche Kerzen bedeutet. Für 1 HK wird ein Stromverbrauch von 1 Watt pro Stunde und eine Wärmebildung von 0,86 kgcal gerechnet. Für 2,15 HK ergibt dies $2{,}15 \cdot 0{,}86 = 1{,}85$ kgcal/h.

Da im Bergbau auch stärkere elektrische Lampen verwendet werden, muß hinzugefügt werden, daß eine Lampe von 20 NK $\doteq$ 25 HK in 1 Stunde $25 \cdot 0{,}86 = 21{,}5$ kgcal/h produziert.

Wie groß der Einfluß der Beleuchtung auf die Wettererwärmung ist, kann man aus folgenden Beispielen schließen.

Zahlentafel 10. Von verschiedenen Lampenarten entwickelte Wärmemengen und dadurch verursachte Wettererwärmungen.

Lampenart	Wärme pro Stunde kgcal	Wettererwärmung 1 cbm/min °C
Öllampe	120—160	7—9
Azetylenlampe . .	184	10
Benzinlampe . . .	66	3,3
Elektrische Lampe .	1,85	0,1

Beispiel. In eine besonders gut bewetterte Kohlengrube strömen 5000 cbm/min Wetter ein. Die Anzahl der Arbeiter pro Schicht sei 300. Benützt werden Benzinlampen. Die entwickelte Wärmemenge beträgt: $300 \cdot 66 = 19800$ kgcal/h. Es erwärmen sich somit die in die Grube einfallenden Wetter um $19800 : [300000 \cdot 0{,}31] = 0{,}22°$ C, was nicht ins Gewicht fällt.

Werden aber in einer Erzgrube, in welche nur 1000 cbm/min Wetter eingeführt werden, ebenfalls 300 offene, aber Azetylenlampen verwendet, so entwickeln sich in 1 Stunde 184 · 300 = 55200 kgcal. In 1 Stunde fallen 60000 cbm Wetter ein, so daß die entwickelte Wärmemenge die Wetter um ca. 3⁰ C erwärmt.

In Blindstrecken kann die Erwärmung durch Lampen sehr bedeutend sein. Führen wir zum Vorort nur 1 cbm/min Wetter und brennt dort eine Azetylenlampe, so kann diese die Wetter bis um 10⁰ C erwärmen. Die so erwärmten Wetter geben einen Teil der Wärme an die Ulme ab, so daß die resultierende Erwärmung kleiner sein wird.

Aus den obigen Angaben ist zu ersehen, daß es in heißen Gruben am vorteilhaftesten ist, elektrische Lampen zu verwenden; am schlechtesten ist die Azetylenbeleuchtung[1].

XIII. Einfluß der Körperwärme der Belegschaft auf die Erwärmung der Grubenwetter.

Der in der warmen Grube arbeitende Bergmann entfaltet in 1 Minute, je nach der Intensität der Arbeit, ca. 2 bis 6 kgcal. Führe ich zum Arbeiter in 1 Minute 1 cbm Wetter, so sollten sie sich durch bloße Körperwärme um 6 bis 18⁰ C erwärmen. Am Thermometer äußert sich gewöhnlich diese Erwärmung nicht in vollem Maße, weil der Großteil der Wärme aus dem menschlichen Körper durch Verdunstung des Schweißes entzogen wird, welcher nur die Feuchtigkeit der Luft und dadurch ihren Wärmeinhalt erhöht, was am Thermometer nicht zu bemerken ist. Die Temperatur wird auch durch Verdunstung des übermäßigen, zu Boden fallenden Schweißes erniedrigt.

Außer der Wärme, die aus dem menschlichen Körper direkt entführt wird, entwickelt der Mensch auch dadurch Wärme, daß er mechanische Arbeit leistet, und zwar 0,5 bis 1 kgcal pro Minute, so daß bei einer Wetterzufuhr von 1 cbm/min diese im ganzen um 8 bis 20⁰ C erwärmt werden können, wenn der Arbeiter nicht schwitzt.

XIV. Wettererwärmung durch Schießarbeit.

Die Wettererwärmung durch Schießarbeit ist von der Menge und der Verbrennungswärme des verwendeten Sprengstoffes und weiter auch von der Wettermenge abhängig.

Was die Menge des verbrauchten Sprengstoffes angeht, so beobachtet man in verschiedenen Gruben die größten Unterschiede. In Erzgruben verbraucht man im allgemeinen mehr als in Kohlengruben, in Streckenvortrieben bedeutend mehr als in Abbauen. Man

---

[1] Man muß jedoch berücksichtigen, daß durch die Wahl einer passenden Beleuchtung eventuell eine andere Wärmequelle in den Vordergrund treten kann, z. B. Erwärmung durch Gestein, wodurch die Erwärmungsersparnis durch Beleuchtung kompensiert werden könnte. Siehe Kapitel XXII.

rechnet bis 4,5 und mehr kg Sprengmaterial (Dynamit) pro 1 cbm gewonnenen Gesteines im Stollenvortrieb, je nach der Festigkeit des Gesteines und der Größe des Streckenprofiles; dagegen kann diese Menge in den Abbauen bis auf einige Bruchteile eines Kilogramms sinken.

Im Richtstollenvortrieb verbrauchte man im Simplontunnel (hartes Gestein, Gneis und Kalkphyllite, Profil $2,7 \cdot 2,2$ qm) bis 4,5 kg/cbm, im Hauensteinbasistunnel (weichere Juragesteine) nur 2,2 kg/cbm. Im Vollausbruch des ersteren (Profil $3,3 \cdot 2,50$ qm) verbrauchte man 1,222 kg/cbm, im letzteren 0,5 kg/cbm.

Mit **Verbrennungswärme** der Sprengmittel bezeichnen wir jene Wärme in kgcal, welche bei der Verbrennung oder bei der Explosion von 1 kg Sprengmittel entwickelt wird.

Zahlentafel 11. **Verbrennungswärmen einiger Sprengmittel.**

Schwarzpulver (75%)	685 kgcal/kg
Schießpulver	730 „
Sprengpulver	570 „
Nitroglyzerin	1580 „
Spranggelatine (7% Kollodiumbaumwolle)	1640 „
Dynamit (75% Nitroglyzerin)	1290 „
Schießbaumwolle (13% N)	1100 „
Kollodiumbaumwolle (12% N)	730 „
Pikrinsäure	810 „
Trinitrotoluol	730 „
Ammoniumsalpeter	630 „
Knallquecksilber	410 „

Dazu ist zu bemerken, daß die gewöhnlichen Sprengkapseln folgende Ladung haben:

Sprengkapsel Nr. 6	1,0 g	Knallquecksilber
„ Nr. 7	1,5 g	„
„ Nr. 8	2,0 g	„

Daraus kann man die beim Abschießen einer gewissen Ladung entwickelte Wärmemenge berechnen.

Die durch Explosion aus dem Sprengmateriale entstandenen Verbrennungsprodukte — größtenteils Gase — haben im Momente der Explosion eine sehr hohe Temperatur. Diese Gase leisten aber bei der Expansion Arbeit und kühlen sich dabei stark ab. Verbrennt das Sprengmaterial langsam an der Luft, ohne Explosion, so wird die Wärme der Luft direkt mitgeteilt. Verbrennt jedoch das Sprengmaterial explosionsartig, so wird die dabei entstandene Wärme zuerst in andere Energieformen umgewandelt, die aber doch wieder als Wärme resultieren und der Umgebung, vor allem der Luft und dem Gesteine, mitgeteilt werden.

Die durch Explosion frei gewordene Energie wird folgendermaßen verbraucht:

1. Sie ruft eine Luftdruckwelle hervor, die einen gewissen Teil der Energie mitführen kann. Diese Erscheinung hat Ing. Dr. G. Měska[1] eingehender studiert und auf Grund seiner mathematischen Erwägungen gefunden, daß die Luftwelle unter gewissen Voraussetzungen einen großen Teil (bis 50%) der frei gewordenen Energie abführen kann, so daß die an Ort und Stelle verbliebenen Gase eventuell kühler als vor der Explosion sein können.

Da jedoch die Luftwelle in den Grubenbauen gebremst wird, so daß sie nach einer gewissen Zeit wieder zum Stillstand gebracht wird, verwandelt sich die von ihr mitgeführte Energie wieder in Wärme, die einesteils der Luft, anderenteils zuerst den Ulmen, von diesen aber wieder der Luft mitgeteilt wird.

2. Ein anderer Teil der frei gewordenen Energie pflanzt sich im Gestein als Druckwelle fort. Es verwandelt sich jedoch auch diese mechanische Energie schließlich in Wärme. Da aber diese Welle meistens außerhalb des in Betracht kommenden Grubenteiles ausklingt, kann sie keinesfalls eine nennenswerte Gesteins- und Wettererwärmung an der Arbeitsstelle hervorrufen.

3. Ein anderer Teil der Sprengmittelenergie wird zur mechanischen Arbeit verwendet, und zwar zur Zertrümmerung des Gesteines, d. h. zur Lösung der Kohäsionskraft im Gesteine, weiters zum Fortschleudern der Gesteinsstücke usw.

Die bei der Arbeitsleistung der Explosionsgase verbrauchte Wärme erscheint jedoch in vollem Maße im zertrümmerten Gesteine, dessen Temperatur bei der Zerstückelung steigt.

4. Ein anderer Teil der durch Explosion entstandenen Wärme kann durch Leitung direkt an die Bohrlochwände übertragen werden. Infolge der sehr kurzen Berührungszeit ist die übergebene Wärmemenge ziemlich klein, doch auch diese geht schließlich an die Wetter über.

5. Man könnte noch andere dabei vorkommende Energieformen erwähnen, doch sind diese wohl ziemlich gering, evtl. fraglich. Wichtig ist dabei, daß eine entsprechende Wärmemenge doch schließlich den Wettern mitgeteilt wird, so daß sich ein spezielles Aufzählen erübrigt.

Wie man sieht, wird fast die ganze bei der Explosion entstandene Wärme den Wettern direkt oder indirekt mitgeteilt. Wenn man nun bedenkt, daß in manchen Grubenbetrieben bis 4 kg und mehr Sprengmaterial pro 1 cbm (besonders beim Streckenvortrieb) verbraucht wird, so sieht man, daß die daraus hervorgehende Wettererwärmung nicht gering sein muß.

---

[1] Ing. Dr. Gustav Měska: Kohlenstaubexplosionen und die sie begleitenden Luftdruckwellen. Hornický věstník roč. VIII (1926). (Erschienen in tschechischer Sprache.)

Im folgenden wollen wir als Beispiel die Verhältnisse im Simplontunnel berechnen. Im Vollausbruch dieses Tunnels haben zwei Arbeiter in 8-stündiger Schicht 3 cbm Gestein herausgewonnen, wobei ca. 1,222 kg Sprengmaterial (Dynamit) pro 1 cbm Gestein verbraucht wurden. Da $2 \sim 3$ solche Arbeitergruppen gleichzeitig gearbeitet haben, verbrauchte man insgesamt in einer Schicht ca. $3 \cdot 3 \cdot 1,222 \doteq 11$ kg Sprengmaterial. Nimmt man an, daß von der Verbrennungswärme des Dynamites (1290 kgcal/kg) nur 1000 kgcal an die Luft übergeben werden, so hat man pro Schicht 11000 kgcal der Luft mitgeteilt.

Die dem Vororte zugeführte Wettermenge betrug $1 \sim 2$ cbm/s. Würde die oben genannte Wärmemenge in einer Stunde abgeleitet werden, so betrüge die Temperatursteigerung der Wetter $5 \sim 10^0$ C, je nachdem, wieviel Wetter gerade zugeführt werden. Man sieht, daß die Temperatursteigerung auch bei dieser großen Luftmenge nicht gering sein mußte, besonders da die Wärme in einer noch kürzeren Zeit als in 1 Stunde abgeleitet wurde.

Wie groß jedoch die wirkliche Erwärmung war, ist uns unbekannt. Die Berechnung kann nur den Maximalwert angeben, da man nicht weiß, wieviel Wärme im Hauwerk blieb.

Im weiteren Verlaufe des ausgeweiteten bzw. ausgemauerten Tunnels war jedoch die Wärmemenge weniger störend, da man hier bis 25 cbm Luft in 1 Sekunde zuführte, so daß die Temperatursteigerung höchstens $0,2^0$ C betragen konnte.

Da jedoch die Grubenvororte nie so intensiv bewettert sind, wie dies im Simplontunnel der Fall war, ist es einleuchtend, daß die Wettertemperatursteigerung in einer Grube viel größer sein wird. Wenn man dies nicht so sehr beobachtet, so ist es darauf zurückzuführen, daß nach dem Abschießen das Ort nicht sofort betreten werden darf.

XV. Wettererwärmung durch Grubenbrände.
Unter Mitwirkung von Ing. Dr. G. Měska.

Aus dem Kapitel über die Oxydation geht hervor, daß sich die Kohle auch bei niedrigen Temperaturen oxydiert. Wird die durch Oxydation gebildete Wärme nicht entführt, speichert sie sich also im Flöze an, so kann die Temperatur derart steigen, daß Selbstentzündung der Kohle eintritt. Dies tritt besonders dort ein, wo durch die durchlässige, zersprungene und zerbröckelte Kohle ein mäßiger Wetterstrom durchzieht. Ich betone, ein mäßiger Wetterstrom, denn geht durch die Kohle viel Luft hindurch, so kann die durch Oxydation gebildete Wärme entführt werden und die Temperatur muß nicht ansteigen. Die Oxydation muß wenigstens so intensiv sein, daß eine Wärmeableitung durch den Wetterstrom und durch Leitung in die Umgebung der oxydierten Stelle nicht genügt. Da aber die Kohle eine nur geringe Leitfähigkeit besitzt, ist die durch Leitung abgeführte Wärmemenge unbedeutend. In dieser Hinsicht sind die Bedingungen für die Entstehung der Grubenbrände bei nur einigermaßen zur Oxydation neigenden Kohle sehr günstig.

Im Kapitel über die Oxydation der Kohle wurde angegeben, daß sich die Kohle bei 350^0 C selbst entzündet.

Es ist unmöglich, direkt zu bestimmen, wieviel Kohle durch den Brand aufgezehrt wird, und es ist daher auch unmöglich, die entfaltete Wärme auf diese Weise zu bestimmen. Man kann dies aber auf Grund der Sauerstoffabnahme in der Luft ermitteln. Die zur Brandstätte strömende Luft kann sowohl der Menge als auch der Zusammensetzung nach ziemlich genau bestimmt werden. Ermitteln wir sodann die Zusammensetzung der Luft hinter der Brandstätte und subtrahieren wir die durch Atmen der Arbeiter, das Brennen der Geleuchte usw. verbrauchte Sauerstoffmenge vom ursprünglichen Sauerstoffgehalte, so erhalten wir die durch Oxydation der Kohle verbrauchte Sauerstoffmenge. Ein Teil wird zwar durch Adsorption verbraucht, doch kann dieser Teil oft durch Prüfung des Kohlendioxydzuwachses ermittelt werden[1].

Aus der Sauerstoffabnahme kann auch die an der Brandstätte entwickelte Wärmemenge bestimmt werden. Die Berechnung siehe S. 76ff.

Die von der Brandstätte kommende Luft ist bereits an Sauerstoff verarmt und kann daher auf ihrem weiteren Wege die Kohle nicht mehr oxydieren; sie destilliert daher nur die Kohle auf Grund ihrer mitgeführten Wärme. Dabei kühlt sie sich ab, so daß sie aus der Kohle mit einer geringen Temperatur tritt.

Der Grubenbrand verbreitet sich entgegen den einziehenden Wettern, weil hier dem Feuer sauerstoffreiche Luft zugeführt wird, und außerdem wird durch Leitung und teilweise auch durch Strahlung die vor der Brandstätte gelegene Partie erwärmt. Auf diese Weise kann der Grubenbrand aus dem Inneren eines Flözes bis an die Oberfläche vordringen, wobei aus dem Glimmen ein Flammen werden kann.

Wo die meisten Grubenbrände entstehen werden, ist aus dem Kapitel über die Oxydation zu ersehen. Dies wird besonders dort sein, wo sich die Kohle beim Abbau leicht bröckelt und wo die Wetterwege direkt in Kohle getrieben sind, also besonders bei mächtigen Flözen, welche sich auch durch den Druck des Hangenden stark bröckeln. Weiter auch dort, wo die Kohle durch Austrocknen stark rissig wird.

---

[1] Die freien Grubenräume sind oft sehr gewaltig. Sinkt das Barometer, so expandiert in ihnen die Luft und entweicht in die Grubenstrecken. Die Luft wird in verlassenen Räumen gewöhnlich sauerstoffärmer und vergrößert daher bei ihrem Ausströmen die Sauerstoffverarmung der Grubenluft.

Wollen wir somit die gesamte durch Sauerstoffverarmung der Luft bedingte Wärme ermitteln, so müssen wir durch längeres Beobachten der Ausziehwetter, unter gleichzeitiger Berücksichtigung der Barometerdruckänderungen, die Durchschnittszusammensetzung der Grubenwetter feststellen und daraus die Sauerstoffverarmung ermitteln. Wollen wir uns über die durch Sauerstoffverarmung bedingte Wärme nur orientieren, so werden wir nur die zur Zeit der Barometerdruckzunahme genommenen Proben, also die besten Proben der Ausziehwetter, berücksichtigen.

Das Eindämmen der Grubenbrände erfolgt dadurch, daß man ein übermäßiges Zerspringen der Kohle, in manchen Fällen ein Austrocknen, ein Anhäufen des Kohlenkleins, ein Durchgehen der Luft durch brüchige Kohle und überhaupt eine intensive Oxydation verhindert. Ist aber ein Brand bereits entstanden, so muß man zu ihm vorstoßen und die glühende Kohle aus der Grube entfernen. Der Brand muß sodann durch Wasser oder sonstwie eingedämmt werden. Durch Wasserbesprengung wird aber Wasserdampf gebildet, welcher die Luft übersättigt und schwül macht. Ist es nicht möglich, zur Brandstelle vorzudringen, muß man bemüht sein, den Luftzutritt zur Brandstelle unmöglich zu machen.

Ein wirksames Mittel zur Vorbeugung der Grubenbrände liegt natürlich darin, die Grubentemperatur in der ganzen Grube tief zu halten und eine gute Bewetterung einzuführen. In manchen Gruben kann auch ein Tiefhalten der relativen Feuchtigkeit die Entstehung der Grubenbrände vermindern.

Es interessiert uns nun zu wissen, wie weit sich die Wärme von der Brandstelle aus in die Umgebung ausbreiten kann und wieviel Wärme in die um die Brandstelle gelegenen Strecken durch eine Wand einer gewissen Stärke hindurchgehen kann. Diese Verhältnisse veranschaulicht ein kleines Beispiel, aus welchem hervorgeht, daß sich die Wärme durch direkte Leitung von der Brandstelle aus nicht weit ausbreiten kann.

Setzen wir voraus, daß der Feuerherd ungefähr 20 m von der Strecke entfernt ist und daß der Temperaturunterschied zwischen dem Brand und den in der Strecke strömenden Wettern ca. 500° C beträgt! Ist die Kohle innerhalb dieser 20 m starken Schicht unzersprungen, fest, so daß wir voraussetzen können, daß es eine homogene Masse einer spezifischen Wärmeleitfähigkeit von 0,2 kgcal ist, so geht durch ein Prisma von 1 qm Querschnitt in einer Stunde die Wärme

$$Q = 0{,}2 \cdot 500 : 20 = 5 \text{ kgcal}$$

hindurch; wie wir sehen, ist es eine verhältnismäßig kleine Wärmemenge. Sobald aber die Schicht zersprungen ist, so daß durch die Risse warme Wetter und Gase strömen können, so geht allerdings eine unvergleichlich größere Wärmemenge hindurch, die sich aber mit Rücksicht auf die Unregelmäßigkeit der Risse rechnerisch schwer ermitteln läßt.

Große Wärmemengen werden auch bei der Öffnung eines Brandherdes frei, trotzdem man gewöhnlich ziemlich lange wartet und die Wärme daher reichlich Zeit hat, in das umliegende Gebirge zu entweichen. Bei einer Temperatur von 60° C gibt jeder Kubikmeter Gebirge eine Wärme von beinahe 10000 kgcal bei einer Abkühlung auf 25 bis 30° C ab, so daß die Durchkühlung einer derartig heißen Zone eine bedeutende Anstrengung und Energie erfordert.

Grubenbrand ist ein ganz abnormaler Fall. Es handelt sich niemals darum, seine Temperatur dauernd zu kompensieren, aber darum, seine Entstehung von vornherein zu verhindern; ist er aber bereits ausgebrochen, so handelt es sich darum, ihn zu bewältigen. Aber gerade bei diesen Bewältigungsarbeiten ist der Arbeiter gezwungen, in hohen Temperaturen zu arbeiten. Da nun sein Körper durch Strahlung und durch Berührung mit der heißen Luft stark erwärmt wird, muß man besondere Vorkehrungen treffen, um ihm die Arbeit auch bei diesen abnormalen Verhältnissen zu ermöglichen.

In erster Linie ist es notwendig, die Strahlungswärme dadurch einzuschränken, daß man auf der Seite, welche die Wärme ausstrahlt, entsprechende Asbestplatten anbringt. Besser wären entschieden hohle Blechschirme mit Doppelwänden, welche mit Wasser durchspült werden würden, falls natürlich Wasser zur Verfügung stünde und die Errichtung möglich wäre.

Weiter muß der Arbeiter mit einem Strome trockener Luft umweht werden. Zweckentsprechend ist komprimierte Luft, welche wir aus kleinen Düsen derart austreten lassen, daß sie den Arbeiter von allen Seiten umwehen kann. Eine derartige Luft verdampft vorzüglich den Schweiß des Arbeiters und erhält seine Körpertemperatur auf einer niedrigen Stufe.

Damit der Arbeiter nicht unnütz schwitze, soll man ihm ein breitmaschiges Hemd geben und außerdem soll er von Zeit zu Zeit mittels einer Handspritze mit Wasser bespritzt werden. Das Hemd saugt sich mit Wasser voll, welches dann durch den trockenen Luftstrom verdunstet und auf diese Weise den Körper kühlt.

Ist an der betreffenden Stelle keine komprimierte Luft erreichbar, dafür aber elektrischer Strom, so kann man hinter den Arbeitern einen kleinen übertragbaren Kompressor oder eine Turbine anbringen, in welcher die Luft komprimiert und sodann mittels der oben beschriebenen Düsen gegen die Arbeiter geblasen werden kann.

Bei diesen Vorkehrungen kann man längere Zeit relativ intensiv arbeiten, auch wenn die Temperaturen sehr hoch sind.

XVI. Luftfeuchtigkeit.

1. Grundbegriffe.

Die größte Wasserdampfmenge, welche die Luft bei einer bestimmten Temperatur aufzunehmen vermag, nennen wir ihre maximale Feuchtigkeit. Sie wird in Gramm pro 1 cbm oder pro 1 kg Luft angegeben. So z. B. vermag bei 10° C 1 cbm Luft 9,4 g, bei 20° C 17 g, bei 30° C 30 g, bei 40° C 51 g Wasserdampf aufzunehmen.

Die Luft ist aber nicht immer mit Wasserdampf vollkommen gesättigt. Das Verhältnis derjenigen Wasserdampfmenge, welche sie in Wirklichkeit besitzt, zu derjenigen Menge, die sie bei derselben Temperatur aufzunehmen vermag, bezeichnen wir als relative Luftfeuchtigkeit (φ) und geben sie in Prozenten an. Enthält also die Luft bei einer Temperatur von 10⁰ C nur 5 g Wasser in 1 cbm, so beträgt ihre relative Feuchtigkeit 53%, weil sie bei dieser Temperatur bis 9,4 g Wasser enthalten kann. Es ist also:

Relative Feuchtigkeit

$$\varphi = \frac{\text{in der Luft tatsächlich vorhandene Wasserdampfmenge}}{\text{maximal mögliche Wasserdampfmenge bei gleicher Lufttemperatur}}$$

$$\varphi = \frac{\text{in der Luft tatsächlich vorhandener Wasserdampfdruck}}{\text{maximal möglicher Wasserdampfdruck bei gleicher Lufttemperatur}}.$$

Der Wasserdampfgehalt der Luft bei verschiedener Temperatur und relativer Feuchtigkeit ist in der Tabelle I und Abb. 48 angegeben.

Wir sprechen auch oft vom sog. **Defizit der Sättigung**, d. i. von jener Wasserdampfmenge, welche die Luft noch aufnehmen kann, um eine 100proz. Sättigung bei gleicher Temperatur zu erreichen.

Die in 1 cbm oder in 1 kg Luft wirklich enthaltene und in Gramm ausgedrückte Wasserdampfmenge nennen wir **absolute Luftfeuchtigkeit**.

Wird die Luft abgekühlt, so steigt ihre relative Feuchtigkeit, bis sie den maximalen Wert von 100% erreicht. Die Temperatur, bei welcher dieser Punkt erreicht wird, heißt **Taupunkt**.

2. Bedeutung der Wetterfeuchtigkeit. Einfluß der Feuchtigkeit auf die Grubenwettertemperatur.

Das Studium der Luftfeuchtigkeit ist sehr wichtig. In trockener, d. h. ungesättigter Luft verdunstet der Schweiß rasch, der Arbeiter wird dadurch gekühlt, so daß er auch bei höheren Temperaturen arbeiten kann. Vollkommen gesättigte Luft nimmt keine Wasserdämpfe mehr auf und verdampft[1] daher auch keinen Schweiß.

Eine weitere Bedeutung der Luftfeuchtigkeit beruht darin, daß sich die Luft beim Verdunsten des Wassers abkühlt, falls der Luft die Verdampfungswärme entzogen wird. Zur Verdunstung von 1 g 20⁰ C warmen Wassers sind 0,584 kgcal erforderlich. Wird die Verdunstungswärme der umgebenden Luft entzogen, so muß sich die letztere um 2,42⁰ C/kg oder 2,0⁰ C/cbm abkühlen, falls das erwähnte Gramm Wasser in 1 kg oder 1 cbm Luft verdunstet[2].

---

[1] Streng genommen handelt es sich in der Grube immer um „Verdunstung".

[2] In den Gruben wird wohl fast immer die Verdampfungswärme der Luft entnommen, zumindest dort, wo es sich um stationäre Verdunstung handelt. Dieser stationäre Zustand wird in unserem Buche überall vorausgesetzt, wo man über Wetterabkühlung infolge Feuchtigkeitsaufnahme spricht.

Abb. 48 gibt die Luftabkühlung infolge Feuchtigkeitsaufnahme an. Die Kurven stellen den Verlauf verschiedener Sättigungsgrade (von 0

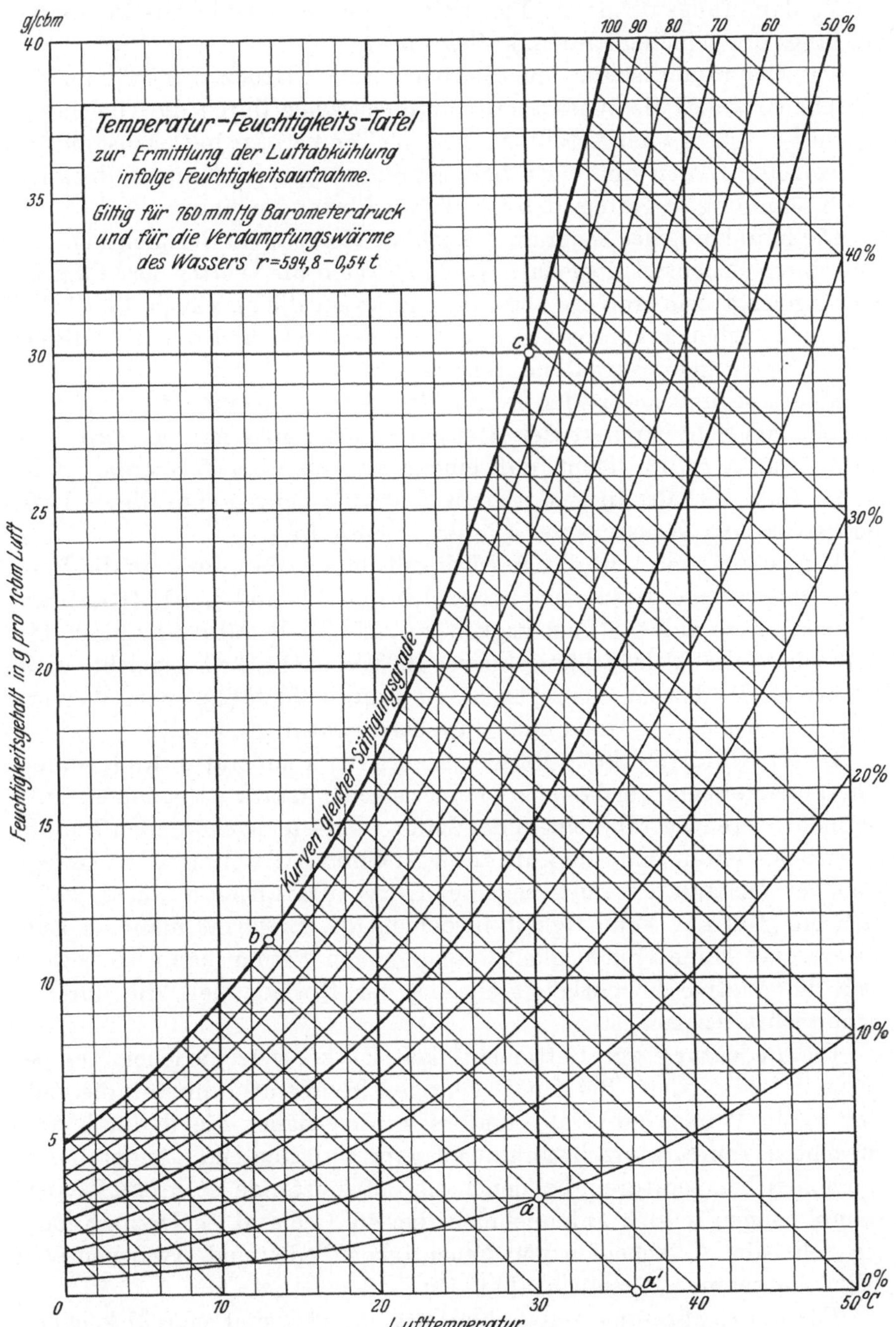

Abb. 48.

bis 100%) dar, gezeichnet in Abhängigkeit der Luftfeuchtigkeit (in g/cbm) von der Temperatur. Verdampft nun Wasser in Luft derart, daß die Verdampfungswärme der Luft entzogen wird, so sinkt ihre Temperatur längs der schiefen Linien, z. B. $a—b$.

Das Diagramm ist für einen barometrischen Druck von 760 mm Hg berechnet, wobei die Wasserverdampfungswärme durch die Gleichung $r = 594,8 — 0,54\,t$ dargestellt ist. t ist die Temperatur in Celsiusgraden. Die schiefen Linien sind eigentlich, genau genommen, Kurven, doch ist die Krümmung so gering, daß wir davon Abstand nehmen.

Die Benützung des Diagrammes geht aus folgendem Beispiele hervor: Bei einem Feuchtigkeitsgehalte von 10% seien die Wetter 30⁰ C warm. Es ist gefragt, wie groß die absolute und ferner die maximale Feuchtigkeit bei gegebener Temperatur ist und wie stark man die Luft durch bloße Feuchtigkeitsaufnahme abkühlen kann.

Man bestimmt zuerst den Punkt, der diesem Zustande der Luft entspricht, als Schnittpunkt der Sättigungskurve 10% mit der Ordinate 30⁰ C (Punkt a) und sieht, daß eine solche Luft 3 g Wasserdampf in 1 cbm Luft enthält. In gesättigtem Zustande kann 1 cbm dieser Luft höchstens 30 g Wasserdampf (Punkt c) enthalten.

Vergrößert man nun die Feuchtigkeit derart, daß die Luft die Verdampfungswärme deckt, so bewegt sich der Zustand der Luft auf der Linie $a—b$, so daß die Feuchtigkeit zu-, die Temperatur abnimmt, bis schließlich die Vollsättigungskurve 100% bei 11,3⁰ C erreicht wird (Punkt b). In diesem Zustande ist die Luft nicht fähig, mehr Wasserdampf aufzunehmen, falls nicht ihre Temperatur gleichzeitig steigt.

Dieser Schnittpunkt b gibt gleichzeitig die Temperatur des feuchten Thermometers an, welches sich in einer solchen (stark strömenden) Luft befindet, deren Zustand einem der Linie $a'—a—b$ angehörenden Punkte entspricht. Kühlt man die Luft auf irgendeine Art weiter ab, so bewegt sich der Zustand der Luft längs der Kurve 100% nach abwärts, wobei sich ein Teil der Feuchtigkeit niederschlägt. Erwärmt man die Luft derart, daß keine Feuchtigkeit aufgenommen werden kann, so bewegt sich die relative Feuchtigkeit entlang der Horizontalen, die durch b nach rechts gezogen ist.

Die Bedeutung der Luftfeuchtigkeit ist bei verschiedenen Temperaturen verschieden. Bei einer niedrigen Temperatur nimmt die Luft nur wenig Wasserdampf auf und es werden daher die dadurch verursachten Temperaturschwankungen ganz unbedeutend. Anders ist es bei hohen Temperaturen, bei denen die Luft imstande ist, große Wasserdampfmengen in sich aufzunehmen (bei 40⁰ C bis 51 g). Deshalb kann sie sich beim Ausscheiden von Feuchtigkeit bedeutend erwärmen oder beim Aufnehmen derselben abkühlen.

Für die Erwärmung von 1 cbm Luft um 1⁰ C sind ca. 0,31 kgcal erforderlich. Zum Verdampfen von 1 g Wasser sind ca. 0,580 kgcal, also fast zweimal soviel Wärme erforderlich. Die Luft aber enthält gewöhnlich mehr Gramm Wasser und gibt es auf ihrem Wege entweder ab oder nimmt es auf. Dies hat entweder ein Abgeben oder Aufnehmen von Wärme zur Folge. Die Wärmequantitäten, welche zur Regulierung der Luftfeuchtigkeit erforderlich sind, sind fast zweimal so groß als jene Wärmemengen, die zur Erwärmung oder Abkühlung der Luft erforderlich sind. Sollen wir gesättigte (100% feuchte) Luft um einen bestimmten Grad abkühlen, so muß man fast dreimal soviel Wärme abführen, als wenn die Luft trocken wäre.

Je länger der Wetterweg ist, desto größer kann der Feuchtigkeitszuwachs und eventuell auch die Temperaturerniedrigung sein. Trotzdem kann diese Abkühlung den Temperaturzuwachs, den die Wetter infolge der Oxydation, der Kompression, des Wärmeüberganges aus dem Gestein usw. erfahren, nicht kompensieren. Sobald der Taupunkt einmal erreicht ist, d. h. werden die Wetter mit Feuchtigkeit voll gesättigt, so ist eine weitere Feuchtigkeitsaufnahme nur dann möglich, wenn die Wettertemperatur steigt. In dem Momente also, wo die Wetter voll gesättigt werden, hört jede Möglichkeit auf, die Wettertemperatur durch Feuchtigkeitsvergrößerung herabzusetzen.

Strömen warme Wetter, z. B. im Sommer, in eine kalte Grube, so sinkt ihre Temperatur, bis sie den Taupunkt erreichen. Ist die Grube auch weiterhin kühl, so wird bei der weiteren Abkühlung aus den Wettern Feuchtigkeit ausgeschieden, wodurch das Sinken der Temperatur stark verlangsamt wird.

Die in der Grube mit Wasser gesättigten und warmen Wetter kühlen sich im kalten Ausziehwetterschachte ab, was ein Ausscheiden der Feuchtigkeit und infolgedessen auch eine Erwärmung der Wetter bzw. ein Verlangsamen der Abkühlungsgeschwindigkeit zur Folge hat. Deshalb sind auch die Ausziehschächte feucht und relativ wärmer, als ihnen entsprechen würde. Eine allzu große Abkühlung der Wetter wird hier durch das Ausscheiden des Wassers kompensiert. Dieser Prozeß geht auch im Sommer fast in allen oberen Horizonten vor sich.

Wir können überhaupt sagen, daß die Temperatur durch die Luftfeuchtigkeit und andererseits die Feuchtigkeit durch die Temperatur reguliert wird. Ist der Luft die Möglichkeit gegeben, Wasser aufzunehmen, so sinkt ihre Temperatur. Muß die Luft bei der Wärmeabgabe das Wasser ausscheiden, so sinkt ihre Temperatur sehr langsam oder bleibt konstant.

Die Feuchtigkeit der Luft ist also gleichsam ein automatischer Regulator ihrer Temperatur: bei einer allzu großen Abkühlung arbeitet sie gegen eine Abkühlung, bei einer Erwärmung ruft sie durch Aufnahme einer neuen Wasserdampfmenge eine Verminderung der Temperatur hervor.

Zur Erreichung tieferer Temperaturen in der Grube ist es also notwendig, daß der Einziehwetterstrom eine minimale Feuchtigkeit besitze, damit eine Abkühlung durch Wasserverdunstung in der Grube ermöglicht werde. Deshalb empfiehlt es sich, zur Zeit, wo die Luft trocken ist, die Ventilation zu erhöhen.

Die Feuchtigkeit wirkt auch auf die mittlere Jahrestemperatur in der Grube ein. Bei einer trockenen obertägigen Luft ist die mittlere Jahrestemperatur niedriger als bei der feuchten Obertagsluft.

Daher wird in sehr trockenen Gebieten, wie z. B. in Südafrika, die Luft in der Grube nicht so stark erwärmt wie in feuchten Gebieten. Durch Wasserverdunstung in der Grube kann sie sich abkühlen.

Mr. E. H. Clifford führt an, daß in der Grube City Deep Mine die Temperaturerniedrigung nur auf Grund der Wasserverdunstung geschieht. Diese Grube ist eine der tiefsten am Wittwatersrand. Es wird dort bereits in einer Tiefe von über 7638 Fuß (2330 m) gearbeitet.

3. Der Wärmeinhalt trockener und feuchter Luft.

Der Wärmeinhalt eines Kubikmeters trockener Luft i_L bei der Temperatur t ist

$$i_L = \gamma \cdot c_v \cdot t \;\; \text{kgcal/cbm}, \tag{106}$$

wo c_v die spezifische Wärme in kgcal/kg bedeutet und wo der Wärmeinhalt bei 0^0 C gleich Null gesetzt ist[1].

Der Wärmeinhalt von 1 kg Wasserdampf i_D bei der Temperatur t ist nach Mollier

$$i_D = 595 + 0{,}46\,t, \tag{107}$$

wo die Zahl 595 die Verdampfungswärme von 1 kg Wasser bei 0^0 C und 0,46 die spezifische Wärme von 1 kg Wasserdampf ist.

Enthält nun 1 cbm Luft x kg Wasserdampf, so ist ihr Wärmeinhalt i_F

$$i_F = i_L + i_D = \gamma \cdot c_v \cdot t + x\,(595 + 0{,}46\,t). \tag{108}$$

Verwendet man die durch vollständiges Niederschlagen des Wasserdampfes aus 1 cbm feuchter Luft entstandene Wärme zur Erwärmung desselben Volumens, d. h. 1 cbm trockener Luft, so nennen wir die resultierende Temperatur, d. h. die wirkliche Temperatur der trockenen Luft, vergrößert um den entsprechenden Temperaturzuwachs, die

---

[1] Der Wärmeinhalt der Luft wird gewöhnlich für 1 cbm gerechnet. Da sich aber der Druck beim Streichen durch die Grube ändert, besitzt auch 1 cbm Luft ein verschiedenes Gewicht. Deshalb ist auch der Wärmeinhalt, der für 1 cbm bei einem gewissen Drucke angegeben ist, für neue Druckverhältnisse nicht derselbe.

äquivalente Temperatur T_e. Diese Temperatur ergibt sich nach einfacher Rechnung als

$$T_e = t + \frac{595 + 0,46\,t}{0,31}\,x. \tag{109}$$

4. Bestimmungsfaktoren der Grubenluftfeuchtigkeit.

Die Feuchtigkeit der Grubenwetter ist von folgenden Faktoren abhängig:

1. von der Temperatur und Feuchtigkeit der Obertagsluft,

2. vom Barometerstande obertags und von der Tiefe der Grubenbaue,

3. von der Feuchtigkeit der Nebengesteine und ihrer Wasserdurchlässigkeit, wie auch von der Menge, Verteilung und Temperatur der Grubenwässer,

4. von der Menge und Geschwindigkeit der in die Grube einfallenden Wetter,

5. von der Länge und der Temperatur der Einziehwetterwege und der Temperatur des Gebirges überhaupt,

6. von der Wettertemperatur in der Grube,

7. vom Ausmaße der angewendeten Hilfsventilation, Lutten und der Anzahl der Wetterwegkrümmungen,

8. von der in die Grube eingeleiteten komprimierten Luft,

9. vom Umfange der wasserbildenden Prozesse, Brennen der Geleuchte, Atmen, Oxydation, Schwitzen der Arbeiter usw.,

10. von der Gegenwart der wasserbindenden Stoffe und Prozesse.

5. Einfluß der ursprünglichen Wettertemperatur und -feuchtigkeit obertags auf die Feuchtigkeit der Grubenwetter.

Warme Wetter führen in die Grube in 1 cbm viel mehr Wasserdampf als kalte Wetter. Deshalb wird im allgemeinen die Luftfeuchtigkeit in der Grube im Sommer viel größer als im Winter sein, ebenso wird sie in warmen Gegenden größer als in kalten sein.

Daher ist auch die Arbeit in warmen und feuchten Gruben im Sommer viel beschwerlicher als im Winter, auch wenn die Lufttemperatur in der Grube während des ganzen Jahres dieselbe ist. Diese Beobachtung wurde hauptsächlich auf der Grube Morro Velho in Brasilien gemacht, wo man die Luftfeuchtigkeit im Sommer künstlich herabsetzen muß, wogegen im Winter die Exsikkationsvorrichtungen ausgeschaltet werden können.

Obertags bewegt sich der Luftfeuchtigkeitsgehalt gewöhnlich zwischen 60 bis 90 % und erreicht nur an Regentagen 100 %. An warmen Sommertagen sinkt die Feuchtigkeit auf 50 bis 40 %; tiefer unter 40 % sinkt sie nur in trockenen Gebieten.

In feuchten Jahreszeiten wird natürlich die Luftfeuchtigkeit in der Grube größer. Allerdings ist es hier mehr am absoluten Feuchtigkeitsgehalte der Obertagsluft als an ihrer relativen Feuchtigkeit gelegen. So besitzt z. B. Luft eine Temperatur von 10° C, auch wenn sie zu

100% gesättigt ist, in jedem Kubikmeter 9,4 g Wasser; dagegen enthält Luft von 35° C auch bei 70%iger Sättigung 27 g Wasser in 1 cbm, also nahezu dreimal soviel als 10° C warme Luft bei maximaler Sättigung.

6. Einfluß der Temperatur- und Druck-Änderung der Luft auf die Feuchtigkeit. Einfluß der Grubentiefe.

Die relative Luftfeuchtigkeit ändert sich beim Streichen durch die Grube, auch wenn die Wetter unterwegs überhaupt kein Wasser aufnehmen oder abgeben; dies geschieht durch einfache Änderung ihrer Temperatur und ihres Druckes.

Erwärmt sich die Luft auf ihrem Wege, so sinkt ihre relative Feuchtigkeit, obwohl der gesamte Wasserinhalt in der Luft gleich bleibt und zwar deshalb, weil die Luft bei höheren Temperaturen eine größere Wassermenge als bei niedrigeren Temperaturen aufzunehmen vermag.

Ist z. B. 1 cbm Luft 10° C warm, so enthält er bei einer relativen Feuchtigkeit von 80% ca. 7,5 g/cbm Wasserdampf. Erwärmt man diese Luft von 10 auf 30° C derart, daß sich das Volumen nicht ändert, so sinkt die relative Feuchtigkeit auf bloße 25%, da 1 cbm 30° C warmer Luft volle 30 g Wasserdampf enthalten kann. Die absolute Feuchtigkeit bleibt jedoch unverändert.

Aber nicht nur die relative Feuchtigkeit, sondern auch die absolute Feuchtigkeit der Wetter ändert sich, ohne daß es erforderlich wäre, daß die Wetter Feuchtigkeit aufnehmen oder abgeben.

Läßt man z. B. die eben erwähnte Luft bei der Erwärmung von 10° auf 30° C frei expandieren, so wächst das Volumen von 1 cbm auf 1,070 cbm. Enthielt die Luft ursprünglich 7,5 g Wasserdampf in 1 cbm (d. h. 80% Feuchtigkeit), so sinkt bei dieser Volumvergrößerung die relative Feuchtigkeit auf 23%, die absolute auf 7,0 g/cbm. Dabei ändert sich zwar nicht das Gewicht des in der Luft enthaltenen Wassers, aber es muß sich dieselbe Wassermenge auf ein größeres Volumen, nämlich auf 1,070 cbm, verteilen.

Das Luftvolumen ändert sich beim Strömen durch die Grube nicht nur infolge der Temperaturänderung, sondern auch zufolge ihrer Druckverhältnisse.

1 cbm in die Grube einfallender Luft wiegt, bei einer Temperatur von 10° C, einer Feuchtigkeit von 80% und einem Drucke von 760 mm Hg, 1,240 kg. In einer 1000 m tiefen Grube steigt der Druck von 760 mm auf 850 mm Hg. Dabei verkleinert sich das Volumen der Luft von 1 cbm auf 0,894 cbm (isothermische Kompression vorausgesetzt). Die in diesem Volumen enthaltene Wassermenge ändert sich dabei nicht, so daß die absolute Feuchtigkeit von 7,5 g auf 8,4 g/cbm und die relative Feuchtigkeit auf 89% ansteigen muß. Beim Aufwärtsströmen der Wetter im Ausziehschachte treten umgekehrte Verhältnisse ein.

Aber auch nur eine bloße plötzliche Änderung des barometrischen Druckes obertags kann einen bedeutenden Einfluß auf die Feuchtigkeitsänderung und evtl. auch auf die Temperaturänderung der Wetter in der Grube ausüben. Sind die in die Grube einfallenden oder in ihr vorhandenen Wetter voll gesättigt, so kann ein plötzliches Ansteigen des barometrischen Druckes eine bedeutende Erwärmung derselben in der Grube zur Folge haben.

Komprimieren wir isothermisch 30^0 warme und gesättigte Luft, die 30,0 g/cbm Wasser enthält, von 1 cbm auf 0,9 cbm, so müssen sich aus der 30^0 C warmen Luft 3,0 g Wasser ausscheiden. Die entsprechende Kondensationswärme würde die Luft um $5,6^0$ C erwärmen, weil durch Kondensation von 3,0 g Wasser 1,736 kgcal frei werden.

Da aber wärmere Luft eine höhere Wasseraufnahmefähigkeit besitzt, wird nicht soviel Wasser ausgeschieden und die Temperatur wächst nicht um den genannten Wert, weil beide Prozesse, Wasserausscheidung und Temperaturabnahme, entgegengesetzt arbeiten. In der Grube kompliziert auch die Wettererwärmung durch die Ulme diesen Prozeß.

7. Wieviel Wasser kann durch den Wetterstrom aus der Grube entführt werden?

Es ist interessant zu berechnen, wieviel Wasser aus der Grube bei einem nur einigermaßen größeren Wetterstrome entführt werden kann. Bei einem Luftstrome von 10000 cbm/min werden, wenn jeder Kubikmeter beim Strömen durch die Grube 15 g Wasser aufnimmt, aus der Grube in einem Tage 216 cbm Wasser entführt, d. h. pro Stunde 9 cbm Wasser. Dies ist eine Menge, die oft größer ist als die von den Pumpen entführte Wassermenge.

Wenn kein freies Wasser vorhanden ist, so trocknen die Stöße in bedeutende Tiefen aus[1]: Tatsächlich sind in tiefen Gruben, wo die Luft warm ist und das Wasser daher gierig aufnimmt, die Ulme ganz trocken. Ein schönes Beispiel bieten die Příbramer Gruben, wo die Strecken der untersten Horizonte geradezu trocken sind.

Bei großen Wettermengen kann nicht genügend Feuchtigkeit aus dem Inneren des Gebirges den Ulmen zugeführt werden. Es ist daher möglich, Grubenulme mit einem nicht zu großen Wasserzuflusse durch Eintreiben großer Wettermengen auszutrocknen. Allerdings müssen wir in die Grube eine größere Wettermenge hauptsächlich dann einführen, wenn der Feuchtigkeitsgehalt niedrig ist, d. i. an trockenen Sommertagen und besonders im Winter, wo die Wetter infolge der niedrigen Temperatur überhaupt wenig Wasser enthalten, auch wenn sie zu 100% gesättigt sind.

---

[1] Die Verdunstungsgeschwindigkeit des Wassers aus dem Gesteine hängt von der Form und der Größe der Poren ab, wie auch von ihrem Verhältnisse zur festen Masse, hauptsächlich aber von dem Umstande, ob die Poren untereinander verbunden sind und ob durch das Gestein das Wasser zirkulieren kann. Weiterhin ist sie abhängig von dem Druckunterschiede der Wasserdämpfe in der Luft und im Gebirge.

8. Abhängigkeit der verdunsteten Wassermenge von der Geschwindigkeit und der Menge der Wetter.

Die Abhängigkeit der Menge des verdunsteten Wassers von der Luftgeschwindigkeit wird von verschiedenen Autoren verschieden angegeben. (Siehe Abt. 15 dieses Kapitels.) Benützen wir z. B. die Gleichung (117b):

$$q' = (E - e) \cdot \{0{,}005 + 0{,}00425\, c\}\, F \text{ g/s} \tag{110}$$

— bez. der Bezeichnung siehe die Erklärung für Gleichung (117b) —, so sehen wir, daß bei Verdoppelung der Geschwindigkeit c von 2 auf 4 m nur ca. 1,6mal mehr Wasser verdunstet. Die durch die Strecke ziehenden Wetter verdoppeln sich aber. Deshalb ist dann der Feuchtigkeitszuwachs gleich $1{,}6 : 2 = 0{,}8$. Verdreifachen wir die Geschwindigkeit von 2 auf 6 m, so vergrößert sich die Menge des verdunsteten Wassers 2,26mal und der Feuchtigkeitszuwachs beträgt $2{,}26 : 3 = 0{,}75$ des ursprünglichen.

Wie sich die Menge des verdunsteten Wassers mit der Geschwindigkeit bei verschiedenen Wetter- und Wassertemperaturen, bzw. bei verschiedenen Wasserdampfdruckdifferenzen ändert, ist aus dem Diagramme 49 ersichtlich, wo die schiefen Linien verschiedene Unterschiede zwischen dem Wasserdampfdrucke über der Wasseroberfläche und der Luft (von 0 bis 20 mm Hg) darstellen. Die Linien sind nach der Gleichung (110) berechnet.

Das Diagramm 49 wird folgendermaßen verwendet: Es strömen z. B. Wetter von 27° C und 50%iger Feuchtigkeit mit einer Geschwindigkeit von 2 m/s über eine Wasseroberfläche von 28° C. Es ist die Wassermenge, die aus 1 qm der Wasseroberfläche unter diesen Umständen pro Minute verdampft wird, festzustellen.

Man ermittelt zuerst den Wasserdampfdruckunterschied wie folgt: Man entnimmt der Tabelle I die Spannung des gesättigten Wasserdampfes bei 28° C = 28,35 mm Hg, und berechnet auch diejenige der Luftfeuchtigkeit von 27° C und 50%iger Sättigung = $0{,}5 \cdot 26{,}7 = 13{,}35$ mm Hg. Der Unterschied dieser beiden Spannungen beträgt 15 mm Hg. Nun sucht man am Diagramme 49 jene Linie, die dem Wasserdampfunterschiede von 15 mm Hg entspricht (Linie *a—15*), ermittelt den Schnittpunkt dieser Linie mit der Ordinate, die der Geschwindigkeit 2 m/s entspricht (Punkt *a*), und projiziert diesen Punkt auf die Ordinatenachse (Punkt *b*); die Länge $0—b = 12{,}2$ g/min · qm = verdampfte Wassermenge unter den oben angegebenen Bedingungen.

Da sich die Menge des verdunsteten Wassers bei verschiedenen Geschwindigkeiten auf eine zwei-, drei- usw. fache Luftmenge verteilt, so wächst also ihre Feuchtigkeit, wie man eben gesehen hatte, langsamer als die Wettermenge.

Verdoppeln wir aber die Wettermenge, so sinkt dadurch auch jene Feuchtigkeit auf die Hälfte, die den Wettern aus Quellen, wie dem Schwitzen der Arbeiter, dem Brennen der Geleuchte, dem Atmen,

der Oxydation der Kohlenbestandteile, der Zimmerung usw. zugeführt wird.

Die Wassermenge, welche in die Wetter übergeht, beträgt nach
Gleichung (117a)

$$q_1 = \frac{\beta_1\,(1 + \beta_2\,c_1)}{F_1 \cdot c_1} \cdot F \cdot (E - e) + \frac{m}{F_1 \cdot c_1}\ \text{g/cbm} \cdot \text{s}, \tag{111}$$

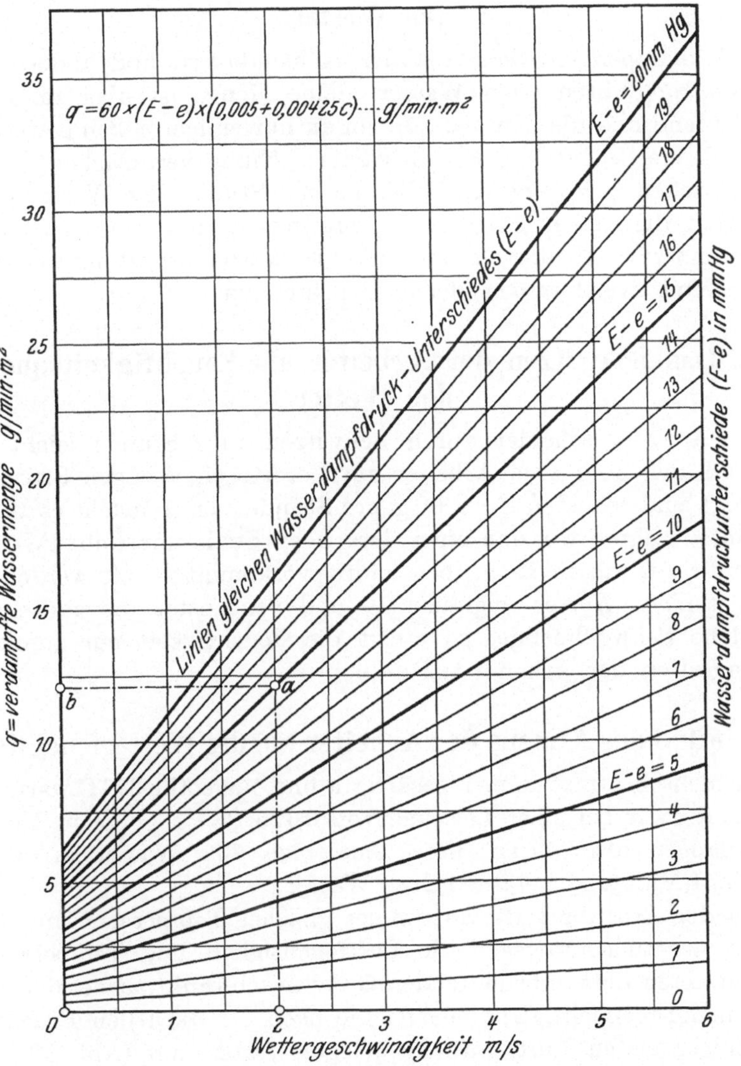

Abb. 49. Abhängigkeit der verdampften Wassermenge von der Wettergeschwindigkeit und dem Sättigungsgrade.

wo F die Wasseroberfläche in qm, F_1 den Streckenquerschnitt und m
die Wassermenge in g/s, die zufolge anderer Quellen, wie zufolge

Schwitzens usw., in die Luft übergeht, bedeutet. Steigt die Geschwindigkeit von c_1 auf c_2 m/s, so beträgt der Feuchtigkeitszuwachs

$$\varDelta q = q_1 - q_2 = \frac{c_2 - c_1}{c_2 \cdot c_1 \cdot F_1} \left\{ \beta_1 \, (E - e) \cdot F + m \right\}. \qquad (112)$$

9. Das Brennen der Geleuchte als Feuchtigkeitsquelle der Wetter.

Viele Lampen entwickeln außer Kohlendioxyd und anderen Verbrennungsprodukten auch Wasser. Seine Menge ist aber im ganzen unbedeutend und die Lampen können an nur einigermaßen bewetterten Stellen keine bedeutende Feuchtigkeitserhöhung verursachen.

Entwickelt z. B. eine Karbidlampe in 1 Stunde 12 g Wasser[1], so erhöht sich die Feuchtigkeit für 1 cbm Wetter nur um 0,1 g Wasser, auch wenn zur Arbeitsstelle nur 0,5 cbm Wetter pro Minute zugeführt werden und zwei Lampen gleichzeitig brennen.

10. Das Schwitzen der Arbeiter als Feuchtigkeitsquelle der Wetter.

Ein Arbeiter scheidet durch Schwitzen in 1 Stunde leicht 500 g Schweiß aus. Sind zwei Arbeiter am Vororte einer engen Strecke beschäftigt und scheiden sie 1000 g pro Stunde aus, so macht es 16,6 g in 1 Minute. Führen wir nun einer derartigen Stelle nur 1 cbm Wetter in 1 Minute zu, was in Erzgruben häufig vorkommt — oft werden sogar noch weniger Wetter zugeführt — und verdunstet die ganze ausgeschiedene Schweißmenge, so steigt die Feuchtigkeit nur zufolge der Transpiration der Arbeiter um 16,6 g.

11. Einfluß des Atmens der Arbeiter auf die Wetterfeuchtigkeit.

Der Mensch atmet immer gesättigte und ungefähr 37° C warme Luft aus, und zwar bei einer Leistung von 0,125 PS[2] 1,7 cbm in 1 Stunde. Es gelangen also durch dieses Ausatmen 73 g Wasser in die Luft, also in 1 Minute ungefähr 1,21 g Wasser.

Da der Arbeiter Luft von immer gleicher Temperatur und Feuchtigkeit ausatmet, wogegen die Luftfeuchtigkeit und Temperatur der eingeatmeten Luft in bedeutenden Grenzen schwankt, atmet der Mensch verschiedene Feuchtigkeitsmengen, je nach der aktuellen Feuchtigkeit der eingeatmeten Luft, aus. Beigelegtes Diagramm (Abb. 50) veran-

---

[1] Eine offene Azetylenlampe verbraucht in 6 Stunden 0,25 kg Karbid und entwickelt in 1 Stunde 11,7 g Wasser. Eine Sicherheitskarbidlampe verbraucht in 10 Stunden 0,2 kg Karbid, welcher Menge 5,6 g Wasser pro Stunde entsprechen.

[2] Siehe Seite 146, Abb. 59.

schaulicht die Feuchtigkeitsmenge, die der Mensch in verschieden warmer und feuchter Luft unter der Voraussetzung ein- und ausatmet, daß ein beschäftigter Arbeiter in 1 Stunde 1,7 cbm Luft oder 0,0283 cbm in 1 Minute einatmet. Das Diagramm ist auf die Zeiteinheit 1 Minute berechnet. Die Daten des Diagrammes können für andere Arbeitsleistungen leicht umgerechnet werden.

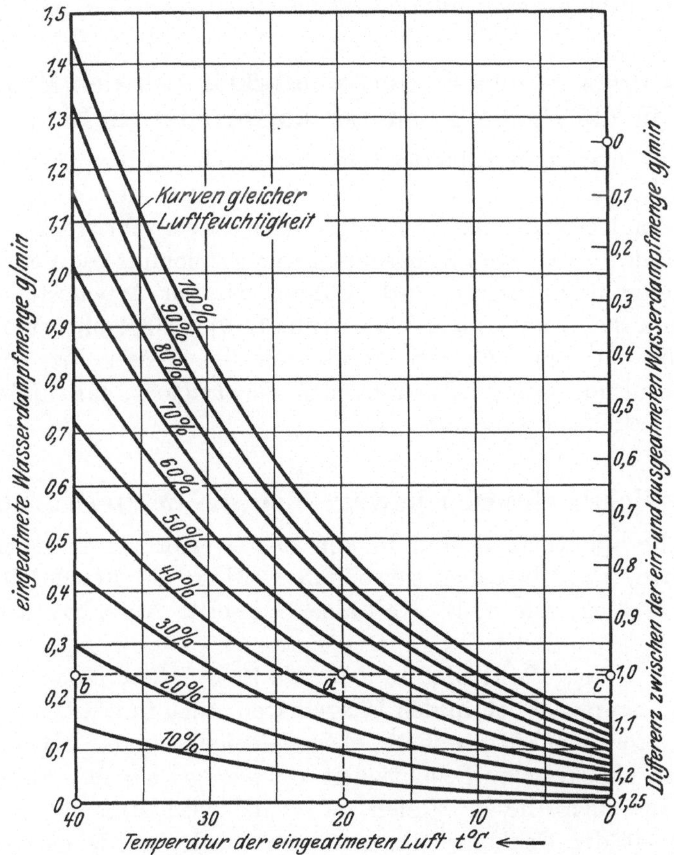

Abb. 50. Vom Arbeiter ein- bzw. ausgeatmete Wasserdampfmenge.

Beispiel. Wenn z. B. ein Arbeiter in einer Atmosphäre von + 20° C und 50% Feuchtigkeit (Punkt a) beschäftigt ist, ersehen wir aus der linken Ordinatenachse, daß er mit der Luft ungefähr 0,24 g Wasser in 1 Minute (Punkt b) einatmet. Den durch die Atmung verursachten Feuchtigkeitsverlust des Körpers lesen wir dann auf der rechten Ordinatenachse ab, und zwar ungefähr 1,0 g/min (Punkt c). Die Summe der beiden abgelesenen Werte in den Punkten b und c ergibt 1,25, d. i. also die in 1 Minute ausgeatmete Wassermenge bei einer Lufttemperatur von 37° C im gesättigten Zustande.

12. Abhängigkeit der Luftfeuchtigkeit von der Menge der angewendeten Lutten.

Führt man die Wetter in Lutten, so haben sie weniger Gelegenheit sich mit Wasser zu sättigen. Daher wird in Gruben, in welchen die Wetter in Lutten geführt werden, die Feuchtigkeit viel kleiner sein.

In warmen Gruben, wo viel Wasser fließt, ist es geradezu notwendig, die Wetter in Lutten zu führen.

13. Abhängigkeit der Wetterfeuchtigkeit von der Menge der in die Grube geleiteten komprimierten Luft.

Die auf 6 at komprimierte Luft hat nach der Expansion nur $^1/_6$ des Wassergehaltes, den sie bei der Temperatur der komprimierten Luft maximal besitzen kann; infolgedessen ist sie sehr trocken, und es ist klar, daß durch deren Zumischung zur Grubenluft die Feuchtigkeit der letzteren herabgesetzt wird. Führen wir zur Arbeitsstelle 1 cbm Wetter von 30^0 C mit einem Wassergehalte von 30 g, und strömt vom Bohrhammer 1 cbm Luft pro Minute mit 5 g Wasser aus, so besitzt das Gemisch nur 17,5 g, also nur 60% Feuchtigkeit, falls dabei keine Temperaturänderung eintrat.

14. In welchen Grenzen bewegt sich die Wetterfeuchtigkeit?

Beinahe alle Gruben sind in den oberen Horizonten feucht. Nur die Gruben, wo Mineralien gewonnen werden, die Feuchtigkeit aufnehmen können, wie z. B. Kalisalze, Kieserit, Anhydrit usw., sind trocken.

Es wurde festgestellt, daß in mehr als 1000 Fällen in den Erzgruben der USA., hauptsächlich in den Weststaaten, auch in trockenen Gruben und mit trockener Atmosphäre obertags nicht einmal bei 10% aller Messungen eine relative Feuchtigkeit von weniger als 80% vorgefunden wurde. In allen diesen Fällen, wo eine verhältnismäßig niedrige Feuchtigkeit der Grubenwetter gemessen wurde, wurde entweder eine große Menge komprimierter Luft zugeführt oder sie waren weitgehend separat mit Luftventilatoren bewettert, wodurch die Feuchtigkeitsaufnahme der Luft verhindert wurde. Ungefähr 85% aller Arbeitsorte in den Abbauen konnte eine relative Feuchtigkeit von mehr als 90% aufweisen.

Mit der Tiefe nimmt jedoch die Feuchtigkeit ab. In den Příbramer Gruben beträgt sie z. B. in einer Tiefe von 1300 m nur 40 bis 60%. Die Wetter in Ausziehschächten sind praktisch immer vollgesättigt, so daß sich aus ihnen beim Aufwärtsströmen im Schachte sogar Feuchtigkeit ausscheidet. Es ist daher unmöglich, einziehende Wetter nach dem

Vorschlage von H. Prockart[1] zu kühlen; nur in der Grube selbst und in Ausnahmefällen wäre es möglich. Nach diesem Vorschlage sollen nämlich die ausziehenden Wetter durch Anfeuchten gekühlt werden, wodurch eine solche Abkühlung erzielt werden soll, daß man sogar auch die einziehenden Wetter mittels der ausziehenden kühlen könnte.

15. Änderung der Feuchtigkeit und der Temperatur der durch eine Strecke strömenden Wetter.

Die aus einer Wasseroberfläche verdunstete Wassermenge ist durch das Daltonsche Gesetz, d. h. durch ein dem Newtonschen Abkühlungsgesetze ähnliches Gesetz gegeben, und zwar

$$dq' = \beta \, (E - e) \cdot dF \quad \text{g/s},\tag{113a}$$

oder

$$dq' = \beta \cdot U_v \, (E - e) \cdot dx \quad \text{g/s}.\tag{113b}$$

$dF = U_v \cdot dx$ bezeichnet die Fläche, aus welcher bei einem Druckunterschiede der Wasserdämpfe $(E - e)$ während 1 Sekunde dq' Gramm Wasser verdunstet. U_v ist der wasserbenetzte Umfang des Wetterweges, dx die Länge desselben. E ist der Druck der bei der Temperatur der Wasseroberfläche gesättigten Wasserdämpfe, e ist der wirkliche Druck der Wetterfeuchtigkeit, alles in mm Hg ausgedrückt.

Wie man gefunden hat, entspricht dieses Gesetz nicht genau der Erfahrung, so daß man mit der Zeit verschiedene empirische Formeln aufgestellt hat; in allen diesen Formeln kommen alle oben angeführten Elemente $(E - e)$, F, Geschwindigkeit c immer vor. Wir sehen von diesen einzelnen, mehr oder weniger komplizierten Formeln ab und benützen im folgenden die angeführten Formeln (113), in welchen der Koeffizient β den Einfluß der Geschwindigkeit darstellen soll.

Es gibt verschiedene Formeln für β, welche die gegenseitige Beziehung zwischen der Verdampfungszahl β, der Eigenschaft der Oberfläche und der Geschwindigkeit c ausdrücken; wir führen nur folgende an:

$$\beta = \frac{1}{c_p} \, (2 + 5 \, \sqrt{c})\tag{114a}$$

oder

$$\beta = \beta_1 \, (1 + \beta_2 \, c).\tag{114b}$$

Bis heute besteht noch ein Streit bezüglich der Genauigkeit dieser Formeln. Wir werden im folgenden die Gleichung (114b) anwenden, weil sie unseren Verhältnissen besser entspricht.

Für eine freie, horizontal ebene Wasseroberfläche können wir nach Carrier[2] folgende Werte einsetzen:

$$\beta_1 = 0{,}004\,964, \qquad \beta_2 = 0{,}8559,$$

so daß wir erhalten

$$\beta = 0{,}004\,964 \, (1 + 0{,}8559 \, c)\tag{115}$$

oder

$$\beta = 0{,}004\,964 + 0{,}004\,249 \, c.\tag{115a}$$

Ändern sich nicht die Verhältnisse in der Strecke, so können wir die zwei ersten Faktoren der Gleichung (113b) zusammenfassen und erhalten

$$B = \beta \cdot U_v = 0{,}004\,964 \, (1 + 0{,}8559 \, c) \cdot U_v.\tag{116}$$

---

[1] Prockart, H.: Z. V. d. I. 1925, 508.

[2] Carrier, W. H.: The Theory of Atmospheric Evaporation. J. Ind. Eng. Chemistry 13.

Daraus resultiert die Gleichung

$$dq' = \beta_1 (1 + \beta_2 c)(E - e) U_v \cdot dx \ \text{g/s}, \tag{117a}$$

$$dq' = [0{,}004\,964 + 0{,}004\,249\,c](E - e) U_v \cdot dx \ \text{g/s}. \tag{117b}$$

Die Gleichung (117) setzt voraus, daß einerseits die Wasseroberfläche genau definiert ist, andererseits, daß es sich wirklich um eine freie Wasseroberfläche und nicht um in den Poren des Gesteines niedergeschlagene Feuchtigkeit handelt, wo die Wasserdampfspannung stets kleiner als an der offenen Wasseroberfläche ist.

Da aber bekanntlich jedes Gebirge hygroskopisch ist, ist das Problem der Befeuchtung der in der Strecke strömenden Wetter bedeutend komplizierter, als die Gleichung (117) voraussetzt.

Mit Rücksicht auf die bedeutende Kühlwirkung des Wassers bei der Verdunstung ist es leicht begreiflich, daß die Feuchtigkeit rascher als die Temperatur anwachsen kann, so daß die Luft den Taupunkt noch vor der Maximaltemperatur, das ist der Temperatur der Stöße, erreicht. Der Verlauf der Temperatur und der Feuchtigkeit wird verschieden sein, je nachdem ob wir uns vor oder hinter der Stelle befinden, an welcher der Taupunkt erreicht wurde. Man muß somit beide Prozesse getrennt verfolgen, was im folgenden geschehen wird.

Es ist selbstverständlich, daß in verschiedenen Gesteinen und Strecken die Verhältnisse, die das ganze Gesetz bestimmen, verschieden sein werden, so daß es notwendig sein wird, die einzelnen Konstanten fallweise zu bestimmen.

a) Feuchtigkeitsverlauf vor dem Taupunkte.

Man berechnet diesen mit Hilfe der Gleichung (113b) bzw. (117b) unter Zugrundelegung der Beziehung zwischen dem Wasserdampfgehalte q und dem Wasserdampfdrucke e:

$$q = \frac{1000 \cdot R'}{R} \cdot \frac{e}{b - \dfrac{R - R'}{R} \cdot e} = \varrho \cdot \frac{e}{\sigma - e} \ \text{g/kg}; \tag{118}$$

es bedeutet:

$$\varrho = \frac{1000 \cdot R'}{R - R'} \quad (119) \qquad \text{und} \qquad \sigma = \frac{b \cdot R}{R - R'}. \tag{120}$$

In den folgenden Berechnungen drücken wir überall die Feuchtigkeit q in Gramm Wasser, die in 1 kg und nicht in 1 cbm feuchter Luft enthalten sind, aus. Nach einer ziemlich umständlichen Rechnung bekommt man endlich die genauen Beziehungen

$$q = \frac{\varrho}{\sigma - E} \cdot \left\{ E - \frac{\sigma}{e^X} \right\} \ \text{g/kg}, \tag{121}$$

$$e' = \frac{E - \dfrac{\varrho}{e^X}}{1 - \dfrac{1}{e^X}} \ \text{mm Hg}. \tag{122}$$

Die Entfernung x des Punktes, in welchem die anfängliche Luftfeuchtigkeit e_0 auf e gestiegen ist, ist gegeben durch:

$$x = \frac{1}{(\sigma - E)^2 \cdot K} \left\{ \ln \frac{(\sigma - e) \cdot (E - e_0)}{(E - e) \cdot (\sigma - e_0)} \right\} + \frac{1}{(\sigma - E) \cdot K} \left\{ \frac{1}{\sigma - e_0} - \frac{1}{\sigma - e} \right\}; \tag{123}$$

darin bedeutet

$$K = \frac{B}{G \cdot \varrho \cdot \sigma}, \tag{124}$$

$$X = K(\sigma - E)^2 x + \ln \frac{\sigma - e_0}{E - e_0}. \tag{125}$$

Man kann jedoch zur Berechnung dieser Verläufe auch eine angenäherte Formel für den Feuchtigkeitsverlauf verwenden, nämlich

$$q = \frac{1000 \cdot R'}{R \cdot b}\, e = \frac{\varrho}{\sigma}\, e \ \text{g/kg}, \tag{126}$$

in welcher die Wasserdampfspannung e gegenüber dem barometrischen Drucke vernachlässigt wird. Man erhält sodann

$$q = \frac{\varrho}{\sigma}\left\{ E - \frac{E - e_0}{e^{K' \cdot x}} \right\} \ \text{g/kg}, \tag{127}$$

$$e' = E - \frac{E - e_0}{e^{K' \cdot x}} \ \text{mm Hg}, \tag{128}$$

$$x = \frac{1}{K'} \cdot \ln \frac{E - e_0}{E - e}\,; \tag{129}$$

darin bedeutet

$$K' = \frac{B \cdot \sigma}{G \cdot \varrho}. \tag{130}$$

In den Gleichungen (122) resp. (128) schreiben wir für die Dampfspannung e' anstatt e, um sie von der Basis der natürlichen Logarithmen zu unterscheiden.

Aus der Gleichung (122) resp. (128) ersieht man, daß für ein genügend großes x resp. X, theoretisch für $x = \infty$, $e = E$ wird, daß also die Wetter bei der Ulmtemperatur T mit Wasserdampf gesättigt werden sollten. Die Sache wird jedoch dadurch insofern kompliziert, als sich mit der Feuchtigkeitszunahme gleichzeitig die Wettertemperatur ändert, so daß der Sättigungsstand bei einer anderen, niedrigeren Temperatur erreicht wird. Es steigt also die Feuchtigkeit nach der eben ermittelten Gleichung nur so lange, als der Sättigungspunkt erreicht wird; den berechnet man erst dann, nachdem man den Temperaturverlauf festgestellt hatte.

b) Berechnung des Temperaturverlaufes vor dem Taupunkte.

Hat man den Feuchtigkeitsverlauf berechnet, so kann man den Temperaturverlauf feststellen, indem man annimmt, daß die ganze, zur Feuchtigkeitszunahme nötige Verdampfungswärme der Luft entzogen wird. Man geht also von der bekannten Beziehung aus

$$c_p \cdot dt_c = - r \cdot dq, \tag{131}$$

laut welcher die Temperaturerniedrigung dt_c der Wetter infolge der Feuchtigkeitszunahme dq/kg Wetter nur durch diese letztere verursacht wird.

Auf Grund der Gleichung (121) bekommt man nach entsprechenden Rechnungen den genauen Verlauf

$$t = t' - \frac{t' - t_0}{e^{N \cdot x}}, \tag{132}$$

respektive

$$x = \frac{1}{N} \cdot \ln \frac{M - N \cdot t_0}{M - N \cdot t}\,; \tag{133}$$

darin bedeutet

$$t' = \frac{M}{N} = \frac{S \cdot T_0 - L \cdot L_2 + L \cdot L_1 \cdot t_0}{S + L \cdot L_1}, \tag{134}$$

$$S = \frac{\alpha \cdot U}{G \cdot c_p \cdot 3600}, \qquad (135) \qquad\qquad L = \frac{r \cdot B\,(\sigma - E)}{c_p \cdot G}, \qquad (136)$$

$$L_1 = \frac{(\sigma - E)\,c_p}{\varrho \cdot \sigma \cdot r}, \qquad (137) \qquad\qquad L_2 = \frac{E - e_0}{\sigma - e_0}. \qquad (138)$$

Man kann auch die angenäherte Formel (127) für die Berechnung des Temperaturverlaufes verwenden, welche die übersichtlichere Endformel

$$t = t' - \frac{t' - t_0}{e^{N' \cdot x}} \qquad (139)$$

ergibt. Hier bedeutet

$$t' = \frac{M'}{N'} = \frac{S \cdot T_0 + K' \cdot t_0 - L'}{S + K'}, \qquad (140)$$

$$L' = \frac{r \cdot B\,(E - e_0)}{G \cdot c_p}.$$

Wie aus beiden Gleichungen (132) und (139) ersichtlich ist, ist die Temperatur, zu welcher die Wetter konvergieren, nicht die Ulmtemperatur, wie dies beim einfachen Wärmeübergange ohne Feuchtigkeitsvermehrung der Fall ist, sondern eine andere, und zwar eine niedrigere, nämlich t', die die Wetter einnehmen, falls $x = \infty$ ist.

Die Höhe dieser Temperatur t' richtet sich vor allem nach dem Zähler der Gleichung (140). Daraus folgt, daß t' nur ausnahmsweise der Ulmtemperatur T_0 gleich sein kann, normalerweise aber, daß $t' < T_0$, ja sogar $t' < t_0$. Man sieht, daß die Wettertemperatur sogar am Anfang der Strecke, trotz der Wärmezufuhr aus den Streckenulmen, sinken kann. Das Kriterium dafür bildet der Zähler des zweiten Gliedes der Gleichung (139), welcher $\gtrless 0$ sein kann. Mit anderen Worten $t \gtrless t'$. Führt man anstatt t', resp. K', L' und S die entsprechenden Daten ein, so bekommt man nach einer kleinen Umänderung

$$\alpha \cdot U\,[T_0 - t_o] \gtrless r \cdot \beta\,[E - e_0] \cdot U_v.$$

Das bedeutet, daß am Anfang der Strecke die in die Wetter aus den Ulmen übergegangene Wärmemenge $\gtrless$ der zur Verdampfung des Wassers nötigen Wärme sein kann. Je nachdem, welche dieser drei Möglichkeiten am Anfange der Strecke vorliegt, steigt, bleibt unverändert oder sinkt die Wettertemperatur.

c) Erreichung des Taupunktes.

Wie aus dem Früheren ersichtlich ist, steigt zunächst die Feuchtigkeit, mag auch der Temperaturverlauf beliebig sein. Da die resultierende Temperatur t', welcher sich die Luft nähert, kleiner als die Gebirgstemperatur ist, ist es sicher, daß die Luft zum Taupunkte gelangt, ehe ihre Temperatur diejenige des Gebirges erreicht.

Die Stelle, wo die Luft den Taupunkt erreicht, ist durch den Schnittpunkt der Kurve der wirklichen Feuchtigkeiten mit der der maximalen Feuchtigkeit gegeben. Die Abhängigkeit der letzteren von der Temperatur ist durch die Beziehung, die teils kompliziert, teils verhältnismäßig ungenau ist, gegeben, so daß die mit der Berechnung verbundene Arbeit mit den Resultaten in keinem Verhältnisse steht. Bekannt ist die Rankinsche Gleichung

$$\ln q = a_1 - \frac{a_2}{273 + t}. \qquad (141)$$

Da der Temperaturverlauf t durch die Gleichung (132) bzw. (139) und der Verlauf der wirklichen Feuchtigkeit durch die Gleichung (121) bzw. (127) gegeben ist, würden wir mit Hilfe dieser Gleichungen und der Gleichung (141) den gesuchten Taupunkt erhalten. Mit Rücksicht auf die umständliche Berechnung ist es einfacher, das Problem graphisch zu lösen.

Zu diesem Zwecke tragen wir die wirkliche Feuchtigkeit in den einzelnen Punkten auf, sodann entnehmen wir den Tabellen die maximalen Feuchtigkeiten, die den einzelnen Punkten laut der dort herrschenden Temperaturen entsprechen.

Der Schnittpunkt beider Feuchtigkeitskurven gibt die Stelle an, wo die Wetter den Taupunkt erreichen. Wird einmal der Taupunkt erreicht, so muß man den weiteren Verlauf der Temperatur und der Feuchtigkeit mit Hilfe der für gesättigte Dämpfe geltenden Gleichungen ermitteln, da sich der bisherige Zustand im Gebiete der überhitzten Dämpfe befand.

d) Der Temperatur- und Feuchtigkeitsverlauf der Wetter nach Erreichung des Taupunktes.

Sobald die Wetter den Taupunkt erreichen, beginnt auch ihre Temperatur zu steigen, die nunmehr mit der Feuchtigkeit derart gleichmäßig anwächst, daß die Wetter ständig gesättigt bleiben. Von diesem Augenblicke an muß nämlich der Spannungsunterschied stets größer sein als jener Wassermenge entspricht, die die Wetter aufnehmen können. Es gilt sodann

$$\alpha \cdot U \cdot (T_0 - t) \cdot dx = G \cdot c_p \cdot dt + r \cdot G \cdot dq. \tag{142}$$

Daher wird die ganze aus dem Gebirge in die Wetter überführte Wärme einerseits für die Verdampfung des Wassers dq, andererseits für die Erwärmung der Wetter G um dt verbraucht.

Durch Integration und nachherige Umänderung erhält man schließlich

$$S \cdot x = \ln \frac{m'}{T_0 - t} + \frac{r}{c_p} \int \frac{dq}{T_0 - t}, \tag{143}$$

worin bedeutet:

$$m' = T_0 - t'. \tag{144}$$

Es stellt uns also m' den Unterschied der Gebirgstemperatur und der Temperatur des vorher erreichten Taupunktes dar.

Der Temperaturverlauf ist wiederum ein logarithmischer, wie in Gleichung (132), nur mit dem Unterschiede, daß die aktuelle Temperatur durch ein bestimmtes Glied, das die Feuchtigkeitsverhältnisse ausdrückt, korrigiert ist.

Weil aber die Abhängigkeit der gesättigten Dampfmenge von der Temperatur für unser Problem ziemlich kompliziert ist, können wir uns einer einfacheren Lösung bedienen, hauptsächlich dort, wo es sich um solche Temperaturen handelt, die bei unseren Grubenverhältnissen vorkommen und ungefähr eine Temperatur von 20 bis 30⁰ C aufweisen.

Weil aber dieser ganze Temperaturbereich oft nur einige Grade enthält, können wir die Abhängigkeit zwischen dem maximalen Feuchtigkeitsgehalte und der Temperatur als linear annehmen, und zwar

$$dq = n \cdot dt. \tag{145}$$

Wie wir sehen, gilt diese Gleichung nur für einen engen Temperaturbereich, weil n eigentlich auch eine Funktion der Temperatur ist; diese Abhängigkeit aber führen wir nicht direkt in die Rechnung ein, sondern indirekt dadurch, daß wir beim Berechnen des t für n jenen Wert einsetzen, der der zugehörigen Temperatur entspricht.

Wenden wir daher die Gleichung (145) an, so ändert sich die Gleichung (143) auf eine leicht integrierbare Form, und zwar

$$S \cdot x = \ln \frac{m'}{T_0 - t} + \frac{n \cdot r}{c_p} \int \frac{dt}{T_0 - t}. \tag{146}$$

Durch Integration dieser Gleichung erhalten wir

$$x = \frac{1}{S} \cdot \left\{ 1 + \frac{r}{c_p} \cdot n \right\} \cdot \ln \frac{m'}{T_0 - t}. \tag{147}$$

Setzen wir für

$$\frac{1}{S} \cdot \left\{ 1 + \frac{r}{c_p} n \right\} = \frac{1}{H} \tag{148}$$

ein, so erhalten wir die einfache Form der Gleichung

$$x = \frac{1}{H} \ln \frac{m'}{T_0 - t} \tag{149}$$

oder den Temperaturverlauf hinter dem Taupunkte

$$t = T_0 - \frac{m'}{e^{H \cdot x}}. \tag{150}$$

Zur Berechnung des Verlaufes verwenden wir dann die Gleichung (147), und zwar deshalb, weil wir zu jedem t ein entsprechendes n einführen können.

Gleichzeitig können wir in die Berechnung für die einzelnen Temperaturen genaue Werte der Verdampfungswärme einführen, obwohl der Einfluß ihrer Änderung nicht gerade bedeutend ist.

Kennen wir nun den Verlauf der Temperatur, so können wir in das Diagramm den Feuchtigkeitsverlauf eintragen, vorausgesetzt, daß die Wetter stets gesättigt sind.

Wir entnehmen also aus den Tafeln der gesättigten Wasserdämpfe die zugehörigen Feuchtigkeiten für die einzelnen Temperaturen oder berechnen die Feuchtigkeit nach Gleichung (141).

Es ist also nach den vorhergehenden Berechnungen und Erwägungen der Verlauf wie der Temperatur als auch der Feuchtigkeit verschieden, je nachdem ob wir uns vor oder hinter dem Taupunkte befinden: in allen Fällen handelt es sich um Exponentialkurven; ihre Bestimmungswerte sind aber verschieden, je nachdem ob wir uns vor oder hinter dem Taupunkte befinden.

Beispiel 1. In einer Strecke von kreisförmigem Querschnitte strömen Wetter über einer offenen Rösche, welche einen halben Meter breit ist. Ansonsten ist die Strecke trocken. Es ist der Temperatur- und Feuchtigkeitsverlauf der strömenden Wetter bei folgenden Bedingungen zu berechnen:

$d = 2$ m, Durchmesser der Strecke,

$c = 1$ m/s, Geschwindigkeit des Wetterstromes,

$b = 760$ mm Hg, der in der Strecke herrschende Barometerdruck,

$t_0 = 20^0$ C, Anfangstemperatur der Wetter,

$T_0 = 35^0$ C, die Temperatur der Ulme,

$e_0 = 8{,}695$ mm Hg; wir setzen eine 50 %ige Sättigung der Wetter voraus.

$\alpha = 10$ kgcal/h $\cdot 1^0$ C $\cdot$ qm,

$c_p = 0{,}24$ kgcal/kg Wetter,

$U_v = 0{,}5$ m, die Breite der Wasserfläche.

Daraus folgt:

$$G = \frac{\pi}{4} \cdot d^2 \cdot 1{,}158 = 3{,}638 \text{ kg/s Luft}$$

$$E = 41{,}8 \text{ mm Hg,}$$

$q_{20} = 7{,}18$ g Wasserdämpfe in 1 kg Luft bei einer Temperatur von 20^0 C,

$q_{35} = 34,96$ g Wasserdämpfe in 1 kg Luft bei einer Temperatur von 35^0 C,

$\varepsilon = E - e_0 = 41,8 - 8,7 = 33,1$ mm Hg,

$R = 47,1$, die Gaskonstante der Wasserdämpfe,

$R' = 29,26$, die Gaskonstante der Luft,

$U = 6,28$ m, Umfang der Strecke,

$$S = \frac{\alpha \cdot U}{3600 \cdot G \cdot c_p} = \frac{10 \cdot 6,28}{3600 \cdot 0,24 \cdot 3,638} = 0,01943,$$

$$B = \beta \cdot U_v = 0,004\,964 \cdot \{1 + 0,8559 \cdot c\} \cdot 0,5 = 0,004\,606,$$

$$K' = \frac{B \cdot b \cdot R}{1000 G \cdot R'} = \frac{0,004\,606 \cdot 760 \cdot 47,1}{3,638 \cdot 1000 \cdot 29,26} = 0,001\,549,$$

$r = 0,580$ kgcal/g Wasser, Verdampfungswärme für einen Bereich von 20 bis 35^0 C,

$$L' = \frac{r \cdot B \cdot \varepsilon}{c_p \cdot G} = \frac{0,58 \cdot 0,004\,606 \cdot 33,1}{0,24 \cdot 3,638} = 0,101\,38,$$

$$N' = S + K' = 0,019\,43 + 0,001\,549 = 0,020\,979,$$

$$M' = S \cdot T_0 + K' \cdot t_0 - L' = 0,019\,43 \cdot 35 + 0,001\,549 \cdot 20 - 0,101\,38$$
$$= 0,609\,65,$$

$$t' = \frac{M'}{N'} = \frac{0,609\,65}{0,020\,979} = 29,06.$$

Weil $t' > t_0 = 20^0$, wird nach der Erwägung, die sich auf Gleichung (140) bezieht, die Temperatur der Wetter sofort vom Mundloche der Strecke an ansteigen.

Aus den bisher berechneten Werten können wir die Gleichung für den Temperaturverlauf vor dem Taupunkte nach (139) aufstellen, und zwar

$$t = 29,06 - \frac{9,06}{e^{0,020979\,x}}.$$

Am Diagramme 51a ist dieser Verlauf durch die Kurve $O-A$ veranschaulicht. Zwecks Vergleiches ist die Kurve des Temperaturverlaufes in der trockenen Strecke für sonst gleiche Verhältnisse eingetragen, und zwar nach Gleichung (15), d. i.

$$t = 35 - \frac{15}{e^{0,01943\,x}}.$$

Diese Kurve ist im Diagramme 51a als $O-C$ eingetragen. Wir sehen, daß ihr Verlauf viel rapider als der Verlauf in einer feuchten Strecke ist, was außer dem Einflusse der Feuchtigkeit auch die Folge dessen ist, daß die Übergangsfähigkeit verhältnismäßig hoch, nämlich 10 kgcal ist, was allerdings nur für eine lange unbewetterte Strecke gilt, so daß die Ulmentemperatur hoch ist.

Nach Gleichung (127) ist der Feuchtigkeitsverlauf vor dem Taupunkte berechnet, und zwar

$$q = 34,1898 - \frac{27,0824}{e^{0,001549\,x}}.$$

Am Diagramme ist dieser Verlauf als Kurve $J-G$ eingetragen. Dieser Verlauf ist nahezu linear, wie schon aus dem sehr kleinen Exponenten der Feuchtigkeitsgleichung zu ersehen ist.

Schließlich tragen wir mit Hilfe von Zahlentafeln die Kurve der maximalen Feuchtigkeiten so ein, daß wir für jeden Punkt der Temperaturkurve $O-A$ die zugehörige maximale Feuchtigkeit auftragen. Kurve $U-G$.

Diese Kurve schneidet die Kurve der wirklichen Feuchtigkeiten im Punkte G, d. i. in der Entfernung von ungefähr 685 m vom Mundloche der Strecke aus. In diesem Punkte erreichen nämlich die Wetter den Taupunkt, wodurch die Gültigkeit der bisher angewendeten Gleichungen aufhört. Dieser Punkt läßt sich nach Gleichung (129) berechnen, in welche wir die maximale Feuchtigkeit, welcher sich die Luft, der Temperaturgleichung zufolge, nähert, einsetzen; es ist dies also jene Feuchtigkeit, die der Temperatur $t' = 29{,}06$ entspricht. Diese Feuchtigkeit ist gleich

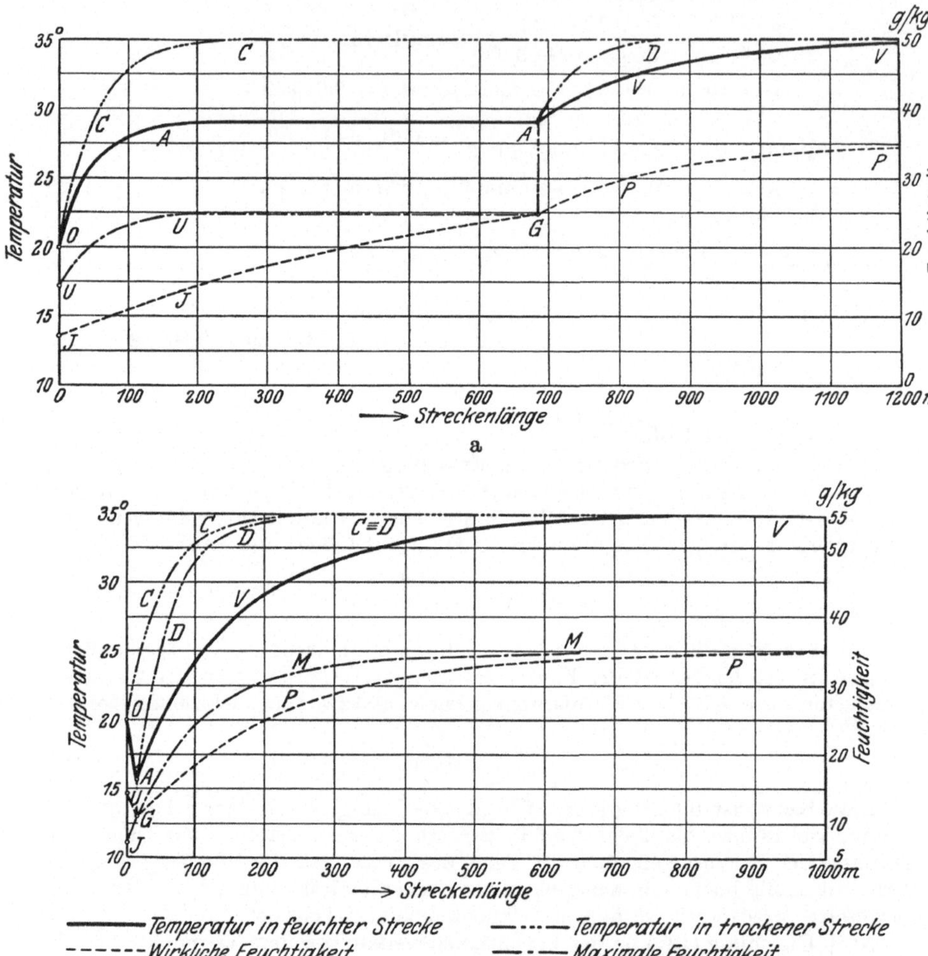

Abb. 51a und b. Verlauf der Temperatur und der Feuchtigkeit der durch eine warme und mäßig feuchte (51a) bzw. sehr feuchte (51b) Strecke strömenden Wetter.

$q' = 24{,}83$ g/kg. Durch Einsetzen dieser Feuchtigkeit in die Gleichung (129) erhalten wir die Entfernung $x' = 685$ m.

Wie aus dem Diagramme zu ersehen ist, war die Lufttemperatur schon vor dem Taupunkte nahezu konstant, d. h., daß sie sich auf einer Länge von ca. 485 m auf 29,06° C hielt. Das zweite Glied der Gleichung für den Temperaturverlauf ist praktisch bereits verschwunden, so daß sich die Temperatur nicht geändert hat. Bei dem sodann herrschenden Unterschiede dieser Temperatur und der Gebirgstemperatur wurde längs dieser ganzen Strecke eine verhältnismäßig große Wärmemenge in die Luft überführt, die bei der Verdampfung des Wassers vollständig aufgebraucht wurde. Da aber die Feuchtigkeit nahezu linear anstieg, wie aus dem Diagramme zu ersehen ist, leuchtet es ein, daß auch ein konstantes Temperaturgefälle genügte, um diesen Wärmeverbrauch zu decken.

Sobald nun die Feuchtigkeit ein Maximum erreicht, beginnt die Lufttemperatur und mit ihr gleichzeitig auch die Feuchtigkeit anzusteigen. Der Temperaturverlauf hinter dem Taupunkte ergibt sich aus Gleichung (147). Zu deren zahlenmäßigen Bestimmung benötigen wir nachstehende Angaben:

$r = 0{,}578$ kgcal/g Wasser für den Temperaturbereich von 29^0 C bis 35^0 C,

$T_0 = 35^0$ C,

$t' = 29{,}0^0$ C,

$m' = T_0 - t' = 5{,}94,$

$$H = \frac{0{,}01943}{1 + \dfrac{0{,}578}{0{,}24} \cdot n} \, .$$

Es wird dann der Temperaturverlauf hinter dem Taupunkte durch die Gleichung gegeben sein

$$x = (118{,}5068 + 285{,}4039 \cdot n) \log \frac{5{,}94}{35 - t} \, .$$

Wir berechnen dann umgekehrt aus der Temperatur t die entsprechende Entfernung x, wobei wir bei jeder Temperatur den entsprechenden Wert für n einsetzen. Dieser Verlauf ist am Diagramme als Kurve $A - V$ eingetragen.

Zwecks Vergleiches ist im Diagramme der Temperaturverlauf eingetragen, welcher vom Beginn des Taupunktes in einer trockenen Strecke bei gleichen Verhältnissen herrschte. Nach Gleichung (15) erhalten wir

$$x = 118{,}5068 \cdot \log \frac{5{,}94}{35 - t} \, .$$

Dieser Verlauf ist in der Kurve $A - D$ eingetragen.

Der Feuchtigkeitsverlauf hinter dem Taupunkte ist durch die Kurve $G - P$ veranschaulicht, welche analog wie die Kurve $U - G$ aufgetragen wurde.

Der Feuchtigkeitsverlauf nach Gleichung (129), der in der Strecke ohne Rücksicht auf die Temperatur herrschen würde, ist identisch mit der Kurve $G - P$, wenn wir von kleinen Abweichungen, die durch Vereinfachung der Gleichung (121) entstanden sind, Abstand nehmen.

Beispiel 2. Die Wetter ziehen durch die Strecke unter denselben Bedingungen wie im Beispiel 1, nur die Wasseroberfläche ist größer, und zwar ist an Stelle einer ½ m breiten Rösche die ganze Hälfte der Strecke feucht. Sonst sind die Verhältnisse dieselben wie früher. Es werden dann die Bestimmungswerte dieses Beispieles zum Unterschiede vom früheren Beispiele 1 folgende sein:

$U_v = 3{,}1416$ m,

$B = 0{,}02894,$

$K' = 0{,}0009733,$

$L' = 0{,}6370,$

$M' = 0{,}2377,$

$N' = 0{,}02916,$

$t' = M' : N' = 8{,}151 < t_0 = 20^0$ C.

Wie aus dieser letzten Gleichung zu ersehen ist, wird die Lufttemperatur vor dem Taupunkte sofort vom Mundloche der Strecke an, und zwar nach folgender Gleichung sinken:

$$t = 8{,}151 + \frac{11{,}849}{e^{0{,}02916\,x}} \, .$$

Dieser Verlauf ist im Diagramme 51b in der Kurve $O-A$ eingetragen.

Die Temperatur würde in der trockenen Strecke in entgegengesetzter Richtung rapid ansteigen, d. i. längs der Kurve $O-C$, welche genau so wie im Beispiele 1 berechnet wurde.

Den aus den Zahlentafeln eingetragenen Verlauf der maximalen Feuchtigkeit vor dem Taupunkte stellt uns die Kurve $U-G$ vor.

Die Gleichung des Feuchtigkeitsverlaufes vor dem Taupunkte lautet:

$$q = 34{,}1898 - \frac{27{,}08}{e^{0{,}0097 \cdot x}}\,.$$

Diesen Verlauf veranschaulicht die Kurve $J-G$.

Beide Feuchtigkeitskurven schneiden sich im Punkte G, wo eine Umkehrung des Verlaufes eintritt. Es ist also die Temperatur nicht bis auf $t' = 8{,}151^0$ C gefallen, sondern es wurde schon bei einer Temperatur $t_1' = 15{,}7^0$ C, unter welche allerdings die Lufttemperatur bei gegebenen Verhältnissen nicht sinken kann, der Taupunkt erreicht.

Der Temperaturverlauf hinter dem Taupunkte geschieht nun bei gesättigtem Zustande der Luft nach Gleichung (147), in welche wir für die Verdampfungswärme den Mittelwert zwischen den Temperaturen 16 und 35^0 C, d. i. $r = 0{,}582$, und für den Temperaturunterschied $m' = T_0 - t_1' = 35 - 15{,}7 = 19{,}3$ einsetzen.

Nach diesen Werten wurde die Gleichung des Temperaturverlaufes hinter dem Taupunkte aufgestellt:

$$t = (118{,}5068 + 287{,}3790 \cdot n) \log \frac{19{,}3}{35 - t}\,.$$

Der Temperaturverlauf hinter dem Taupunkte ist im Diagramme 51b durch die Kurve $A-V$ veranschaulicht.

Die zugehörigen Feuchtigkeiten hinter dem Taupunkte sind nach Zahlentafeln in der Kurve $G-P$ eingetragen.

Der Temperaturverlauf in einer trockenen Strecke hinter dem Taupunkte ist durch die Kurve $A-D$ gegeben und wurde nach der Gleichung berechnet:

$$x = 118{,}5068 \cdot \log \frac{19{,}3}{35 - t}\,.$$

Der durch Verdampfung, nach Gleichung (127) ohne Rücksicht auf die Temperatur hervorgerufene Feuchtigkeitsverlauf ist nach folgender Gleichung berechnet:

$$q = 34{,}1898 - \frac{22{,}9888}{e^{0{,}009733\,x}}$$

und auf der Kurve $G-M$ eingetragen, aus welcher ersichtlich ist, daß der Druckunterschied genügt, in die Luft noch größere Dampfmengen zu überführen, als überführt werden, um die Luft zu sättigen.

XVII. Einfluß warmer Quellen auf die Grubenwettertemperatur.

Der Zufluß warmer Quellen kann eine bedeutende Ursache der Wetterverschlechterung sein, und zwar sowohl durch den hohen Wärmeinhalt des Wassers, als auch dadurch, daß sich die Wetter mit Wasserdampf rasch sättigen. Die Verhältnisse sind um so schlimmer, da die Quellen normalerweise dem Wetterwege entgegengerichtet, aus dem Abbau zur Pumpstation fließen.

Man soll deshalb trachten, solche Quellen entweder durch Wetterausziehstrecken oder durch spezielle Strecken oder in einer geschlossenen Rohrleitung abfließen zu lassen.

Kühlt sich nämlich 1 cbm Wasser um 20^0 C ab, so kann die dadurch frei gewordene Wärme 6450 cbm Wetter um 10^0 C erwärmen. Da eine stärkere Quelle 1 cbm Wasser in ganz kurzer Zeit liefern kann, kann man sich vorstellen, welche Wärmemenge eine warme Wasserquelle in die Grube mitbringt.

Umgekehrt können kühle Wasserquellen die Wettertemperatur stark herabsetzen, was besonders in Tunneln beobachtet wurde.

Das durch das Gestein in die Grube eindringende Wasser beeinflußt in nicht geringer Weise auch die Gesteinstemperatur, da das wasserdurchtränkte Gestein Wärme besser leitet, als das trockene (um 5% bis 8% mehr; nach Koenigsberger)[1].

Die Berechnung der Wettererwärmung durch warme, in Strecken fließende Gewässer, Quellen usw. bedeutet im Prinzipe das Problem der Beeinflussung der Wettertemperatur durch zwei Wärmequellen: die eine ist der warme Wasserstrom, die andere sind die Ulme. Im Falle offener Wasserflächen tritt noch das Problem der Erhöhung der Wetterfeuchtigkeit hinzu.

Die bloße Erwärmung berechnet man auf Grund folgender Erwägungen: Es strömen G kg/s Wetter einer Anfangstemperatur t_0 durch die Strecke, die einen Umfang von U' m hat und deren Ulme eine Wärmeübergangsfähigkeit α' aufweisen. Die Ulmtemperatur ändert sich gleichmäßig vom Streckeneingang aus nach der Gleichung

$$T' = T'_0 + a' \cdot x. \tag{151}$$

In der Strecke befinde sich noch eine andere Wärmefläche (Rohrleitung, Wasserrösche usw.), charakterisiert, analog der Strecke, durch U'' und α''; ihre Temperatur ändert sich nach der Gleichung

$$T'' = T''_0 + a'' \cdot x. \tag{152}$$

Die aus diesen beiden Flächen in die Wetter übertretende Wärme erhöht die Wettertemperatur um dt_1 bzw. dt_2 nach der Gleichung

$$dQ_1 = \alpha' \cdot U'(T' - t) \cdot dx = 3600 \cdot G \cdot c_p \cdot dt_1 \tag{153}$$

bzw.

$$dQ_2 = \alpha'' \cdot U'' \cdot (T'' - t) \cdot dx = 3600 \cdot G \cdot c_p \cdot dt_2. \tag{154}$$

Die resultierende Erwärmung der Wetter ergibt sich aus der Summe beider übertragenen Wärmemengen $(dQ_1 + dQ_2)$, die eine einfache Dif

---

[1] Davon macht der Ingenieur Gebrauch, um sich vor plötzlichen Wassereinbrüchen in der Grube zu schützen; wird die Gesteinstemperatur beim Strecken oder Abbauvortriebe ständig gemessen, so macht sich das Wasser schon weit vor der wasserführenden Spalte durch plötzliche Änderung der Gesteinstemperatur bemerkbar.

ferentialgleichung liefert, deren Lösung folgende Gleichung des Wettertemperaturverlaufes ergibt:

$$t = T - \frac{a}{S_0} + \frac{a}{S_0 \cdot e^{S_0 \cdot x}} - \frac{T_0 - t_0}{e^{S_0 \cdot x}} . \tag{155}$$

Die Gleichung ist in ihrer Form offenbar jener Gleichung ähnlich, die den Verlauf der Wettertemperatur, hervorgerufen durch eine einfache Wärmefläche — Ulm —, darstellt, z. B. Gleichungen (15) und (22), Kapitel II. Nur haben die einzelnen Buchstaben eine andere Bedeutung, indem sie den Einfluß beider Wärmeflächen darstellen, und zwar

$$T = \frac{\alpha' U'}{\alpha' U' + \alpha'' U''} (T_0' + a' x) + \frac{\alpha'' U''}{\alpha' U' + \alpha'' U''} (T_0'' + a'' x)$$

$$= \frac{\alpha' U' T_0' + \alpha'' U'' T_0''}{\alpha' U' + \alpha'' U''} + a x, \tag{156}$$

$$a = \frac{\alpha' U' a' + \alpha'' U'' a''}{\alpha' U' + \alpha'' U''} = a' + \frac{a'' - a'}{1 + \dfrac{\alpha' U'}{\alpha'' U''}} , \tag{157}$$

$$S_0 = \frac{\alpha' U' + \alpha'' U''}{3600 \cdot G \cdot c_p} , \tag{158}$$

$$T_0 = \frac{\alpha' U' T_0' + \alpha'' U'' T_0''}{\alpha' U' + \alpha'' U''} = T_0' + \frac{\Delta T_0'}{1 + \dfrac{\alpha' U'}{\alpha'' U''}} , \tag{159}$$

$$\Delta T_0' = T_0'' - T_0'. \tag{160}$$

Wird jetzt z. B. $a' = a'' = 0$, d. h. haben beide Flächen zwar verschiedene, aber in der ganzen Strecke gleiche Temperaturen, so vereinfacht sich die Gleichung (155) wie folgt:

$$t = T_0 - \frac{T_0 - t_0}{e^{S_0 x}} . \tag{161}$$

Für ein genügend großes x (theoretisch $x = \infty$) wird $t = T_0$ [Gleichung (159)].

Dann wird sich also die Wettertemperatur auf einer gewissen Höhe T_0 einstellen. Ist nur eine Wärmefläche — Ulm — vorhanden, so ist die Endtemperatur der Wetter gleich der Ulmtemperatur. Sind zwei Wärmeflächen vorhanden, so ist die resultierende Endtemperatur der Wetter gleich der Ulmtemperatur T_0', jedoch vermehrt um ein gewisses Korrektionsglied, das den Einfluß der zweiten Fläche allein darstellt. Dieses Glied erreicht verschiedene Werte und hängt, wie ersichtlich, erstens direkt von der Temperaturdifferenz beider Wärmeflächen, zweitens aber indirekt vom Verhältnisse $(\alpha' U' : \alpha'' U'')$ ab.

Da die Wärmeübergangszahlen gewöhnlich nicht viel voneinander abweichen (also $\alpha' \doteq \alpha''$), und da der Streckenumfang gewöhnlich nicht kleiner als 8 m ist, wogegen der Umfang der warmen Rohrleitung oder die Breite der Wasserrösche kaum 1 m übersteigt, wird das Korrektionsglied $= \dfrac{\alpha'\,U'}{\alpha''\,U''} + 1 \geq 8 + 1 = 9$. Für diesen Fall ist das Korrektionsglied maximal $= 0{,}1 \cdot \varDelta T'_0$, so daß man rechnen kann, daß für die üblichen Grubenverhältnisse die resultierende Wettertemperatur über die Ulmtemperatur kaum um 0,1 der Temperaturdifferenz beider Wärmeflächen steigen wird.

Wir wollen im folgenden einige Beispiele anführen.

Durch eine Strecke vom quadratischen Profile $2 \cdot 2$ qm ($U' = 8$ m) strömen Wetter mit $c = 2$ m/s, also $G = 10{,}4$ kg/s. Die Wettereintrittstemperatur sei $t_0 = 10^0$, die Ulmtemperatur $T'_0 = 30^0$, die Wassereintrittstemperatur $T''_0 = 60^0$. $a' = a'' = 0$. Ist das Wasser in einer Rohrleitung von $d = 0{,}2$ m eingeschlossen ($U'' = 0{,}628$ m), und setzen wir voraus, daß die äußere Leitungstemperatur gleich ist der Wassertemperatur (unisolierte Metalleitung), und ist $\alpha'' = 10$ und $\alpha' = 11$, so ist $\dfrac{\alpha'\,U'}{\alpha''\,U''} = \dfrac{88}{6{,}28} = 14{,}01$.

Demzufolge ist die Endtemperatur der Wetter gleich

$$T_0 = 30 + \frac{30}{1 + 14{,}01} = 30 + 1{,}998 \doteq 32{,}0^0\,\text{C}.$$

Man sieht, daß in diesem Falle konstanter Ulm- und Wasserleitungstemperatur die Wettertemperatur nur um $2{,}0^0$ höher liegt als die Ulmtemperatur, trotzdem noch eine so hoch temperierte Wasserleitung vorhanden ist.

Isoliert man die Leitung, so daß die Wandtemperatur derselben auf bloße $T''_0 = 40^0$ reduziert wird, so vergrößert sich vor allem der äußere Durchmesser derselben, z. B. auf $d = 0{,}3$ m, falls die Isolationsschicht ça. 5 cm stark ist und infolgedessen das Verhältnis $\dfrac{\alpha'\,U'}{\alpha''\,U''} = 9{,}34$ wird. Die Endtemperatur wird $T_0 \doteq 31{,}0^0\,\text{C}$, also nur um $1{,}0^0$ niedriger als bei nichtisolierten Leitungen sein.

Man sieht, daß die Isolation nicht viel ausmacht, da der Gewinn nur $1{,}0^0$ beträgt. In solchen Fällen wird die Wettertemperatur vor allem durch die Ulmtemperatur bestimmt. Wäre z. B. die Ulmtemperatur bei sonst gleichen Bedingungen 10^0, so würde die Endtemperatur bei einer unisolierten Rohrleitung bloß $13{,}33^0\,\text{C}$ betragen, trotzdem der Temperaturunterschied volle 50^0 beträgt.

Maßgebend ist also die Größe der warmen Fläche, so daß man trachten muß, eine möglichst schwache Rohrleitung anzuwenden, d. h. nur so dimensioniert, daß gerade alles Wasser abfließen kann. Dadurch wird nicht nur die Endtemperatur niedriger, sondern auch der Temperaturanstieg verlangsamt (S_0 wird kleiner).

Ist nämlich weder eine Rohrleitung noch eine andere Fläche, sondern nur die Ulmfläche vorhanden, so bleibt als Exponent im Nenner der Gleichung (155) bloß $\dfrac{\alpha'\,U'}{3600\,G\,c_p}$; kommt aber noch eine andere Wärmefläche hinzu, so wird der Exponent um einen positiven Wert $\dfrac{\alpha''\,U''}{3600\,G\,c_p}$ größer; die Kurve nähert sich also in diesem Falle der Endtemperatur schneller, und zwar um so schneller, je größer der Exponent wird.

Wendet man also im obigen Beispiele eine Rohrleitung von $d = 0{,}1$ m an (falls dies die abzuleitende Wassermenge zuläßt), so erreicht die Endtemperatur $T_0 = 31{,}03^0$ C, also fast denselben Wert wie bei der teuren Isolation.

Verwendet man keine geschlossene Leitung, sondern läßt das Wasser in einer offenen Rösche abfließen, so wird neben der Temperatur hauptsächlich die Feuchtigkeit erhöht. Gleichzeitig wird selbstverständlich auch das Nebengestein durch das warme Wasser erwärmt, so daß die Ulme in der Nähe der Rösche höhere Temperaturen aufweisen und somit eine stärkere Wirkung auf die Wetter haben. Infolge der höheren Wassertemperatur wird viel Wasserdampf entwickelt, der sich natürlich an den kühleren Ulmen wieder niederschlägt, so daß die Ulmen solcher Strecken naß sind. Dadurch wird einerseits die dampfbildende Fläche vergrößert, andererseits die Ulmtemperatur sehr erhöht, weil durch Kondensation des Wassers an den Ulmen viel Wärme frei wird. Das ist auch die Ursache, daß die Temperatur in solchen Strecken sehr rasch steigt, was noch schlimmer zu sein scheint, weil die Luft nebenbei gesättigt ist.

Demzufolge ist es ziemlich umständlich, wenn nicht unmöglich, einen solchen Fall rechnerisch zu verfolgen, da weder die Ulmtemperatur noch die Größe der Wasserfläche genau definiert werden kann.

Damit wir uns doch eine Vorstellung machen, wie schnell sich die Wetter mit Feuchtigkeit sättigen können, geben wir in Abb. 52 den Verlauf der Wetterfeuchtigkeit für den Fall an, daß im oben angeführten Beispiele anstatt einer Rohrleitung eine offene, 0,5 m breite Wasserrösche mit Wasser von 60^0 C angenommen wird und daß die Streckenulme auf 40^0 C durch Kondensation des Wassers durchgewärmt sind. Der Temperaturverlauf ist durch die Kurve t_1 veranschaulicht. Da sich die Wetter in diesem Falle in kurzer Entfernung vom Streckenanfange mit Feuchtigkeit sättigen, verläuft die Feuchtigkeit nach der Kurve q.

Wird die Wasserrösche beseitigt und durch eine geschlossene Wasserleitung vom Durchmesser $d = 0{,}2$ m ersetzt, so ändert sich nicht die anfängliche Feuchtigkeit, so daß sie als eine horizontale Linie q_0 verläuft; die Temperatur jedoch verläuft nach der Kurve t_2.

Wird aber in der Strecke überhaupt keine Leitung angebracht, so daß sich die Wetter nur von den Ulmen, die 30^0 C warm sind, erwärmen, so verläuft die Temperatur nach einer Kurve, die nur um $1{,}0^0$ C tiefer ist als jene, die für eine Leitung gilt, was aus dem früher erwähnten Beispiele zu ersehen ist. Der Verlauf wäre also durch die Kurve dargestellt, die der t_2-Kurve sehr nahe zu liegen käme, so daß vom Einzeichnen dieser Kurve Abstand genommen werden mußte.

Dabei wurde der Einfachheit halber vorausgesetzt, daß die Ulm- als auch die Leitungstemperatur in der ganzen Länge unverändert ist, da sonst diese unnötige Komplikation die Sache weniger klar erscheinen ließe.

Im westfälischen Becken ist man in mehreren Gruben auf warme Quellen von mehr als 30° C gestoßen; neben anderen waren es die Schächte Consolidat, Pluto, Christian, Levin und Moltke. Im Schachte Moltke verursachten die warmen Quellen, solange sie zur Pumpstation in offenen Röschen geleitet wurden, eine starke Temperaturerhöhung der Wetter. Aus diesem Grunde führte man sie in einer Leitung aus Brettern,

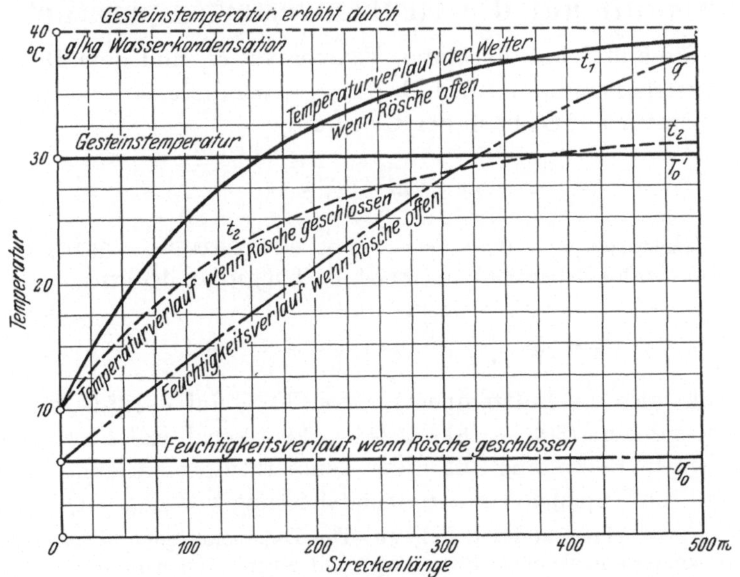

Abb. 52. Einfluß zweier Wärmequellen auf die Wettertemperatur.

die mit geteerten Stricken umwickelt waren, doch haben sich auch trotzdem die Wetter merklich erwärmt. 400 cbm/min frischer Wetter, welche mit einer Anfangstemperatur von 13,05 bis 14° C entgegengerichtet strömten, erwärmten sich auf ihrem Wege bis auf 26° C, wogegen sich das Wasser auf Grund seines hohen Wärmeinhaltes nur um 1° C, d. i. auf 36,5° C abgekühlt hatte.

Ein weiteres Beispiel bietet der Abbau in Comstock, wo durch plötzliches Hervorbrechen von 40° C warmen Thermalquellen dem Abbau ungewöhnliche Schwierigkeiten bereitet wurden.

Das Wasser, welches im Jahre 1880 die Gruben Gold Hill überschwemmt hatte, besaß eine Temperatur von 77° C. In den Bleisilbergruben Sierra Almagrera wurden Quellen von 45° C geöffnet. Am Schachte Yelow Jacket verursachten warme Quellen eine derartige

Temperatursteigerung, daß man nur zwei Stunden pro Schicht arbeiten konnte.

Im Simplontunnel hat man zwei warme Quellen aufgefahren, und zwar führte die eine 100 l/s bei 47⁰ C, die andere 320 l/s bei 46⁰ C. Durch sorgfältiges Zudecken derselben hat man sie jedoch so gut isoliert, daß sich ihre Temperatur nur um ca. 6 bis 7⁰ C erniedrigte, bevor sie den Tunnel verließen. Trotzdem war aber die abgegebene Wärmemenge sehr groß, da sie über 9 Millionen kgcal pro Stunde betrug.

XVIII. Welchen Einfluß hat die Expansion der Preßluft auf die Grubenwettertemperatur?

Wenn Preßluft einer absoluten Temperatur Θ_1 und dem Drucke p_1 unter Arbeitsleistung auf einen Druck p_2 expandiert, so erniedrigt sich ihre Temperatur auf Θ_2 nach der Gleichung

$$\Theta_2 = \Theta_1 \left(\frac{p_2}{p_1}\right)^{\frac{k-1}{k}}. \tag{162}$$

Ist beispielsweise $p_1 = 6$ ata, $p_2 = 1$ ata, $\Theta_1 = 303^0$ abs. $= 30^0$ C, $k = 1{,}41$ (rein adiabatische Expansion), so beträgt die Temperatur der expandierten Luft

$$\Theta_2 = 303 \left(\frac{1}{6}\right)^{\frac{1{,}41-1}{1{,}41}} = 181^0 \text{ abs.} = -92^0 \text{ C}.$$

Es sinkt also die Lufttemperatur von 30^0 C auf -92^0 C, wozu eine Wärmemenge von $(303 - 181) \cdot 0{,}241 = 29{,}4$ kgcal pro 1 kg Luft verbraucht wird. Bedingung für diese Temperaturerniedrigung ist allerdings, daß die Expansion unter Arbeitsleistung vor sich geht.

Nehmen wir einen anderen Fall an: Die Expansion geht nicht nach einer Adiabate, sondern nach einer Polytrope mit einem Exponenten $m = 1{,}20$ vor sich und die Luft expandiert wie früher von 6 ata auf 1 ata. Ist die Temperatur der komprimierten Luft $t_1 = 30^0$ C, so sinkt die Temperatur derselben nach der expansion auf

$$\Theta_2 = 303 \left(\frac{1}{6}\right)^{\frac{0{,}20}{1{,}20}} = 225^0 \text{ abs.} = -48^0 \text{ C}.$$

Mit anderen Worten, die Temperatur der Luft ist gesunken um $303 - 225 = 78^0$ C. Es ist also bei der polytropischen Expansion eines Kilogrammes Luft die Wärmemenge $Q = 78 \cdot 0{,}241 = 18{,}8$ kgcal verbraucht worden. Mit dieser Kältemenge könnte man ca. 5 cbm Luft um ca. 12⁰ C abkühlen.

In der Praxis verläuft die Expansion immer nach einer Polytrope, so daß die Luft auf weniger als -92^0 C abgekühlt wird. Dies wird dadurch hervorgerufen, daß man bei der Expansion noch andere Wärmemengen als die bloße Luftabkühlung zu kompensieren hat[1].

---

[1] In Wärmebilanzen wird aber immer rein adiabatisch gerechnet und angeführt, wozu die Expansionskälte benützt wurde.

Es ist interessant zu berechnen, welche Temperaturerniedrigung der gesamten Grubenwetter die expandierende Preßluft, so wie sie von den Preßluftwerkzeugen ausgepufft wird, verursachen kann. Bei dieser Berechnung sehen wir natürlich von der Wetterrückerwärmung infolge der von den Werkzeugen geleisteten mechanischen Arbeit ab.

In tiefen Steinkohlengruben ist gewöhnlich die zugeführte Wettermenge 300- bis 500mal größer als die Menge der zugeführten komprimierten Luft. Beträgt also die Menge der vor Ort gebrachten komprimierten Luft $^1/_{300}$ der Wettermenge, so kann die Bewetterungsluft durch Expansion der Preßluft abgekühlt werden um

$$\Delta t = \frac{18{,}8}{300 \cdot 0{,}241} \doteq 0{,}26^0\,C\,.$$

Das Verhältnis der komprimierten Luft zur Wettermenge ist aber in Erzgruben bedeutend größer als in Kohlengruben. Nehmen wir an, daß in einer Erzgrube das Verhältnis zwischen Preßluft und Wettermenge $1:30$ beträgt, so würde die Abkühlung bereits $2{,}6^0\,C$ betragen. Bringen wir aber zum Vorort 20% komprimierte Luft, so beträgt die Abkühlung bereits $18^0\,C$. Leider wird diese Abkühlung durch die bei der geleisteten mechanischen Arbeit der Geräte erzeugten Wärme stark aufgehoben. Auch die Schießarbeit, das Atmen der Arbeiter usw. kompensieren die vorher berechnete Abkühlung. Immerhin darf man die Temperaturerniedrigung durch Expansion von Preßluft nicht unterschätzen, denn ohne sie wäre manchmal die Temperatur an der Arbeitsstelle unerträglich.

Nehmen wir an, daß zwei Mann in einer Blindstrecke, in welche 2 cbm/min zugeführt werden, arbeiten und daß sie 1 cbm komprimierter Luft pro 1 Minute verbrauchen! Es beträgt dann die durch Expansion komprimierter Luft verursachte theoretische Abkühlung $26^0\,C$, also sehr viel. Man muß jedoch in Betracht ziehen, daß nicht fortwährend gebohrt usw. wird; der Wärmezufluß findet aber fast ununterbrochen statt.

XIX. Abkühlung der Kohle beim Entweichen des adsorbierten CH_4 und CO_2.

Die Adsorption der Gase in der Kohle ist mit Wärmebildung verbunden. Die gegenteilige Wirkung erfolgt, wenn aus der Kohle die adsorbierten Gase entweichen: das Kohlenflöz kühlt sich ab.

Diese Erscheinung kann man bei Kohlenflözen beobachten, aus denen bei der Gewinnung große Mengen Methan oder Kohlensäure entweichen. Die Temperatur der Kohlenwände sinkt, vorausgesetzt, daß nicht diese Wärmeabnahme andererseits durch Oxydation der Kohle ausgeglichen wird.

Die Abkühlung des entweichenden adsorbierten CH_4 beträgt 21 große Kalorien pro Kubikfuß CH_4[1]). Für 1 cbm CH_4 sind es 741 kgcal. Durch diese Erscheinung

---

[1]) Nach Haddock: Mine Ventilation and Ventilators, S. 89.

wird hinlänglich erklärt, wieso die Temperatur des Kohlenflözes niedriger als die der Wetter im Abbau oder die des Gesteines sein kann, weil die Kohle als schlechter Wärmeleiter nicht genügt, diese Wärmeverluste durch Wärmezuleitung aus der Umgebung auszugleichen.

Die kühlende Wirkung der beim Aufschließen von Schichten und Kohlenflözen im Abbau ausströmenden Gase beruht außerdem auf der Expansion derselben. Diese Gase befinden sich in den Poren und Höhlen der Kohlenflöze unter einem merklichen Drucke (manchmal bis 30 at) und expandieren beim Aufschließen auf den normalen Druck. Bei plötzlichen Gasausbrüchen wird dadurch die Temperatur bedeutend herabgesetzt, weil die Expansion nahezu adiabatisch verläuft und die Gase beim Entweichen teilweise auch Arbeit verrichten. Das ist schließlich auch die Folge des Joule-Thomsonschen Effektes.

Ist die aus dem Abbau ausbrechende Gasmenge und der Gasdruck im unberührten Flöz bekannt, so kann man die Kalorienmenge pro 1 cbm und somit die entstehende Abkühlung berechnen. Siehe Gleichung (162), Kapitel XVIII; der Thomsonsche Effekt macht für 6 at nur etwa 1^0 C aus (für CO_2).

Durch Abkühlung der Oberflächenwand des Kohlenflözes wird auch die Oxydationsgeschwindigkeit der Kohle vermindert. Bei Gasausbrüchen hat auch der Sauerstoff weniger freien Zutritt zum Flöz.

XX. Wärmebilanzen.

Um die Temperaturverhältnisse in einer Grube beurteilen zu können, besonders aber, um einen Überblick über Orte zu erhalten, an denen eine Erhöhung der Wettertemperatur erfolgt, müssen sogenannte Wärmebilanzen aufgestellt werden.

Es ist am besten, die Menge, die Temperatur und die Feuchtigkeit der in die Grube einfallenden Wetter durch automatisch registrierende Apparate zu bestimmen und sie während ihres ganzen Weges durch die Grube zu verfolgen. Die Resultate, und zwar die Menge, Geschwindigkeit, Richtung, Temperatur, Feuchtigkeit, Wärmeinhalt usw. werden in eine Karte eingetragen. Am besten ist es, den durch die Grube ziehenden Wetterstrom durch eine horizontale Gerade anzuzeigen, auf welcher man die Tiefen und Entfernungen vom Mundloche aufträgt. Als Beispiel siehe Abb. 53.

Als Senkrechte zu dieser Grundlinie tragen wir sodann die Wettermenge, die Temperatur, die Feuchtigkeit und weiter auch den Wärmeinhalt der Luft auf.

Wir trachten nun zu ermitteln, welche Quellen die Wettererwärmung oder die Feuchtigkeitserhöhung verursachen, und teilen die Gesamterwärmung auf die einzelnen Komponenten auf, so wie es in der Abb. 53 angedeutet ist. Da in diesem Diagramme auch die Lage der einzelnen wärmespendenden Maschinen, die Lage der Abbaue, der offenen Wasserflächen usw. angegeben ist, ist aus so einem Diagramme auch der Zusammenhang verschiedener Einrichtungen und Abbaue mit der Erwärmung ersichtlich.

Wird der Wetterstrom in mehrere Teilströme geteilt, so muß für

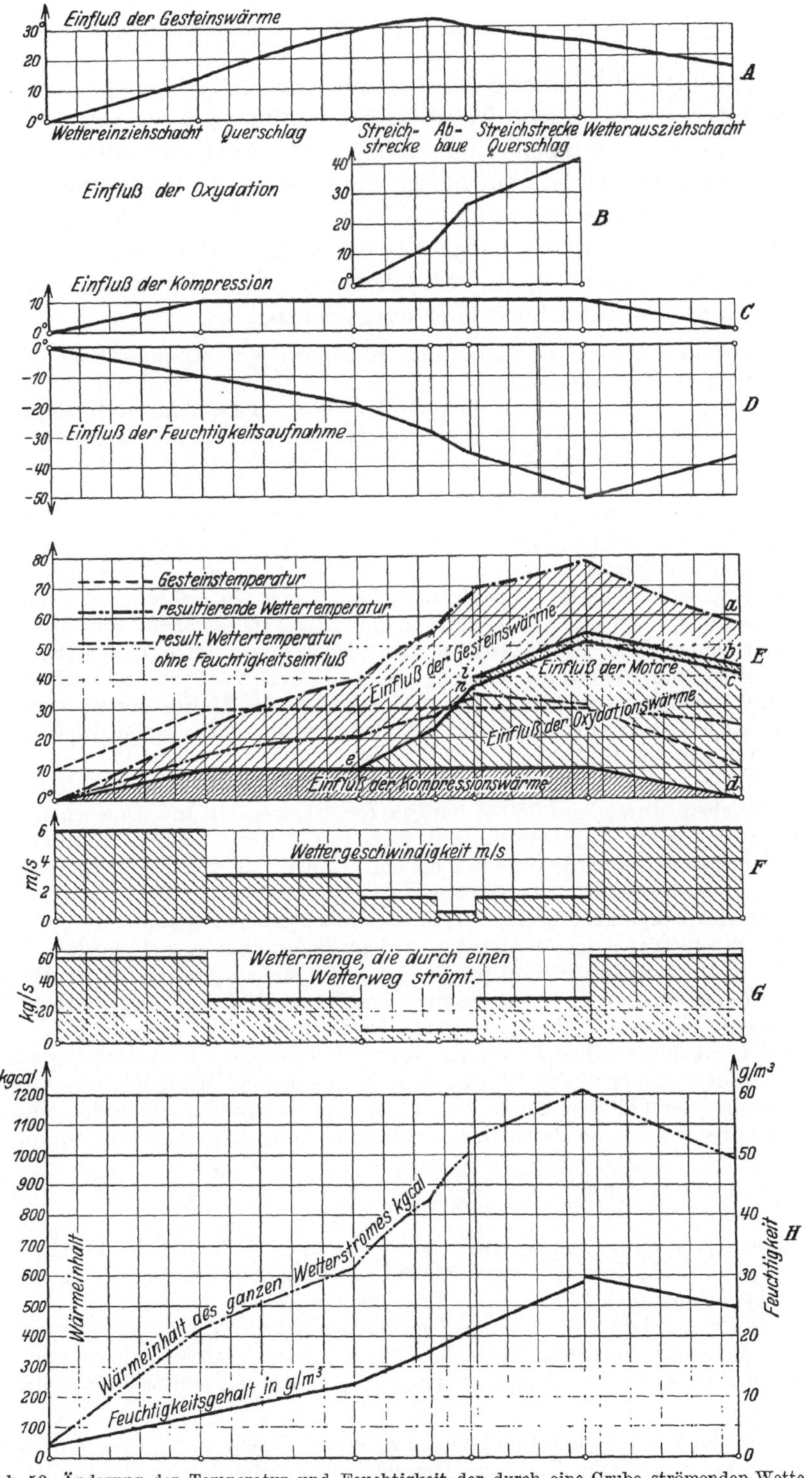

Abb. 53. Änderung der Temperatur und Feuchtigkeit der durch eine Grube strömenden Wetter.

jeden einzelnen ein derartiges Diagramm angefertigt werden. Am vorteilhaftesten ist es, solche Teilströme untereinander zu verbildlichen.

Weitere Anmerkungen sind wohl nicht nötig, da alles aus der Abb. 53 entnehmbar ist. Im übrigen muß für jede Grube die vorteilhafteste Verbildlichung gewählt werden. Für Gruben, deren Abbaue sich hauptsächlich in die Tiefe erstrecken, kann eine vertikale Achse, auf welche wir auftragen, am vorteilhaftesten sein; die übrigen Komponenten werden sodann horizontal aufgetragen.

Auf Grund der bisherigen Erwägungen können wir folgendes Beispiel der Wettererwärmung durchrechnen[1].

Die Wetter strömen durch eine Grube unter nachstehenden Bedingungen: Der Schacht ist 1000 m tief, die Gesteinstemperatur am Tagkranze beträgt 10° C, die geothermische Tiefenstufe 50 m, so daß die Gesteinstemperatur in der Tiefe von 1000 m 30° C beträgt. In der Tiefe von 1000 m zweigen vom Schachte zwei Querschläge von je 1000 m ab. Von jedem dieser Querschläge zweigen je 4 Streichstrecken von ca. 500 m Länge in kurzen Entfernungen voneinander ab und in jede dieser Streichstrecken mündet je ein 250 m langer Abbaukomplex. Am Kopfe einer jeden solchen Abbaufront befindet sich ein elektrischer Motor, der den über ihn streichenden Wetterstrom um ca. 2,3° C erwärmt. Aus diesen Abbauen streichen dann die Wetter in 4 Streichstrecken, resp. Querschläge einer Gesamtlänge von 750 m und gelangen sodann in den Ausziehschacht. Es streicht also der Gesamtwetterstrom durch den Schacht, die Hälfte davon durch den 1000 m langen Querschlag und ein Achtel durch die 500 m lange Streichstrecke und den 250 m langen Abbau.

Nachdem sie den Abbau passiert haben, vereinigen sich je vier Teilströme und streichen durch die 750 m langen Streichstrecken und Querschläge, und nachdem sie sich in einem kurzen Hauptquerschlage (dessen Einfluß nicht detailliert berechnet wird) vereinigt haben, gelangen sie mit den übrigen Wettern in den Ausziehschacht. Die Wettermenge beträgt ca. 42 cbm/s, bzw. 56 kg/s; ihre Eintrittstemperatur betrage 0° C, die Feuchtigkeit 2 g/cbm.

Der ca. 4500 m lange Wetterweg wird in 33 Minuten zurückgelegt.

Die Wettertemperatur wird während des Durchganges durch die Grube durch die Gesteinstemperatur, Kompression resp. Expansion, Feuchtigkeitsaufnahme, Oxydation, Motoren und Körperwärme beeinflußt.

Der Einfachheit halber setzen wir voraus, daß die ganze Feuchtigkeitserhöhung die zu ihrer Bildung nötige Wärme dem Wetterstrome entnimmt, was natürlich nicht immer der Fall sein muß. Wir setzen eine lineare Zunahme des Feuchtigkeitsgehaltes voraus, so daß wir folgende Gleichung schreiben können:

$$t = T_0 + ax - \frac{a - C + H - \Omega}{S} + \frac{a - C + H - \Omega - Sm}{S \cdot e^{Sx}} ; \qquad (163)$$

dabei bedeutet: H die Temperaturerniedrigung in ° C/m infolge der Feuchtigkeitsaufnahme für das Intervall von 0 bis 30° C, Ω die Temperaturerhöhung zufolge der Oxydation (auch als linearer Zuwachs vorausgesetzt). Die Bedeutung der anderen Buchstaben siehe bei den Gleichungen (22a), (72).

Wird jedoch im Ausziehschachte Feuchtigkeit kondensiert, so muß man wegen der dabei frei werdenden Wärme eine andere Gleichung verwenden, und

---

[1] Zwecks Vereinfachung und Verkürzung der Beschreibung sind verschiedene störende nebensächliche Einflüsse weggelassen und die Zahlen abgerundet.

zwar

$$t = T_0 - a x + \frac{a - C\varrho}{S\varrho}$$
$$+ \frac{a - C\varrho - S\varrho m}{S\varrho\, e^{S\cdot\varrho\cdot x}}. \qquad (164)$$

Hier bedeutet

$$\varrho = \frac{c_p}{c_p + r}, \qquad (165)$$

r die Verdampfungswärme im Intervalle der Temperaturen der Feuchtigkeitsänderung[1].

Die in S vorkommende Wärmeübergangsfähigkeit wählen wir angenähert gleich im Ein- und Ausziehschachte, trotzdem sie in letzterem, welcher naß zu sein pflegt, größer sein dürfte.

Diese angenäherte Formel genügt vollkommen, da man sowieso keine genaue Formel aufstellen kann. Es wird nämlich die Temperatur der aufsteigenden Wetter in Wirklichkeit nicht nur durch a, C und Kondensation der Feuchtigkeit tangiert, sondern vor allem durch das Heruntertropfen des Wassers, so daß der mittels der Gleichung (164) berechnete Temperaturverlauf nur für den Fall gilt, daß die ausgeschiedene Feuchtigkeit an den Wänden zurückgehalten wird und nicht durch den Schacht heruntertropft.

Die einzelnen Diagramme der Abb. 53 veranschaulichen den Einfluß der einzelnen Faktoren sehr deutlich; besonders das Diagramm E läßt den starken Einfluß der Feuchtigkeit erkennen. Ohne diesen Einfluß würde die resultierende Temperatur der Wetter trotz des mildernden Einflusses des Gesteines fast 80° C erreichen. Auch der große Einfluß der Oxydation ist daraus ersichtlich.

[1] Von der Ableitung dieser Gleichung sehen wir ab, da sie ziemlich langwierig ist. Vgl. übrigens die Ableitung der Gleichung (83).

Zahlentafel 12. Zusammenstellung der Wärmebilanzdaten einer Grube.

| | Anzahl der Baue | Wetter-menge (cbm/s) | Wetter-menge (kg/s) | Länge der Baue (m) | Wetter-geschwindigkeit (m/s) | Temperaturänderung infolge der | | | | | Gesamte Temperaturänderung | Temperatur | Feuchtigkeit (g/cbm) | Wärmeinhalt des ganzen Wetter-stromes (kgcal) |
						Oxydation (°C)	Motor-wirkung (°C)	Kom-pression (°C)	Feuchtigkeit (°C)	Gesteins-wirkung (°C)				
Tagkranz	1	42,50	56,—	—	6,—	—	—		—	—	—	0,0	2,0	51,—
Einziehschacht .	1	44,0	56,—	1000	6,—	—	—	+ 10	− 9,45	+ 13,78	+ 14,33	14,33	7,0	421,—
Querschlag . . .	2	2·24	2·28	1000·2	3,—	—	—	—	− 9,45	+ 14,93	+ 5,48	19,81	12,0	627,—
Streichende . . .	8	8·6	8·7	500·8	1,5	12,50	—	—	− 10,00	+ 4,37	+ 6,87	26,68	17,28	857,—
Abbau	8	8·6	8·7	250·8	0,5	13,75	—	—	− 6,25	− 1,93	+ 5,57	32,25	20,58	1018,—
Motor	8	8·6	8·7	—	0,5	—	2,30	—	—	—	+ 2,30	34,55	20,58	1049,—
Streichende . . .	4	4·12	4·14	750·8	1,5	15,00	—	—	− 13,125	− 5,435	− 3,56	30,99	28,62	1210,—
Füllort	2	2·24	2·28	—	3,—	—	—	—	− 1,80	—	− 1,80	29,19	29,62	1212,—
Ausziehschacht .	1	46,—	56,—	1000	6,—	—	—	− 10	+ 12,90	− 8,60	− 5,70	23,49	24,26	987,—
Summe				4500		+ 41,25	+ 2,30	—	− 37,175	+ 17,115	+ 23,49	23,49	24,26	987,—

XXI. Absolute und relative Wärmequellen.

In der Grube müssen sogenannte „absolute" und „relative" Wärmequellen genau unterschieden werden.

Als absolute Wärmequellen werden wir diejenigen Wärmequellen bezeichnen, welche unter allen Umständen Wärme an die Luft abgeben und bei gleicher Wärmemenge eine Erwärmung der Wetter um einen bestimmten, immer gleichen Wert verursachen.

Eine solche Wärmequelle ist beispielsweise die Erwärmung, welche durch die elektrische Leitung, Kompression, Brennen, chemische Prozesse und dgl. entsteht. Befindet sich z. B. ein elektrischer Leiter im Wetterstrome und entwickelt er in einer Minute eine bestimmte Wärmemenge, so erwärmt er die Wetter um einen bestimmten Wert. Ist beispielsweise die Anfangstemperatur der Wetter 20⁰ C, so steigt ihre Temperatur von 20⁰ C auf 30⁰ C. Würden aber um den Leiter Wetter von 50⁰ C strömen, so würde ihre Temperatur auf 60⁰ C steigen.

Eine andere absolute Wärmequelle ist z. B. die Kompressionswärme, welche gleich groß ist, ob nun 20⁰ C oder 50⁰ C warme Wetter komprimiert werden. 20⁰ C warme Wetter werden beispielsweise durch ein bestimmtes Zusammendrücken auf eine Temperatur von 30⁰ C erwärmt; Wetter von 50⁰ C werden durch die gleiche Kompressionsarbeit auf 60⁰ C erwärmt.

Mit anderen Worten: Eine absolute Wärmequelle ist jener Prozeß, bei welchem Wärme durch Umwandlung aus einer anderen Energie entsteht, z. B. aus mechanischer Arbeit, elektrischer, chemischer Energie, Leuchtenergie u. a. Absolute Wärmequellen wären also alle exothermen Prozesse. Endotherme Prozesse können als negative absolute Wärmequellen betrachtet werden.

Relative Wärmequellen sind jene Quellen, welche die Wetter nur durch den Wärmeunterschied zwischen dem wärmeempfangenden und -spendenden Körper erwärmen. Z. B.: strömen durch die Strecke 20⁰ C warme Wetter und besitzen die Streckenwände eine Temperatur von 30⁰ C, so überträgt 1 qm Streckenwand in einer bestimmten Zeiteinheit an die Wetter eine bestimmte Wärmemenge.

Haben aber die durch die Strecke strömenden Wetter eine Temperatur von 25⁰ C, so wird durch 1 qm eine geringere Wärmemenge übertragen, und bei einer Wettertemperatur von 30⁰ C gleicht der Wärmeübergang und somit die Wettererwärmung dem Werte Null. Ist die Temperatur der Wetter höher als die des Gesteines, so tritt sogar eine Abkühlung der Wetter ein. Die Streckenwände werden also zur negativen Wärmequelle.

Diese Einteilung der Wärmequellen ist ungemein wichtig. Die Bedeutung und der Wert der relativen Wärmequellen ist veränderlich und von der Wettertemperatur abhängig, wogegen die Wärme der absoluten Quellen immer zur vollen Geltung kommt.

XXII. Bedeutung der Wärmequellenlage.

Bei der Zusammenstellung der Wärmebilanzen in der Grube ist es nicht gleichgültig, wo sich die Wärmequelle befindet; besonders ihre Entfernung vom Arbeiter ist maßgebend. Dies wird durch die folgenden Beispiele erhellt:

1. Stellen wir uns eine Strecke vor, deren Ulme eine Temperatur von 20⁰ C haben und durch welche zur Arbeitsstelle in 1 Minute 100 cbm Wetter strömen. DieWetter haben ebenfalls eine Temperatur von 20⁰ C und gelangen zur Arbeitsstelle mit derselben, 20⁰ C betragenden Temperatur (Abb. 54).

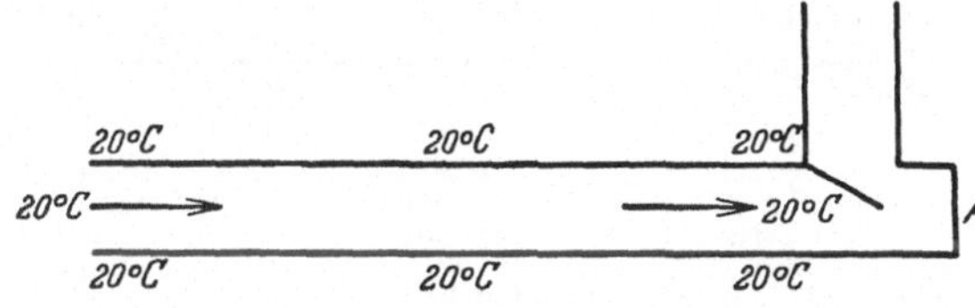

Abb. 54. Bedeutung der Wärmequellenlage: 20⁰ C warme Wetter streichen durch eine Strecke von 20⁰ C und gelangen zur Arbeitsstelle mit derselben Temperatur.

2. Stellen wir uns nun vor, daß an der Arbeitsstelle selbst, entweder durch eine elektrische Maschine oder durch Brennen der Geleuchte, d. i. durch eine absolute Wärmequelle W, so viel Wärme entwickelt wird, daß hier die Wetter von 20⁰ C auf 30⁰ C erwärmt werden. Die Wetter können sich an den Stößen nicht abkühlen, weil die Wärmeaufnahme erst am Arbeitsorte selbst erfolgt, so daß für die Abkühlung nicht genügend Zeit vorhanden ist. An dieser Stelle schadet also die Wärmequelle in vollem Maße und es muß die ganze aufgenommene Wärme kompensiert werden, wenn wir die Wettertemperatur auf den ursprünglichen Wert bringen wollen (Abb. 55).

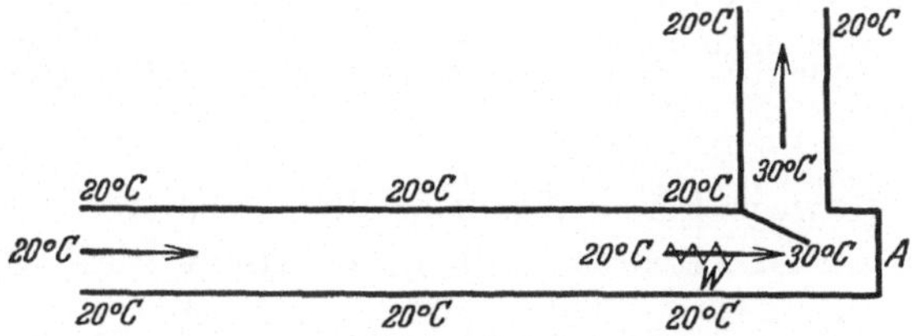

Abb. 55. Bedeutung der Wärmequellenlage: Eine Wärmequelle befindet sich direkt vor dem Arbeitsorte; die Wetter streichen durch die Arbeitsstelle mit 30⁰ C.

3. Vollkommen anders gestalten sich die Verhältnisse, wenn sich, bei sonst gleichen Temperaturverhältnissen, die Wärmequelle W in einer Entfernung von 500 m vom Arbeitsorte befindet. Die Wetter erwärmen sich zwar an der Wärmequelle ebenfalls um 10⁰ C, doch wird diese Erwärmung im Verlaufe des 500 m langen Weges durch die Stöße kompensiert, so daß die Wetter wie im Falle 1 wieder mit einer Temperatur von 20⁰ C zur Arbeitsstelle gelangen; die Wirkung ist also derart, als wenn gar keine Wärmequelle vorhanden wäre. Eine solche Wärmequelle muß überhaupt nicht berücksichtigt werden. Natürlich spielt die Wirkungsdauer einer solchen Wärmequelle, sowie die Wärmekapazität des umliegenden Gesteines, eine Rolle; d. h. ob diese Wärmequelle

vorübergehend oder dauernd wirkt und ob das Gestein fähig ist, alle Wärme dauernd in sich aufzunehmen (Abb. 56).

4. Stellen wir uns nun vor, daß die Streckenwände 30° C haben und daß zur Arbeitsstelle 20° C warme Wetter strömen. Ehe sie zur Arbeitsstelle gelangen, erwärmen sie sich um 10° C und gleichen sich mit der Temperatur des Gesteines aus. Will man die Wetter an der Arbeitsstelle 20° C warm haben, so muß man die den 10° C entsprechende Erwärmung in der Nähe des Arbeitsortes beseitigen (Abb. 57).

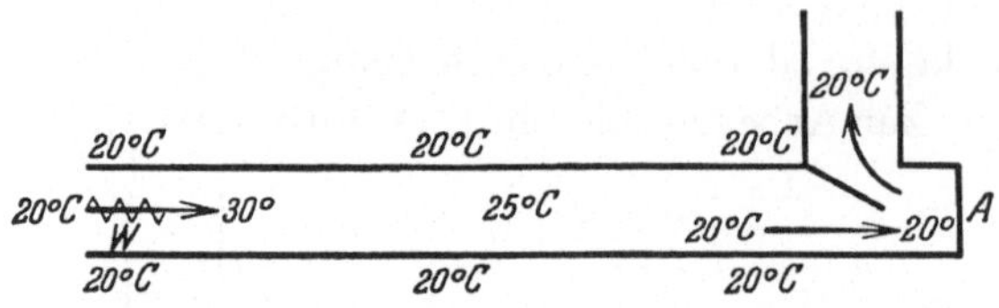

Abb. 56. Bedeutung der Wärmequellenlage: Dieselbe Wärmequelle wie Abb. 55 ist vom Arbeitsorte weit entfernt; die Streckenulme weisen eine Temperatur von 20° C auf. Die Luft kühlt sich, ehe sie zur Arbeitsstelle kommt, auf 20° C ab. Die Wärmequelle W ist also belanglos.

5. Stellen wir uns nun wieder vor, daß sich 500 m vom Arbeitsorte entfernt eine Wärmequelle W befindet, welche die hier strömenden 20° C warmen Wetter auf 30° C erwärmt. Die Streckenwände haben ebenfalls eine Temperatur von 30° C (Abb. 58). Solche Wetter werden auf ihrem weiteren Wege zum Arbeitsorte von den Stößen keine Wärme mehr aufnehmen und erreichen den Arbeitsort mit der gleichen Temperatur wie im Falle 4. Sie haben also die gleiche Temperatur, als wenn unterwegs keine Wärmequelle vorhanden wäre. Wollen wir die Wetter am Arbeitsorte kühlen, so erfolgt dies von 30° C auf 20° C, also um

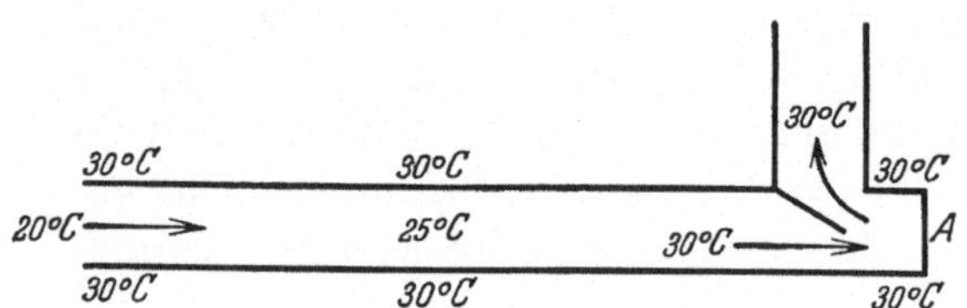

Abb. 57. Bedeutung der Wärmequellenlage: Wetter von 20° C erwärmen sich auf ihrem Wege zur Arbeitsstelle durch die Ulme auf 30° C.

den gleichen Wert wie im Falle 4. In diesem Falle kompensieren wir die Wärme der betreffenden Wärmequelle und nicht diejenige Wärme, welche die Wetter von den Stößen angenommen haben. Das ist allerdings vom Standpunkte der Arbeitsortkühlung vollkommen gleichgültig[1].

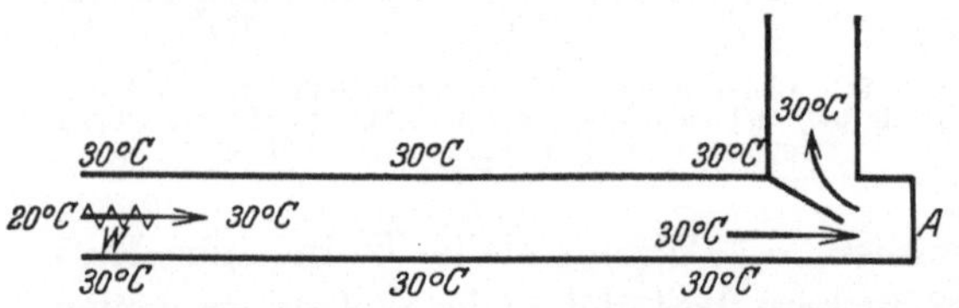

Abb. 58. Die 20° C warmen Wetter erwärmen sich durch eine lokale Wärmequelle in großer Entfernung von der Arbeitsstelle und gelangen zu dieser mit einer Temperatur von 30° C.

---

[1] Ist der Fall 4 andauernd, so ist er günstiger als der Fall 5, da die Wände mit der Zeit durchgekühlt werden, so daß der Wärmezufluß aus dem Gesteine unterbunden wird, falls die Länge der Strecke nicht allzugroß ist. Die Durchkühlung der Stöße dauert jedoch eine gewisse Zeit.

6. Würde die lokale Wärmequelle die Wetter über die Gesteinstemperatur erwärmen, und wäre der Weg zum Arbeitsorte genügend lang, so würden sich die Wetter wieder auf diejenige Temperatur abkühlen, welche sie haben würden, auch wenn keine Wärmequelle vorhanden wäre, nämlich auf die Gesteinstemperatur.

Man muß also bei jeder Wärmequelle unterscheiden, ob die Quelle relativ oder absolut ist, und ferner muß auch ihre Lage in Betracht gezogen werden. Eine Quelle, die an einer Stelle schädlich ist, kann an einer anderen Stelle unschädlich sein.

Wenn also im Kapitel X gesagt wird, daß die elektrische Leitung stark ausgeführt werden muß, und daß es nötig ist, sie in den Ausziehwetterstrom zu verlegen, so gilt es nur mit der Beschränkung, daß die durch den elektrischen Strom eingetretene Erwärmung am Arbeitsorte tatsächlich zur Geltung kommt. Dort, wo die Erwärmung am Arbeitsorte nicht zur Geltung kommt, muß dies nicht erwogen werden.

Da aber mit der Erwärmung und der Abkühlung auch Feuchtigkeitsänderungen Hand in Hand gehen, müssen auch diese erwogen werden. Die Wetter können zwar in einem bestimmten Falle zur Arbeitsstelle mit der gleichen Temperatur, aber mit einem größeren Feuchtigkeitsgehalte gelangen, so daß hier die Wärmequelle schädlich wirkt, auch wenn sie sich in einer großen Entfernung vom Arbeitsorte befindet. So sind z. B. die Wetter in den Fällen 2 und 5 am Arbeitsorte 30⁰ C warm. Trotzdem sind die Wetter im Falle 2 viel besser, weil sie wenigstens eine geringe relative Feuchtigkeit besitzen, nachdem sie keine Zeit hatten, sich mit Feuchtigkeit nachzusättigen. Im Falle 5 haben sie sich aber unterwegs nachgesättigt.

Jedenfalls müssen wir die Wärmequellen, deren Lage wir ändern können (wie Maschinen, elektrische Leitungen usw.), an solchen Stellen unterbringen, wo sie gar nicht oder nur wenig schaden.

XXIII. Das Wärmetemperament oder die Wärmetönung der Grube.

Für die Wärmewirtschaft einer Grube ist es sehr wichtig zu wissen, wieviel Wärme die ganze Grube eigentlich entfaltet und den Wettern übergibt. Diese Wärmemenge ist nicht nur von der Gebirgstemperatur und jener Wärmemenge abhängig, die in der Grube durch verschiedene Prozesse entsteht, sondern auch von der Temperatur und der Menge der durch die Grube strömenden Luft, weil die Wärmemenge, welche dem Gestein entzogen wird, dem Temperaturunterschiede zwischen der Lufttemperatur und der Gesteinstemperatur proportional ist. Das Gestein gibt an die Wetter nur so lange Wärme ab, solange die Wetter kühler

sind. Die Wetter sind um so kühler, je tiefer ihre Temperatur beim Einfallen ist und je mehr ihrer in den Schacht eingeführt werden. Wenn man den Wetterstrom einstellen würde, würde sich nach
einer gewissen Zeit die Temperatur der Wetter mit der des Gesteines
ausgleichen und es würde jegliche Wärmeübergabe aufhören[1].

Die Wettermenge, welche den Schacht durchströmt, bestimmt in
einem gewissen Grade auch die Wärmemenge, die durch Oxydation
entsteht. Wenn durch die Grube keine Wetter strömen würden, wäre
daselbst auch keine Oxydation, weil der Sauerstoff der sich dort befindenden Luft bald aufgebraucht wäre. So ist es auch bei anderen Prozessen der Fall.

Die Geschwindigkeit der Oxydation ist auch von der Temperatur
und Luftfeuchtigkeit, dem Drucke, dem Ozongehalte der Luft
u. a. m. abhängig, also von der Art der durch die Grube strömenden
Wetter.

Die von der Grube entfaltete Wärmemenge ist somit von der durchströmenden Wettermenge, ihrer Feuchtigkeit, Temperatur usw. abhängig.

Messen wir einfach die Menge, die Temperatur und die
Feuchtigkeit der in den Schacht ein- und ausziehenden
Wetter, und bestimmen wir daraus den Unterschied im
Wärmegehalte, so erhalten wir die Wärmemenge, welche
der Grube entzogen wird[2]. Diesen Unterschied nennen wir das
Wärmetemperament der Grube. Wenn der Wärmegehalt der ausziehenden Wetter höher ist als der der einziehenden, so sprechen wir
vom positiven Wärmetemperament, im umgekehrten Falle von einem
negativen.

Durch die Grube strömen aber im Laufe eines Jahres verschiedene
Wettermengen von verschiedener Temperatur und Feuchtigkeit. Bestimmen wir den ganzjährigen Durchschnitt der Menge, der Temperatur
und der Feuchtigkeit der Wetter, so können wir für diese Wetterdurchschnittsmenge und -qualität berechnen, wieviel Wärme die Grube in
der Zeiteinheit (Minute) an die Wetter abgibt.

Diese Wärmemenge nennen wir das mittlere Jahreswärmetemperament der Grube und definieren: Das mittlere Jahreswärmetemperament der Grube ist jene Wärmemenge,
welche die Grube in einer Minute an die sie durchströmende durchschnittliche, jährliche Minutenwettermenge

---

[1] Hier sehen wir davon ab, daß sich die Wetter in den unteren Horizonten
erwärmen und durch eigenen Auftrieb aufwärtsströmen.

[2] Hier wollen wir von der Wärmemenge, die durch das gewonnene Hauwerk
und das ausgepumpte Wasser der Grube entzogen wird, und ebenso von der
Wärmemenge, die an das umgebende Gestein übergeben wird, absehen.

bei einer mittleren Jahrestemperatur und -feuchtigkeit abgibt[1].

Da sich durch Feuchtigkeitsaufnahme die Wettertemperatur und der Wärmegehalt bedeutend ändert, muß die Wassermenge, welche die Wetter in der Grube aufgenommen haben, bestimmt werden. Zur tatsächlich beobachteten Temperatur der ausziehenden Wetter wird sodann die dieser Feuchtigkeit äquivalente Erwärmung (siehe S. 109) hinzugezählt.

Das Wärmetemperament der Grube ist sodann

$$c_p \cdot (t_2 + 2{,}6 \cdot q - t_1) \cdot G = Q_1 \text{ kgcal} , \qquad (166)$$

wobei q die Wasserzunahme in Gramm pro 1 kg Wetter, G die durch die Grube strömende Wettermenge in kg/min, t_1 bzw. t_2 die Temperatur der ein- bzw. ausziehenden Wetter bedeutet.

XXIV. Die Wärmecharakteristik oder die thermische Entwicklung der Grube[2].

Eine Grube kann sich während ihres Bestehens erwärmen oder abkühlen, auch wenn wir eine horizontal gelagerte Lagerstätte abbauen, uns also in derselben Wärmezone bewegen.

Die in der Grube entfaltete und den Wettern übergebene Wärme stammt aus folgenden Wärmequellen:

1. Aus der Energie und der Wärme, die wir der Grube zuführen.

2. Aus verschiedenen chemischen Prozessen, welche fast durchwegs durch die Wettereinwirkung auf das Gestein bedingt sind; besonders die Oxydation der Kohle kommt in Betracht.

3. Aus der dem gewonnenen Hauwerke entzogenen Wärme.

4. Aus der Wärme, die durch die Streckenwände aus dem Inneren des Gebirges zuströmt.

5. Aus der Wärme, die den Streckenwänden bei ihrer Abkühlung entzogen wird.

Die Wärme wird aus der Grube durch die Wetter, durch das Wasser und durch das zutage geförderte Hauwerk entführt; weiter verbreitet sie sich auch in das Umgebungsgestein und Versatzmaterial.

Eine Grube kühlt sich ab, wenn die gesamte in der Grube entstehende, weiter auch die vom gewonnenen

---

[1] Wir können einfach den summarischen Wärmeinhalt der während des ganzen Jahres in die Grube strömenden Luft bestimmen, davon den summarischen Wärmeinhalt der ausziehenden Luft subtrahieren, und durch die Anzahl der Minuten dividieren.

[2] Die Termine Wärmetemperament und Wärmecharakteristik einer Grube wurden von den Autoren dieses Buches vorgeschlagen. Wir betrachten sie aber nicht als definitiv und würden sie gerne durch passendere ersetzen.

Hauwerke entfaltete Wärme entführt wird, und wenn den Streckenstößen mehr Wärme entzogen wird, als ihnen aus dem Inneren des Gebirges zugeführt werden kann, so daß sie sich abkühlen. Dann strömen in den Abbau immer kühlere und kühlere Wetter. Dieser Fall tritt besonders bei Erzgruben ein.

In Kohlengruben entwickeln die Oxydationsprozesse oft derart viel Wärme, daß die in der Grube entstandene die entführte Wärmemenge überwiegt, wodurch die Grube im Laufe ihres Betriebes immer mehr erwärmt wird, was schließlich eine Einstellung des Betriebes zur Notwendigkeit machen kann[1].

Die Geschwindigkeit, mit welcher sich die Grube während ihres Betriebes erwärmt oder abkühlt, nennen wir die Wärmecharakteristik der Grube und unterscheiden eine positive Charakteristik, wenn die Grubentemperatur im Laufe der Zeit immer größer wird, und eine negative, wenn die Grubentemperatur immer niedriger wird. Eine negative Charakteristik bedeutet eine Verbesserung, eine positive eine Verschlechterung der Arbeitsverhältnisse einer Grube oder eines ihrer Teile.

Die Geschwindigkeit der Erwärmung oder Abkühlung kann sich im Laufe der Zeit ändern, und kann auch durch Änderung des Bewetterungssystemes radikal geändert werden, ja es kann eine positive Charakteristik negativ werden.

Von einer Charakteristik kann man auch bei einer Grube sprechen, welche in immer größere Tiefen abgeteuft wird. Bei einer derartigen Grube muß man proportional der Teufe größere Wettermengen zuführen, wenn die Geschwindigkeit der Erwärmung der Grube — die positive Charakteristik — nicht rasch zunehmen soll.

Die Kenntnis des Wärmetemperamentes und der Wärmecharakteristik ist bei der Projektierung der Kühlanlagen für ganze Gruben oder Grubenteile nützlich. Das Wärmetemperament gibt uns an, wieviel Wärme kompensiert werden muß. Wir müssen jedoch berechnen, wie sich das Wärmetemperament ändern wird, wenn wir die Wettermenge und die Wettertemperatur ändern werden.

Da wir die Kühlanlagen für die Zukunft bauen, ist es nützlich auch zu wissen, ob und wie schnell die Grubentemperatur im Laufe der Zeit zu- oder abnehmen wird, also die Wärmecharakteristik zu kennen.

---

[1] Durch Erhöhung der Temperatur steigern sich auch die Oxydationsprozesse stärker, so daß die Erwärmung der Grube nicht linear, sondern nach einer höheren, wahrscheinlich einer Exponentialkurve, vor sich geht.

Zweiter Teil

Einfluß hoher Temperatur und Feuchtigkeit auf den menschlichen Organismus und auf die Arbeitsleistung.

XXV. Wärmeableitung aus dem menschlichen Körper.

Der menschliche Organismus ist eine Wärmequelle. In Ruhe produziert er ungefähr 80 kgcal, bei normaler Arbeit[1] 250 kgcal und bei schwerer Anstrengung ungefähr 400 kgcal in 1 Stunde. Bei besonders großen Anstrengungen kann die Wärmeentfaltung auch 10 mal so groß sein als im normalen Zustande.

Soll nun die Temperatur des menschlichen Körpers ständig gleich bleiben, so muß aus dem Körper die Wärme ununterbrochen entführt werden. Dies erfolgt auf vierfache Art und Weise:

1. durch Ausatmung,
2. durch Wärmestrahlung,
3. durch Leitung,
4. durch Absonderung und Verdunstung des Schweißes auf der Körperoberfläche.

Wir wollen nun die einzelnen Arten der Wärmeentziehung aus dem menschlichen Körper analysieren und bestimmen, wieviel Wärme durch jede einzelne, bei bestimmten klimatischen Verhältnissen, entzogen werden kann. Dadurch bestimmen wir gleichzeitig, bei welchen Temperaturen und Feuchtigkeitsgehalten der Mensch noch, und in welchem Maße, arbeitsfähig ist.

1. Die dem Körper durch Atmung entzogene Wärmemenge.

Der arbeitende Mensch atmet in 1 Stunde ungefähr 0,8 bis 2,0 cbm Luft ein bzw. aus. Die Menge der ausgeatmeten Luft ist von der Größe und dem Gewichte des Menschen und von der Menge der geleisteten Arbeit abhängig. Auch die Zusammensetzung des Atems ändert sich je nach der Arbeit, die man leistet.

---

[1] Unter normaler Arbeit verstehe ich jene Arbeit, die ein gesunder, mittelstarker Arbeiter bei passenden klimatischen Verhältnissen 8 Stunden lang ständig zu verrichten imstande ist.

In Ruhe atmet ein 161 cm großer und 58 kg schwerer Mann nur etwa 0,3 cbm Luft pro Stunde ein; leistet er ca. 0,1 PS, so atmet er 1,4 cbm ein; einer Leistung von 0,01 PS entspricht eine eingeatmete Luftmenge von 0,11 cbm/h, wozu noch die in Ruhe eingeatmeten 0,3 cbm zuzuzählen sind[1].

Ist die Temperatur der umgebenden Luft kleiner als die des Arbeiters, so erwärmt sich die Luft in der Lunge auf eine Temperatur von

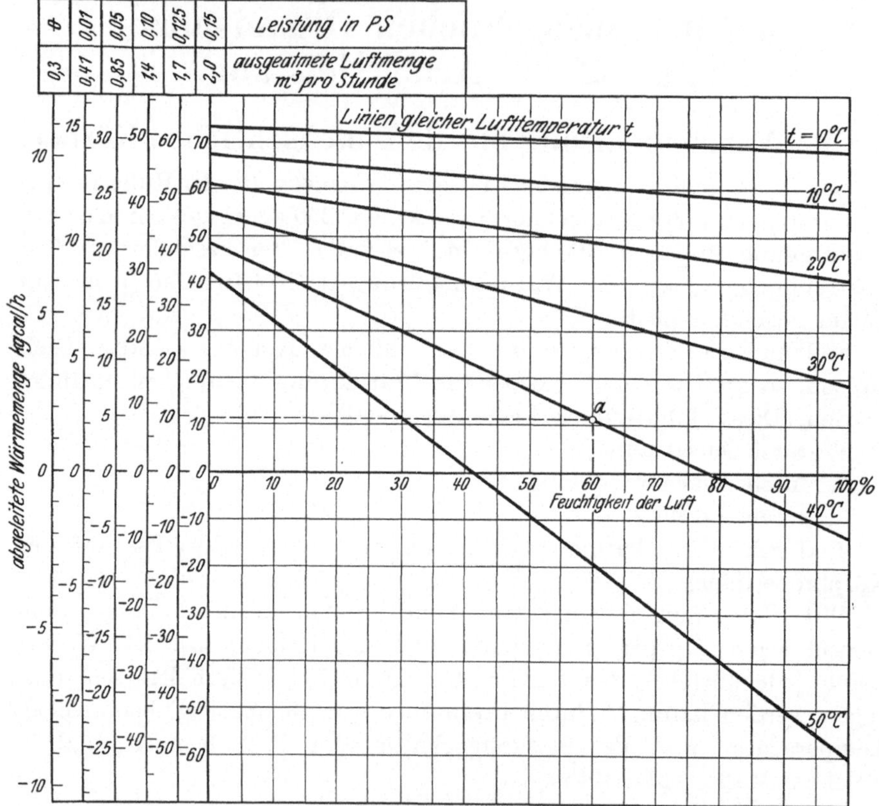

Abb. 59. Die durch das Atmen (Wasserverdampfung und Lufterwärmung in der Lunge) aus dem Körper abgeführte Wärmemenge.

37° C. Außerdem ist die ausgeatmete Luft mit Wasserdämpfen vollkommen gesättigt. Der Körper muß also für die Erwärmung der Luft und auch für das Abdampfen der zugehörigen Wassermengen eine bestimmte Wärmemenge ausgeben.

Ist umgekehrt die äußere Luft wärmer, d. i. hat sie eine höhere Temperatur als 37° C, so kühlt sie sich in der Lunge auf diese Temperatur ab.

---

[1] Nach Hill und Campbell; siehe Seite 164 ff.

Die gesamte Wärmemenge, die durch Atmung entzogen wird, ist für verschiedene Temperaturen und Feuchtigkeitsgrade der eingeatmeten Luft im Diagramm 59 angegeben.

Das Diagramm ist folgendermaßen berechnet: Ist die Lufttemperatur z. B. 10^0 C, der Sättigungsgrad 30%, so enthält 1 cbm Luft $9,4 \cdot 0,3 \doteq 2,8$ g H_2O. Sodann enthält 1,7 cbm Luft 4,8 g. Bei 37^0 C enthält gesättigte Luft 44 g/cbm, oder 1,7 cbm wird 74,8 g enthalten. Die Wassermenge, die somit verdampft, ist $74,8 - 4,8 = 70$ g. Zu deren Verdampfung sind bei einer Temperatur von 37^0 C $70 \cdot 0,574 = 40,229$ kgcal notwendig. Zur Erwärmung von 1,7 cbm Luft um den Unterschied $37 - 10^0 = 27^0$ C braucht man 13,77 kgcal. Zusammen also 54 kgcal, was auch aus dem Diagramme zu ersehen ist.

Beispiel. Ein Arbeiter leistet 0,125 PS in einer Atmosphäre von 40^0 C und 60% Feuchtigkeit; wieviel Wärme geht durch Atmung verloren? Der Luftzustand $t_1 = 40^0$ C, $\varphi = 60\%$ ist durch den Punkt a gegeben. Von diesem Punkte a verfolgen wir die Abszisse bis zu der Ordinate, an welcher direkt angegeben ist, wieviel Kalorien bei gegebener Leistung in 1 Stunde durch Atmung abgeführt werden. In unserem Falle (0,125 PS) sind es 10 kgcal/h.

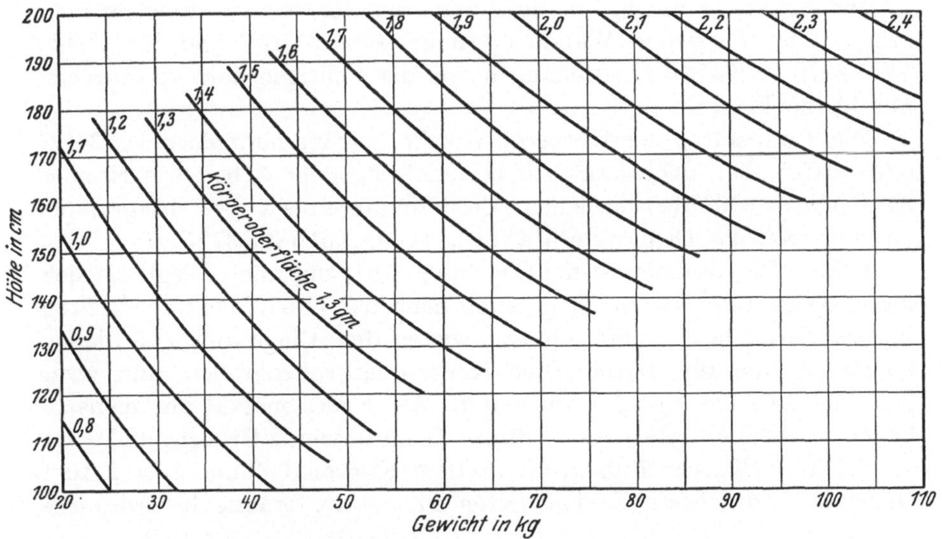

Abb. 60. Größe der Körperoberfläche, bestimmt auf Grund des Gewichtes und der Höhe des Körpers. (Nach E. P. Cathcart: J. Royal Army Medical Corps 1918, 351.)

2. Die aus dem menschlichen Körper durch Strahlung abgeleitete Wärmemenge.

Eine zweite Möglichkeit, die Wärme aus dem menschlichen Körper abzuleiten, ist die Strahlung.

Die Oberfläche des menschlichen Körpers kann man dem beigelegten Diagramme Abb. 60 entnehmen, aus welchem hervorgeht, daß die Oberfläche eines normalen Menschen (170 cm hoch und 70 kg schwer) 1,8 qm beträgt.

Da für die Wärmeableitung durch Strahlung die kleinen Partien unter den Achseln, im Schritt, unter den Fußsohlen usw. nicht in Betracht kommen, kann man rechnen, daß ein normal großer und starker nackter Mensch höchstens auf 1,5 qm seiner Oberfläche Wärme ausstrahlt. Ein bekleideter Mensch natürlich weniger.

Die Gleichung, welche die durch Strahlung abgeleitete Wärmemenge angibt, lautet:

$$Q = \frac{\Theta_1^4 - \Theta_2^4}{\dfrac{1}{k_1} + \dfrac{1}{k_2} - \dfrac{1}{k}} \cdot F \cdot \tau, \tag{167}$$

wobei Θ_1 die absolute Temperatur der Oberfläche des menschlichen Körpers, Θ_2 die absolute Temperatur der Umgebungsgegenstände bedeutet; F ist die Körperoberfläche in qm, τ die Zeit in Stunden, k_1 die Emissionszahl des menschlichen Körpers, k_2 diejenige der Umgebung, $k = 4{,}96 \cdot 10^{-8}$ die Emissionszahl des absolut schwarzen Körpers.

Die Emissionszahl k_2 für die Wände der Strecken, in welchen man arbeitet, ist für graue Wände (Gestein) $k_2 = 3 \cdot 10^{-8}$ und für Kohle $k_2 = 4 \cdot 10^{-8}$. Kleine Abweichungen von der richtigen Zahl verursachen nur kleine Fehler.

Die Temperatur der Körperoberfläche beträgt normalerweise 34^0 C ($\Theta_1 = 307^0$ abs), doch kann sie bei anstrengender Arbeit des Mannes 37^0 C ($\Theta_1 = 310^0$ abs) erreichen. Deshalb führen wir zwei Diagramme an, und zwar das Diagramm 61a für 34^0 C und 61b für 37^0 C.

Beiden Diagrammen ist die Gleichung (167) zugrunde gelegt. Da sich die ausgestrahlte Wärmemenge auch nach der Größe der unbedeckten Körperoberfläche F richtet, haben wir in den Diagrammen 4 Skalen angeführt, die für verschiedene Körperoberflächengrößen, und zwar $F = 0{,}5$, $1{,}0$, $1{,}5$ und $2{,}0$ qm gelten. Als Emissionszahl des menschlichen Körpers k_1 haben wir in diesen Diagrammen 3 Größen, und zwar $k_1 = 1 \cdot 10^{-8}$ (Kurven *1, 2*), $k_1 = 1{,}5 \cdot 10^{-8}$ (Kurven *3, 4*) und $k_1 = 2 \cdot 10^{-8}$ (Kurven *5, 6*). Diese Zahlen gelten für weiße, braune bis schwarze Körper.

Aus dem Diagramme 61a ist zu ersehen, daß ein 1,5 qm großer und 34^0 C warmer menschlicher Körper bei einer Ulmtemperatur von 0^0C und bei $k_1 = 1{,}5 \cdot 10^{-8}$ in 1 Stunde 60 bis 70 kgcal ausstrahlt, bei einer Temperatur von 10^0 C 45 bis 52 kgcal, bei 20^0 C 28 bis 30 kgcal, bei 30^0 C etwa 9 kgcal, bei 40^0 C nimmt er aber von der Umgebung 13 kgcal auf und bei 50^0 C sogar 38 bis 42 kgcal.

Die Wärmeausstrahlung ist positiv, solange die Temperatur der umliegenden Wände niedriger als diejenige der Körperoberfläche ist. Über dieser Temperatur wird die Wärmestrahlung aus der Umgebung zu einer Wärmequelle für den menschlichen Körper und er muß daher nicht nur die im Körper erzeugte, sondern auch die zugestrahlte Wärme ableiten.

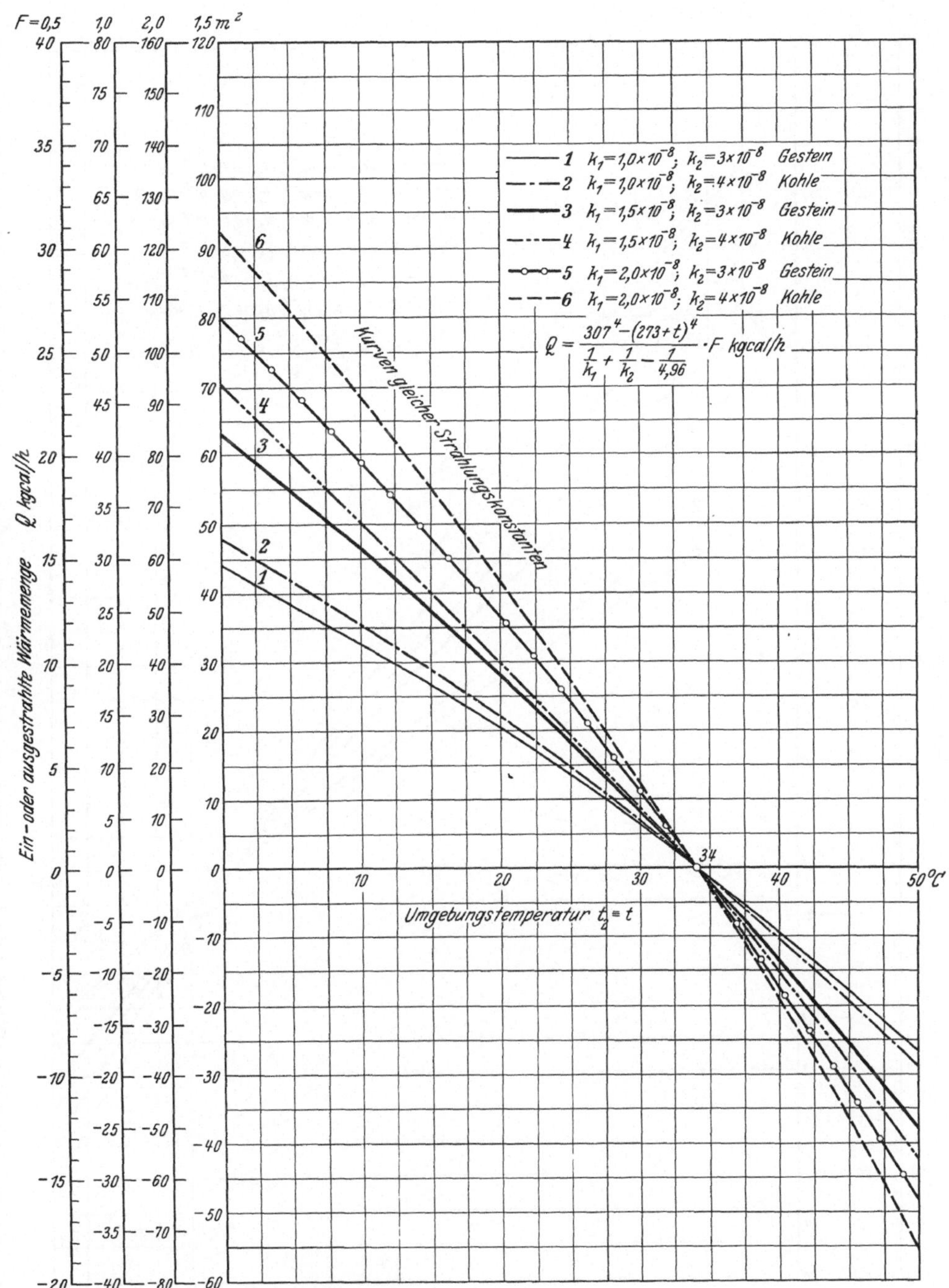

Abb. 61a. Die durch Strahlung aus dem menschlichen Körper entführte Wärmemenge. Körperoberflächentemperatur 34° C.

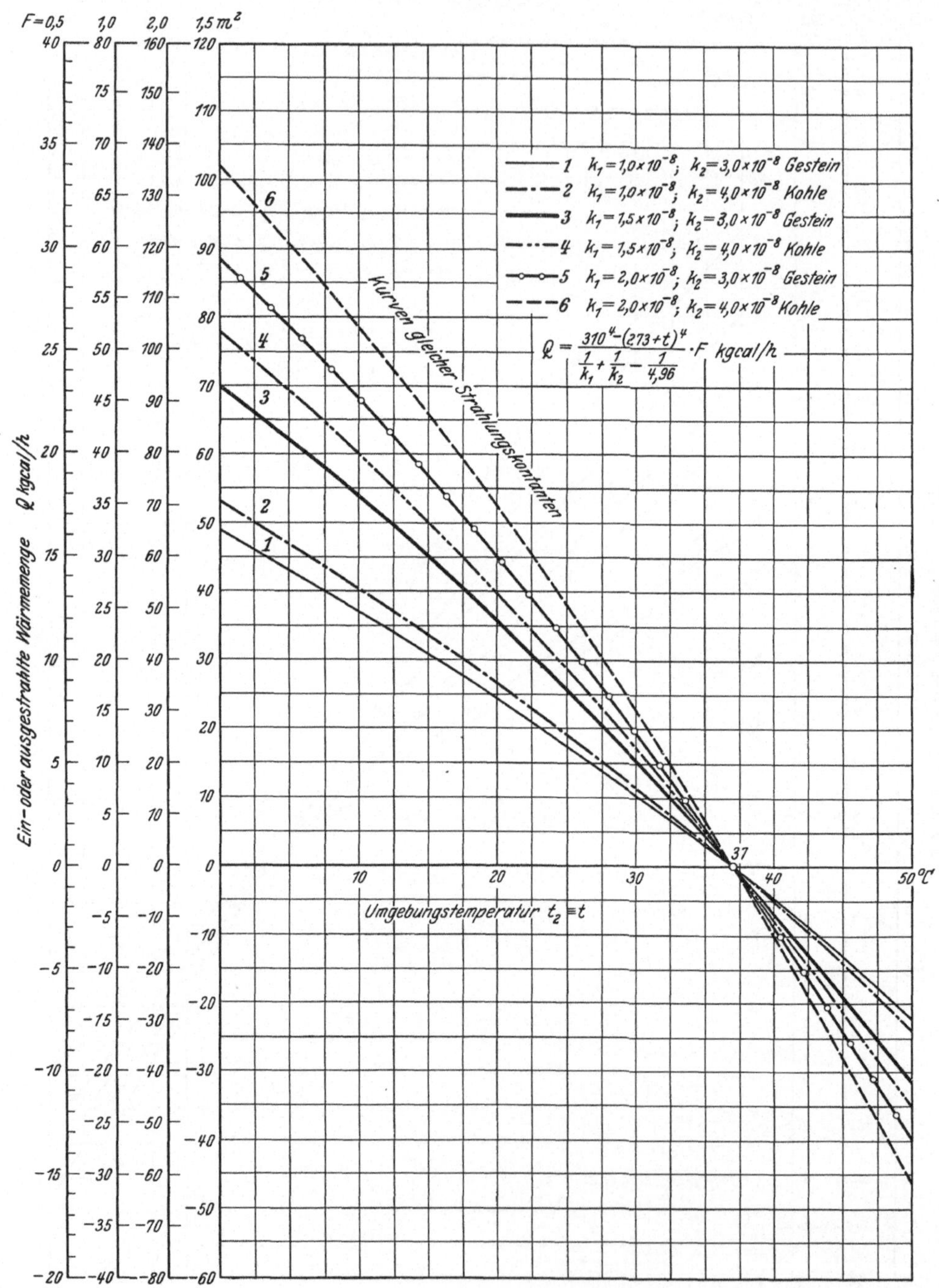

$$Q = \frac{310^4 - (273+t)^4}{\frac{1}{k_1} + \frac{1}{k_2} - \frac{1}{4,96}} \cdot F \ \ kgcal/h$$

Abb. 61b. Die durch Strahlung aus dem menschlichen Körper entführte Wärmemenge. Körperoberflächentemperatur 37° C.

3. Die durch Leitung aus dem menschlichen Körper entführte Wärmemenge.

Die Gleichung, welche die abgeleitete Wärmemenge angibt, lautet bekanntlich

$$Q = F \cdot \tau \cdot (T - t) \cdot \alpha \text{ kgcal/h},$$

wobei F die Körperoberfläche (qm) einer Temperatur $T^0\,\mathrm{C}$, τ die Zeit in Stunden, t die Temperatur der umgebenden Luft und $\alpha = 2 + 5\,\sqrt{c}$ bedeutet, worin die Geschwindigkeit c in m/s angegeben ist.

F ist mit Rücksicht darauf, daß die Luft nicht zu allen Körperteilen gleichen Zutritt hat, bei einem nackten Menschen auf 1,5 qm abgeschätzt und die Körperoberflächentemperatur kann mit $t = 34^0\,\mathrm{C}$ angenommen werden.

Somit lautet die oben angeführte Gleichung für diese Daten

$$Q = 1,5\,(34 - t)(2 + 5\,\sqrt{c})\text{ kgcal/h}.$$

Nach dieser Gleichung ist das Diagramm 62 ausgeführt. Aus diesem läßt sich entnehmen, daß bei stagnierender Luft durch bloße Wärmeableitung aus dem menschlichen Körper bei $0^0\,\mathrm{C}$ 100 kgcal, bei $10^0\,\mathrm{C}$ 75 kgcal, bei $20^0\,\mathrm{C}$ 40 kgcal, bei $30^0\,\mathrm{C}$ nur 15 kgcal pro Stunde entzogen werden, wogegen bei $40^0\,\mathrm{C}$ der menschliche Körper Wärme aus der Umgebung bereits aufnimmt.

Die aus dem menschlichen Körper abgeleitete Wärmemenge ist in einem bedeutenden Maße von der Geschwindigkeit der um den Körper strömenden Luft abhängig (siehe Diagramm 63). Bei einer Luftgeschwindigkeit von 0,15 wird aus dem Körper zweimal so viel Wärme abgeleitet wie bei stagnierender Luft; bei einer Geschwindigkeit von 0,6 m/s schon dreimal so viel.

Wächst die Wettergeschwindigkeit von 0 auf 0,15 m/s, so wird die bei der Temperatur $0^0\,\mathrm{C}$ abgeleitete Wärmemenge um 100 kgcal/h vergrößert. Steigt jedoch die Geschwindigkeit von 2 m/s um denselben Betrag (0,15 m/s), so beträgt die Vergrößerung der abgeleiteten Wärmemenge bloß 15 kgcal/h.

Es genügt also in den meisten Fällen, wenn sich die Luft um den Arbeiter nur mit einer kleinen Geschwindigkeit bewegt, doch soll sie niemals stagnieren.

Bei Temperaturen über $37^0\,\mathrm{C}$ ist aber die Bewegung der Luft, soweit es sich um reine Wärmeableitung (ohne Rücksicht auf Schweißabsonderung) aus dem menschlichen Körper handelt, schädlich und es ist die Erwärmung um so größer, je intensiver die Bewegung der Luft ist. Durch Wetterbewegung wird aber gewöhnlich wieder die Verdunstung des Schweißes und somit auch die Kühlwirkung gefördert, wie im folgenden ausgeführt werden wird.

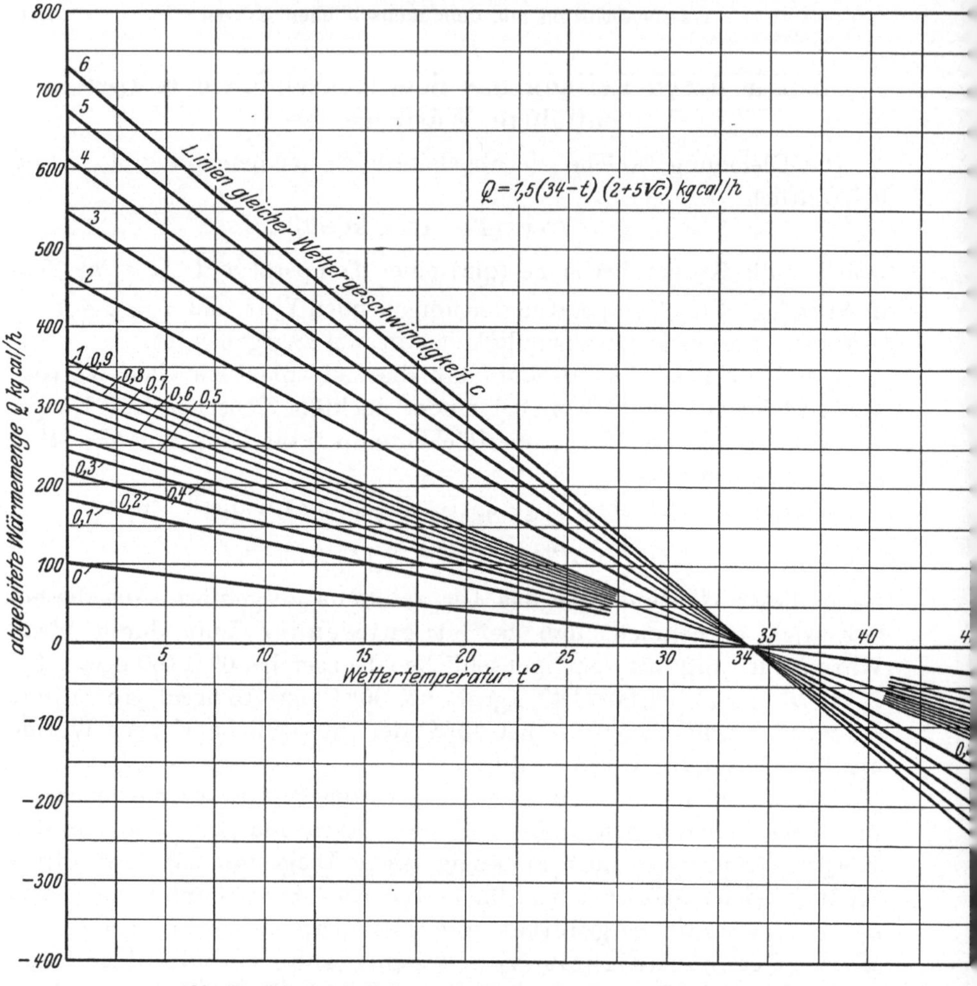

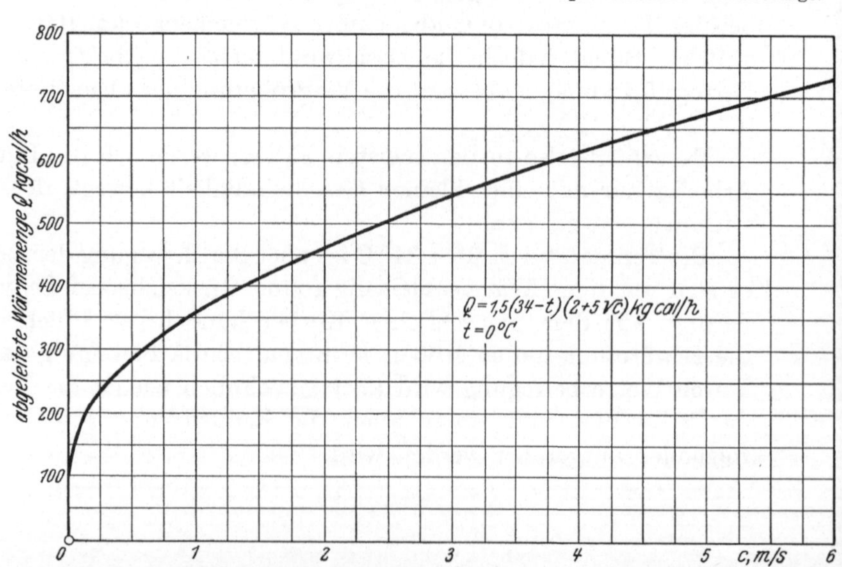

Abb. 62. Die durch Leitung aus dem menschlichen Körper entführte Wärmemenge.

4. Wärmeableitung aus dem menschlichen Körper durch Schweißverdunstung.

Wie aus dem Vorhergehenden zu ersehen ist, wird bei höheren Wettertemperaturen durch Strahlung, Leitung und Atmung keine genügende Wärmemenge aus dem menschlichen Körper abgeleitet. Bei Temperaturen über 37^0 C kann sich der menschliche Körper durch diese Wärmequellen sogar erwärmen. Die Folge davon wäre eine Steigerung der Körpertemperatur über die zulässige Grenze, wobei eine Lebensgefahr infolge „Hitzschlages" eintreten könnte.

Der menschliche Körper hat aber Organe, welche seine Temperatur regulieren und deren Erhöhung nicht zulassen[1]. Diese Organe sind sehr empfindlich und reagieren auch auf ganz kleine Temperaturänderungen. Sobald die Wärmeableitung aus dem menschlichen Körper nicht genügend ist, steigt sofort die Temperatur des Blutes. Blut von höherer Temperatur strömt ins Gehirn und zu den die Temperatur regulierenden Zentren, welche mittels zugehöriger Nerven die Organe, welche die Körpertemperatur regulieren, in Tätigkeit versetzen. Bei einer Temperaturerhöhung verlangsamt sich erstens der Metabolismus, was eine Verkleinerung der Wärmebildung bedeutet. Weiter wird die Blutzirkulation erhöht (siehe Seite 163). Warmes Blut strömt rascher zur Hautoberfläche, wo es sich abkühlt. Ferner beginnen die in der Haut befindlichen Schweißdrüsen Schweiß abzusondern. Dieser Schweiß verdampft auf der Körperoberfläche und entzieht dem Körper Wärme, kühlt ihn also ab, weil zur Verdampfung von 1 g Schweiß bei einer Temperatur von 37^0 C ungefähr 0,510 kgcal [2] nötig sind.

Da diese Thermoregulation des Körpers bei höheren Temperaturen sehr wichtig ist, werden wir uns mit ihr an dieser Stelle eingehender befassen.

5. Wieviel Schweiß kann die Luft aus dem Körper verdunsten?

Die Schweißmenge q, welche die Luft aus dem Körper verdampfen kann, ist gegeben durch die Gleichung (113a)

$$q = \beta F (E - e) \text{ g/s}, \qquad (168)$$

wo F die Oberfläche des menschlichen Körpers darstellt; E ist der Dampfdruck der bei der Temperatur des menschlichen Körpers gesättigten Wasserdämpfe in mm Hg, e der wirklich vorhandene Dampfdruck der Luftfeuchtigkeit und β die Verdampfungszahl. Näheres siehe Seite 117.

Damit wir die Differenz $(E - e)$ rasch ablesen können, legen wir das Diagramm 64 bei, das folgendermaßen angewendet wird: Die Tem-

---

[1] Solange sich nicht der Mensch in extrem hohen Temperaturen befindet oder wenn er diese nur kurze Zeit zu ertragen hat.

[2] 1 kg Schweiß enthält ca. 992 g Wasser und 8 g Salze, vorwiegend NaCl.

peratur der Oberfläche des menschlichen Körpers variiert je nach der Intensität der Arbeit von 34⁰ bis ca. 37⁰ C. Danach ist naturgemäß auch der Dampfdruck des Schweißes verschieden. Im Diagramm haben wir deshalb zwei Fälle eingetragen, und zwar für die Oberflächentemperatur von 34 und 36,5⁰ C. (Vertikale Linien rechts *I* und *II*.) Die Kurven stellen den Wasserdampfdruck der Luftfeuchtigkeit in mm Hg bei ver-

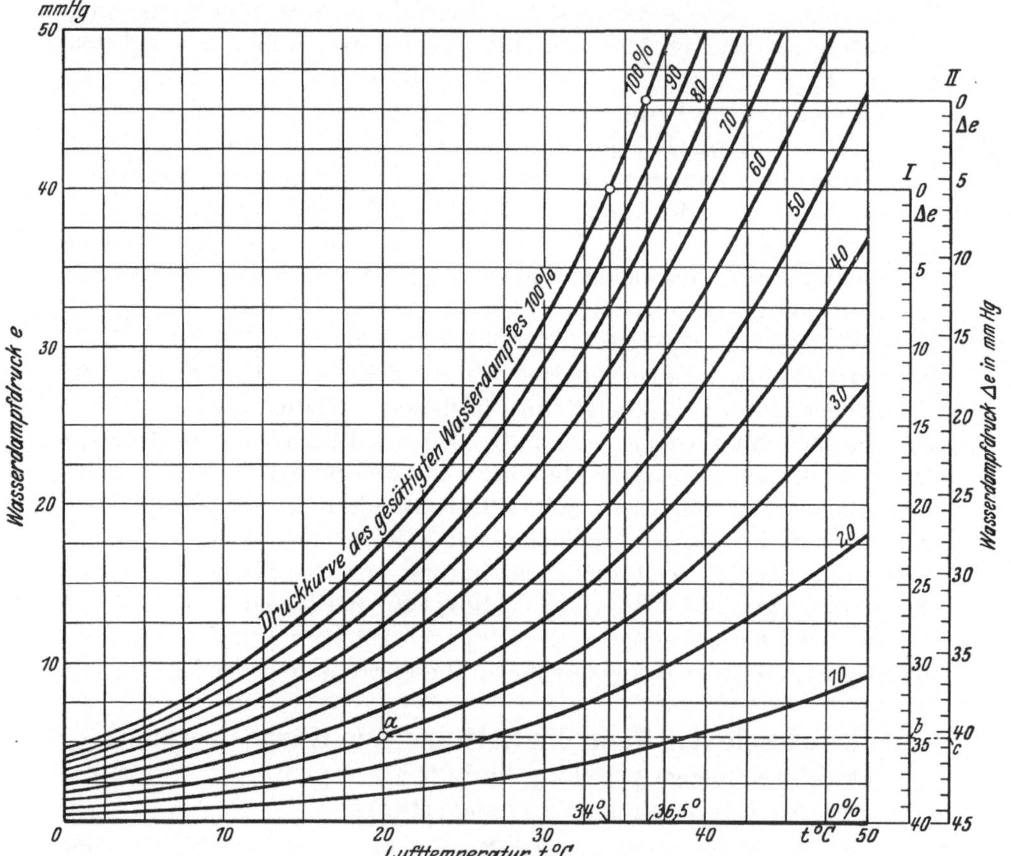

Abb. 64. Bestimmung des Unterschiedes zwischen dem Wasserdampfdrucke des Schweißes und der wirklichen Luftfeuchtigkeit.

schiedenen Sättigungsgraden dar, und zwar von 100 bis 0%. Dementsprechend ist der Dampfdruck des Schweißes $E = 40$ mm Hg (bei 34⁰ C warmer Körperoberfläche), bzw. $E = 45,8$ mm Hg (bei 36,5⁰ C warmer Oberfläche[1]).

---

[1] Da der Schweiß eigentlich eine Salzlösung ist, ist seine Wasserdampfspannung niedriger als die des reinen Wassers. Davon sehen wir aber bei unseren Ausführungen ab.

Befindet sich nun ein Arbeiter in 20° warmer Luft, die eine 30%ige Feuchtigkeit aufweist (Punkt a), so ist der Dampfdruck der Feuchtigkeit $e = 5{,}2$ mm Hg, wie
man auf der linken Ordinatenachse ablesen kann. Projiziert man diesen Punkt a auf
die Linie I, so bekommt man 34,8 mm als Druckdifferenz $(E - e) = 40 - 5{,}2$ mm Hg
(Punkt b). Wird der Arbeiter mehr angestrengt, so daß die Temperatur seiner

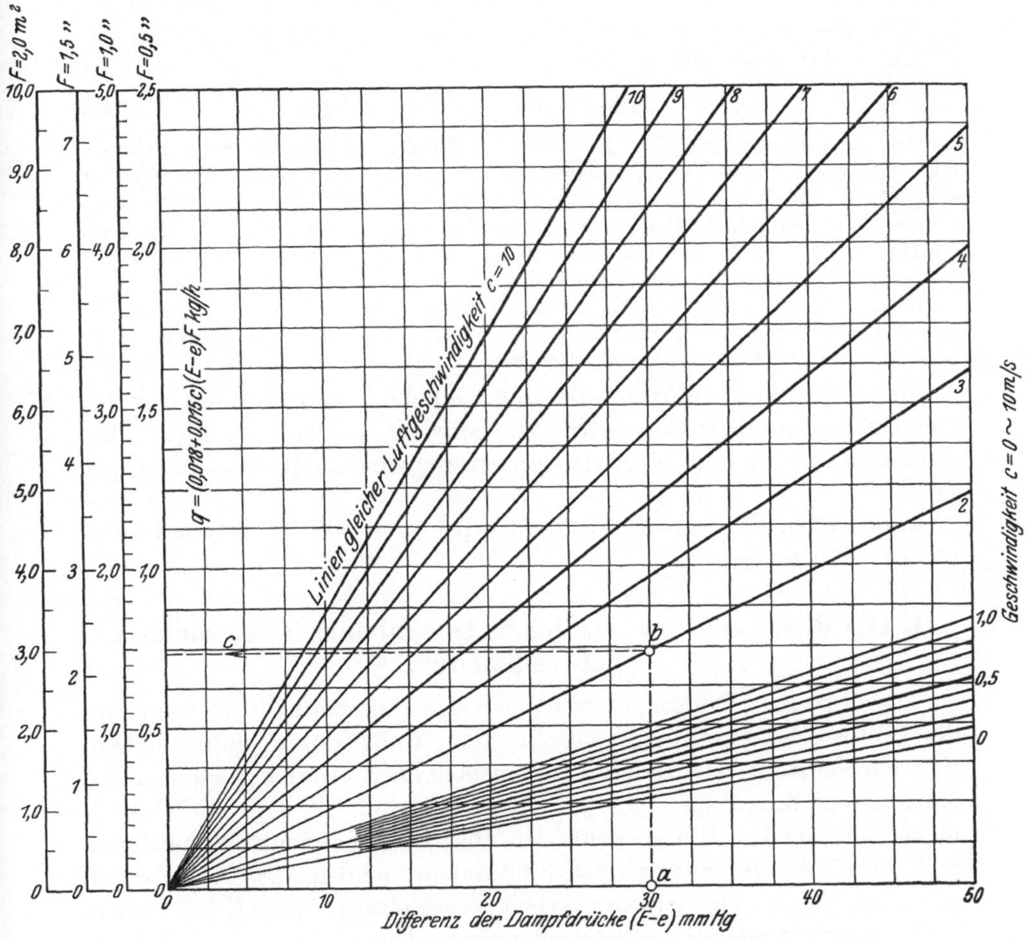

Abb. 65. Die durch Verdunstung aus dem menschlichen Körper entführte Schweißmenge.

Körperoberfläche auf $36{,}5°$ C steigt, so wächst der Unterschied $(E - e)$ unter
sonst gleichen Bedingungen auf $45{,}8 - 5{,}2 = 40{,}6$ mm Hg, wie man auf der
Linie II leicht ablesen kann (Punkt c).

Ist die Temperatur der Körperoberfläche eine andere als 34 oder
$36{,}5°$ C, wie es im Diagramme 64 berücksichtigt ist, so verändert sich
der Schweißdampfdruck E, und zwar um $(E_{34} - E)$ bzw. $(E_{36{,}5} - E)$.

Sonst kann man naturgemäß auch der Tabelle I die gesuchten
Dampfdrucke ablesen.

Hat man den Unterschied $(E - e)$ aus dem Diagramme 64 festgestellt, so kann man aus dem Diagramme 65 die Schweißmenge, und zwar bei verschiedenen Temperaturen, Sättigungsgraden und Luftgeschwindigkeiten direkt ablesen. Dieses Diagramm ist auf der Gleichung (168) aufgebaut, und zwar für eine entblößte Körperoberfläche von 0,5 bis 2,0 qm. Die Verdampfungszahl ist gleich der in Gleichung (117a) gewählt, so daß diese lautet

$$q = (0,018 + 0,015\,c)\,(E - e)\,F \text{ kg/h} . \tag{169}$$

Aus dem Diagramme läßt sich die in 1 Stunde verdunstete Schweißmenge folgendermaßen feststellen: Die Temperatur der Luft, in welcher der Arbeiter arbeitet, sei 20° C, der Feuchtigkeitsgehalt sei 60%. Der Unterschied der Tensionen (siehe Diagramm 64) wird gleich ca. 30 mm (genau 29,5 mm) sein (Punkt a Diagramm 65). Die Luftgeschwindigkeit sei 2 m/s (Punkt b auf der Linie 0—2, Diagramm 65). Dann wird die Menge des verdunsteten Schweißes auf der Horizontalen liegen, die durch den Punkt b hindurchgeht. Demzufolge verliert ein Arbeiter durch Schweißverdunstung ca. 1,5 kg/h Schweiß, wenn seine schweißbildende und entblößte Körperoberfläche ca. 1 qm (Kolonne $F = 1$ qm) ist.

Aus dem hier angeführten Diagramme geht hervor, daß die Luft bei kleinen Sättigungsgraden sehr viel Schweiß verdampfen kann, besonders wenn sie mit einer größeren Geschwindigkeit um den Körper strömt.

Nun wollen wir erörtern, ob der Körper imstande ist, diese Schweißmenge abzusondern.

6. Die durch den menschlichen Organismus abgesonderte Schweißmenge.

Durch genaue Prüfungen, welche an der Universität in Birmingham die Professoren Haldane und Neville Moss durchgeführt haben, wurde festgestellt, daß der Mensch ungeheure Schweißmengen absondern kann. Es ist allerdings nicht jedermann imstande, eine große Schweißmenge abzusondern[1]. Man kann sich aber an das Schwitzen gewöhnen, und Arbeiter, die längere Zeit hindurch in heißen Gruben arbeiten, schwitzen derart, daß ein der Arbeit ungewohnter Mensch bei weitem nicht imstande ist, solche Schweißmengen abzusondern.

Eine ganze Reihe von Prüfungen wurde mit Arbeitern direkt in der Grube gemacht, und es wurde festgestellt, daß der Arbeiter in einer 5½-Stunden-Schicht bis zu 9 Liter Schweiß verliert.

Viele Arbeiter verlieren aber mehr Schweiß als für die Wärmeableitung nötig ist, weil sehr viel Schweiß abfließt, ehe er verdunstet; auch wischt der Arbeiter sehr viel Schweiß ab.

---

[1] So wurden auf der Birminghamer Universität zwei Arbeiter geprüft. Einer war an die Grubenarbeit gewöhnt, der andere nicht. Der an die Arbeit ungewöhnte sonderte in 1 Stunde 1½ Pfund Schweiß ab, der gewöhnte 6½ Pfund.

Ein Arbeiter entfaltet während einer 8-Stunden-Schicht ungefähr 2000 kgcal. Bei einer Luft- und Stoßtemperatur von 30^0 C, 60% Feuchtigkeit und einer Luftgeschwindigkeit von 2 m/s werden durch Atmung 240 kgcal, durch Strahlung 80 kgcal ($F = 1,5$) und durch Leitung 300 kgcal ($F = 1,0$ qm) abgeleitet.

Zur Ableitung des Restes von 1380 kgcal würden 2,75 Liter Schweiß genügen, wenn er gänzlich auf der Körperoberfläche verdampfen würde. Da aber ein Teil des Schweißes verlorengeht, müssen wenigstens 4 bis 5 Liter Schweiß in einer Schicht abgesondert werden.

Ist der Arbeiter nicht imstande, diese Schweißmenge abzusondern, so kann er die der Wärmeentwicklung von 250 kgcal/h entsprechende Leistung nicht beibehalten. Er erniedrigt die Leistung, entwickelt somit auch weniger Wärme und braucht folglich auch weniger Schweiß abzusondern.

Durch Absonderung einer übermäßigen Schweißmenge ermüdet aber der Schweißmechanismus und kann dann nicht mehr soviel Schweiß absondern als nötig wäre. Dies äußert sich durch Ermüdung des ganzen Körpers, eventuell auch durch Steigerung der Körpertemperatur, was zu ernsten Störungen führen kann.

Deswegen muß auch mit dem Schweiße gespart werden. Es würde sich daher empfehlen, die Arbeiter mit großäugigen Netzhemden aus Baumwolle zu bekleiden, damit diese den Schweiß aufhalten und doch eine freie Verdampfung ermöglichen.

Damit der Arbeiter während der ganzen Schicht eine genügende Schweißmenge absondern könne, muß er, abgesehen von seiner persönlichen Fähigkeit Schweiß abzusondern und unter der Voraussetzung der Angewöhnung an das Schwitzen, genügend Wasser zu sich nehmen. Die in der Hitze arbeitenden Bergleute trinken auch derartige Wassermengen, die auf keinen Fall einen Vergleich damit vertragen, was der in kühler Luft obertags arbeitende Mann trinkt.

Nach Neville Moss trinkt ein Arbeiter in Pendleton Colliery in Lancashire während einer Schicht 1 Gallon Wasser = 4,5 Liter.

7. Die Zusammensetzung des Schweißes. Änderungen, die in der Blutzusammensetzung infolge des Schwitzens oder übermäßigen Wassertrinkens auftreten.

Die Absonderung ungeheurer Schweißmengen hat aber auch eine Änderung der Blutzusammensetzung zur Folge. Wäre der Schweiß nur reines Wasser, so würde sich die Konzentration der Salze im Blute erhöhen. Der menschliche Körper wehrt sich aber gegen diese Änderung einfach dadurch, daß mit dem Wasser, aus welchem der Schweiß größtenteils besteht, auch Salze wie $NaCl$, KCl, Sulfate, Phosphate, Laktate usw. abgeschieden werden.

Die Konzentration dieser Salze im Schweiße ändert sich, und zwar dementsprechend, wie der Arbeiter die Störung des Gleichgewichtes in der Blutzusammensetzung durch Trinken ausgleicht und welche Schweißmenge er abscheidet, was wiederum von der Temperatur und Feuchtigkeit der Luft und der geleisteten Arbeitsmenge abhängt. Der Schweiß eines schwer arbeitenden Bergmanns enthält ungefähr 0,8% der oben angeführten Salze.

Erwägen wir, daß ein Arbeiter in einer Schicht bis 8 Liter Schweiß absondert, so sehen wir, daß er auch eine große Menge Salz verlieren muß und dies bis 64 g in einer Schicht. Diese Salzmenge muß dem Körper wieder irgendwie zugeführt werden, wenn nicht ihr Fehlen im Blute fühlbar werden soll, was sich durch eine starke Ermüdung, ja sogar durch Krämpfe äußert.

Der ganze Vorgang beim Schwitzen und dem nachfolgenden Trinken ist folgender: Die Zusammensetzung des Blutes ist normal. Der Mensch schwitzt. Wenn die Konzentration der Salze im Blute nicht steigen soll, muß mit dem Schweiße auch Salz ausgeschieden werden, was auch erfolgt. Trinkt sodann der Arbeiter reines Wasser, so werden die im Blute enthaltenen Salze wieder verdünnt.

Dieser Salzmangel kann aber besonders dadurch eintreten, daß der Arbeiter eine übermäßige Wassermenge zu sich nimmt, wodurch die Salze im Blute zu sehr verdünnt werden. Diese Erscheinung pflegt man „Wasservergiftung“ zu nennen[1].

Um dem vorzubeugen, muß dem Getränk des Arbeiters ungefähr jene Salzmenge beigegeben werden, die er durch den Schweiß verliert. Dies wurde praktisch auf der Universität in Birmingham erprobt und wird nun allgemein in den Gruben in Mysore in Indien, auf den südafrikanischen Schächten und den englischen Gruben mit guten Resultaten gehandhabt.

Ich bringe hier die teilweise Abschrift des Originalberichtes über die Versuche mit Arbeitern, die in dieser Hinsicht gemacht wurden.

Dr. N. Moss machte mit einigen bei der Arbeit an Krämpfen leidenden Bergleuten Versuche. Er löste in dem Wasser, welches die Arbeiter während der Arbeit tranken, 10 g Kochsalz und ca. 1 g KCl pro 1 Gallon (4,5 Liter) Wasser. Diese Konzentration wurde auf Grund der Schweißanalysen gewählt[2]. Das Trinken dieses Wassers hatte folgende Wirkungen:

Fall 1. E. C., ein Arbeiter von kleiner Statur pflegte in einer Schicht 4 Liter Wasser zu trinken; er war häufig krank, doch hörten, nachdem er das Salz täg-

---

[1] Der Arbeiter trinkt manchmal mehr als er zur Schweißabsonderung braucht, und zwar aus folgenden Gründen: Die Luft, die er einatmet, trocknet ihm die Kehle aus und er trinkt, nur um die Kehle zu benetzen (nicht aber deswegen, weil der Körper die gestörte Konzentration der Salze im Blute oder ein Fehlen an Flüssigkeit verspürt), neue Mengen Wasser. Bei Austrocknung der Kehle ist es vorteilhaft, diese durch Gurgeln zu benetzen, ohne das Wasser zu trinken, was erfahrene Grubenarbeiter mancherorts einhalten.

[2] Diese Konzentration ist etwas niedriger als die des Schweißes; wir müssen aber berücksichtigen, daß der Mann viele Salze in der Nahrung einnimmt.

lich genossen hatte (ungefähr 3 Monate lang), die Krämpfe auf. Er gab an: 1. daß sich der Appetit steigerte, 2. daß er nach der Schicht frisch sei, obwohl er früher schon um 12,30 Uhr wegen Ermüdung die Arbeit beenden mußte, 3. daß er zu Hause nach der Arbeit tätig sei und nicht wie früher ausruhen und schlafen müsse, 4. daß er sich im ganzen als ein anderer Mensch fühle.

Fall 3. H. C., ein großgewachsener starker Bergmann. Er nahm das Salz während 3 Wochen und gibt an: 1. daß er gezwungen war während einer Schicht 10- bis 12 mal zu urinieren, wogegen früher nur 2 mal, 2. daß er nach der Schicht keine Ermüdung fühle, 3. daß er weniger, ungefähr ¾ des vorgeschriebenen Quantums trank.

Fall 5. Ein gesunder, normal großer Arbeiter. Dieser Arbeiter benützte nur die Hälfte der vorgeschriebenen Dosis, weil er sich beim vollen Quantum krank fühlte. Er trinkt 2,5 Liter Wasser während einer Schicht. Er gibt an, daß er bei Benützung des Salzwassers Schwindelanfälle vermisse, was früher immer gegen Ende der Schicht eintrat.

Es wurden auch Versuche angestellt, um festzustellen, wie lange der Arbeiter Schweiß absondern kann und welche Zusammensetzung der Schweiß hat, wenn der Arbeiter während der Schicht kein Wasser trinkt. Es wurde festgestellt, daß die Schweißabsonderung sehr rasch fällt und sein Salzgehalt zunimmt.

Es ist auch interessant, daß der Mensch bei intensivem Schwitzen wenig Wasser in Form von Urin absondert, und daß die Salzkonzentration im Urin sehr gering ist.

8. Insensibles (unsichtbares) Schwitzen.

Außer dem Schweiße, welchen man am Körper des Arbeiters direkt beobachten kann, verdampft der menschliche Körper auch Wasser, welches sich nicht in Form sichtbarer Tropfen äußert. Diese Erscheinung heißt insensibles Schwitzen. Die auf diese Weise abgesonderte Wassermenge ist auch von der Geschwindigkeit, der Temperatur und der Feuchtigkeit der Luft abhängig. Durch sorgfältige Messungen wurde festgestellt, daß aus dem menschlichen Körper bei einer Temperatur von 27° C in 1 Stunde ungefähr 50 g Wasser auf diese Weise abgesondert werden, was einer Wärmeableitung von ca. 30 kgcal/h gleichkommt.

Es ist interessant, daß dieser Schweiß reines Wasser ist, und daß durch ihn an der Körperoberfläche keine Salze abgeschieden werden.

9. Katathermometer.

Da die Kühlwirkung der Luft auf den menschlichen Körper nicht nur von der Temperatur und dem Sättigungsgrade der strömenden Luft, sondern auch von der Geschwindigkeit, mit welcher diese um den Körper vorbeiströmt, abhängt, war man schon früher bestrebt, die dem Körper gleichzeitig durch Strahlung, Wärmeleitung und Konvektion, sowie durch Verdunstung des Schweißes entzogene Wärmemenge durch einen einzigen Apparat zu bestimmen. Der Mensch besitzt nämlich nur in jener Luft ein Behaglichkeitsgefühl, in welcher sich seine Temperatur in einem Gleichgewichtszustande befindet und wo dem Körper gerade so viel Wärme entzogen wird, als er produziert.

Zu diesem Behufe hat man verschiedene Apparate vorgeschlagen und konstruiert, doch taugt am besten derjenige von dem englischen Forscher Leonard Hill. Das Prinzip des Apparates, der Katathermometer genannt wird, besteht darin, daß man die Zeit bestimmt, in welcher eine immer gleich groß bleibende (trockene oder feuchte) Oberfläche des Apparates eine immer gleich große Wärmemenge verliert.

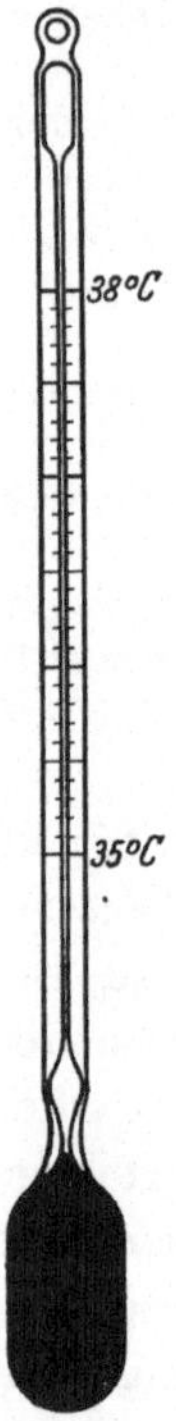

Der Apparat besteht aus einem mit Alkohol gefüllten Thermometer, das eine verhältnismäßig große Kugel hat. Die Teilung desselben ist ziemlich fein und so ausgeführt, daß das Intervall zwischen 38 und 35⁰ C in der Mitte der Kapillare liegt, deren größten Teil es einnimmt. Der obere Teil der Kapillare ist in ein kleines Kügelchen erweitert (Abb. 66).

Die Kühlstärke der Luft wird damit so gemessen, daß man das Thermometer über einer Lampe oder durch Eintauchen in eine Thermoflasche so hoch erwärmt, daß seine Temperatur 38⁰ C übersteigt, so daß sich Alkohol in der oberen Kugel ansammeln kann. Dann hängt man es in dem zu messenden Luftstrome frei auf und mißt mittels einer Stoppuhr die Zeit, die das Instrument braucht, damit seine Temperatur von 38 auf 35⁰ C falle. Dieses Temperaturintervall wurde deshalb gewählt, weil das arithmetische Mittel beider Endtemperaturen (35 und 38⁰) gleich 36,5⁰ C ist, also der mittleren Temperatur des menschlichen Körpers gleicht. Natürlich kann man im Bedarfsfalle auch ein anderes Intervall anwenden.

Durch Versuche bestimmt man die Wärmemenge, die das Instrument bei der erwähnten Abkühlung um 3⁰ C verliert. Dividiert man nun diese Wärmemenge durch die Instrumentenoberfläche (in cm² ausgedrückt), so erhält man diejenige Wärmemenge, die 1 cm² einer ähnlich temperierten Fläche (Oberfläche des menschlichen Körpers) unter gegebenen Verhältnissen verliert. Diese Wärmemenge, in Millikalorien ausgedrückt, wird auf jedes einzelne Instrument eingraviert[1].

Wird jetzt die Kühlstärke eines Wetterstromes gemessen, so bestimmt man die Abkühlungszeit in Sekunden, dividiert einfach die am Katathermometer eingravierte Zahl durch die Anzahl der abgelesenen Sekunden und bekommt die Wärmemenge in Millikalorien, die 1 cm² der vom Luftstrome bestrichenen Fläche in 1 Sekunde verliert.

Die Kühlstärke des Wetterstromes wird in Katagraden — KG oder KS — ausgedrückt. Die Kühlstärke eines Wetterstromes ist sonach gleich einem Katagrade, wenn derselbe imstande ist, einem cm² Fläche

Abb. 66. Katathermometer.

---

[1] Oft wird noch der Buchstabe F vor dieser Zahl angeführt. Diese Wärmemenge beträgt gewöhnlich ca. 500 mgcal.

von der Temperatur der Oberfläche des menschlichen Körpers — 36,5⁰ C — in 1 Sekunde 1 mgcal zu entziehen.

Da jedoch der menschliche Körper immer mehr oder weniger durch Schweißverdunstung gekühlt wird, kann nur das nasse Katathermometer die richtige Kühlwirkung des Wetterstromes angeben. Zu diesem Behufe muß man die Katathermometerkugel mit einem Musselinstrumpf umgeben, der bei der Messung in warmes Wasser eingetaucht wird, so daß die Temperatur des Instrumentes wieder wie früher über 38⁰ steigt. Sodann entfernt man womöglich alles überschüssige Wasser, hängt das Thermometer in dem zu messenden Wetterstrom auf und bestimmt wieder die Abkühlungszeit. Selbstverständlich kühlt sich das nasse Katathermometer im allgemeinen bedeutend schneller ab als das trockene. In diesem Buche versteht man unter dem früher erwähnten Katagrade, wenn nichts anderes angeführt ist, nur die Angabe des nassen Katathermometers (feuchte Katagrade), weil uns nur diese interessiert.

Da am nassen Katathermometer der Wetterstrom seine volle Wirkung — neben der Strahlung und Konvektion kommt auch die Verdunstung zur Geltung — ausüben kann, gleicht seine Kühlwirkung in hohem Maße derjenigen, die er auf den menschlichen Körper hat. Doch besteht ein Unterschied, und zwar der, daß der menschliche Körper auf seiner ganzen Oberfläche fast nie oder selten so naß ist wie die Katathermometerkugel.

Im allgemeinen kann man sagen, daß bei extrem hohen Temperaturen das Instrument zuverlässige Angaben macht, die mit dem Wärme- oder Kältegefühl des Menschen im Einklange stehen. Bei niedrigeren Temperaturen gibt es aber zu viel Kalorien an, die dem Körper entzogen werden sollen. Die Ursache liegt darin, daß bei solchen Temperaturen nicht der ganze Körper vom Schweiß bedeckt ist, daß die Temperatur der Körperoberfläche auch niedriger als 36,5⁰ C ist und daß der Mensch gewöhnlich teilweise bekleidet ist. Aus diesem Grunde und auch deswegen, daß die Wärmeübergangszahl zwischen Katathermometer und Luft anders als zwischen dem menschlichen Körper und der Luft ist, kann man auf Grund der Größe des menschlichen Körpers und der Angabe des Katathermometers die Anzahl der abgeführten Kalorien nicht genau berechnen. Nur eine angenäherte Bestimmung, vielmehr eine Größenordnungsangabe, ist möglich und die nur bei höheren Temperaturen.

Sonst aber zeigt das Instrument jenes Gefühl an, welches der Mensch in einer Luft von bestimmter Temperatur, Feuchtigkeit und Geschwindigkeit hat. Man kann nämlich auch in einer verhältnismäßig warmen Luft eine Kühle empfinden, wenn die Luft trocken ist und vorbeiströmt. Umgekehrt kann eine kühlere Luft als warm erscheinen,

wenn sie feucht ist und mit einer geringen Geschwindigkeit vorbeiströmt. In dieser Hinsicht genügt nicht die bloße Temperaturangabe.
Es genügt nicht einmal, die Temperatur eines Feuchtigkeitsthermo-
meters anzugeben. Man muß die kühlende Wirkung der Luft addieren,
was gerade durch das Katathermometer erfolgt.

Das Gefühl des Arbeiters bei den einzelnen Graden des Katathermometers ist im Diagramm Tafel I angegeben.

Bis 14 Katagraden ist der Mensch bestrebt, die Kleidung während
der Arbeit abzulegen. Über 14 Katagraden ist er umgekehrt bemüht,
sich mehr zu bekleiden, wenn er nicht in der Lage ist, sich durch Arbeit
genügend zu erwärmen.

XXVI. Einfluß der Luftfeuchtigkeit und -temperatur auf die Leistung des Arbeiters.

1. Ursachen der Ermüdung.

Mit der Frage der Ermüdung befaßte sich am eingehendsten der
Turiner Professor Mosso. Nach ihm ist die Muskelarbeit ein bio-
chemischer Prozeß, ein Verbrennen des in den Muskeln sich befindlichen Stoffes, welcher Glykogen genannt wird. Dieses Glykogen wird
dabei zu sarkolaktischer Säure und Kohlendioxyd oxydiert.

Glykogen ist ein Stoff aus der Gruppe der Zucker und scheidet sich
in den Muskeln aus der Dextrose des Blutes ab. Dieser Stoff sammelt
sich in großer Menge auch in der Leber, wo er als Reserve für den Fall
abgelagert ist, da er in den Muskeln gänzlich aufgebraucht ist.

Die sarkolaktische Säure und andere Produkte, die bei der Muskeltätigkeit gebildet werden, üben auf die Nervenenden, welche die Muskeltätigkeit kontrollieren, eine toxische Wirkung aus, wodurch sie die
Muskeltätigkeit stören können.

Die Ermüdung beruht auf:

1. dem Aufbrauchen des Glykogens, durch dessen Umwandlung mechanische Arbeit produziert wird,

2. der Bildung toxischer Produkte, welche die Tätigkeit der Nerven paralysieren.

Der Muskel ist nur dann fähig neue Arbeit zu leisten, wenn das
strömende Blut in die Muskeln neues Glykogen bringt oder wenn es aus
den Muskeln jene Stoffe fortschwemmt, die ihre Tätigkeit paralysieren.
Arbeiten wir allerdings längere Zeit, so ist unser Blut mit toxischen
Produkten so gesättigt, daß es diese nicht mehr aufnimmt und somit
auch nicht aus den Muskeln entfernt. Schließlich tritt ein Zustand ein,
wobei jeder Muskel im Körper, auch der, der nicht gearbeitet hat, mit
diesen toxischen Stoffen derart gesättigt ist, daß er nicht arbeitsfähig
ist. Wird die Ermüdung ins extreme getrieben, kann durch eine Blut-

vergiftung, die durch diese toxischen Stoffe hervorgerufen wird, der Tod eintreten, was man bereits bei Wettkämpfern und gehetzten Tieren beobachtet hat. Dies kommt hauptsächlich dann vor, wenn auch die Herzmuskeln infolge der toxischen Einwirkungen ihre Tätigkeit einstellen.

Bei körperlicher Arbeit ist auch das Herz mehr beansprucht, weil der Organismus bemüht ist, durch raschere Zirkulation des Blutes den Muskeln teils neue Stoffe zuzuführen, teils die bei der Arbeit entstandenen Produkte zu entfernen.

Ein ermüdeter Organismus ist nur dann fähig neue Arbeit zu verrichten, wenn nach mehrstündigem Schlaf aus dem Körper alle Produkte entfernt sind und die Muskeln nach neuer Nahrungsaufnahme und Verdauung mit neuen Glykogenvorräten versorgt sind. Aus den Muskelgeweben werden die toxischen Stoffe in die zentralen Exkrementationsorgane entfernt.

Dauerte der Schlaf oder die Ruheperiode überhaupt nicht lange genug, beginnen wir den kommenden Tag mit einer teilweisen Ermüdung. Wiederholt sich das öfter, können die Muskelgewebe nicht ordentlich gereinigt werden und es tritt eine gänzliche chronische Ermüdung ein und schließlich auch pathologische Symptome.

Die Folgen einer übermäßigen Ermüdung sind:

1. Mattigkeit,
2. Verlust der mentalen Alertness,
3. Reizmittelsucht,
4. eine verminderte Widerstandsfähigkeit gegen Krankheiten,
5. Neigung zur Erkältung,
6. Nervenzerrüttung und Gereiztheit,
7. Unzufriedenheit und
8. besonders eine Verringerung der Arbeitslust und -leistung.

Ein ermüdeter Mensch bedarf einer ungeheuren psychischen Energie, wenn er weiterarbeiten soll. Die riesige psychische Anspannung und Überwindung ermüdet ihn aber wieder geistig. Ist die Ermüdung bereits in fortgeschrittenem Zustande, so erfolgt die Fortsetzung der Arbeit auf Kosten ungeheurer Energieverluste, es werden alle Reserven aufgebraucht und die Grundquellen der Lebensenergie werden untergraben.

Bei höheren Temperaturen tritt die Ermüdung bedeutend rascher ein, was versuchsweise auch derart festgestellt wurde, daß die Hand des Arbeitenden in warmes Wasser oder warme Luft gesteckt wurde. Dies wird dadurch verursacht, daß das Blut, im Bestreben sich abzukühlen, statt in die Muskeln, eher in die Hautvenen strömt. Infolgedessen werden die Muskeln nicht genügend mit neuen Stoffen versorgt, und auch die toxischen Stoffe, die durch mechanische Arbeit entstehen, werden un-genügend rasch beseitigt. Die hohe Temperatur selbst hat wahrschein-lich auch einen ungünstigen Einfluß auf die in den Muskeln erfolgenden chemischen Prozesse. Kurz, der Körper und der ganze Organismus ist bei hohen Temperaturen mit der Wärmeabgabe aus dem Körper beschäftigt, und es ist die ganze Tätigkeit dahin gerichtet und nicht auf die Ernährung und Reinigung der Muskeln. Im übrigen ist der Organismus bemüht, die Erzeugung der Wärme einzudämmen, damit er ihre Abgabe um so eher bewältigen könne, was eben durch Ver-ringerung der physischen Arbeit und der metabolischen Vorgänge ge-schieht.

Bei hohen Temperaturen stellt sich die Ermüdung und geistige De-pression auch deshalb ein, weil das Blut vom normalen Wege abgelenkt ist und durch das Gehirn und die Innenorgane nicht so rasch zirkuliert, wie bei niedrigen Temperaturen. Deswegen stellt sich zuerst eine geistige Abgespanntheit und eine Verringerung des Beurteilungsvermögens ein. Bei extremen Temperaturen stellen sich Schwindelanfälle und Ver-dauungsstörungen, sowie Einstellung anderer Lebensprozesse ein.

Schließlich trägt die erhöhte Herztätigkeit zur allgemeinen Er-müdung bei. Manchmal ruft die Ermüdung ein Angst- und Beengungs-gefühl hervor. In jedem Falle wird die Arbeitsfreude herabgesetzt.

2. Die Menge der vom Menschen geleisteten Arbeit und die dabei entwickelte Wärme. Abhängigkeit der Leistung von Feuchtigkeit, Temperatur und Bewegung der Luft.

Durch den Lebensprozeß wird Wärme entfaltet. Diese Wärme muß aus dem menschlichen Körper ständig abgeführt werden, wenn nicht eine Steigerung der Temperatur und schließlich der Tod eintreten soll.

Ein schlafender Mensch entwickelt in 1 Stunde ungefähr 70 kgcal. Ein wachender, aber sich in Ruhe befindlicher Mensch, erzeugt 80 kgcal. Außer den oben angeführten 70 kgcal, welche dem basalen Metabolis-mus entsprechen, entfaltet aber ein arbeitender Mensch ca. 5,5- bis 6 mal[1] so viel Wärme, als der durch ihn geleisteten mechanischen Arbeit

---

[1] Diese Zahl ist von Leonard Hill und Argyll Campbell in dem Artikel: Cooling Power of the Atmosphere and Comfort During Work in J. Ind. Hyg. **1922**, No 6, 246 ff. angegeben. Ich habe aber auch gelesen, daß der menschliche Mechanismus einen 33%igen Wirkungsgrad besitzt, daß also etwa ein Drittel in mechanische Arbeit und zwei Drittel in Körperwärme umgewandelt werden. Wir haben keine Möglichkeit gehabt, diese Zahl nachzuprüfen und haben uns nach den Angaben von L. Hill und Campbell gerichtet, weil deren Namen gute Bürgschaft leisten.

Da diese Zahl für die folgenden Betrachtungen grundlegende Wichtigkeit be-sitzt, wäre es angezeigt, sie für alle möglichen Arbeitsgattungen und für ver-schiedene klimatische Verhältnisse festzustellen.

entspricht. Der Wirkungsgrad des menschlichen Motors ist also etwa 15%[1].

Ein Bergarbeiter, welcher 8 Stunden hindurch arbeitet, entwickelt eine Leistung, welche ungefähr 0,05 PS entspricht[2]. Diese Leistung, in Wärme umgerechnet, repräsentiert 31,60 kgcal/h. Da der Mensch 5,75 mal soviel Wärme entwickelt, entwickelt er $5,75 \cdot 31,60 = 181$ kgcal. Dazu kommen noch 70 kgcal des basalen Metabolismus, so daß wir rechnen können, daß ein vollbeschäftigter Grubenarbeiter $180 + 70 = 250$ Kalorien entwickelt[3].

Der Mensch kann allerdings diese 250 Kalorien nur dann entwickeln, wenn er sie aus dem Körper auch ableiten kann. Kann er weniger ableiten, so muß er die Wärmebildung und damit auch die Leistung vermindern.

Ist die Temperatur der Umgebung derart, daß es nicht möglich ist, mehr als 70 Kalorien zu entführen, so kann der Mensch überhaupt keine dauernde Arbeit leisten, durch welche die Wärmebildung über die besagten 70 Kalorien erhöht werden würde.

Wir können also als Hauptsatz sagen: Der Mensch kann bei einer bestimmten Temperatur und einer bestimmten Luft-

---

[1] Er richtet sich auch nach der „Belastung" des menschlichen Motors. Bei einer kleineren „Belastung" sinkt der Wirkungsgrad; bei „Leerlauf" ist er 0%.

[2] Ein Arbeiter ist einer Arbeitsleistung von etwa 0,15 PS fähig. Kurze Spitzenleistungen können noch viel größer sein. Derartige Leistungen kann er aber 8 Stunden lang nicht entwickeln. Obertags ist eine ständige Leistung von 0,1 PS, die aber schon ziemlich hoch ist, möglich. Bei den schlechten Raum-, Belichtungs- und klimatischen Verhältnissen in der Grube ist die Leistung kleiner. Auf Grund der Versuche von Orenstein und Ireland, sowie der Beobachtungen von Moss, Hill, Campbell usw. kann angenommen werden, daß die Durchschnittsleistung — die ganze Arbeit auf die achtstündige Schicht gleichmäßig aufgeteilt — etwa 0,05 PS beträgt.

Es muß auch bedacht werden, daß manche Grubenarbeiten, beispielsweise das Handbohren, in Kilogrammetern ausgedrückt, keine gar so große Leistung repräsentieren und daher auch mit keiner großen Wärmeentwicklung verbunden sind, aber trotzdem sehr ermüden, weil sie nur einige Organe (die Hände, die Arme) in Anspruch nehmen.

Moss gibt an, daß ein geübter Bergmann in 1 Stunde 24 000 kgm verrichtet, was einer Leistung von 0,126 PS entspricht. In einer 8-Stunden-Schicht sinkt aber die Leistung auf 80 000 kgm, was 0,037 PS gleichkommt.

Orenstein und Ireland haben durch kostspielige Versuche und sinnreiche Apparate ermittelt, daß ein Neger in Südafrika beim Handbohren eine Leistung bis zu 0,046 PS, bei den übrigen Arbeiten ca. 0,07 bis 0,14 PS entwickelt. Diese Arbeiten vermag er aber nur 4 Stunden lang auszuüben. Wird es auf 8 Stunden umgerechnet, so ergibt sich eine Leistung von nur 0,023 PS beim Bohren und 0,035 bis 0,07 bei den übrigen Arbeiten.

Eine Leistung von 0,05 PS kann also mit gutem Grunde als mittlere Vollleistung betrachtet werden.

[3] Analog gerechnet, entsprechen 430 kgcal/h einer Leistung von 0,1 PS und 610 kgcal/h einer Leistung von 0,15 PS.

feuchtigkeit und -geschwindigkeit nur eine bestimmte Wärmemenge ableiten, so daß er auch nur eine bestimmte Arbeitsmenge leisten kann, die dieser Wärmemenge entspricht.

Von dieser Voraussetzung ausgehend, können wir mit einer gewissen Annäherung berechnen, wie weit die Leistung eines Arbeiters bei einer bestimmten Temperatur, Feuchtigkeit und Wettergeschwindigkeit sinkt.

Kann der Mensch aus dem Körper nur 70 Kalorien entführen, so ist seine Leistung gleich 0%; kann er 250 Kalorien entführen, so kann er auch eine volle Leistung entfalten, also 100%. Je 1,8 Kalorien über 70 gerechnet stellen also 1% vor[1].

Bei 30° C und 100% Feuchtigkeit werden beispielsweise durch Atmung ca. 17 Kalorien und durch Strahlung ca. 10 Kalorien entführt. Bei einer Wettergeschwindigkeit von 0 m pro Sekunde könnten aus dem menschlichen Körper durch Leitung ungefähr 20 kgcal abgeleitet und ca. 125 g Schweiß, welcher beiläufig 64 Kalorien entführt, verdunsten. Im ganzen somit 111 Kalorien, so daß eine Leistung von ca. 25% entfaltet werden könnte.

Auf Grund der im Kapitel XXV angeführten Tafeln kann man leicht berechnen, wieviel Kalorien bei jeder Temperatur, Feuchtigkeit und Wettergeschwindigkeit durch Atmung, Strahlung und Schweißverdunstung aus dem menschlichen Körper entführt werden können. Bei niedrigeren Temperaturen muß man beachten, daß der Mensch nicht vollkommen nackt arbeitet.

Zwecks Erleichterung der Bestimmung der Leistungserniedrigung habe ich ein Diagramm zusammengestellt (Tafel I)[2], aus welchem direkt abgelesen werden kann, wie groß die Leistung bei bestimmten Verhältnissen sein kann.

Das Diagramm ist folgendermaßen zusammengestellt:

Die linke Hälfte enthält Kurven gleicher Kühlstärke, gezeichnet in ihrer Abhängigkeit von der Temperatur und der Feuchtigkeit der stagnierenden Luft.

Man sieht, daß z. B. eine vollkommen trockene (0% Sättigungsgrad) und 28,7° C warme Luft eine Kühlstärke von 14 KG besitzt (Punkt a). Eine ebenso warme, jedoch 50% feuchte Luft besitzt bloß 9 KG (Punkt b) und eine gleich warme, aber vollkommen gesättigte Luft (100% Sättigungsgrad) nur 5 KG (Punkt c).

Soll die 50% feuchte Luft dieselbe Kühlstärke (14 KG) haben, so muß ihre Temperatur auf 19,6° C sinken (Punkt d) und bei vollständiger Sättigung (100%) auf 15° C (Punkt e), um dieselbe Kühlstärke von 14 KG aufzuweisen.

Verfolgt man also die Kühlstärken bei gleicher Temperatur z. B. 20° C, so sieht man, daß einem Katagrade eine Feuchtigkeitsänderung von ca. 15% entspricht, wogegen 1 KG bei gleicher Feuchtigkeit, z. B. 50%, durch eine Temperaturänderung von ca. 2° C hervorgerufen wird.

Dies alles gilt, wie schon gesagt, für stagnierende Luft.

---

[1] Hier wird vorläufig ohne Rücksicht auf den physiologischen Effekt des Verlustes großer Schweißmengen gerechnet. Auf S. 171 ff. ist auch dieser Umstand berücksichtigt.

[2] Unter Zugrundelegung der Diagramme von Jansen: Glückauf 1927, 90 ff.

Für strömende Luft gilt die rechte Diagrammhälfte, wo Kühlstärkekurven in ihrer Abhängigkeit von der Geschwindigkeit und der Temperatur des vollgesättigten Luftstromes aufgetragen sind. Die Kurven gleicher Kühlstärken der linken und rechten Hälfte müssen sich also in der Mittelachse schneiden.

Wir wollen jetzt das eben vorgeführte Beispiel — nunmehr vollgesättigte, 15° C warme, stagnierende Luft von 14 KG (Punkt e) — verfolgen. Bleibt die Temperatur der Luft gleich, so liest man die den einzelnen Geschwindigkeiten angehörenden Kühlstärken auf der durch den Punkt e gehenden Horizontalen ab. Man sieht, daß ein und dieselbe Luft bei einer Geschwindigkeit von 1 m/s eine Kühlstärke von ca. 26 KG (Punkt f), bei einer Geschwindigkeit von 2 m/s schon volle 32 KG besitzt (Punkt g). Begnügt man sich mit einer gleichen Kühlstärke von 14 KG, so sieht man, daß die Luft volle 25° C haben kann, sobald ihre Geschwindigkeit auf 1 m/s steigt (Punkt h), und daß sie sogar 27,2° C warm sein kann, wenn sie mit 2 m/s strömt (Punkt i).

Will man z. B. die Kühlstärke eines 50% feuchten und 19,6° C warmen Luftstromes bestimmen, so ermittelt man zuerst diejenige einer ebenso feuchten und warmen, aber ruhenden Luft (Kühlstärke 14 KG, Punkt d). Dann verfolgt man die diesem Zustande angehörende Kurve — 14 KG — nach rechts abwärts, bis sie die Mittelachse schneidet (Punkt e) und bestimmt somit denjenigen Zustand der untersuchten Luft, der der gleichen Kühlstärke einer ruhenden, vollgesättigten Luft entspricht. Den Einfluß der Geschwindigkeit bestimmt man dann so wie man es früher getan hatte (Punkt f für $c = 1$ m/s usw.).

Rechts von diesem Diagramme befindet sich endlich eine Zusammenstellung der größtmöglichsten Leistung unter Zugrundelegung der Annahme, daß 0,05 PS die Volleistung = 100 % ist.

Aus dieser Tafel ist sehr deutlich zu ersehen, wie groß die Wirkung der Luftbewegung ist. Selbst durch eine schwache Bewegung der Luft kann man ihre Kühlwirkung vervielfachen. Bei niedrigeren Temperaturen kann man durch Erhöhung der Luftgeschwindigkeit, besonders bis 2 m/s, am meisten erzielen. Bei extrem hohen Temperaturen (über 38° C) hilft aber die Geschwindigkeitserhöhung nur sehr wenig oder überhaupt gar nichts.

Den Erfahrungen zufolge, die man im Simplontunnel gemacht hatte, ist die günstigste Wettergeschwindigkeit etwa 3 bis 4 m/s. Wird sie jedoch größer als 5 m/s, so wird die Arbeitsleistung kleiner, da der Windzug immer so viel Bohrmehl und Staub mitführt, daß der Arbeiter dadurch stark belästigt wird.

Aus diesem Diagramme ist auch zu ersehen, daß man bei ungefähr 14 Katagraden eine volle Leistung, bei 8 Graden eine 50%ige und bei 1 Katagrade eine nullprozentige Leistung erzielen kann, was bei 35° C, 100% Feuchtigkeit und einer Geschwindigkeit von 0 m eintritt.

Eine volle Leistung ist bei 15° C, 100% Feuchtigkeit und stagnierender Luft möglich. Befindet sich aber die Luft in Bewegung, z. B. 2 m/s, so kann man auch bei 27° C und 100% Feuchtigkeit eine 100%ige Leistung erzielen. Bei 50% Feuchtigkeit und einer Geschwindigkeit von 2 m kann man noch bei 34° C eine volle Leistung erreichen, wenn man an das intensive, andauernde Schwitzen gewöhnt ist.

Bei höheren Temperaturen wird allerdings durch Schweißverdunstung mehr Wärme entführt, als durch die anderen Möglichkeiten (Leitung, Strahlung usw.), und es ist nicht gleichgültig, ob der größere Teil der Wärme durch Leitung, Strahlung und Atmung oder durch Schweiß abgeführt wird. Die Schweißabsonderung ist bis zu einem gewissen Maße eine pathologische Erscheinung. Soll nun der Großteil der Wärme durch Schweiß abgeleitet werden, so leidet darunter auch die Leistung, besonders wenn längere Zeit hindurch gearbeitet werden soll, und dies um so mehr, da bei extrem hohen Temperaturen (über 37⁰ C) die zur Verdunstung nötige Wärme auch aus der Luft entnommen wird. Man muß also mehr Schweiß absondern, als der geleisteten Arbeit entspricht.

Es ist besser, wenn sich nicht nur die Schweißabsonderung, sondern auch alle anderen Wege an der Wärmeableitung beteiligen.

Auf diesen Umstand sollte bei der Anfertigung des in Tafel I angeführten Diagrammes volle Rücksicht genommen werden. Da wir aber die Abhängigkeit der Ermüdung von der Menge des abgesonderten Schweißes nicht kennen und auch nicht wissen, wieviel Wärme der Schweiß bei seiner Verdunstung (über 37⁰ C) dem Körper und wieviel der Luft entnimmt, können wir eine den Tatsachen entsprechende Abhängigkeit zwischen der Temperatur, Feuchtigkeit und Wetterströmungsgeschwindigkeit auf der einen Seite und der Ermüdung und Leistung auf der anderen Seite nicht aufstellen.

Wir haben deswegen das Intervall zwischen 14 KG und 1 KG einfach linear auf 100% bis 0% Leistung aufgeteilt. Es ist aber sicher, daß die Leistung mit steigender Temperatur rascher als linear sinkt, besonders bei Personen, die einer intensiven, andauernden Schweißabsonderung nicht fähig sind.

Die Ermittlung der genauen Abhängigkeit soll den künftigen Forschern vorbehalten bleiben.

Es muß hier hervorgehoben werden, daß die hier angeführte Leistungserhöhung (im Falle einer Erniedrigung der Temperatur, der Feuchtigkeit usw.) nur bei jenen Arbeiten eintritt, die eine körperliche Anstrengung erfordern. Dies ist besonders beim Laden der Wagen, beim Handschrämen usw. der Fall. Wenn jedoch der Arbeiter einen eingespannten Bohrhammer nur überwacht, oder eine Grubenlokomotive lenkt, oder eine Dynamitpatrone einsetzt, kann man freilich keine besondere Leistungserhöhung erwarten, obzwar auch hier, wegen der größeren geistigen Frische, durch Arbeitslust und Aufmerksamkeit eine Leistungserhöhung erzielbar ist. Man muß also jede Arbeit gesondert betrachten.

Ist die Volleistung eine andere als 0,05 PS, so muß im Diagramme.

Tafel I ein anderes Intervall als zwischen 1 KG und 14 KG als Grundlage genommen werden.

Arbeiter, die einer stärkeren Schweißabsonderung nicht fähig sind, kann man auch einstellen, aber nur dann, wenn man sie von Zeit zu Zeit mittels einer Wasserdusche besprengt. Dies soll wegen der Luftfeuchtigkeitsvergrößerung nicht übermäßig erfolgen. Damit das Wasser längere Zeit am Körper anhafte, soll man die Arbeiter mit großmaschigen Hemden bekleiden. Diese Vorkehrung kann auch auf Arbeiter ausgedehnt werden, welche stärker schwitzen können, weil dadurch Schweiß gespart und eine Erfrischung erzielt wird.

Daß die Verbesserung der Verhältnisse in der Grube eine große Leistungserhöhung zur Folge hat, ist aus den Beobachtungen folgender Forscher ersichtlich.

Orenstein und Ireland haben z. B. beobachtet, daß bei 5 KG nur etwa ein Drittel der bei 19 KG möglichen Leistung erzielt wurde. Für verschiedene Grubenarbeiten haben Orenstein und Ireland gefunden, daß die Leistung geringer wird, sobald die Kühlstärke unter 16 KG sinkt, und bei 5 KG nur 55% beträgt. Da aber Orenstein und Ireland als Volleistung eine ununterbrochene 4stündige Arbeit als Basis gewählt haben, ist einer 8stündigen Schicht gegenüber die Leistungsverminderung weit größer als 55%. Unserem Diagramme zufolge 31%.

Orenstein und Ireland haben auch beobachtet, daß durch einen Ventilator, welcher aus einer Entfernung von 3 bis 6 m gegen die Arbeiter Luft geblasen hat, die Leistung um 46% erhöht wurde.

Unter den Beobachtungen der Genannten ist sehr bemerkenswert, daß bei 19 KG während 4 Stunden die Leistung 0,11 PS betrug und daß der Arbeiter nach Beendigung nur eine geringe Ermüdung verspürte. Bei 5,56 KG betrug die Leistung während 4 Stunden nur 0,037 PS und trotzdem fühlte sich der Bergarbeiter sehr ermüdet.

Leonard Hill gibt als entsprechende Temperatur für leichte Arbeit 25 KG und für schwere 30 KG an.

Jansen gibt den Beginn der Leistungsverminderung bei 14 KG an. Bei höheren Temperaturen des trockenen Thermometers sogar bei 26 KG; hier äußert sich der Einfluß der Wärmeableitung nur durch Schweißverdunstung. Für 5 KG gibt der gleiche Autor eine nur unbedeutende Leistung an.

Moss stellte bei höheren Temperaturen nur kleinere Leistungsverminderungen fest, doch dauerten seine Versuche nur kurze Zeit (1 bis 2 Stunden).

In den Příbramer Gruben hat seiner Zeit Ing. Lodl den Zusammenhang zwischen der Leistung und der Ventilation beobachtet und gefunden, daß bei einer Vergrößerung der zugeführten Wettermenge um 30% die Arbeitsleistung um 50% gestiegen ist.

3. Die Leistung des Arbeiters bei extrem hohen Temperaturen und für kurze Arbeitszeiten.

In den vorstehenden Kapiteln handelte es sich immer um eine gleichmäßige, auf 8 Stunden verteilte Arbeit. Für eine derartige Leistung gelten die angeführten Erwägungen. Nur solche Arbeit kann als Basis genommen werden.

Aber auch bei besonders ungünstigen klimatischen Verhältnissen, bei welchen unsere früheren Berechnungen schon eine 0%-ige Arbeitsleistung zeigen, ist der Mensch noch bestimmter Leistungen fähig, jedoch nur eine kurze Zeit hindurch. Damit wir die Menge der unter solchen Umständen geleisteten mit derjenigen unter normalen Verhältnissen geleisteten Arbeit vergleichen können, müssen wir die Leistung immer mit der Zeit multiplizieren. Arbeitet also der Bergmann 100%ig nur 4 Stunden lang, so erzielt er im Vergleiche zu der oben definierten normalen 8 stündigen Arbeit nur eine 50%ige Leistung[1].

Dem oben Ausgeführten zufolge wäre der Mensch einer achtstündigen dauernden Arbeit in einer gesättigten Luft bei einer größeren Temperatur als 39⁰ nicht fähig und seine Leistung wäre Null. In Wirklichkeit kann aber der Mensch auch bei höheren Temperaturen arbeiten, nur wenn die Temperatur nicht so hoch ist, daß sie direkt einen physischen Schmerz, resp. eine Zersetzung der Haut verursacht. Der in eine derartige Atmosphäre gelangende Arbeiter akkumuliert in sich Wärme, und zwar die durch mechanische Arbeit in ihm erzeugte und die aus der Umgebung in seinen Körper geleitete Wärme. Der Arbeiter kann sodann auf der betreffenden Stelle so lange verweilen und arbeiten, so lange nicht die Temperatur seines Körpers um mehr als 2⁰ über das Normal steigt. Sobald die Temperatur seines Körpers diese Grenze übersteigt, muß er die Arbeitsstelle verlassen, um die Körpertemperatur wieder auf das Normal zu bringen.

Da ein normaler Arbeiter ca. 70 kg wiegt und da die spezifische Wärme seines Körpers ungefähr 0,75 kgcal[2] beträgt, kann der Körper eigentlich ca. 100 kgcal in sich aufnehmen, ehe seine Temperatur um die erwähnten 2⁰ C ansteigt. Würde der Arbeiter in einer gesättigten, 37⁰ C warmen Luft arbeiten, könnte er 1 Stunde lang eine 40%ige Leistung im Vergleiche zum Normal aufweisen, ehe seine Temperatur auf 39⁰ C steigen würde. Würde er in einer derartigen Atmosphäre nur eine halbe Stunde bleiben, könnte er eine 80%ige Leistung erzielen. Bei einem Verweilen von einer Viertelstunde könnte er volle 100% erzielen.

Ist die Luft nicht vollkommen gesättigt, so ist der Mensch viel höherer Leistungen fähig als eben angeführt wurde. Mit Rücksicht darauf, daß der Mensch nur ganz kurze Zeit hindurch arbeitet, ist zu ersehen, daß die geleistete Arbeit unbedeutend ist. Naheliegenderweise handelt es sich in diesen Fällen hauptsächlich um Gelegenheitsarbeiten bei Katastrophen, Bränden usw., so daß von einem normalen Betriebe keine Rede sein kann.

---

[1] Hier wird wohl nicht das unter Leistung gemeint, was die Physik, sondern das, was der Bergmann darunter versteht.

[2] Weil der menschliche Körper zum Großteil aus Wasser zusammengesetzt ist.

4. Berechnung der Leistung des Arbeiters mit Rücksicht auf die von ihm abgeschiedene Schweißmenge.

Auf Grund der bisherigen Erwägungen können wir aus den atmosphärischen Verhältnissen der Grubenluft auf die Leistung schließen, deren ein normaler, an die Grubenverhältnisse gewohnter Arbeiter fähig ist. Setzen wir voraus, daß die Wärmeentfaltung des Bergmannes bei dauernder Arbeit und normaler Leistung gleich ist $Q_{norm} = 250$ kgcal/h. Die Luft kann sodann bei gegebenen Verhältnissen aus dem Körper des Arbeiters Q kgcal/h entführen; diese Wärme setzt sich zusammen aus der Wärme, die durch Leitung (Q_l) (siehe Diagramm 62), Atmung (Q_a) (siehe Diagramm 59), Strahlung (Q_s) (siehe Diagramm 61) und Verdampfung des Schweißes (Q_w) (siehe Diagramm 65) entführt wird.

Wir können sodann schreiben:

$$Q = Q_l + Q_a + Q_s + Q_w \geqq Q_{norm} = 250 \text{ kgcal/h}. \tag{170}$$

Vermag die Luft die ganze durch den Arbeiter erzeugte Wärmemenge zu entführen, ist also $Q \geqq Q_{norm}$, so kann der Bergmann volle 100% Arbeit verrichten; vermag nicht die Luft die ganze Wärme zu entführen, ist also $Q < Q_{norm}$, so verringert sich die Leistung des Arbeiters verhältnisgleich der abgeführten Wärmemenge, wobei wir uns diese Abhängigkeit linear vorstellen.

Die der abgeleiteten Wärmemenge Q entsprechende Leistung des Arbeiters ergibt sich aus dem Wirkungsgrade η_a nach der Gleichung

$$\eta_a = \frac{Q \cdot 100}{Q_{norm}}. \tag{171}$$

Diese Leistung Q bzw. diesen Wirkungsgrad η_a nennen wir **physisch** oder **absolut**.

Die Leistung des Arbeiters wird aber nicht nur durch die abgeleitete Wärme bestimmt, sondern auch durch die Menge des ausgeschiedenen Schweißes q. Der Arbeiter kann nur bis zu einer bestimmten Grenze Schweiß absondern, ohne Beschwerden oder eine Ermüdung wahrzunehmen, bzw. ohne daß dadurch eine Verringerung der Leistung eintreten würde. Ist der Organismus gezwungen mehr Schweiß abzusondern als dieser minimalen Menge q_{min} entspricht, so verringert sich die Leistung des Arbeiters fortlaufend derart, daß der Arbeiter bei Ausscheidung einer bestimmten Schweißmenge q_{max} einer dauernden Arbeit unfähig wird. Diese beiden Werte, maximal und minimal, sind für verschiedene Arbeiter verschieden und richten sich nach der Konstitution, dem Einarbeiten usw. Den bisherigen Erfahrungen zufolge kann man sagen, daß ein normaler, aklimatisierter Arbeiter in einer Stunde ca. $q_{min} = 250$ g Schweiß abscheiden kann, ohne eine Ermüdung zu verspüren; demgegenüber tritt bei einer Ausscheidung von $q_{max} = 1500$ g/h ein Zustand ein, bei dem der Bergmann einer dauernden Arbeit nicht mehr fähig ist.

Es muß in Betracht gezogen werden, daß nicht der gesamte Schweiß an der Körperoberfläche verdampft, sondern, daß ein bestimmter Teil verloren geht, abtropft, der natürlich für die Abkühlung des menschlichen Körpers nicht in Frage kommt. In gesättigter heißer Luft kann der menschliche Körper bedeutende Schweißmengen abscheiden, ohne daß selbst der geringste Teil davon verdampft wird.

Man muß also sowohl die gesamte Menge des ausgeschiedenen Schweißes, als auch den in die Luft verdampften Anteil kennen.

Die Menge des verdampften Schweißes q_1 ist von der Fähigkeit der Luft Wasserdampf aufzunehmen abhängig, d. i. von der Verdampfungsfähigkeit ε, die einerseits durch den Spannungsunterschied des Wasserdampfes in der Luft und am menschlichen Körper, andererseits durch die Geschwindigkeit der strömenden Luft und ihre Temperatur bestimmt ist. In Ermangelung genauerer Beziehungen wenden wir folgende Gleichung an:

$$q_1 = a_1 \cdot \varepsilon + b_1, \qquad (172)$$

wobei a_1 und b_1 durch Versuche festzustellende Konstanten sind.

Die Menge des zwar abgeschiedenen, aber nicht verdampften, also des abgetropften Schweißes q_2 wird sodann verkehrt proportional der Verdampfungsfähigkeit sein, nach der Gleichung

$$q_2 = \frac{a_2}{\varepsilon} + b_2, \qquad (173)$$

wobei a_2 und b_2 wieder durch Versuche festzustellende Konstanten sind.

Die Gesamtmenge des ausgeschiedenen Schweißes gleicht der Summe $q_1 + q_2 = q$. Diese Menge bestimmt den Grad der Leistungsverminderung des Arbeiters, wogegen die bloße Menge des verdampften Schweißes q_1 wohltuend wirkt.

Die Schweißabsonderung wirkt also in doppelter Hinsicht und dies einesteils wohltuend insofern, als der verdampfende Schweiß Wärme bindet und den Körper des Arbeiters kühlt, anderenteils auch schädlich, sobald die Abscheidung ein bestimmtes Minimum überschreitet.

Wie groß aber der abtropfende Anteil ist, ist bis nun nicht bekannt, wogegen der verdampfte Anteil verhältnismäßig leicht bestimmt werden kann. Sicher ist aber, daß in trockener Luft sehr leicht der gesamte Schweiß verdampft werden kann, ohne daß selbst der geringste Teil abtropft, wogegen in feuchter, gesättigter Luft nur sehr wenig verdampft wird.

Bis zur Beendigung der Versuche müssen wir daher den Wert nur abschätzen. Wir vergrößern die Menge des verdampften Schweißes, so daß wir für jedes verdampfte Gramm über 250 g/h zwei weitere Gramm für das Abtropfen zugeben.

Verdampften am Körper des Arbeiters 250 g/h, so werden ca. 125 kgcal/h gebunden und nichts tropft ab; 500 verdampfte Gramm, welche 1000 ausgeschiedenen Grammen pro Stunde entsprechen, binden 250 kgcal/h.

Dabei setzen wir voraus, daß die Leistung des Arbeiters linear abhängig ist von der Menge des ausgeschiedenen Schweißes zwischen den Grenzwerten q_{min} und q_{max} nach der Gleichung

$$\eta_f = \frac{q_{max} - q}{q_{max} - q_{min}} \cdot 100. \tag{174}$$

Diesen Wirkungsgrad η_f nennen wir physiologischen Wirkungsgrad. Ersichtlicherweise gilt diese Gleichung nur in den angegebenen Grenzen von $q = q_{min}$, wenn $\eta_f = 100\,\%$, und $q = q_{max}$, wenn $\eta_f = 0\,\%$ beträgt.

Die resultierende tatsächliche Leistung des Arbeiters erhält man mittels η aus der Gleichung:

$$\eta = \eta_a \cdot \eta_f \tag{175}$$

und wir berechnen sie folgendermaßen:

Aus den Diagrammen über die Leitung, Atmung, Strahlung und Verdampfung des Schweißes bestimmen wir η_a. Wir können es eventuell aus dem Diagramme, Tafel II, ablesen.

Da die physiologische Leistung durch die Menge des abgeschiedenen Schweißes bestimmt wird, bestimmen wir vorerst die Menge des verdampften Schweißes aus dem Diagramme 65. Sodann bestimmen wir die angenäherte Menge des ausgeschiedenen Schweißes, indem wir für jedes verdampfte Gramm über 250 g/h zwei weitere zuzählen und bestimmen laut Gleichung (174) η_f, bzw. nach Gleichung (175) η.

5. Bestimmung der Wärmemenge, die vom Arbeiter abgeleitet werden kann, mittels eines Diagrammes.

Die Diagramme, welche die in 1 Stunde von einem nackten Arbeiter durch Atmung, Strahlung, Leitung und Schweißverdunstung abgeleiteten Wärmemengen angeben, können in einem einzigen Diagramme vereinigt werden, aus welchem man die einzelnen durch die genannten Faktoren entführten Wärmemengen für verschiedene Betriebsverhältnisse direkt ablesen kann. Setzen wir voraus, daß die Oberfläche des menschlichen Körpers eine Temperatur von 34° C hat und daß seine Fläche 1,5 qm beträgt, ferner, daß der Arbeiter eine ständige Leistung von 0,1 PS entfaltet und daß durch seine Lunge in 1 Stunde 1,4 cbm Luft hindurchgeht. Dann erhalten wir durch Addition der Wärmemengen, die durch Atmung (also durch Erwärmung der eingeatmeten Luft und ihre Sättigung mit Wasserdampf) und Strahlung (für $k_2 = 3 \cdot 10^{-8}$ und $k_1 = 1,5 \cdot 10^{-8}$) abgeleitet werden, ein summarisches Diagramm (Tafel II), aus welchem man sodann die abgeleitete Wärme bei allen in Betracht kommenden Verhältnissen ablesen kann. Aus dem vierten Quadranten kann man die durch Leitung entführte Wärme ablesen. Im zweiten Quadranten ist das p–t-Diagramm der beim Grubenbetriebe vorkommenden Dampfdrucke eingezeichnet. Da wir bei der Berechnung der verdampften Schweißmenge in der Gleichung das Glied $(E - e)$ haben, kann man auf der $O\,x_2$-Achse diese Differenz direkt ablesen. Im dritten Quadranten kann man jene Wärme ablesen, die durch Verdampfung bei verschiedenen Geschwindigkeiten und Sättigungsgraden der Luft abgeführt wird. Die Anwendung dieses Diagrammes wird ein Beispiel am besten erhellen: Wir hätten eine 30⁰ C warme Luft, die mit einer Geschwindigkeit von 0,5 m/s strömt und zu 80% gesättigt ist. Wieviel Wärme wird theoretisch abgeführt?

Vom Punkte a der Achse OX_1 gehen wir auf die Kurve für 80%ige Sättigung — Punkt b. Diesem Punkte entspricht die Wärmemenge = 21 kgcal — Punkt c. Vom selben Punkte a führen wir eine Senkrechte auf die Gerade der Geschwindigkeiten 0,5 — Punkt d, welchem Punkte 33 kgcal entsprechen — Punkt e.

Im zweiten Quadranten finden wir den Sättigungsverlust, wenn wir vom Punkte f eine Gerade bis zur Kurve für 80%ige Sättigung führen — Punkt g; diesen Punkt projizieren wir auf die Ox_1-Achse und erhalten sofort den Unterschied $(E - e) \doteq 15$ mm Hg — Punkt h. Projizieren wir diesen Punkt h auf die Geschwindigkeitsgerade des dritten Quadranten — Punkt i, so erhalten wir die Wärme, welche durch Verdampfung gebunden wird — Punkt $k \equiv 218$ kgcal. Durch Addieren der abgelesenen Werte (mit Hilfe eines Stechzirkels) erhalten wir die gesamte Wärmemenge (272 kgcal), welche in einer Stunde durch die umgebende Atmosphäre entführt werden kann. Ist diese Wärme größer als 250 kgcal, so bedeutet das, daß dem Arbeiter mehr Wärme entführt wird, als er entfaltet, und er kann somit normal arbeiten. Dies gilt natürlich nur so weit, als die Bedingungen für die maximale physiologische Leistungsfähigkeit eingehalten werden.

Im Diagramme sind nur die Bereiche der höheren Temperaturen und Sättigungsgrade eingezeichnet.

XXVII. Einfluß hoher Temperaturen und der Feuchtigkeit auf den menschlichen Körper.

Von **M. U. Dr. Richard Fibich**, Honorardozent an der Montanistischen Hochschule in Příbram, Oberbergarzt i. R., unter Mitwirkung von **Prof. Ing. Dr. B. Stočes**.

1. Physiologische Bemerkungen über die Körpertemperatur des Menschen.

Der Mensch erhält seine Körpertemperatur auf gleicher Höhe, auch wenn die Temperaturverhältnisse der Umgebung stark wechseln. Dies ist durch Regulation der Wärmeentwicklung, sowie durch Ableitung der Wärme aus dem Körper ermöglicht. Die Thermoregulation arbeitet mittels der sogenannten vasomotorischen und thermogenen Reflexe und bedient sich einerseits der Blutgefäße und der Schweißdrüsen der Haut, andererseits der Wärmeproduktion in den Muskeln, weniger des in der Nahrung eingenommenen Proteïns und Alkohols, weiter der Hormone, d. s. Stoffe der Innensekretion[1]. Durch Anpassung an äußere

---

[1] Thermoregulative Hormone, das sind Stoffe, die in den einzelnen Drüsen des Körpers erzeugt werden, befinden sich besonders — und das scheint zur praktischen Beurteilung der zur Arbeit in der Tiefe und Hitze verwendeten Mannschaft ungemein wichtig — in der Schilddrüse. Katzen, denen die Schilddrüse weggenommen wurde, verloren die Möglichkeit, ihre Temperatur zu regu-

Verhältnisse (Arbeit in einem kalten Klima, in großer Hitze) kann sie bis zu einem hohen Grade vervollkommnet werden. Aber eine solche jahrelang andauernde Überbürdung führt trotz subjektiv nicht beachteten Unbehagens doch zur vorzeitigen Invalidität (Reichenbach und Heymann), ja zum vorzeitigen Tode.

Die Körperwärme ist beim Menschen nicht überall gleich. Auch die Hauttemperatur ist an verschiedenen Stellen verschieden. Sie schwankt bei normalen Temperaturen (21⁰ C) zwischen 22⁰ C (Nasenspitze, Ohrläppchen) und 36⁰ C (in der Inguinalbeuge). Als Durchschnitt kann für die ganze Körperoberfläche eine Temperatur von 32 bis 33⁰ C gelten, die bei anstrengender Arbeit auf 34 bis 35⁰ C erhöht wird.

Die sicherste Messung der Körpertemperatur erfolgt im Mastdarme, wo eine mittlere Temperatur von 37,2⁰ bis 37,5⁰ C herrscht. Der Mittelwert für die geschlossene Achselhöhle ist 36,49 bis 36,89⁰ C. Starke Muskeltätigkeit kann die Temperatur bis auf 39,5⁰ C bringen[1]. Bei 45⁰ C aber beginnt das Absterben des Protoplasmas, das Wärmegefühl wird zum Schmerz.

Da die Fettsucht vieler, besonders bei körperlich arbeitenden Fettsüchtigen, auf einer Störung der Innensekretion beruht, ist bei ihr nicht nur die Wärmeregulation durch das schlechte Leitungsvermögen des Fettes, sondern auch durch die mangelhafte zentrale Organisation gestört. Dabei vertragen die dicken Leute nicht nur die Wärme, sondern auch die Kälte schlechter (Lefèvre). Die Wärmeabgabe kann durch Anstrich des Körpers mit Öl vergrößert werden, was bereits teilweise die Sekrete der Hautdrüsen besorgen.

2. Einwirkung hoher Wärmegrade und körperlicher Arbeit auf den Menschen.

Bei der Arbeit in hohen Temperaturen und feuchter Luft zeigen sich folgende Symptome:

1. Die Körpertemperatur kann bis 39,5⁰ C steigen.
2. Die Pulszahl wird vermehrt.

---

lieren und bekamen bei großen Außentemperaturen Krampfzuckungen. Aber auch die Thymusdrüse, welche bei den meisten erwachsenen Menschen fast verschwindet, enthält diese Hormone. Ihre Persistenz beim Erwachsenen dagegen macht diesen gegen alle äußeren ungünstigen Einflüsse stark empfindlich. Nicht ohne Einfluß ist auch die Nebenniere und vielleicht auch andere innersekretorische Organe.

[1] Nach schwerer, im Hungerzustande verrichteter Arbeit entsteht eine andauernde Senkung mit Kältegefühlserscheinungen. Alkohol vermindert die Körperwärme.

3. Der Blutdruck steigt.

4. Psychisch entsteht der Verlust des „thermischen Behaglichkeitszustandes", der hauptsächlich durch die Temperatur der Haut (32 bis 33⁰ C) bedingt ist.

5. Es tritt Ermüdung ein.

6. In manchen Fällen Kopfschmerzen.

7. In manchen Fällen Krämpfe.

8. Augenentzündung.

9. In manchen Fällen Übelkeit und Brechreiz.

10. Ohnmachtserscheinungen.

11. Hitzschlag.

12. Körpergewichtsabnahme bei dauernder Arbeit in hohen Temperaturen.

13. Manchmal Entzündung der Atmungsschleimhäute.

14. Erhöhung der Infektionsgefahr.

15. Es sinkt das Beurteilungsvermögen.

Ad 1. Die Steigung der Körpertemperatur ist durch ungenügende Wärmeabfuhr aus dem Körper verursacht.

Ad 2 und 3. Dies geschieht, um das warme Blut durch raschere Zirkulation an die Körperoberfläche zu bringen, wo es abgekühlt wird. Dadurch wird aber das Herz stark beansprucht; deswegen sollen in großer, feuchter Hitze nur Leute mit einem gesunden Herz beschäftigt werden.

Ad 4. Der Behaglichkeitszustand hat für die Leistung eine große Bedeutung, da der Mensch, der sich nicht wohl fühlt, weniger arbeitet, trotzdem er noch in den Muskeln genügend Stoffe, die durch chemische Veränderung mechanische Arbeit liefern können, vorrätig hat.

Ad. 5. Über Ermüdung wurde schon auf S. 162 ausführlich gesprochen.

Ad 6. Kopfschmerzen sind hauptsächlich die Folge des gestörten Blutumlaufes.

Ad 7. Über die Ursache der Krämpfe wurde im Kapitel XXV auf Seite 158 gesprochen.

Ad. 8. Augenentzündung ist die Folge der Ansammlung der aus dem Schweiße ausgeschiedenen Salze und Unreinigkeiten in den Augen.

Ad. 9. Übelkeit und Brechreiz ist die Folge des gestörten Blutumlaufes und Einstellung des Metabolismus.

Ad 10 und 11. Hitzschlag. Wie früher angegeben wurde, können die bis nun besprochenen Veränderungen zum Hitzschlag führen, der nicht mit Sonnenstich, der meist durch direkte Bestrahlung, hauptsächlich des Schädels, entsteht und wahrscheinlich auf einer Gehirnhautentzündung beruht (Meningitis serosa), verwechselt werden darf. Sonnenstich kann auch bei voller Ruhe entstehen, wogegen Hitzschlag Bewegung und Arbeit mit der damit verbundenen Wärmeentstehung, die aber nicht abgegeben werden kann, voraussetzt. Nachdem durch die Muskeltätigkeit in einer Stunde 250 Kalorien entstehen, müssen diese auch abgeführt werden; ist es nicht der Fall und genügt auch nicht die Thermoregulation, so kommt es zum Hitzschlag.

Dieser zeigt sich in drei Formen:

1. Die komatöse Form (die häufigste bei Militärmärschen und touristischen Anstrengungen) geht nach kurzem Schwächegefühl, wobei die Arbeit gleichsam automatisch verrichtet wird, in erhöhte Reflexerregbarkeit, Krampfzustände und tiefe Bewußtseinsstörungen über.

2. Die erethische Form zeigt große Unruhe, Bewußtseinstrübungen, Sinnestäuschungen, Delirien.

3. Die chronische Form endlich äußert sich durch Kopfschmerzen, Schlaffheit, Arbeitsunlust, Krämpfe, Schlaflosigkeit (als paradoxe Erscheinung nach schwerer Arbeit oder langen ermüdenden Märschen in großer, feuchter Hitze wohlbekannt) und kann sogar zum Selbstmord führen.

Aber bereits geringere Stufen von Hitzeanhäufung führen durch den Verlust des thermischen Behaglichkeitszustandes zu verminderter Arbeitslust und Arbeitsfähigkeit.

Nun noch kurz über die Maßnahmen bei eingetretenem Hitzschlage. Ist Atmung vorhanden, keine künstliche Atmung. Da wird oft gesündigt. Ist eine besser bewetterte Stelle in der Nähe, sofort dorthin transportieren, Kleider öffnen, Brustkorb und Herzgegend mit Wasser begießen, abreiben und abklatschen. Kalter Umschlag auf den Kopf. Solange Bewußtlosigkeit herrscht, nichts in den Mund eingießen. Ist keine Atmung bemerkbar, dann typische, am besten sylvestrische Atmung, für die es schon sehr gute Apparate gibt. Achtung auf eventuelles falsches Gebiß, Speisereste im Munde! Die künstliche Atmung nicht überhasten (16- bis 20 mal in der Minute), lange fortsetzen, theoretisch so lange, bis der Mann selbst atmet. Darum sind sekundenlange Pausen nötig, um prüfen zu können, ob bereits Atmung eingetreten ist. Erst bei deutlichem Bewußtsein Flüssigkeiten eingeben: Tee, schwarzen Kaffee. Alkohol nicht in der Grube, denn es könnten leicht Aufregungssymptome folgen, bei denen die Ausfahrt sehr schwierig ist. Die Entscheidung darüber gehört nur dem Arzte in der Rettungsstation obertags. Beim Transport des Aufwachenden nach obertags den Körper zudecken! Bei erethischem Hitzschlage (Aufregung, Delirien) keinen Tee, keinen Kaffee, keinen Alkohol. Kalte Abreibung, kalte Kopfumschläge, Zureden und gute Bewachung (eventuell an die Feldtragbahre anbinden) beim Ausfahren. Den sich scheinbar rasch erholenden Mann nicht vorzeitig und nicht ohne Aufsicht aus der Rettungsstation entlassen.

Ad 13 und 14. Erhöhung der Infektionsgefahr, Entzündung der Atmungsschleimhäute usw.

Feuchte warme Luft hat dabei noch weitere Nachteile. Erstens ist es das unangenehme Gefühl, welches den in Schweiß gebadeten Menschen in dem Augenblicke befällt, da er den Arbeitsort verlassen und einen kühleren Ort betreten hat, was in der Grube an Stellen mit besserer Bewetterung vorkommt. Wenn auch die neuen Forschungen die Entstehung des Gelenk- und Muskelrheumatismus meist auf ganz andere Ursachen als auf Verkühlung zurückführen, ist trotzdem das subjektive Gefühl der Erkrankungsfähigkeit nicht ganz außer acht zu lassen. Besonders, da nicht apodiktisch nachgewiesen ist, ob nicht das veränderte Terrain der Schleimhäute bei plötzlichen Temperaturveränderungen eine bessere Disposition für Bakterien, die bis dahin im Menschen unschädlich hausten, abgibt. Die besonders große Zahl der Rheumatischen unter den Bergleuten ist sicher eher auf Infektion der obersten Luftwege zurückzuführen, die durch die Staubmengen um ihre normale Schleimhaut gebracht wurden. Daß dann der Bergmann seine freien Stunden anstatt im Freien in staubigen, schmutzigen Wirtshäusern verbringt und dem Alkoholgenusse verfällt, ist nicht ohne Wichtigkeit. Zu dem Alkoholabusus führt aber eben der durch Verdunstung des Schweißes verursachte Verlust der Körperflüssigkeiten und Salze. Daß den Rheumatismus nicht nur die Grubenarbeit bedingt, ist deutlich aus der Beobachtung zu ersehen, daß die Frauen und Witwen der Bergarbeiter im gleichen Maße von ihm betroffen werden wie die Männer, ja, daß in der Ordination des Bergarztes die Zahl der rheumatischen Familienmitglieder der Bergleute die überwiegende ist, daß also Wohnungs-, Lebens- und Nahrungsverhältnisse mit Infektion verbunden eher die Ursachen des Rheumatismus sein werden, als die Temperaturschwankungen in der Grube.

Bei Arbeiten in hohen feuchten Temperaturen erscheinen Schleimhautentzündungen in Nase und Hals. Große Wärmeunterschiede beim Ausfahren aus der Grube können auch Entzündungen der Atmungsmembranen verursachen, welche dann auch den Angriffen anderer Bakterien zugänglicher sind. Auch Nieren- und Leberentzündungen kommen vor.

Feuchte Wärme ist aber ebenso der beste Ansiedlungsplatz für Bakterien und für Parasiten, wie das Anchylostomum duodenale Dubini, der Dochmius americanus Stiles und Strongyloides stereoralis, welche, trotzdem sie in den meisten gut geleiteten Bergwerken der Vergangenheit angehören, immer noch eingeschleppt werden können.

Warme feuchte Luft unterstützt die Verbreitung der Tuberkulose, und auch die Silikosis ist in heißen und feuchten Gruben gefährlicher, wie der Bericht D. Harringtons aus United States Bureau of Mines zeigt. Darin wird angeführt, daß in einer heißen und feuchten, schlecht bewetterten Grube die Silikosis vorkommt, wogegen sie in 'einer zweiten, kühlen, trockenen und gut bewetterten Grube überhaupt nicht bemerkt wurde, trotzdem die Eigenart des Gebirges und der Erze in beiden Fällen gleich war.

Ad. 15. Das Sinken des Beurteilungsvermögens ist die Folge des gestörten Blutumlaufes. Blut strömt weniger ins Gehirn und mehr zu der Hautoberfläche. Über die Bedeutung des Beurteilungsvermögens bei der Grubenarbeit muß wohl nicht erst gesprochen werden. Die Arbeit in der Grube erfordert eine gewisse Intelligenz. Auch die Unfälle stehen damit im Zusammenhange.

Adolf gibt an, daß im Pittsburger Bergwerk nach 1 Stunde in 40⁰ C Lufttemperatur und 100% relativer Feuchtigkeit folgende Symptome beobachtet wurden: Steigerung der Herztätigkeit, der Pulsfrequenz, Erhöhung des systolischen Blutdruckes, Erschlaffung der periphären Blutgefäße, unregelmäßiger Rückstrom des Blutes, Ohnmachtserscheinungen.

3. Über die Angewöhnung an hohe Temperaturen.

Das Wichtigste bei allen diesen Betrachtungen, was auch bei allen Angaben zu berücksichtigen ist, ist das Prinzip der Akklimatisation, der Angewöhnung. Wie an große Staubmengen, großen Lärm, so gewöhnt sich der Mensch ziemlich bald an große Wärmegrade. Dort, wo der Anfänger, selbst ohne zu arbeiten, nahe der Ohnmacht kaum atmen kann, dort erzielt der gewohnte, gesunde Arbeiter hohe Arbeitsleistungen. Aus diesem Grunde soll man die Bergleute nicht sofort in warmer und feuchter Luft arbeiten lassen. Man soll sie an dieses Klima allmählich gewöhnen. In der brasilianischen Grube Morro Velho, im Kolardistrikt in Indien und in den südafrikanischen Gruben werden die Arbeiter zuerst in den oberen, weniger warmen Horizonten verwendet und erst nach und nach den tieferen, wärmeren Stellen zugeteilt. Genau so wird vorgegangen, wenn Bergleute nach einem längeren Urlaube zur Arbeit zurückkehren.

Diese Gewöhnung verschiebt scheinbar den Punkt des thermischen Behaglichkeitsgefühles etwas höher, aber immer auf Kosten der dauernden Gesundheit des Organismus und auf Kosten der Lebensdauer.

Nach der Ogleischen Statistik über die Sterblichkeit zwischen dem 25. und 65. Lebensjahre, die geringste Sterblichkeit der Geistlichen mit 100 angenommen, ist die Sterblichkeit folgende:

Gärtner	108	Ärzte	202
Landleute	114	Steinarbeiter	202
Kohlenarbeiter	160	Cornwallsche Zinnarbeiter	331

Wenn man weiter in Betracht zieht, daß zur Bergarbeit meist kräftige Arbeiter herangezogen werden, ist die Sterblichkeit und vorzeitige Invalidität (um 9 Jahre früher als bei anderen Berufen) sicherlich auf Kosten der speziellen Arbeit zurückzuführen. Dazu kommt noch für unsere Zwecke, daß lange vor seiner totalen Invalidität gerade der besteingearbeitete Mann seine Kraft nicht voll ausnützen kann. Auch die öffentlichen, sozialen Einrichtungen (Bruderlade usw.) belasten bei vorzeitigen Invaliditäten direkt und indirekt die Industrie.

4. Auswahl der Arbeiter für warme Arbeitsorte.

Zu junge und zu alte Leute eignen sich nicht zur Arbeit in großer Wärme. Der junge Mensch entwickelt durch die zu lebhaften Bewegungen zuviel Wärme, die schwer abzuführen ist. Bei

12*

einem älteren Arbeiter wirken bereits andere Schädlichkeiten zu sehr auf den Körper, um bei ihm eine Anpassung schadlos zu verlangen; die Reflexe wirken nicht mehr so sicher.

Auch Leute, die noch nie in einer Grube gearbeitet haben, sind nicht geeignet. Psychische Furcht und Neugierde wirken hemmend auf die Reflexe. Die Arbeitsbewegungen sind noch nicht automatisch und verbrauchen zu viel Energie, sind also mit einer zu großen Wärmeentwicklung verbunden. Es sind also Leute zwischen 25 und 40 Jahren, die schon die Grube oder wenigstens die Grubenarbeit kennen, am besten.

Der Gestalt nach sollen sie eher kleiner und nicht dickleibig sein[1]. Von 25° C Lufttemperatur aufwärts vermag der Fettleibige die Schweißverdunstung nicht einzuschränken (Rubner), er schwitzt zu viel. Um 30° C herum ist der Unterschied zwischen einem nackten mageren Menschen und einem Fettleibigen besonders deutlich (Schattenfroh), da Fett ein sehr schlechter Wärmeleiter ist.

Da der kleinere und magere Körper eine relativ größere Oberfläche hat, wird durch die Leitung und Strahlung bei ihm relativ mehr Wärme abgeführt. Der dickleibige Mensch muß das Manko an abgeführter Wärme durch Schweiß abführen. Deswegen ist der Anteil der Wärme, der bei einem mageren Menschen durch Schwitzen abgeführt wird, relativ kleiner als bei einem dickleibigen.

Nach einigen Monaten ist ein Arbeitswechsel nötig; auch bei scheinbar guter Anpassung. Dies erfolgt jedoch auf Kosten der Arbeitsleistung, da der Mann nach längerem Fernbleiben der Arbeit in der Hitze die bereits erlangte Anpassung verliert.

5. Bekleidungsart der Arbeiter bei hohen Temperaturen.

Was die Kleider betrifft, ist es die erste Regulationsmöglichkeit der Temperatur. Das Behaglichkeitsgefühl selbst zeigt aber jedem Menschen, wieviel Kleidung er zu nehmen hat. Hier sind also Regeln nicht nötig.

Es sei hier nur an einem Beispiele die Bedeutung der Kleidung klargestellt:

Bekleidet, in ruhender trockener Luft von 33° C bei 24% rel. Feuchtigkeit leistet man halb soviel; bekleidet, in ruhender, mäßig feuchter Luft (33° C, 60%) ein viertel soviel als nackt in einer bewegten Luft von 33° C und 24% rel. Feuchtigkeit.

Ob der Mann gut oder schlecht leitfähige Kleidung haben, oder nackt arbeiten soll, hängt hauptsächlich davon ab, ob seine Körper-

---

[1] Nach Neville Moss schwitzen dickleibige Menschen gut. Sie sind deswegen dort geeignet, wo auf eine Ableitung der Wärme durch Strahlung und Leitung nicht zu rechnen ist.

wärme durch Leitung, Strahlung oder Schweißverdunstung abgeführt werden soll.

Wenn wir in mäßigen Temperaturen arbeiten (unter 28º C), so ist eine gut leitfähige Kleidung am Platze. In höheren Temperaturen ist es am besten nackt zu arbeiten.

Wenn wir in extrem hohen Temperaturen arbeiten (über 37º C) und den Körper gegen Bestrahlung und Kontakt mit heißer Luft schützen sollen, ist schlecht leitfähige Kleidung, die aber eine Schweißverdunstung ermöglicht, angezeigt.

Kommt für die Wärmeabfuhr hauptsächlich die Schweißverdunstung in Frage, so ist es notwendig, entweder nackt oder in durchnäßten Kleidern zu arbeiten. Nasse Kleider erhalten den Schweiß an der Körperoberfläche und schützen den Körper vor Bestrahlung. Man kann die Kleider sogar künstlich benetzen. Es ist aber dafür Sorge zu tragen, daß die Verdunstung leicht vor sich gehen kann. Die Kleider müssen also für Wasserdampf leicht durchlässig sein.

Nach Spitta, Handbuch der soz. Hygiene, ist das Wärmeleitvermögen in Grammkalorien in 1 Sekunde für

Luft	0,000055
Seide	0,00022
Flanellgewebe	0,00023
Baumwollgewebe	0,00060
Wasser	0,00124

Lufthaltige Gewebe sind also schlechte Wärmeleiter; solche, die mit Wasser vollgesogen sind, die besten. Von trockenen Stoffen sind glatte, wenig poröse Hemdtücher die besten Wärmeleiter.

Ferner ist unbedingt als Regel anzunehmen: Dort, wo Explosionsgefahr besteht, wo direkte Flammen den Körper treffen können, ist ein vollständiges Nacktarbeiten unbedingt zu verwerfen. Es ist bekannt, daß von Explosionen betroffene Leute am Leben geblieben sind; ist aber ⅓ der Körperoberfläche verschorft, so folgt unbedingt der Tod und meist unter großen Qualen. Die nassen, vom Schweiße durchtränkten Kleider können da einen großen Schutz bieten.

Da in der Arbeitspause, besonders beim Betreten besser bewetterter Stellen, die Entwärmung zu rasch vor sich geht, hat dabei der Mensch ein unangenehmes Kältegefühl, welches, wenn auch mehr psychisch, bei ihm die Möglichkeit zu Erkältungskrankheiten bietet. Es wären also in nächster Nähe des Arbeitsortes, nicht erst obertags, frische, trockene und lufthaltige Trikothemden für jeden Mann vorrätig zu halten.

Daß jeder an einem heißen Orte beschäftigte Bergmann nach der Schicht eine Dusche nehmen soll, um die Haut von Schweiß, Salzen usw. zu befreien und überhaupt zu erfrischen, muß wohl nicht betont werden.

Dritter Teil.

Mittel zur Erniedrigung hoher Temperaturen und Feuchtigkeiten[1].

XXVIII. Isolation der Wetterwege.

1. Bedeutung der Isolation der Grubenwetterwege.

Unser Bestreben muß dahin gehen, soweit wie möglich kühle und frische Wetter bis zur Arbeitsstelle zu führen. Das kann auf verschiedene Art und Weise erreicht werden.

1. Man isoliert die Streckenulme gegen das Eindringen der Wärme aus dem Gebirgsinneren.

2. Man führt die Wetter mittels isolierter Lutten.

3. Man führt die Wetter durch unisolierte Strecken, führt sie aber mit einer großen Geschwindigkeit, so daß sie wenig Zeit haben sich unterwegs zu erwärmen oder daß sie infolge der großen Geschwindigkeit die Streckenulme in kürzester Zeit durchkühlen.

4. Dasselbe kann man bei der Wetterführung durch unisolierte Lutten bewerkstelligen.

5. Man kühlt die Wetter künstlich möglichst nahe vor der Arbeitsstelle.

Welcher dieser Fälle bei gegebenen Umständen am billigsten und wirksamsten ist, ist eine reine Kalkulationsfrage. Um für einen oder den anderen Fall die Entscheidung fällen zu können, muß jeder einzelne erwogen werden, um sie dann untereinander vergleichen zu können.

2. Isolation der Streckenulme.

Das Isolieren des Wetterstromes kann vor allem durch Isolation der Streckenulme geschehen. Dieses einfache Mittel hat außerdem auch den Vorteil, daß dadurch auch die Unebenheiten der Streckenwände ausgeglichen werden, wodurch der Reibungswiderstand verringert und die Geschwindigkeit der Wetter erhöht wird. Der Streckenquerschnitt wird

---

[1] Manche Temperaturerniedrigungsmethoden wurden schon in den ersten zwei Teilen angeführt, weil es manchmal vorteilhafter war, die Entstehungsursachen der Wärme und ihre Bekämpfung gemeinsam zu behandeln.

allerdings durch die Streckenisolation verkleinert. Dies ist hauptsächlich dort unangenehm, wo eine breite Strecke erforderlich und die nötige Nachnahme mit großen Unkosten verbunden ist.

Für die Erwärmung der Wetter nach einer bestimmten Zeit ist die Entfernung der Ulme von jener Gebirgsschicht, wo die ursprüngliche Temperatur herrscht, maßgebend, mit anderen Worten, die Breite der durchgekühlten Zone.

Legen wir nun dem Wetterstrome neben dieser durchgekühlten Zone irgendeine Schicht von sehr schlechter Leitfähigkeit — also eine Isolationsmauerung o. ä. — in den Weg, so verringern wir dadurch die Leitfähigkeit des ganzen Komplexes und damit auch die Wärmemenge, die aus dem Gebirge in die Wetter übergehen kann. Die folgenden Berechnungen lehren, daß schon eine verhältnismäßig dünne Schicht einer Isolationsmauerung genügt, um die in die Wetter übergehende Wärmemenge wesentlich zu verringern.

3. Die durch die Wandung einer kreisförmigen, isolierten Leitung strömende Wärmemenge.

In die Röhren mit kreisförmigem Querschnitte, hauptsächlich in solche mit starker Wandung, kommt die Wärme radial und verteilt sich somit auf immer kleiner und kleiner werdende Flächen.

Demzufolge bekommt man den Temperaturverlauf um das Rohr herum analog der Gleichung (40a) im Kapitel III

$$t_i - t_a = \frac{Q}{\lambda \cdot 2\pi \cdot x} \ln \frac{r_a}{r_i}, \qquad (176)$$

wo jedoch Q die in das Rohr auf der Länge x m eintretende Wärmemenge bedeutet.

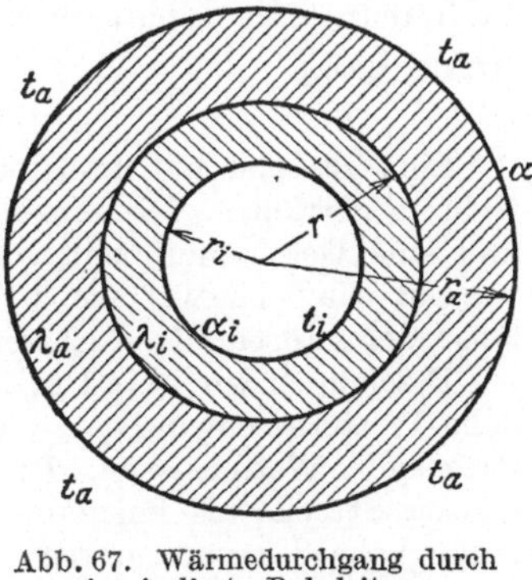

Ist nun die Wandung der Rohrleitung aus einigen Schichten (im Falle einer Isolation) zusammengesetzt (Abb. 67), so wird der Gesamtwiderstand, resp. die Leitfähigkeit des ganzen Schichtkomplexes nach folgender Erwägung berechnet:

Abb. 67. Wärmedurchgang durch eine isolierte Rohrleitung.

Nach Abb. 67 sei α_i bzw. α_a die Wärmeübergangszahl auf der Innen- bzw. Außenseite der Rohrleitung, t_i bzw. t_a die Wettertemperatur auf der Innen- bzw. Außenseite der Rohrleitung, λ_i bzw. λ_a die Leitfähigkeit der inneren bzw. äußeren Schicht der Rohrleitung, r_i bzw. r_a der innere bzw. äußere Halbmesser der Rohrleitung, r der Halbmesser der Berührungsfläche beider Schichten.

Die stündliche Wärmemenge, die durch die Wandung einer Rohrleitung auf der Länge von x m hindurchgeht, ist gegeben durch die bekannte Gleichung

$$Q = k \cdot 2\pi \cdot r_i \cdot x (t_a - t_i) \text{ kgcal/h}, \tag{177}$$

wobei bedeutet

$$\frac{1}{k} = \frac{1}{\alpha_i} + \frac{r_i}{\alpha_a\, r_a} + \frac{r_i}{\lambda_i}\ln\frac{r}{r_i} + \frac{r_i}{\lambda_a}\ln\frac{r_a}{r}. \tag{178}$$

Im Falle, daß es sich um eine isolierte Strecke handelt, entfällt α_a, weil hier eine direkte Berührung und ein direkter Wärmeübergang aus dem Gebirge in die Isolation erfolgt. Demgegenüber wird

$$r_a = r_i + z_{is} + z \tag{179}$$

sein, wobei z_{is} bzw. z die Stärke der Isolationsmauer bzw. der durchgekühlten Zone bedeutet. Dadurch vereinfacht sich die Gleichung (178) auf die Form

$$\frac{1}{k} = \frac{1}{\alpha_i} + \frac{r_i}{\lambda_i}\ln\frac{r}{r_i} + \frac{r_i}{\lambda_a}\ln\frac{r_a}{r}. \tag{180}$$

Damit wir uns ein richtiges Bild darüber machen können, welchen Einfluß die Isolation der Strecken und überhaupt der Wetterwege hat, führen wir im folgenden einige Beispiele an. Alle Beispiele sind nach den eben angeführten Gleichungen gerechnet.

Wir wollen zuerst veranschaulichen, welcher Unterschied in der Erwärmung zwischen einer unisolierten und einer isolierten Strecke besteht, weiter wie sich die Verhältnisse entwickeln, wenn die Streckenulme mit der Zeit in große Tiefen durchgekühlt werden, und welche Bedeutung die Isolation bei leitfähigem bzw. bei nichtleitfähigem Gesteine hat.

Beispiele a bis h.

Eine Strecke mit kreisförmigem Querschnitte sei in einem 35^0 C warmen Gebirge getrieben. Die einziehenden Wetter haben eine Temperatur von 20^0 C und eine Geschwindigkeit von 1 m/s.

Um wieviel erwärmen sich die Wetter und wie ist der Temperaturverlauf längs der ganzen Strecke, wenn die Ulme frei und wenn sie isoliert sind?

Bezeichnen wir $r_i = 1$ m = der Streckenhalbmesser, $c = 1$ m/s = die anfängliche Wettergeschwindigkeit, $G \doteq 4$ kg/s = die durch die Strecke in 1 Sekunde strömende Wettermenge, $T_0 = 35^0$ C = die Gebirgstemperatur, die wir in der ganzen Strecke als konstant und überall gleich voraussetzen, $t_0 = 20^0$ C = die anfängliche Temperatur der einfallenden Wetter.

a) Die Streckenulme sind frei, unisoliert.

Es sei $\alpha_i = 11$. Es ergibt sich sodann der Verlauf der Wettertemperatur t nach der Gleichung (15) als

$$t = T_0 - \frac{T_0 - t_0}{e^{S \cdot x}} = 35 - \frac{15}{e^{S \cdot x}},$$

worin bedeutet

$$S = \frac{2\pi \cdot r_i \cdot \alpha_i}{3600 \cdot G \cdot c_p}.$$

Dieser Temperaturverlauf ist dargestellt durch die Kurve a Abb. 68. Die charakteristischen Daten dieses Verlaufes sind in der Zahlentafel 13, Posten a eingetragen.

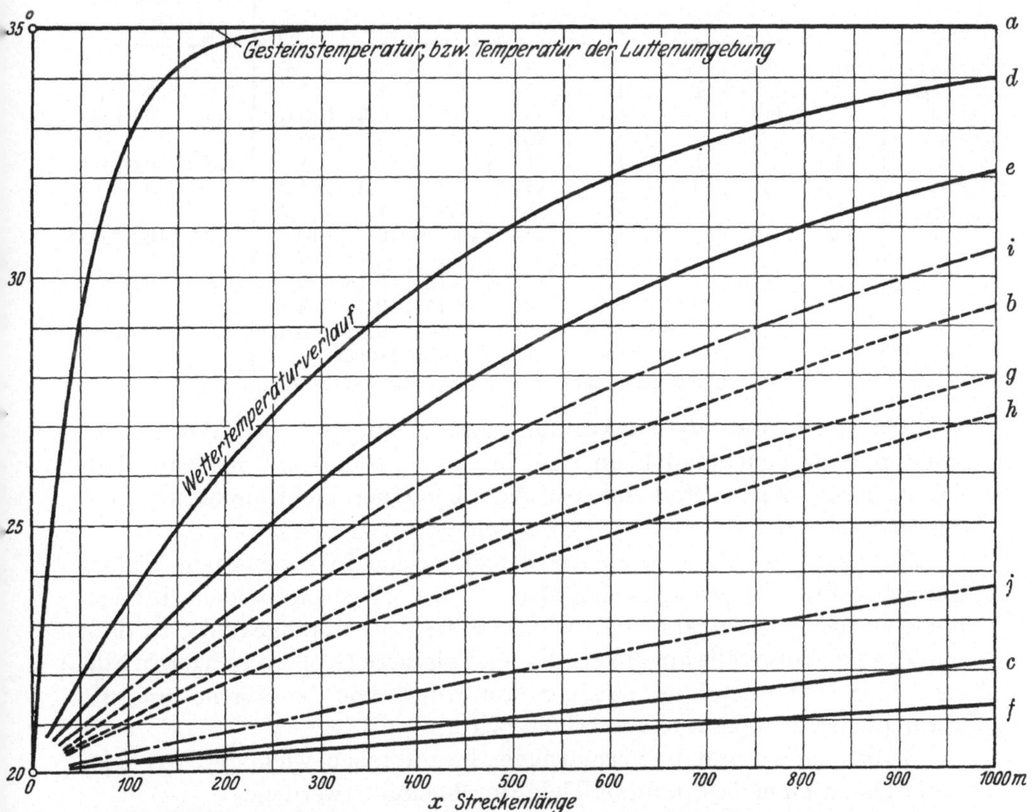

Abb. 68. Wettertemperaturverlauf in isolierten und unisolierten Wetterwegen verschiedener Gesteinsleitfähigkeit und verschiedener Durchkühlungstiefe. Gesteinstemperatur konstant.

a Ulm nicht isoliert, nicht durchgekühlt.
d Strecke in Gneis, nicht isoliert, 5 m Durchkühlung.
e wie d, aber 20 m Durchkühlung.
i nicht isolierte Lutte.
b wie a, aber isoliert.

g) isolierte Strecke) Durchkühlung { 5 m
h) in Gneis) { 20 m.
j Lutte, isoliert.
c) Strecke) (nicht isoliert) Durchkühlung
f) in Kohle) (isoliert) 5 m.

$$t = 15 - \frac{15}{e^{S \cdot x}}; \quad S = \frac{k \, U}{3600 \cdot G \cdot c_p}.$$

b) Die Ulme sind mit einer 30 cm starken Mauer isoliert.

Wir setzen die gleichen Bedingungen wie im ersten Beispiele voraus, nur daß folgende Unterschiede entstehen: $z_{is} = 0{,}3$ m, die Stärke der Isolationsmauerung, $r_a = r_i + z_{is} = 1{,}3$ m, $\lambda_i = 0{,}15$, die Leitfähigkeit der Isolationsmauerung, $\alpha_i = 10$, die Übergangszahl wählen wir hier kleiner, weil die Ulme glatter sind, so daß die Rauheit und damit auch die Übergangsfähigkeit verkleinert wurde, $z = 0$ m. Nach Gleichung (180) erhalten wir $k = 0{,}54$.

Wir setzen voraus, daß die anfängliche Temperaturdifferenz gleich geblieben ist und daß die Fläche mit der Temperatur $T_0 = 35^0$ C nicht auf der Oberfläche der Ulme, sondern auf der äußeren Seite der Mauerung ist.

Der Temperaturverlauf der Wetter in der Strecke ist in Abb. 68, Kurve b angegeben. Siehe auch den Posten b in Zahlentafel 13.

Zahlentafel 13. Bestimmungsgrößen für den Wärmedurchgang in verschieden tief durchgekühlten, isolierten und unisolierten Wetterwegen. Wettertemperaturverlauf in solchen Strecken (vgl. Abb. 68).

| Kurve | Strecke | | | | | | | | Lutte | |
	a	b	c	d	e	f	g	h	i	j
c m/s	1	1	1	1	1	1	1	1	7	7
z_{is}	—	0,3	—	—	—	0,3	0,3	0,3	—	0,0125
z	—	—	5	5	20	5	5	20	—	—
r_i	1	1	1	1	1	1	1	1	0,375	0,375
r_a	—	1,3	6	6	21	6,3	6,3	21,3	—	0,5
r	—	—	—	—	—	1,3	1,3	1,3	—	—
α_i	11	10	11	11	11	10	10	10	15,23	15,23
α_a	—	—	—	—	—	—	—	—	2	2
λ_i	—	0,15	—	—	—	0,15	0,15	0,15	—	0,055
λ_a	—	—	0,15	3	3	0,15	3	3	—	—
k		0,54	0,083	1,453	0,9	0,083	0,421	0,360	1,767	0,416
Gestein			Kohle	Gneis	Gneis	Kohle	Gneis	Gneis		

z_{is} = Stärke der Isolationsmauer, z = Stärke der durchgekühlten Zone.

Man sieht, daß die Erwärmungsgeschwindigkeit der Wetter im zweiten Falle bedeutend kleiner als im ersten ist, so daß man auf den ersten Blick den Vorteil der Isolation bei einer nichtdurchgekühlten Strecke erkennt.

Anders ist es aber, wenn die Streckenulme in bedeutende Tiefen durchgekühlt sind, wenn es sich also um alte Strecken handelt. Infolge der ständigen Wärmeabnahme wird das Gebirge durchgekühlt, so daß das Temperaturgefälle auf eine bedeutend kleinere Größe verringert wird, resp. der Widerstand des Wärmedurchganges von der Fläche mit ursprünglicher Temperatur aus erhöht wird.

Berechnen wir nun die Verhältnisse, die entstehen, wenn die Streckenulme bis zu einer bestimmten Tiefe durchgekühlt werden.

Die Strecke nach Beispiel a bzw. b (unisolierte bzw. isolierte Strecke) ist längere Zeit in Betrieb, so daß die Ulme fortschreitend bis in eine Tiefe von 5 m (Beispiel c, d bzw. f, g) und in eine Tiefe von 20 m (Beispiel e bzw. h) durchgekühlt werden. Die Fläche, auf welcher die ursprüngliche Temperatur von 35° C ist, befindet sich also in einer Tiefe von 5 resp. von 20 m evtl. vermehrt um die Stärke der Isolationsmauer. Da bei der Wärmeübergabe durch die durchgekühlte Zone die Wärmeleitfähigkeit eine große Rolle spielt, wollen wir zwei verschiedene Fälle, eine Strecke in leitfähigem und eine in nichtleitfähigem Gebirge in Betracht ziehen.

c) Die in Kohle getriebene, unisolierte Strecke ist in eine Tiefe von 5 m durchgekühlt.

Es ist $z = 5$ m, $r_a = 6$ m, $\lambda_a = 0,15$, $\alpha_i = 11$. Nach Gleichung (180) erhalten wir $k = 0,083$.

Der Wetterverlauf ist in der Kurve c Abb. 68 angegeben. Siehe auch Zahlentafel 13, Posten c. Man sieht, daß eine Durchkühlung in einer Tiefe von 5 m bei schlecht leitfähigem Gesteine viel mehr isolierend wirkt, als eine 30 cm starke Isolationsmauer in einer nicht durchgekühlten Strecke. Eine noch tiefere Durchkühlung würde ziemlich wenig ausmachen. Vgl. Beispiel f.

d) Die in Gneis getriebene, unisolierte Strecke ist in eine Tiefe von 5 m durchgekühlt.

Dieses Beispiel gleicht vollkommen dem unter c angegebenen, nur beträgt die Leitfähigkeit des Gesteines $\lambda_a = 3$. Demzufolge beträgt $k = 1,453$. Der Wetterverlauf ist durch die Kurve d Abb. 68 dargestellt; vgl. auch Zahlentafel 13, Posten d.

e) Die in Gneis getriebene, unisolierte Strecke ist in eine Tiefe von 20 m durchgekühlt.

Dieses Beispiel gleicht vollkommen dem vorhergehenden, nur beträgt $z = 20$ m bzw. $r_a = 21$ m. Daraus bekommt man $k = 0,90$. Der Wettertemperaturverlauf ist durch die Kurve e Abb. 68 dargestellt. Vgl. auch Zahlentafel 13, Posten e.

Man sieht, daß in gut leitfähigem Gesteine auch eine derart tiefe Durchkühlung recht viel Wärme in die Wetter durchläßt, so daß die Wettererwärmung noch ganz beträchtlich ist. Vgl. auch die Kurven a, b und c.

f) Die in Kohle getriebene, isolierte Strecke ist in eine Tiefe von 5 m durchgekühlt.

Wir bezeichnen $z_{is} = 0,3$ m, $z = 5$ m, $r_i = 1$ m, $r = 1,3$ m, $r_a = 6,3$ m, $\lambda_i = 0,15$, $\lambda_a = 0,15$, $\alpha_i = 10$. Daraus bekommen wir $k = 0,083$. Den Temperaturverlauf der Wetter gibt die Kurve f Abb. 68 an. Vgl. auch Zahlentafel 13, Posten f.

Die geringe Wärmeleitfähigkeit der Kohle verursacht, daß die Isolationsmauer bei dieser Durchkühlungstiefe sehr wenig ausmacht, wie dies am besten durch Vergleich der Kurven in Abb. 68 zum Vorschein kommt; die diesen Temperaturverlauf darstellende Kurve f fällt fast vollständig mit derjenigen der unisolierten, gleich tief durchgekühlten Strecke (Beispiel c) zusammen. Die teuere Isolationsmauer hätte also in diesem Falle bezüglich der Wärmeübertragung keine Bedeutung.

g) Die in Gneis getriebene, isolierte Strecke ist in eine Tiefe von 5 m durchgekühlt.

Die Bestimmungsgrößen dieses Beispieles stimmen mit dem vorhergehenden Falle bis auf die Wärmeleitfähigkeit des Gesteines, welche $\lambda_a = 3$ ist, überein. Demnach resultiert $k = 0,421$. Der Wettertemperaturverlauf ist durch die Kurve g in Abb. 68 angegeben. Vgl. auch den Posten g, Zahlentafel 13.

h) Die in Gneis getriebene, isolierte Strecke ist in eine Tiefe von 20 m durchgekühlt.

Zum Unterschiede vom vorhergehenden Beispiele schreiben wir $z = 20$, also $r_a = 21,3$ m. Daraus resultiert $k = 0,36$. Der Wettertemperaturverlauf ist durch die Kurve h Abb. 68 gegeben. Die Bestimmungsgrößen siehe Zahlentafel 13, Posten g.

Die Kurven g und h zeigen, wie nützlich die Isolation bei gut leitfähigem Gesteine sein kann, wenn auch die Durchkühlungstiefen groß sind.

4. Schlußfolgerung über die Bedeutung der Streckenisolation auf Grund der vorhergehenden Beispiele.

Die oben ausgeführte Durchrechnung zeigt deutlich, daß nach einiger Zeit, wenn die Streckenulme genügend durchgekühlt sind, die durch einen isolierten und einen unisolierten Ulm hindurchgegangene Wärmemenge nahezu gleich ist, — besonders bei schlecht leitfähigem Gesteine —, und daß infolgedessen die Isolation ihre Bedeutung verliert. Uns interessiert nun, wann dies eintritt, damit wir beurteilen können, ob es sich auszahlt für diese Zeit eine Isolation auszuführen oder ob es vorteilhafter wäre, während dieser eventuell kurzen Zeit doch in wärmeren Wettern zu arbeiten, oder ob man schließlich zu anderen Mitteln greifen soll. Diese Mittel könnten sein:

1. Eine Erhöhung der durch die Strecken strömenden Wettermenge, wodurch die Durchkühlung der Ulme beschleunigt werden würde.

2. Eine durch isolierte Lutten erfolgende Wetterzufuhr.

3. Wetterkühlung mittels Kühlmaschinen direkt vor Ort oder weit vor Ort so lange, bis die Ulme durchgekühlt sind.

Wie aus dem Diagramme 30 zu ersehen ist, kühlt sich Gneis im Laufe eines Jahres bereits so weit ab, daß das Temperaturgefälle nahezu linear ist, so daß eine weitere Durchkühlung des Gebirges dieses Gefälle nur unwesentlich ändert. Demzufolge ist der Wärmezufluß in die Strecke nach einem Jahre praktisch immer gleich.

Da nun die in die Strecke übergegangene Wärmemenge nicht nur durch das Gefälle, sondern auch durch die Leitfähigkeit gegeben ist, kann mehr Wärme durchgehen, wenn die Leitfähigkeit größer ist. Bei einem stärkeren Wärmestrome spielt also die Isolation eine Rolle. Vergleiche in Abb. 68 die Fälle d und e mit g und h.

Wie aus dieser Abbildung zu ersehen ist, ist bei leitfähigem Gebirge auch nach größerer Durchkühlung der Ulme — bis in eine Tiefe von 20 m — der Einfluß der Isolationsmauer bemerkbar. Die Isolation hat daher bei leitfähigen Gebirgen während einer längeren Zeit ihre Bedeutung.

Dem gegenüber können wir sagen, daß der Einfluß der Mauerung bei schlecht leitenden Gebirgen, wie z. B. bei Kohle (Leitfähigkeit = 0,15), oder beim trockenen Sandstein (Leitfähigkeit = 1,4) usw., nach sehr kurzer Zeit minimal ist.

Vom theoretischen Standpunkte aus würde man den Einfluß der Streckenisolation ziemlich lange verspüren, vom praktischen Standpunkte aus schwindet er aber nach einer Ulmdurchkühlung von wenigen Metern vollständig.

Durch Versuche wurde festgestellt, daß die Gebirgstemperatur im Laufe eines Jahres um 5 bis 10° C in eine Tiefe von ungefähr 1 m sinkt. Auf dem im westfälischen Reviere liegenden Schachte Radbod hat man die Erfahrung gewonnen, daß die Isolation nach zwei Jahren ihren Zweck verliert.

In Wirklichkeit sind hier aber auch andere Einflüsse, welche die Isolationswirkung schwächen.

Bis nun galt bei unseren Berechnungen die Voraussetzung, daß die

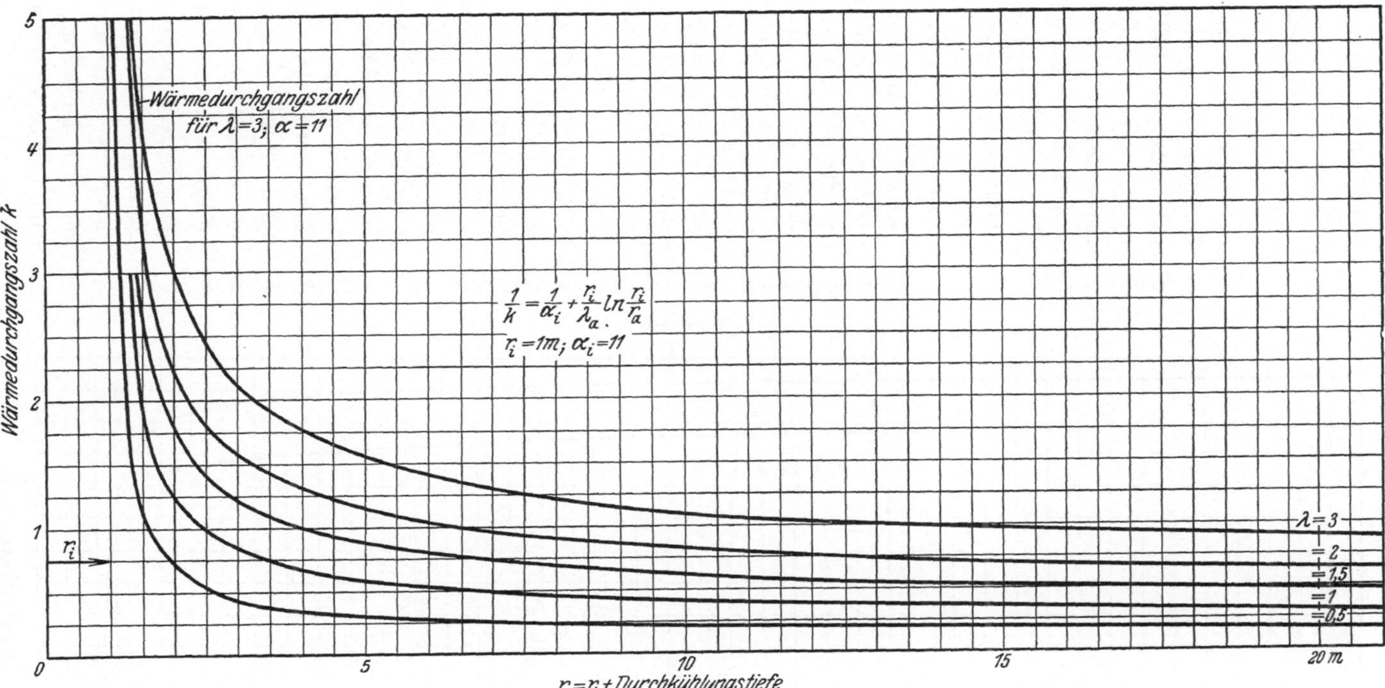

Abb. 69. Abhängigkeit der Wärmedurchgangszahl k von der Durchkühlungstiefe z in einer unisolierten Strecke.

Isolationswirkung der Mauerung ständig gleich bleibt, was aber in Wirklichkeit niemals der Fall ist.

Teils ist es die Feuchtigkeit in der Mauerung, die selbst in minimalen Mengen den Widerstand der Wand um 100% und noch mehr verkleinert. Außerdem ist noch gewöhnlich zwischen der Mauer und dem eigentlichen Ulme eine mehr oder weniger zusammenhängende Luftschicht, die einen ausgezeichnet isolierenden Mantel um die Strecke bildet. Nach einiger Zeit wird dieser Raum durch das drückende Gebirge ausgefüllt, der Zwischenraum verschwindet, das Gebirge legt sich dicht an die Mauer an und so wird auch aus diesem Grunde die Isolationsfähigkeit verkleinert.

Nach einiger Zeit wird sich also die Isolationsfähigkeit der Mauerung verringern. Aber auch wenn sie sich auf gleicher Höhe erhalten würde, würde nach einiger Zeit die Bedeutung der Isolationsmauerung infolge der Durchkühlung der Ulme sinken, soweit wir natürlich von anderen, aus der Isolationsmauerung hervorgehenden Vorteilen, z. B. Verhinde-

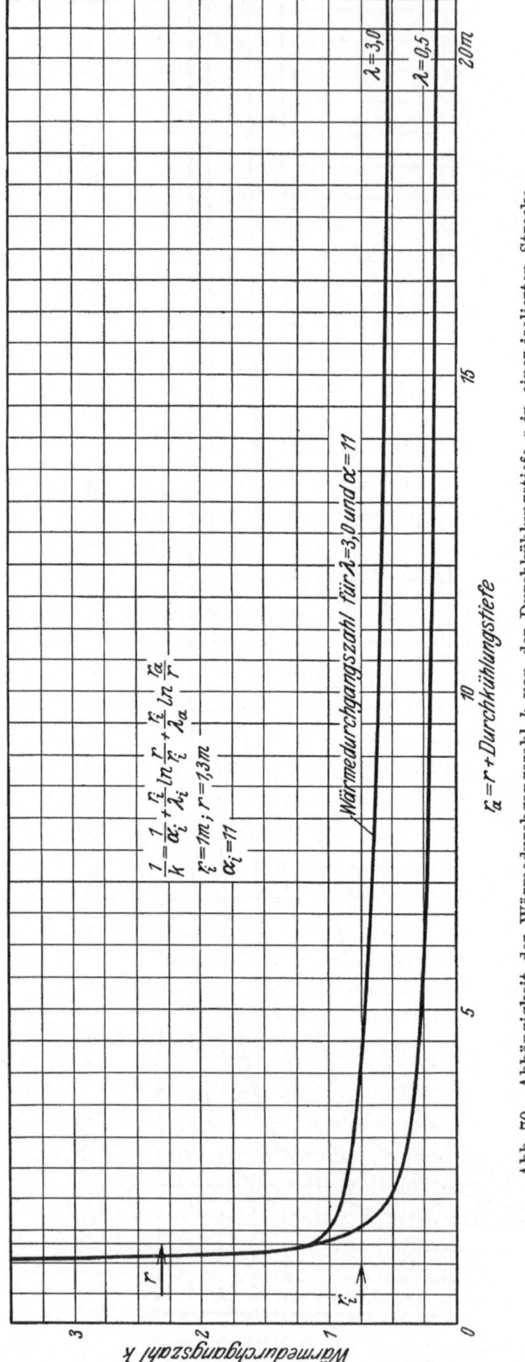

Abb. 70. Abhängigkeit der Wärmedurchgangszahl k von der Durchkühlungstiefe z in einer isolierten Strecke.

rung der Kohlenoxydation, Verkleinerung der Luftreibung usw., absehen.

Wie sich der Einfluß der Durchkühlungstiefe bei isolierten und unisolierten Wetterwegen auf die Wärmedurchgangszahl äußert, zeigen sehr deutlich die Diagramme Abb. 69 und 70, die für die laufenden Wärmeleitzahlen für unisolierte (Abb. 69) und für isolierte (Abb. 70) Wetterwege dargestellt sind. Die Bedeutung einer größeren Durchkühlung ist so auffallend, daß eine weitere Erklärung ganz überflüssig ist. Vgl. auch Abb. 16 bis 19 und Zahlentafel 3, Seite 29.

5. Durchführung der Streckenulmisolation.

Die Streckenulmisolation kann auf verschiedene Art durchgeführt werden. Am Schachte Radbod wurde eine Bretterdoppelwand errichtet. In den inneren Raum, zwischen das Gebirge und die Bretter, wurde Taubgestein, in den äußeren Raum, zwischen beide Bretterinnenwände, wurden Holzsägespäne oder Hochofenschlacke gestampft. Da die Leitfähigkeit der Holzsägespäne nur 0,05 und die der Asche nur 0,09 beträgt, und weil die Strecke in Sandstein einer Leitfähigkeit von ungefähr 1,4 getrieben war, wurde die Gesamtleitfähigkeit merklich verkleinert.

Diese Durchführungsart hat sich am Schachte Radbod ungewöhnlich gut bewährt (Abb. 71). Die Isolation wurde in einer 240 m langen, durch eine senkrecht stehende Sandsteinbank getriebenen Strecke ausgeführt. In der

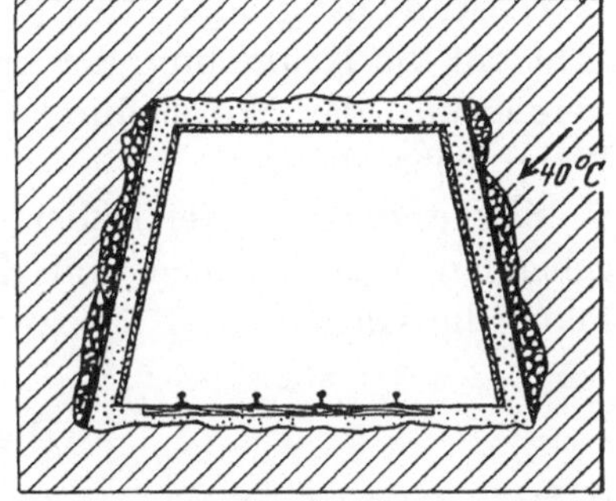

Abb. 71. Durchführung der Streckenisolation. (Nach Winkhaus, Glückauf 1922, Seite 652, Abb. 14.)

unisolierten Strecke haben sich die Wetter von den ursprünglichen 22° C auf 28° C erwärmt, also um 6° C. Nach der oben angeführten Isolierung ist die Erwärmung auf 1° gesunken, so daß die aus der isolierten Strecke strömenden Wetter nur 23° C hatten.

Es genügt aber oft eine einfache Mauerung, um den Wärmestrom aus dem Gebirge in die Ulme zu verkleinern. Sind nämlich die Ziegeln nur einigermaßen porös, so haben sie ein kleines Leitvermögen von ungefähr 0,34. Wir beobachten oft tatsächlich, daß die Wettertemperatur nach der Ausmauerung der Strecken kleiner wird. Den Hauptanteil an der Temperaturerniedrigung hat aber auch der Raum zwischen der Mauer und dem Ulme, der als vorzügliche Isolation wirkt.

Auch eine einfache, mehr oder weniger vollständige Verschalung der Strecke wirkt als guter Isolator.

Die Isolation der Haupteinziehstrecken ist nicht gerade notwendig, weil durch diese große Wettermengen mit großer Geschwindigkeit strömen, so daß die Wetter nur wenig erwärmt werden. Dafür werden aber die Streckenulme um so eher durchgekühlt, wodurch die Isolation ihre Bedeutung verliert.

6. Bewetterung durch isolierte Lutten.

In vielen Fällen kann man die Wetter zur Arbeitsstelle dadurch verhältnismäßig kühl zuführen, daß man sie mit großer Geschwindigkeit durch Lutten führt, die zwecks Herabsetzung der Erwärmung isoliert werden.

Einige folgende Beispiele werden diese Verhältnisse, vor allem bei eisernen Lutten, wie sie bei der Grubenbewetterung verwendet werden, erläutern. Da diese Lutten aus einem schwachen, ungefähr nur 1 mm starken Eisenblech hergestellt werden, können wir infolgedessen den Wärmedurchgang ohne Rücksicht auf die Wandstärke und ohne Rücksicht auf die Krümmung der kreisförnigen Rohrleitung berechnen. Wir werden also den Wärmedurchgang wie bei einer gewöhnlichen ebenen Wand behandeln.

Sind aber die Lutten isoliert, so muß man zur Berechnung der durchgehenden Wärmemenge und der daraus resultierenden Wettererwärmung die Gleichung (177) bzw. (178) verwenden.

Beispiele i, j.

i) Die gleiche Wettermenge wie in den Beispielen a bis h strömt durch eine unisolierte Lutte.

Durch eine unisolierte Eisenblechlutte eines Durchmessers $d_i = 0{,}75$ m strömt dieselbe Wettermenge wie in den Beispielen a bis h, d. h. $G = 4$ kg/s. Dazu ist eine Geschwindigkeit von $c = 7$ m/s nötig, was naturgemäß eine ziemlich große Geschwindigkeit ist. Mit Rücksicht darauf, daß wir die isolierten und unisolierten Wetterwege miteinander vergleichen wollen, sehen wir von dieser Unzukömmlichkeit ab und rechnen dieses Beispiel so, wie die anderen Beispiele.

Bezeichnen wir also entsprechend der Abb. 68 $t_a = T_0 = 35^0$ C = die Wettertemperatur um die Lutte in der Strecke. Wir setzen voraus, daß dieselbe auf der ganzen Luttenlänge überall gleich ist, und daß sich die Wetter in dieser Lutte in Ruhe befinden. $t_{i,0} = t_0 = 20^0$ C = die Temperatur der in die Lutte einziehenden Wetter, $t = $ die Wettertemperatur im Abstande x m vom Luttenanfang. $r_i = 0{,}375$ m, $\alpha_a = 2$, $\alpha_i = 2 + 5\sqrt{7} = 15{,}23 = $ die Wärmeübergangszahl der Lutte. Daraus resultiert nach Gleichung (4) die Wärmedurchgangszahl

$$\frac{1}{k} = \frac{1}{\alpha_i} + \frac{1}{\alpha_a} = \frac{\cdot 1}{1{,}767},$$

wobei wir vom Einflusse der Wandstärke z absehen, da die Wärmeleitfähigkeit des Eisens mit Rücksicht auf den Übergangswiderstand eine sehr gute ist.

Der Temperaturverlauf der Wetter in der Lutte ist durch die Kurve i Abb. 68 dargestellt. Vgl. auch Zahlentafel 13, Posten i.

j) **Die gleiche Wettermenge wie in den Beispielen a bis i strömt durch eine isolierte Lutte.**

Dieselbe Lutte wie im Beispiele i ist durch eine 12,5 cm starke Holzsägespäneschicht isoliert, deren Wärmeleitfähigkeit $\lambda_a = 0,055$ beträgt. Dann ist $r_a = 0,5$ m; sonst sind die Verhältnisse denen im Beispiel i gleich. Daraus resultiert nach Gleichung (178) $k = 0,416$. Der Wetterverlauf ist durch die Kurve j Abb. 68 dargestellt. Vgl. auch Zahlentafel 13, Posten j.

Durch Vergleich der Kurven i und j ist zu ersehen, wie stark die Wettererwärmung in einer isolierten Lutte herabgesetzt wird.

7. Berechnung vorhergehender Beispiele für Strecken mit ansteigender Temperatur.

Die bisher angeführten Beispiele a bis j (Abb. 68) bezogen sich auf eine konstante Ulm- bzw. Umgebungstemperatur, welcher sich die strömenden Wetter allmählich näherten. Da sich aber gewöhnlich die Ulmtemperatur in Strecken ändert, d. h. vom Streckenanfang aus steigt, ist der Wettertemperaturverlauf nach einer anderen Gleichung, und zwar nach (22a), zu rechnen.

Dieselben Beispiele a bis j sind für den Fall durchgerechnet, daß die Ulmtemperatur jede 100 m um 3^0 C steigt. Die Resultate sind in der Abb. 72 eingetragen. Die Bestimmungsgrößen sind natürlich die gleichen wie bei den früheren Beispielen, so daß die Zahlentafel 13 auch für diese Beispiele gilt. Die Linie L gibt den Ulmtemperaturverlauf an.

8. Durchführung der Luttenisolation.

Das einfachste Mittel ist die Verwendung eines anderen Materiales zur Herstellung der Luttenwände, anstatt des gut leitenden Eisens. Am Schachte Radbod wurden beispielsweise Lutten aus Papiermasse mit 10 mm starken Wänden verwendet, die sich aber nicht besonders bewährt haben. Die Isolationswirkung war zwar wahrnehmbar, doch im Vergleich zu den anderen Luttenarten unvollkommen. Besser ist es, die Lutte mit einer Schicht von Sägespänen oder eines anderen Isoliermateriales zu versehen. Die Sägespäne eignen sich wegen ihrer Leichtigkeit und Billigkeit sehr gut für diese Zwecke, doch muß man achten, daß sie sich nicht zersetzen können. Gleichfalls kann Schlacke, Asche und ähnliches verwendet werden.

Die Schichtung kann man als konzentrische Schicht durchführen, was jedoch beschwerlich ist. Für die Berechnung haben wir allerdings eine solche Schicht vorausgesetzt, weil anderenfalls die Durchführung der Rechnung sehr kompliziert werden würde. Auch kann man eine einfache Bretterverschalung in Form von langen Kisten anwenden, die dann an die Firste oder an die Sohle befestigt werden. Siehe Abb. 73.

Ferner kann man eiserne oder sonstige Doppellutten verwenden, wobei die Isolierung von einer Luftschicht gebildet wird. Der Zwischenraum kann abgeteilt sein, damit ein Strömen in der Isolationsschicht verhindert werde. Für den Grubenbetrieb sind diese Lutten am vorteilhaftesten, weil sie sich am besten montieren lassen.

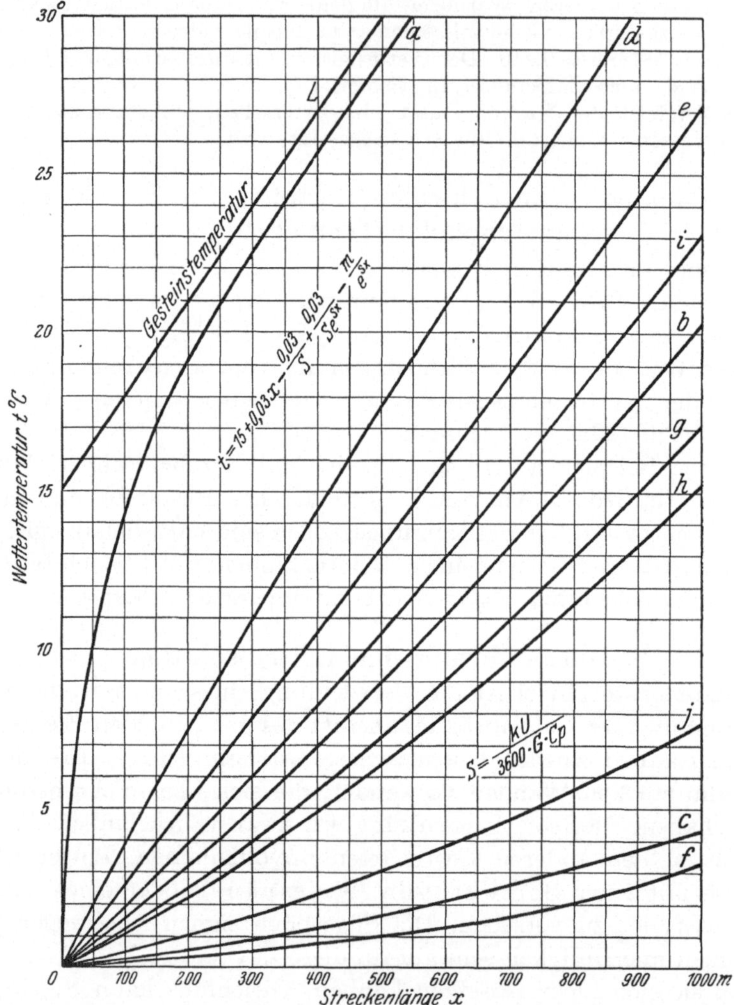

Abb. 72. Wettertemperaturverlauf in isolierten und unisolierten Wetterwegen verschiedener Gesteinsleitfähigkeit und verschiedener Durchkühlungstiefe. Gesteinstemperatur steigend.

a Ulm nicht isoliert, nicht durchgekühlt.
d Strecke in Gneis, nicht isoliert, 5 m Durchkühlung.
e Streke in Gneis, nicht isoliert, 20 m Durchkühlung.
i Nicht isolierte Lutte.
b Ulm isoliert, nicht durchgekühlt.

g Strecke in Gneis, isoliert, 5 m Durchkühlung.
h Strecke in Gneis, isoliert, 20 m Durchkühlung.
j Isolierte Lutte.
c Strecke in Kohle, nicht isoliert, 5 m Durchkühlung.
f Strecke in Kohle, isoliert, 5 m Durchkühlung.

Der günstige Einfluß der isolierten Lutten äußert sich nicht nur darin, daß sie die Wettererwärmung beschränken, sondern auch darin,

daß sie Wetterverluste infolge der Undichtigkeiten verhindern. Solche isolierte Lutten dichten an den Verbindungsstellen
bedeutend besser, als es bei den gewöhnlichen Lutten erreicht werden
kann. Es werden also an die Arbeitsstelle nicht nur kühlere Wetter

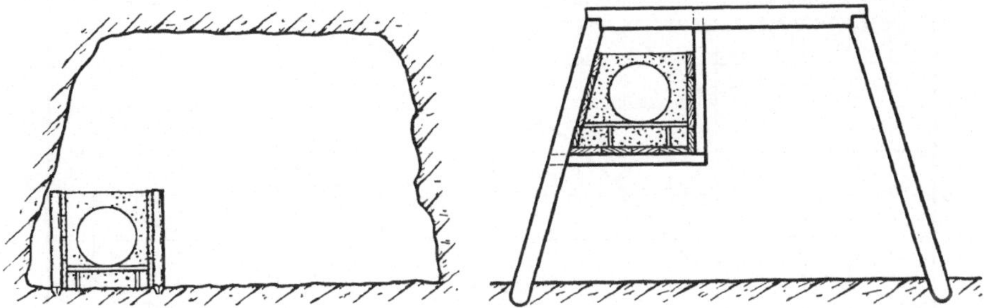

Abb. 73. Durchführung der Luttenisolation. (Nach Winkhaus: Glückauf 1922, 652, Abb. 11, 12.)

gebracht, sondern auch eine größere Wettermenge, so daß man den
Effekt beider Faktoren addieren muß. Außerdem wird auch das Feuchtwerden der Wetter eingeschränkt, weil die Feuchtigkeit in
unisolierte Lutten leichter als in isolierte eindringen kann.

Über die Verwendung der isolierten Lutten berichtet ausführlich
Winkhaus in der Zeitschrift „Glückauf" 1922.

9. Einfluß der Geschwindigkeit der Wetter auf ihre Erwärmung in isolierten und unisolierten Lutten.

Wollen wir zur Arbeitsstelle die Wetter möglichst kühl zuleiten, so
können wir das auch dadurch erreichen, daß wir die Geschwindigkeit des Wetterstromes vergrößern. Dadurch wird natürlich die
Wettermenge, auf welche auch die durchgehende Wärmemenge verteilt
wird, vergrößert, so daß die resultierende Wettererwärmung kleiner ist.
Es ist aber auch die Berührungszeit kleiner. Andererseits wird mit der
Geschwindigkeitsvergrößerung gleichzeitig die Übergangsfähigkeit erhöht, da sie von der Geschwindigkeit abhängig ist.

Trotzdem sich die Übergangsfähigkeit erhöht, so daß in die Wetter
mehr Wärme überführt wird, als bei einer kleinen Geschwindigkeit, ist
der Einfluß der Wettermengenvergrößerung stärker und die Wettertemperatur steigt langsamer. Diese Beziehung ist nicht auf den ersten
Blick erkennbar, so daß es vorteilhaft ist, einige Beispiele für verschiedene
Geschwindigkeiten des Wetterstromes zu berechnen.

Die folgenden Beispiele 1 bis 5 und 6 bis 10 veranschaulichen den
Einfluß der Geschwindigkeit in einer isolierten und einer unisolierten
Lutte. Die Diagramme sind nach den Gleichungen (4), (15) bzw. (178)
für eine Länge bis zu 1000 m aufgetragen, damit man den Temperaturverlauf bis zu den weitesten Grenzen verfolgen kann.

Beispiele 1 bis 5. Durch eine Blechlutte eines Durchmessers von 75 cm und einer Blechstärke von 1 mm strömen Wetter mit einer Anfangstemperatur von 10^0 C mit verschiedenen Geschwindigkeiten, und zwar $c = 1, 2, 4, 6$ und 8 m/s. Die äußeren Wetter um die Lutte haben in der ganzen Strecke eine konstante

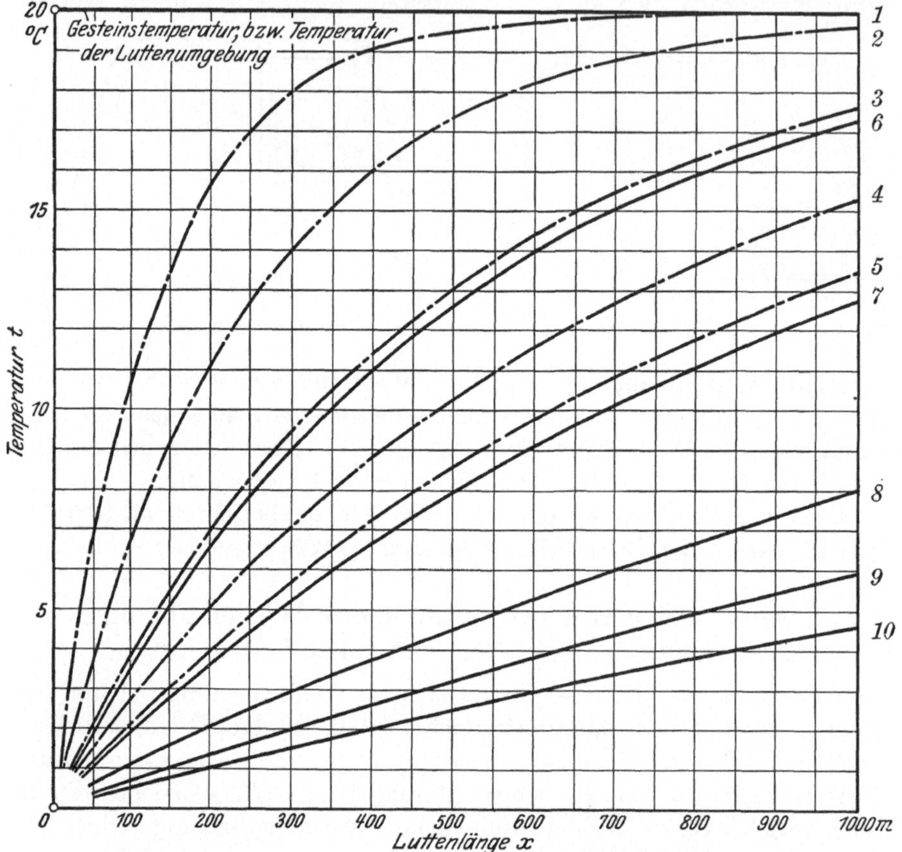

Abb. 74. Wettertemperaturverlauf in isolierten und unisolierten Lutten bei verschiedenen Wettergeschwindigkeiten. $d = 750$ mm. Umgebungstemperatur konstant.

1 unisolierte Lutte, $c = 1$ m/s	*8* isolierte Lutte, $c = 4$ m/s
2 unisolierte Lutte, $c = 2$ m/s	*9* isolierte Lutte, $c = 6$ m/s
$\{$*3* unisolierte Lutte, $c = 4$ m/s	*10* isolierte Lutte, $c = 8$ m/s
$\{$*6* isolierte Lutte, $c = 1$ m/s	
4 unisolierte Lutte, $c = 6$ m/s	
5 unisolierte Lutte, $c = 8$ m/s	
7 isolierte Lutte, $c = 2$ m/s	

$$t = 20 - \frac{20}{e^{S \cdot x}}; \quad S = \frac{k\,U}{3600 \cdot G \cdot c_p}.$$

Temperatur, und zwar $t_0 = 30^0$ C. Gleichzeitig setzen wir voraus, daß sich die Wetter in der Strecke nicht bewegen, oder zumindest, daß sie eine so geringe Geschwindigkeit haben, daß die Berechnung der Wärmeübergangszahl für eine Geschwindigkeit gleich Null erfolgen kann.

Wie aus der Abb. 74 zu ersehen ist, erwärmen sich bei einer unisolierten Lutte die Wetter mit kleiner Geschwindigkeit sehr stark[1].

---

[1] Man muß sich aber vor Augen führen, daß die Temperatur im Innern der Lutten in Wirklichkeit aus mehreren Gründen nicht so rapid steigt: für die Be-

Wie aus dem Vergleich der Resultate zu ersehen ist, ist die geringste Erwärmung der strömenden Wetter bei der größten Geschwindigkeit. So erwärmen sich die Wetter bei einer Geschwindigkeit $c = 1\,\text{m/s}$ schon nach den ersten 100 m um $10{,}7^0$ C, wogegen sie bei einer Geschwindigkeit von 8 m/s nur um $2{,}2^0$ C erwärmt werden; bzw. erst in einer Entfernung von 700 m vom Anfang an erwärmen sich die Wetter bei dieser Geschwindigkeit um jenen Wert, um den sich die Wetter mit einer Geschwindigkeit von 1 m/s schon nach den ersten 100 m erwärmt haben.

Diese rasche Temperatursteigerung ist allerdings durch ein bedeutendes Temperaturgefälle bedingt, welches am Anfang der Lutte zwischen der äußeren und inneren Luft herrscht. Wie aber aus Abb. 74 zu ersehen ist, erhöht sich die Temperatur im Innern der Lutte sehr langsam, sobald sich dieses Gefälle im Verlauf des Weges verkleinert.

So erwärmt sich beispielsweise die Luft bei einer Geschwindigkeit von 8 m/s während der ersten 100 m um ganze $2{,}2^0$ C, wogegen sie sich während der letzten 100 m, d. i. zwischen 900 und 1000 m, nur um $1{,}78^0$ C erwärmt. Auffälliger augenscheinlich wird diese Erhöhung besonders bei kleineren Geschwindigkeiten, z. B. bei einer Geschwindigkeit von 1 m/s, wo während der letzten 100 m eine Erhöhung um nur $0{,}009^0$ C eintritt. Vgl. Zahlentafel 14.

Aus Abb. 74 ist zu ersehen, daß es sehr beschwerlich ist, kalte Wetter mittels unisolierter Lutten durch eine warme Umgebung auf größere Entfernung zu leiten, auch wenn größere Geschwindigkeiten verwendet werden. Aus diesem Grunde ist es nötig, isolierte Lutten zu verwenden, welche schon bei einer verhältnismäßig schwachen Isolation selbst bei kleinen Geschwindigkeiten kalte Wetter auch auf größere Entfernungen leiten können.

Beispiele 6 bis 10. Zwecks Vergleiches erwägen wir auch Lutten, die mit Holzsägespänen, welche vor Befeuchtung geschützt sind, isoliert wurden, so daß wir ihre Leitfähigkeit mit $\lambda = 0{,}055$ annehmen können. Die Stärke der Isolationsschicht setzen wir mit 12,5 cm voraus, so daß der Gesamthalbmesser der Lutte $r_a = 0{,}5$ m beträgt. An der ganzen Berechnung wird nichts geändert, außer daß die Durchgangsfähigkeit diesmal nach Gleichung (178) berechnet werden muß. Sonst sind die Berechnungen wie bei unisolierten Lutten.

---

rechnung des Temperaturverlaufes galt die Voraussetzung, daß sich die Temperatur im Innern der Lutte sogleich nach der Erhöhung über das ganze Profil auf eine bestimmte resultierende, gleiche Temperatur ausgleicht. In Wirklichkeit strömen aber die Wetter in der Lutte ziemlich gleichmäßig, so daß eine Durchmischung der Wetter und ein Ausgleichen der Temperaturen unvollständig ist. Infolgedessen bleibt im oberen Teile des Lutteninneren eine sehr warme Luft, wogegen in der unteren Hälfte kalte Luft strömt. Deswegen beteiligt sich der obere Teil der Lutte an der Wärmeübergabe wenig, dafür aber desto mehr der untere Teil. Außerdem pflegt die Lutte an der Oberfläche mit einer angesammelten Staubschicht bedeckt zu sein; diese Schicht wirkt sodann als vorzüglicher Isolator, so daß der Wärmeaustausch auf der oberen Hälfte der Lutte auch aus diesem Grunde unbedeutend ist. In der Berechnung wird allerdings vorausgesetzt, daß der Wärmeaustausch längs der ganzen Luttenoberfläche gleich stark erfolgt.

Die Ergebnisse sind unter den Zahlen 6 bis 10 in Abb. 74 und der Zahlentafel 14 eingetragen, woraus folgendes hervorgeht: Trotz sehr guter Isolation ist der Einfluß der Geschwindigkeit auch bei isolierten Lutten sehr auffällig.

Man sieht, daß die Geschwindigkeit des Wetterstromes auf die Erwärmung der Wetter einen großen Einfluß ausübt, doch reicht sie nicht aus, die Wetter in unisolierten Lutten ohne merkliche Erwärmung durch eine längere Strecke zu führen. Es ist also immer vorteilhafter, Isolationen zu verwenden, auch wenn isolierte Lutten bedeutend teurer sind, da der daraus hervorgehende Vorteil unvergleichlich größer ist.

Zahlentafel 14.
Bestimmungsgrößen für den Wärmedurchgang in isolierten und unisolierten Lutten bei verschiedener Wettergeschwindigkeit.
Wettertemperaturverlauf in solchen Lutten (vgl. Abb. 74).

c	Nicht isolierte Lutten					Isolierte Lutten				
	1	2	4	6	8	1	2	4	6	8
G	0,5514	1,103	2,206	3,308	4,411	0,551	1,103	2,206	3,308	4,411
z_{is}	—	—	—	—	—	0,125	0,125	0,125	0,125	0,125
z	0,001	0,001	0,001	0,001	0,001	0,001	0,001	0,001	0,001	0,001
r_i	0,375	0,375	0,375	0,375	0,375	0,375	0,375	0,375	0,375	0,375
r_a	—	—	—	—	—	0,5	0,5	0,5	0,5	0,5
α_i	7,000	9,0	12,0	14,25	16,25	7,000	9,0	12,0	14,25	16,25
α_a	2	2	2	2	2	2	2	2	2	2
λ	—	—	—	—	—	0,055	0,055	0,055	0,055	0,055
k	1,556	1,63	1,714	1,754	1,780	0,4033	0,4086	0,4133	0,4167	0,4170

XXIX. Einfluß der Wettermenge auf die Wettertemperatur.

Beim Lösen des Problems der Wettertemperaturerniedrigung wird gewiß die Frage erstehen, ob nicht schon eine bloße Vergrößerung der Wetterzufuhr die Steigerung der Wettertemperatur verhindern könnte.

Die Wettermenge kann man auf zwei Arten vergrößern:

1. Durch Vergrößerung der Geschwindigkeit, mit welcher die Wetter in die Grube strömen, was eine Erhöhung der Depression notwendig macht.

2. Durch Verbreiterung der Wetterwege oder durch Verminderung des Widerstandes (Ausmauerung oder Ausbetonierung der Schacht- oder Streckenstöße usw.).

1. Mengenvergrößerung der Wetter durch Erhöhung ihrer Geschwindigkeit.

Welchen Einfluß die Vergrößerung der Wettergeschwindigkeit auf die dem Gestein entzogene Wärmemenge und somit auf die Wettererwärmung ausübt, wurde im Kapitel II, über die Wärmeübertragung aus dem Gestein an die Wetter, und im Kapitel XXVIII eingehend besprochen. Aus den in diesen Kapiteln angeführten Diagrammen ist zu ersehen, wie sich die Erwärmung ändert, wenn die Wetter mit verschiedenen Geschwindigkeiten strömen.

Vergrößern wir die Wettermenge auf das Doppelte, so vermindert sich nicht die Temperaturzunahme um die Hälfte, wie es scheinbar der Fall sein sollte, sondern etwas weniger.

Die Wettermengenvergrößerung hat bei beibehaltenen Streckenquerschnitten auch auf die Menge des in den Strecken verdampften Wassers einen Einfluß. Bei einer größeren Geschwindigkeit ist die Verdampfung intensiver, dafür aber die Berührungsdauer kürzer, so daß die resultierende Verdampfung derart ist, wie es im Diagramm in Abb. 49 angegeben erscheint.

Durch die Geschwindigkeitserhöhung der Wetter wird auch die Oxydationsgeschwindigkeit der Kohle und der anderen sich in der Grube befindlichen Stoffe vergrößert; diese Vergrößerung ist aber ganz minimal und bei weitem nicht der Geschwindigkeitserhöhung der Wetter proportional. Deswegen wird der Anteil der Oxydationswärme an der Wettererwärmung relativ kleiner sein.

Die Vergrößerung der Wettermenge hat aber den größten Einfluß in der Hinsicht, daß die Wetter auch an den Arbeitsorten eine größere Geschwindigkeit erreichen, wodurch ihre Kühlwirkung vergrößert wird[1].

Man muß allerdings darauf achten, daß die Wetter besonders dort rasch strömen, wo die Arbeiter arbeiten, weswegen die Ausmaße und die Formen der Arbeitsorte derart sein müssen, daß dies möglich ist. Aber gerade an der Arbeitsstelle, wo die Wetter zur Geltung kommen sollen und wo sie durch Berührung mit dem heißen, noch ungekühlten Gestein, weiter durch intensive Oxydation der zerbröckelten oder staubförmigen Kohle oder anderer Minerale erwärmt werden, strömen sie gewöhnlich mit einer kleinen Geschwindigkeit, verbleiben hier überflüssig lange und strömen dagegen in Strecken, in welchen sie überhaupt nicht gebraucht werden, mit einer großen Geschwindigkeit.

Deswegen müssen die Arbeitsorte so eng wie möglich gewählt werden. Weiter muß der Wetterstrom gerade auf den Arbeiter gerichtet sein.

Vorerst waren die Bergtechniker bemüht, die Temperatur der Grubenwetter ohne Rücksicht auf die Feuchtigkeit herabzusetzen. Der Kampf gegen die hohen Grubentemperaturen wurde einzig und allein unter der Losung „kühlen" geführt. Später wurde die Wichtigkeit der

---

[1] Dies gilt bei feuchten Wettern jedoch nur bis 37° C; bei höheren Temperaturen nur bei trockenen Wettern. Vgl. Seite 164 ff.

Feuchtigkeit erkannt und man war bemüht, die Wetter zu „trocknen“. Aber auch die „Bewegung“ und „Geschwindigkeit“ der Wetter ist sehr wichtig und man kann durch Vergrößerung der Geschwindigkeit die Kühlwirkung stark vergrößern.

Der Erhöhung der Kühlwirkung der Grubenwetter durch Vergrößerung der Geschwindigkeit wird in der letzten Zeit in Deutschland ein großer Wert beigemessen und das Verdienst darum ·gebührt dem Herrn F. Jansen.

Es wurde auch vorgeschlagen, eine Verbesserung der Grubenverhältnisse dadurch zu erreichen, daß man statt der doppelten Wettermenge bei gleichem Streckenquerschnitte die Geschwindigkeit auf den doppelten Wert erhöht, indem man bei der gleichen Wettermenge die Querschnitte auf die Hälfte verkleinert. Sobald es sich nicht um Verkleinerung des Arbeitsortprofiles, sondern um Verkleinerung des Streckenprofiles der Wetterzuführungswege handelt, ist es nicht richtig. Die Depression steigt sehr stark und man erzielt fast keine Verringerung der Erwärmung, wie aus den Ausführungen im Kapitel II und aus den Abb. 9 und 10, sowie der Zahlentafel 2 deutlich hervorgeht. Handelt es sich aber um Verkleinerung des Arbeitsortprofiles und nicht der Wetterzuführungswege, so ist es richtig. Der Einfluß der größeren Geschwindigkeit, also die Vergrößerung der Kühlwirkung der Luft auf den Menschen macht sich hier geltend. Vgl. Seite 166 ff.

Eine Verminderung der Wettererwärmung erzielt man nur dann, wenn man bei gleichem Streckenquerschnitt die Geschwindigkeit erhöht. Verkleinern wir gleichzeitig mit der Geschwindigkeitserhöhung den Streckenquerschnitt oder erreichen wir sogar durch Verkleinerung des Querschnittes eine größere Geschwindigkeit, so erzielen wir vom Standpunkte der Wetterkühlung fast nichts, wenn wir von der billigen Herstellung und Erhaltung solcher Strecken absehen. Dieser Vorteil kann aber durch Mehrverbrauch an Betriebskraft des Ventilators und andere Unzukömmlichkeiten aufgehoben werden.

Man kann auch die Geschwindigkeit nicht auf einen beliebigen Wert vergrößern. Mit Rücksicht auf die Gefahr des Durchschlagens der Flamme bei einer Benzinwetterlampe darf die Geschwindigkeit des einziehenden Wetterstromes 6 m/s nicht übersteigen. (§ 128, Dortmunder Polizeiverordnung.) Aber auch nach allgemeiner Einführung der elektrischen Grubenlampen muß die Maximalgeschwindigkeit von 6 m/s eingehalten werden, weil es die Rücksicht auf die Gesundheit der Belegschaft gebietet (Staubaufwirbelung usw.[1]).

Vergrößert man die Wettergeschwindigkeit, so wächst die Depression quadratisch und der Betriebsenergieverbrauch nach der dritten Potenz

---

[1] Nur in gewissen Gruben und Strecken ist eine Geschwindigkeit bis zu 10 m erlaubt. Hauptsächlich im Einziehschachte und Hauptquerschlägen.

der Geschwindigkeit. Theoretisch braucht man also bei einer Verdoppelung der Wettergeschwindigkeit 8 mal soviel Betriebsenergie beim Ventilator, bei einer Verdreifachung 27 mal soviel. Will man aber an der Arbeitsstelle 2- oder 3 mal soviel Wetter haben, so muß man den Ventilatorbetrieb noch mehr steigern, weil ein beträchtlicher Teil der Wetter durch Kurzschluß entweicht, wobei diese Menge bei einer Depressionserhöhung größer wird[1].

Damit nicht die Wetter überflüssigerweise durch Kurzschluß entweichen, müssen, soweit wie möglich, **kurze Wetterwege verwendet werden.**

Durch Vergrößerung der Wettergeschwindigkeit wird aber auch der Kohlenstaub aufgewirbelt und es muß, besonders dort, wo er trocken ist, darauf geachtet werden. Die Schädlichkeit des Gesteinstaubes ist größer, als man sich bei uns vorstellt. Sein Einfluß auf den Menschen wurde besonders in südafrikanischen Gruben studiert. Siehe den Bericht von Prof. Stočes: Der Gesteinstaub und sein Einfluß auf die Gesundheit und die Leistung des Arbeiters.

Eine Vergrößerung der Geschwindigkeit und der Menge der Wetter hat auch auf deren Zusammensetzung einen Einfluß. Bei einer größeren Wettermenge werden auch die sich den Wettern beimengenden Gase verdünnt.

2. Wettermengenvergrößerung durch Erweiterung der Wetterwege.

Die Wettermenge kann auch erhöht werden, indem man die Wetterwege erweitert, so daß man bei einer gleichen Depression eine größere Wettermenge zuführen kann. Durch Erweiterung der Streckendimensionen wird aber auch die Wärmeübergangsfläche zwischen den Wettern und dem Gestein vergrößert. Da aber dabei die Wettermenge quadratisch[2], der Umfang nur linear vergrößert wird, kann man auf diese Art eine Verkleinerung der Erwärmung durch die Stöße erzielen. Aber auch die Erwärmung durch andere Einflüsse wird kleiner.

---

[1] Auf Grund der größeren Depression entstehen am Wetterwege zahlreiche Kurzschlüsse im Versatz und bei den Wettertüren. Selbst die bestschließenden Wettertüren lassen kleine Wettermengen hindurch. Auch wenn dieser Umstand nicht vorhanden wäre, würde beim Befahren durch die Belegschaft, sowie bei der Förderung ein Kurzschluß entstehen, selbst dann, wenn Doppeltüren vorhanden sind. Aus zahlreichen, in der Grube Sachsen gemachten Messungen geht hervor, daß die Wettermenge, welche durch Kurzschlüsse in den Türen, im Versatz und in den Gesteinsspalten verloren geht, selbst bei der größten Sorgfalt und guter Schließung, bis 25% der gesamten Wettermenge beträgt. In einer anderen Grube Deutschlands betrug der festgestellte Verlust bis 60%. (Jansen: Glückauf 1927, 95.)

[2] Bei gleicher Depression noch mehr, weil bei größeren Dimensionen der Reibungseinfluß und die Wirbelwirkung relativ kleiner werden.

Das Erweitern der Wetterwege ist im allgemeinen sehr teuer und die Erhaltung breiter Strecken oft sogar unmöglich. Es gilt daher die Regel: **Die Vergrößerung der Wettermenge muß in erster Linie durch Erhöhung der Geschwindigkeit bis zur zulässigen und ökonomisch möglichen Grenze erzielt werden.** Erst nach dieser Vorkehrung schreiten wir an das Erweitern der Wetterwege oder zur Beseitigung der Stoßunebenheiten in den Wetterwegen[1]. **Der Wetterweg soll breit und glatt sein, die Arbeitsstelle aber, wegen Erzielung einer hohen Wettergeschwindigkeit, möglichst eng.**

3. Kostenaufwand der Wetterkühlung durch Vergrößerung der Menge und Geschwindigkeit der Wetter.

Ing. F. Jansen veröffentlichte in Glückauf 1927, 94, daß bei den am Schachte Sachsen in Westfalen gemachten Versuchen, die Temperatur der Grubenwetter herabzusetzen, das beste Resultat der Kühlwirkung (bis 67%) durch Verdoppelung der zugeführten Wettermenge erreicht wurde.

Die Kühlung mittels Wetterstromvergrößerung ist bis zu einer gewissen Grenze das billigste Verfahren. Vor dem Kriege stellten sich 1000 cbm Wetter unter schwierigen Verhältnissen in einer Steinkohlengrube auf 4 Pf. Erwärmen sich diese 1000 cbm um 10 bis 20⁰ C, so nehmen sie 3000 bis 6000 kgcal auf; mit der aufgenommenen Feuchtigkeit 9000 bis 18000 kgcal. Der Betrag von 4 Pf./1000 cbm Wetter belastet 1 Tonne Kohle mit ca. 5 Pf.; bei einem Verbrauch von 4 cbm/1 Mann/1 Minute erscheint eine Belastung von 8 Pf. pro 1 Mann und 1 Schicht. Auch wenn sich diese Auslagen bei sehr ungünstigen Verhältnissen verdoppeln, bleiben sie doch in angemessenen Grenzen[2].

Man kann allerdings um 4 Pf. auch 1 KWh (stellenweise sogar 2 KWh) erzeugen, welche in einer Kühlmaschine 3000 bis 6000 kgcal liefert. **Die Maschine entzieht aber die Wärme dort, wo man es braucht, die Luft kühlt aber längs des ganzen Weges, also auch dort, wo es nicht erforderlich ist.** Die Luft kann zwar für 4 Pf. 6000 und mehr Kalorien entziehen, muß sich aber dabei

---

[1] In der Grube Sachsen wurde ein Versuch gemacht, die Unebenheiten der Stöße zu beseitigen. In den Ein- und Ausziehstrecken des ersten und zweiten Horizontes war eine mit Brettern verschalte Türstockzimmerung angebracht. Die Verluste durch Reibung wurden dadurch so weit vermindert, daß der nötige Unterdruck von 210 mm Wassersäule auf 170 mm, also um 40 mm, herabgesetzt wurde. Dabei stieg die Wettergeschwindigkeit in den Ausziehstrecken über 6 m/s. Das Ebnen der Stöße hatte zur Folge, daß der Ventilator beim gleichen Energieverbrauch um ¹/₅ mehr Wetter zuführen konnte. Gleichzeitig wurden die Stöße isoliert und die Wetter weniger erwärmt.

[2] Herbst: Glückauf **1920, 434.**

erwärmen und sättigen, so daß man dann genötigt ist, in einer warmen und feuchten Luft zu arbeiten, was zu verhindern gerade unsere Aufgabe war.

Will man diese Erwärmung und Sättigung nur einigermaßen herabsetzen, so muß man die Wettermenge unvergleichlich mehr vergrößern, womit auch die Kosten sehr steigen. Es kosten dann 1000 cbm weit mehr und entführen aus der Grube weniger Wärme. Will man z. B. 1000 cbm auf 2000 cbm vermehren, so braucht man 10 mal soviel Betriebskraft[1] und es werden infolgedessen 2000 cbm etwa 5 mal[2] soviel kosten. Anstatt der 8 Pf. entfallen dann auf einen Arbeiter 40 Pf. und 1000 cbm kosten dann nicht mehr 4 Pf., sondern 10 Pf. Bei Verdreifachung der Wettermenge steigt die Betriebskraft etwa 35 mal[1] und die Ausgaben ca. 10 mal[2]. Sodann kosten 1000 cbm etwa 14 Pf. und auf einen Arbeiter entfallen, falls man die Arbeiterzahl nicht vergrößert, 80 Pf. pro 1 Schicht. Es ist dann eine Frage der Kalkulation, ob es besser wäre, zu einer künstlichen, maschinellen Kühlung zu schreiten. In unserem Falle kann man für 5·4 Pf. 15000 bis 30000 und für 10·4 Pf. 30000 bis 60000 Frigorien in einer Kühlmaschine erzeugen, die man an Ort und Stelle zur Verfügung hat. Eine Verdoppelung oder Verdreifachung der Wettermenge kann aber unter Umständen wenig nützen. Wir sehen somit, daß die Vergrößerung der Wettermenge nicht immer die billigste Kühlmethode sein muß.

Dort, wo extreme Temperaturen herrschen und wo eine Erhöhung der Wettergeschwindigkeit nicht mehr hilft (bei 100% iger Sättigung über 37⁰ C ist im Gegenteil eine Vergrößerung der Geschwindigkeit schädlich), und besonders dort, wo die Wetter reichlich Gelegenheit haben, sich mit Feuchtigkeit stark nachzusättigen, muß zu einer künstlichen, maschinellen Kühlung geschritten werden. In manche Gruben führt man unnütz viel Luft ein und der Anteil an Betriebskraft für 1 Arbeiter ist so groß, daß man bei künstlicher Kühlung die nötige Betriebskraft durch Ersparnis der unnütz angewendeten Kraft für große Wettermengen decken könnte.

Die Kühlmethode durch Vergrößerung der zugeführten Wettermenge wurde am Schachte Radbod und in der Grube Annaconda in Colorado verwendet, wo eine Leistungserhöhung um 100% erreicht wurde[3].

---

[1] Die Depression steigt mit der dritten Potenz und ferner zur Deckung der Verluste durch Kurzschlüsse usw.

[2] Genaue Zahlen kann man nur für bestimmte Verhältnisse angeben. Durch Erweiterung und Verbesserung der Wetterwege kann man die Depression verkleinern. Ein doppeltgroßer Ventilator kostet nicht doppelt soviel und außerdem bleiben die Bedienungskosten gleich.

[3] Näheres siehe in Trans. Amer. Inst. **1923**, 413; eine Abhandlung siehe in Stahleisen **1926**, H. 2.

Als Regel soll gelten: Man soll die Wettermenge bis zu einer durch Kalkulation gegebenen Grenze vergrößern, dann soll aber zur maschinellen Kühlung geschritten werden.

XXX. Kühlung der Grubenluft mittels Kühlmaschinen.

Ehe wir die einzelnen Systeme der Kühlmaschinen besprechen, wollen wir die Frage erörtern, ob zur Kühlung der Grubenwetter die Kühlmaschinen überhaupt in Frage kommen können.

1. Ist es überhaupt möglich, die Grubenwetter mittels Kühlmaschinen ökonomisch zu kühlen?

Die heutigen Maschinen erzeugen pro 1 KW zwischen 700 bis 1200 (Kaltluftmaschinen) und 2000 bis 10000 Kalorien (Kompression- und Absorptionskältemaschinen). Die Unterschiede sind in erster Linie durch die Temperatur gegeben, auf welche gekühlt werden soll. Kühlen wir auf $+ 10^0$ C, so kann man mit 1 KWh viel mehr Frigorien erzeugen, als wenn man auf $- 40^0$ C kühlen würde. In der Grubenpraxis ist es aber vorteilhaft, nicht zu tief zu kühlen. Weiter ist die erzeugte Wärmemenge durch die Temperatur und die Menge des Kühlwassers, die Größe der Maschine, ihre Konstruktion usw. gegeben.

Wieviel Frigorien bei gegebenen Verhältnissen durch eine Kühlmaschine erzeugt werden können, ist aus den beigelegten Zahlentafeln 15 bis 17 und dem Diagramme 75 zu ersehen.

Nehmen wir an, daß man mittels 1 KWh nur 3000 Frigorien erzeugen kann; also ein sehr ungünstiger Fall. Diese Menge ist imstande, 300 cbm Wetter um 12^0 C abzukühlen und außerdem die Feuchtigkeit um ca. 10 g/cbm zu vermindern. Die äquivalente Abkühlung gleicht also in diesem Falle 30^0 C, also einer sehr bedeutenden Abkühlung.

Rechnen wir in einer Erzgrube für einen Arbeiter 1 cbm kalte Wetter in 1 Minute, so kommen wir mit dieser Luft 5 Stunden aus. Pro Arbeiter und Schicht sind daher 1,5 KWh nötig. Ihr Preis bewegt sich zwischen 1,5 und 15 Pf.

Dazu kommen noch die Amortisationskosten, weiter die mit der Beschaffung des Kühlwassers oder der Kühlluft verbundenen Unkosten, Schmierung, Bedienung usw. Diese Auslagen betragen 8 bis 10 Pf. pro 1 Arbeiter und 1 Schicht.

Die mit der Kühlung verbundenen Unkosten pro Arbeiter und Schicht betragen also bei einer ziemlich hohen Abkühlung und ziemlich schlechten Bedingungen durchschnittlich 10 bis 25 Pf., also einen angemessenen Betrag.

Zahlentafel 15. Daten über Ammoniakkältemaschinen.

	Liegende Maschinen								Stehende Maschinen				
Leistung in kgcal/h bei einer Verdampfungstemperatur von − 10° C . .	36000	60000	70000	110000	165000	240000	340000	500000	2600	5000	9000	15500	24500
Eiserzeugung in kgcal/h bei Wasser von + 10° C	250	420	490	770	1250	1800	2600	4200	—	—	—	—	—
Zylinderdurchmesser . . .	150	170	170	200	240	280	325	380	80	100	125	150	175
Hub	200	250	300	330	380	450	500	560	60	80	100	120	140
Umdrehungen pro Minute .	215	210	205	200	175	155	145	140	420	365	320	290	265
Energieverbrauch in PS_{eff} . .	15,6	24,8	28,2	43,0	60,5	83,5	113,5	165,0	1,43	2,42	3,96	6,06	8,60
Wasserverbrauch in cbm/h. bei $t = 10°$ C	5,0	8,4	9,8	15,4	23,1	33,6	47,5	70,0	0,47	0,90	1,60	2,75	4,35
Schwungrad { Durchm. . . .	1350	1750	2100	2400	2700	3000	3300	3600	500	650	800	1000	1200
Schwungrad { Breite . . .	120	150	175	200	250	300	350	400	60	70	80	100	120
Gewicht in kg	1200	1700	3000	4200	6200	8000	9750	11600	220	280	450	650	900
Preis in RM.	3000	3900	5700	7500	9300	12000	15200	17000	850	1000	1400	1700	2100

Zahlentafel 16. Theoretische Kälteleistung einer Ammoniakmaschine in kgcal pro 1 PS in 1 Stunde. Wirkliche Werte sind bei kleinen Maschinen um 45%, bei großen um ca. 25% kleiner.

Verflüssigungstemperatur ÷ Kühlwassertemperatur	Verdampfungstemperatur; richtet sich nach der Temperatur, auf die man kühlen will								
	− 30	− 25	− 20	− 15	− 10	− 5	± 0	+ 5	+ 10
+ 10	3239	3867	4706	5885	7655	10611	16530	34295	∞
+ 15	2818	3313	3951	4805	6002	7802	10807	16822	34875
+ 20	2482	2883	3386	4035	4903	6119	7948	11000	17108
+ 25	2208	2540	2948	3459	4119	4999	6235	8092	11189
+ 30	1981	2261	2599	3013	3532	4201	5094	6350	8233
+ 35	1790	2029	2314	2656	3077	3603	4282	5190	6461
+ 40	1626	1834	2077	2366	2714	3140	3674	4363	5282

In einer Steinkohlengrube, wo für einen Arbeiter 4 cbm Wetter pro Minute zugeführt werden[1], kostet die Kühlung pro 1 Arbeiter und 1 Schicht ungefähr 0,40 bis 1,00 RM., also wieder einen Betrag, der der Möglichkeit nicht entrückt ist.

[1] Warme und feuchte Wetter müssen oft in weit größeren Mengen zugeführt werden; sind aber die Wetter kühl und trocken, so genügen 4 cbm vollkommen. Es ist besser wenig, aber gute, als viel und schlechte Luft zuzuführen. Für die Verdünnung des Methans können weitere Mengen der ungekühlten Wetter dienen.

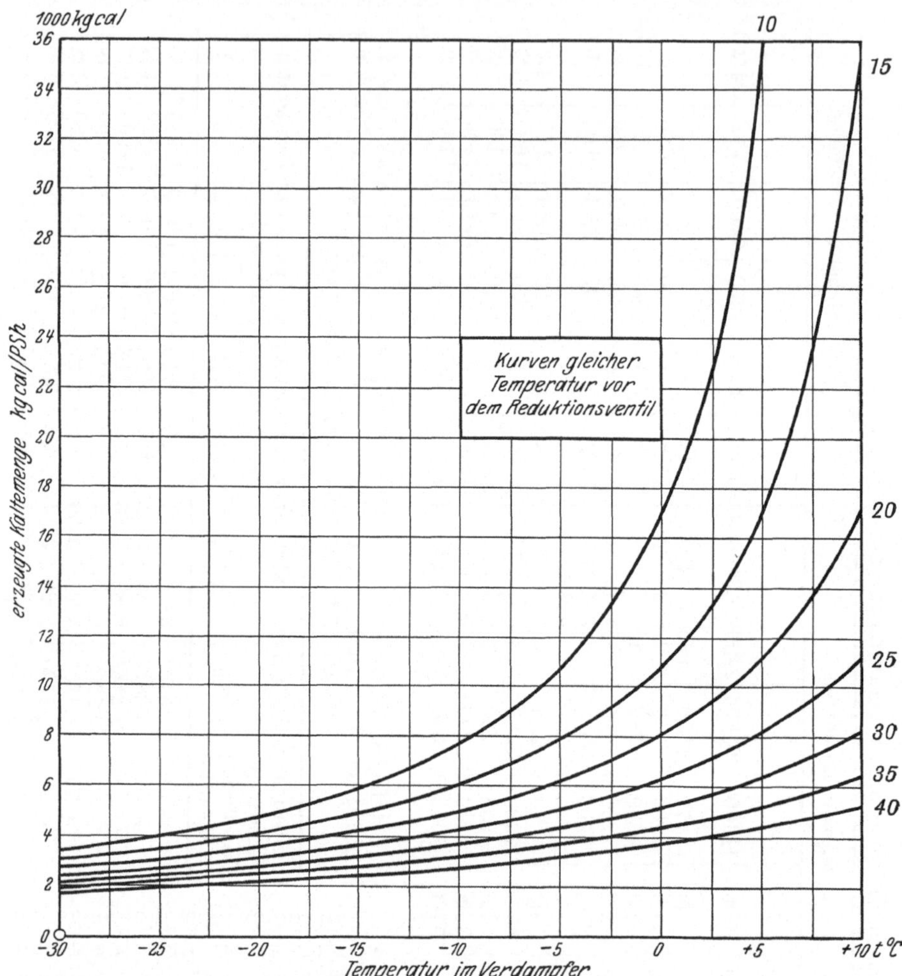

Abb. 75. Abhängigkeit der Kühlmaschinenleistung von der Temperatur, auf die man kühlen will. Die Temperatur vor dem Reduktionsventile ist durch die Temperatur des Kühlwassers bestimmt; die Temperatur im Verdampfer bestimmt die Temperatur, auf die man kühlen will.

Zahlentafel 17. Theoretische Kälteleistung einer Schwefligsäuremaschine in kgcal pro 1 PS in 1 Stunde. Wirkliche Werte sind bei kleinen Maschinen um 45%, bei großen um ca. 25% kleiner.

Temperatur vor dem Regulationsventile ± Temperatur des Kühlwassers	Verdampfungstemperatur; richtet sich nach der Temperatur, auf die man kühlen soll								
	−30	−25	−20	−15	−10	−5	±0	+5	+10
+10	3327	3955	4797	5979	7757	10727	16678	34553	∞
+15	2901	3395	4035	4892	6094	7904	10927	16983	35175
+20	2559	2960	3464	4116	4986	6210	8052	11127	17289
+25	2280	2612	3020	3533	4195	5081	6326	8199	11328
+30	2048	2327	2665	3080	3601	4274	5176	6442	8347
+35	1851	2089	2374	2718	3140	3669	4355	5270	6558
+40	1682	1888	2132	2422	2769	3199	3738	4434	5366

Wenn wir aber statt 3000 kgcal/1 PS 6000 kgcal/1 PS oder noch mehr erzeugen, so sinken die Ausgaben für einen Arbeiter auf minimale Beträge.

Aus diesen kurzen Erwägungen ist zu ersehen, daß die Grubenwetterkühlung mittels Kühlmaschinen durchaus ökonomisch anwendbar ist und in manchen Fällen sogar die einzige Kühlungsmöglichkeit bedeutet.

2. Einteilung der Kühlmaschinen.

Die Kühlmaschinen können folgendermaßen eingeteilt werden:

1. Durch Erniedrigung des Druckes verdampfen wir einen bestimmten Stoff, der sich dabei abkühlt, weil zur Verdampfung Wärme (Verdampfungswärme) verbraucht wird. Dieser Stoff übergibt dann seine Kälte an die Wetter. Sodann wird der Stoff durch Kompression wieder verflüssigt und die dabei frei gewordene Wärme mittels Luft oder Wassers abgeführt. Der Stoff zirkuliert gewöhnlich in geschlossenen Gefäßen, über welche die zur Kühlung bestimmte Luft geführt wird.

Maschinen, in denen nach dieser Methode gearbeitet wird, heißen Verdampfungskühlmaschinen.

Diese Art von Maschinen wird schon lange in Schlachthäusern, Brauereien, Obstkühlhallen, Gärtnereibetrieben, Kühlanlagen in Theatern, Vortragsräumen usw. angewendet.

Die Verdampfungskühlmaschinen können auf Grund ihrer Arbeitsweise folgendermaßen eingeteilt werden:

a) Kompressionsmaschinen,

b) Absorptionsmaschinen,

c) Kompressions-Absorptionsmaschinen.

2. Wir kühlen die Luft direkt dadurch, daß wir sie komprimieren, die Kompressionswärme ableiten und die Luft sodann arbeitsleistend expandieren lassen, wobei sie sich abkühlt. Diese Maschinen heißen Kaltluftmaschinen.

a) Kompressionskühlmaschinen.

Als Medium wird bei diesen Maschinen schweflige Säure (SO_2), Ammoniak (NH_3), Kohlensäure (CO_2), Chloräthyl (C_2H_5Cl), Chlormethyl (CH_3Cl), Äther usw. verwendet. Manchmal werden auch binäre Gemische einiger dieser Stoffe benützt. Über die Vorteilhaftigkeit der einzelnen Kühlmedien werden wir später sprechen.

Das Prinzip dieser Maschinen ist folgendes: Das verflüssigte Medium strömt unter Druck durch die Leitung L_1 und L_2 zum Reduktionsventil RV und wird durch dieses in den Verdampfer (Evaporator) E (Abb. 76) geführt, in welchem ein niedriger Druck herrscht. Infolgedessen verdampft hier das verflüssigte Medium sehr rasch und entzieht der durch den Verdampfer strömenden, zur Kühlung bestimmten Luft Wärme[1]. Die entstandenen Dämpfe werden durch die Leitung L_3 in den Kompressor K angesaugt, wo sie komprimiert werden. Durch Kompression auf einen bestimmten, für jedes Medium verschiedenen Druck werden die Dämpfe erwärmt und durch die Leitung L_1 in den Kondensator C geleitet. Hier wird ihnen durch vorbeiströmendes Wasser die Kompressions- und Kondensationswärme entzogen, so daß sie sich verflüssigen können. Das verflüssigte Medium strömt wieder durch die

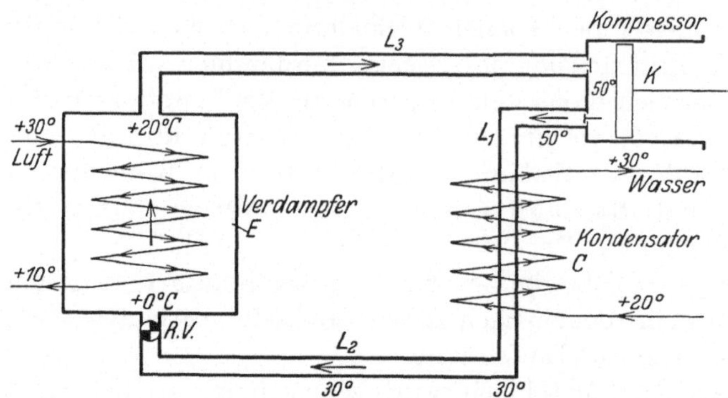

Abb. 76. Schema einer Kompressionskühlmaschine.

Leitung L_2 zum Reduktionsventile RV und der Kreislauf wiederholt sich. Das Kühlmedium strömt sowohl durch den Kondensator, als auch durch den Verdampfer in Röhren.

Die von den Škodawerken auf Vorschlag der Autoren konstruierte, für den Grubenbetrieb geeignete Kühlmaschine ist folgendermaßen eingerichtet (Abb. 77a und b).

Sie ist transportabel, also leicht gebaut, und ohne vorstehende Bestandteile, so daß sie beim Transporte nicht beschädigt werden kann.

Ihre Stundenleistung ist 5000 kgcal, bei einem Verbrauche von 1,2 KW. Als Kühlmedium wird Chloräthyl verwendet. Die Maschine beruht, wie oben beschrieben wurde, am Kompressionsprinzip. Die Kühlung des Kondensators erfolgt durch Wasser oder Luft, je nachdem was in der Grube für den gegebenen Fall vorteilhafter ist. Die Bewetterungsluft, die gekühlt werden soll, streicht durch den Evaporator, wo gleichzeitig eventuelle überschüssige Luftfeuchtigkeit niedergeschlagen wird.

Die Maschine kann in 1 Minute ca. 10 bis 30 cbm Wetter abkühlen (je nach der Feuchtigkeit und Temperatur), so daß sie bei einem

---

[1] Statt der Luft kann durch den Verdampfer ein anderes Medium, Wasser, Salzsole usw. strömen, welches sodann der Luft die Kälte übergibt; die Luft wird in diesem Falle „indirekt“ mittels dieses Mediums gekühlt.

Wetterverbrauche von 1 cbm pro Mann und Minute 10 bis 30 Mann kühlen kann. Der Anschaffungspreis beträgt ca. 2000 bis 3000 RM.

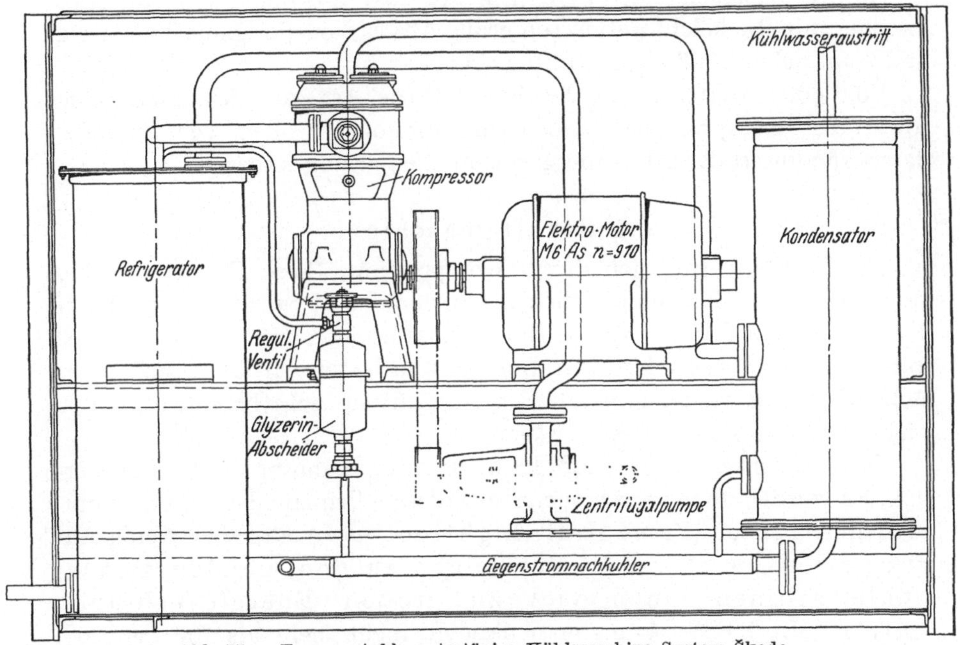

Abb. 77a. Transportable untertägige Kühlmaschine System Škoda.

b) Absorptionsmaschinen.

Ammoniak wird vom Wasser sehr intensiv aufgenommen. Verbinden wir daher zwei Gefäße, von denen ein Gefäß Wasser, das andere

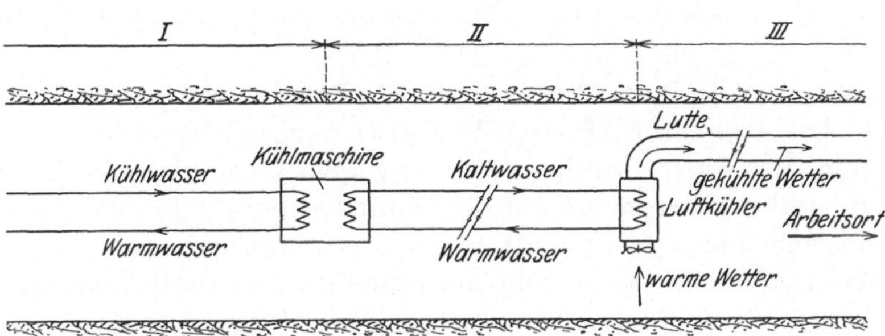

Abb. 77b. Anordnung der untertägigen Wetterkühlung mittels der Kühlmaschine System Škoda.

verflüssigten Ammoniak enthält, so streichen seine Dämpfe in der Richtung zum Wasserbehälter. Im ersten Gefäß erfolgt seine Verdampfung und daher auch Abkühlung.

Allerdings muß der vom Wasser aufgenommene Ammoniak wieder

entfernt werden, damit er im Kreislauf weiter verwendet werden könne. Dies erfolgt durch Erwärmung des Wasserbehälters.

Absorptionsmaschinen werden heute fast ausschließlich für Ammoniak, mit Rücksicht auf dessen große Absorptionsfähigkeit im Wasser und seine leichte Wiedergewinnung, gebaut.

Von einer weiteren Beschreibung dieser Art von Kühlmaschinen sowie der Kompressions-Absorptionsmaschinen wollen wir absehen, da sie für unsere Zwecke eine geringere Bedeutung haben.

c) Luftkältemaschinen.

Die Luft erwärmt sich durch Kompression. Diese Erwärmung beträgt bei einem Zusammendrücken von 1 auf 2 at ca. 65° C, von 1 auf 7 at ca. 203° C. Führen wir die durch Kompression entstandene Wärme durch kaltes Wasser oder kalte Luft ab und lassen wir diese Luft unter Arbeitsleistung wieder expandieren, so kühlt sie sich theoretisch um so viel ab, als sie sich vorerst erwärmte.

Diese Eigenschaft der Luft kann zu ihrer Kühlung verwendet werden. Es wurden auch verschiedene, auf diesem Prinzipe basierende Kühlmaschinen gebaut (Firma Hall, Lightfoot usw.), die aber wenig Anklang fanden, weil sie im Vergleiche zu den Kondensationskühlmaschinen einen viel zu großen Energieverbrauch hatten. Mit 1 KWh kann man nämlich nicht mehr als 700 bis 1200, in Kondensationsmaschinen dagegen 3000 bis 10000 Frigorien erzeugen. Trotzdem wurde in der letzten Zeit von den Brown-Boveri-Werken auf Vorschlag E. L. Egans für die Anglo-American Corporation of South Africa eine für den Grubenbetrieb bestimmte große Luftkältemaschine gebaut, die mit 242 KW eine Stundenleistung von 150000 kgcal hat, mit 27° C warmem Wasser gekühlt wird und 85 cbm/min Luft von 35° C und 95% Feuchtigkeit fast auf 0° C kühlt[1].

Eine spezielle Luftkältemaschine für Lokalkühlung (für 5000 Frigorien) hat auch Prof. Dr.-Ing. V. Beran vorgeschlagen.

Diese Maschinen wurden trotz unvergleichlich kleinerer Leistung gebaut, weil der Bergmann auf die Manipulation mit Preßluft gewöhnt ist und weil ihm jede Preßluftmaschine geläufig und sympathisch ist. Die Maschinen sollen auch nicht so empfindlich sein, weil ein eventuelles Entweichen einer kleinen Luftmenge dem Gange der Maschine und der Belegschaft nicht schaden kann.

Die heutigen Kompressionskühlmaschinen sind aber in der Arbeitsweise auch ganz sicher. Vergleiche nur die kleinen Frigidaire-Kühlmaschinen, die im Haushalt verwendet werden. Ein weiterer Grund lag

---

[1] Siehe P. Ostertag: Versuche an einer Luftentfeuchtungsanlage. Z. V. d. I. **74**, Nr 49, S. 1667 (1930).

in den Bedenken, in die untertags aufgestellten Maschinen Kühlmedien mitzunehmen. Diese Furcht ist aber, wie aus den Ausführungen auf Seite 216 hervorgeht, ganz grundlos.

Von der Beschreibung anderer Systeme und Arten der Kühlmaschinen nehmen wir in vorliegenden Betrachtungen Abstand.

3. Wahl des Kühlmediums.

Als Kühlmedium wird meistens Ammoniak, Kohlensäure, schweflige Säure, Wasser, Chlormethyl, Chloräthyl, Dichloräthylen, seltener: Äther, Methyläther, Butan usw. verwendet.

Die physikalischen Eigenschaften dieser Stoffe sind sehr verschieden und jeder hat daher seine Vor- und Nachteile. Es ist naheliegend, daß die Wahl des Kühlmediums mit Rücksicht auf die Ausmaße der Einrichtung, die verlangte Abkühlung und Lebensdauer der Anlage erfolgen muß. Man kann nicht Kühlmittel wählen, welche die Bestandteile der Maschine angreifen würden. Nicht zu unterschätzen ist die Giftigkeit und überhaupt alle für die Betriebssicherheit in Betracht kommenden Umstände.

Ammoniak, Kohlensäure und schweflige Säure verhalten sich dem Eisen, Gußeisen und Stahl gegenüber fast neutral. Bei NH_3, welcher eine starke Base ist, und bei SO_2 überrascht diese Erscheinung. Dafür wird Kupfer und seine Legierungen sowie Lagermetall, besonders in Gegenwart von Wasser und Sauerstoff, angegriffen. Man muß daher darauf achten, daß weder Wasser noch Sauerstoff in die Kühlmaschine gelangen. Das Eindringen des Wassers ist auch deshalb gefährlich, weil das Wasser im Reduktionsventil, wo es nur durch eine sehr enge Öffnung hindurchgeht, einfriert und dadurch den ganzen Gang der Maschine stillegt[1]. Da man Undichtigkeiten nicht vollständig beseitigen kann, muß man mit der Möglichkeit rechnen, daß in die Maschine Sauerstoff eindringt, und man muß sich daher möglichst hüten, zum Bau der Kühlmaschine Kupfer zu verwenden. Unreinigkeiten, die im Industrieammoniak vorkommen, haben keinen Einfluß.

Vorsichtig muß man bei der Wahl der Kohlensäure sein. Dieser Stoff hat verschiedene Reinheitsgrade, je nach der Erzeugungsart. Gefährlich sind hier Beimengungen von HCl, H_2SO_4 u. a., die oft in der technisch reinen Säure vorkommen.

Über die Wirkung des Schwefeldioxydes gingen die Ansichten der Chemiker lange auseinander. Erst Lange[2] hatte diese Frage teilweise erklärt und bewiesen, daß schweflige Säure in flüssigem Zustande Eisen erst bei 96^0 C wohl in kleinem, aber doch nachweislichem Maße an-

---

[1] In der Grube kühlen wir jedoch nicht so tief.
[2] Lange: Z. ges. Kälteind. **1899**, 81 ff.

greift. Durch Beimengung von Wasser (bis 1%) wird diese Grenze auf 70⁰ C herabgesetzt.

Rossenbeck[1] empfiehlt als Kühlmedium die schweflige Säure zu verwenden, und dies gerade wegen der eben erwähnten Eigenschaften. Er verweist darauf, daß bei Verwendung hinlänglich reiner schwefliger Säure die Möglichkeit gegeben ist, als Baumaterial Kupfer zu verwenden, welches ein guter Wärmeleiter ist. Außerdem soll es nicht nötig sein, den Kolben und die Kolbenstange des Kompressors zu schmieren, weil die flüssige schweflige Säure das Schmieren selbst besorgt.

Bei Verwendung von Ammoniak muß man den Kolben des Kompressors und die Dichtungen schmieren; ferner muß ein Ölabscheider errichtet werden, welcher das Öl, das in den Ammoniak gelangt und Störungen verursachen könnte, entfernen muß. Schweflige Säure ist weit billiger als Ammoniak und Kohlensäure.

Bei der Wahl des Mediums muß man auch Sicherheitsmaßnahmen für eventuelles Bersten der Rohrleitungen treffen. So arbeiten Maschinen mit schwefliger Säure bei einem Drucke von 3 bis 5,4 at, mit Ammoniak bei 6 bis 14 at und mit Kohlensäure bei einem Drucke bis zu 50, ja 85 at.

Maschinen mit Chloräthyl erfordern von den genannten Stoffen den geringsten Druck, nämlich 1,1 bis 2,2 at, und es wird daher das Material des Kompressors und der Rohrleitung weniger beansprucht, so daß auch eine Explosionsgefahr minimal ist, was besonders für Grubenbetriebe sehr wichtig ist.

Weiter muß bei dieser Wahl erwogen werden, daß durch Lässigkeit der Dichtungen und der Rohrleitung ein Teil des Mediums entweichen und die Luft verschlechtern kann. Wird als Kühlmedium ein stark riechender Stoff (Ammoniak, schweflige Säure usw.) verwendet, so hat dies wohl den Vorteil, daß sein eventuelles Entweichen sofort wahrgenommen werden kann, was beim weniger stark riechenden Medium nicht der Fall sein muß. Sind dann die Dämpfe des Kühlmittels giftig oder bilden sie mit der Luft eine explosive Mischung, so ist ihr starker Geruch vorteilhaft, da man ihr eventuelles Entweichen sofort wahrnimmt und die Kühlmaschinen sofort abstellen und aus dem Wetterstrome ausschalten kann.

Eine Gefahr könnte aber nur dann eintreten, wenn in der Grube eine große Kühlzentrale eingerichtet wäre, wo die Menge der verwendeten Medien sehr groß ist. So wird z. B. für je 1000 kgcal, die in 1 Stunde erzeugt werden, etwa 1 kg Chloräthyl verwendet, welches, in Gas umgewandelt, ungefähr $\frac{1}{6}$ bis $\frac{1}{2}$ cbm liefert. Es kann aber für den Grubenbetrieb eine Konstruktion verwendet werden, die ein Entweichen der Gase aus der Maschine praktisch unmöglich macht.

----

[1] Rossenbeck: Glückauf 1911, 270.

Heute wird als Kühlmedium häufig Chloräthyl (C_2H_5Cl) verwendet, weil es viele Vorteile bietet. Erstens ist es ein Stoff, der die Metalle nicht angreift und welcher bei $12,5^0$ C siedet, so daß sein Transport nicht in starken und schweren Bomben erfolgen muß; weiter ist es verhältnismäßig billig (1 kg ca. 2,5 RM.), auch sind seine Dämpfe, wenn sie eingeatmet werden, ziemlich schadlos und reizen auch nicht zum Husten. Sein Gemisch mit Luft ist zwar explosiv, aber mit Rücksicht auf die verwendeten kleinen Mengen kann niemals die zur Explosion nötige Konzentration eintreten (die untere Grenze beträgt ca. 4,5%, die obere 14%), wenn die Maschine in bewegter Luft untergebracht ist, was in der Grube fast immer der Fall ist. Das Chloräthyl verdampft aus offenem Gefäße ziemlich langsam, da der Siedepunkt bei $12,5^0$ C liegt, so daß die Dämpfe durch Luft immer genügend verdünnt werden.

Stellen wir uns eine Maschine für 5000 kgcal vor, in welcher etwa 5 kg Chloräthyl enthalten sind; in einer Atmosphäre von 35 bis 40^0 C kann es kaum vor Ablauf von 30 Minuten verdampfen, wobei es ca. 1 cbm reiner gesättigter Dämpfe liefert. Erfolgt es in einer geschlossenen Strecke von $2 \cdot 2 \cdot 50$ cbm, so kann die Konzentration nur 0,5 Vol.-% erreichen, also eine harmlose Konzentration.

Ist aber die Maschine in einer offenen Strecke von $2 \cdot 2$ qm untergebracht, wo die Luft in Bewegung ist, kann bei einer Geschwindigkeit von nur 1 m/s die Konzentration nur 0,014 Vol.-% erreichen.

a) Einfluß der Kühlmittel auf die Gesundheit und das Leben der Belegschaft[1].

Da die Verwendung von Kühlmitteln in der Grube von vielen Seiten als gefährlich bezeichnet wird, wollen wir einige davon betrachten und erwägen, wieweit sie der Gesundheit bzw. dem Leben der Mannschaft schädlich sind.

Ammoniak ist als Gas und als wässerige Lösung flüchtig und ätzend. Luft mit 0,005 Vol.-% NH_3 macht sich durch einen scharfen Geruch bemerkbar. Während einer halben Stunde kann man eine Konzentration von höchstens 0,03 bis 0,035 Vol.-% NH_3 vertragen. Ammoniak ist nicht direkt giftig, sondern wirkt nur auf die Schleimhäute und man kann sich an ihn gewöhnen. Atmet man Luft mit 0,2 Vol.-% NH_3 während einer langen Zeit oder mit 0,5 Vol.-% NH_3 während einer kurzen Dauer, so werden die Atmungsorgane und die Augenschleimhäute gefährlich beschädigt, doch ist die Erkrankung eine lokale, so daß das Einatmen des Ammoniaks keine anderen Organe beschädigt.

---

[1] Nach H. D. Edwards: Properties of Refrigerants, veröffentlicht in Refrigerating Engineering 1924, teilweise auch nach der in tschechischer Sprache erschienenen Veröffentlichung in: Zima (Zeitschrift für Kühltechnik) 1926.

Bei Personen, welche Ammoniakkühlmaschinen in einer ammoniakgeschwängerten Luft bedienen, stellen sich Kopfschmerzen, Augenentzündungen und Hautausschläge ein.

Butan. Über dieses Kühlmittel gibt es sehr wenig Angaben, doch wird seine Wirkung ähnlich der des Propans sein. Es ist aber sehr wahrscheinlich, daß Butan viel giftiger ist.

Kohlensäure. Den Angaben des Bureau des Mines zufolge verringert sich die Leistung des Arbeiters, wenn er während längerer Zeit Luft mit mehr als 4 % CO_2 einatmet. Enthält die Luft mehr als 4 % CO_2 und gleichzeitig weniger als 13 % Sauerstoff, so befindet sich der in ihr längere Zeit verweilende Mensch in einer ernsten Gefahr.

Nach Haldane schadet CO_2 nicht, wenn es bis zu 3 % in der Luft enthalten ist; sind aber 5 bis 6 % vorhanden, so tritt Zittern, Stechen und ein Erröten des Gesichtes ein. Für die Bewetterung sind die Grenzen des CO_2-Gehaltes bedeutend tiefer gesetzt.

Ethan. Über seine physiologischen Wirkungen bestehen gar keine Angaben, doch darf man voraussetzen, daß sie unter die des Propans und Methans fallen, die den menschlichen Organismus nicht beschädigen.

Chloräthyl und Chlormethyl. In der folgenden Zahlentafel 18[1] sind die Wirkungen des Chlormethyls mit drei anderen Kühlmitteln verglichen.

Zahlentafel 18. Schädliche Wirkung einiger Kühlmittel.

Kühlmittel	rasch tötend %	nach ½- bis 1stündigem Einatmen sehr schwere Störungen hervorrufend %	nach ½- bis 1stündigem Einatmen keine Störungen hervorrufend %
Kohlensäure . . .	30	6—8	4—6
Chlormethyl . . .	15—30	5—10	2—3
Ammoniak	2	0,35	0,03
Schwefeldioxyd . .	0,2	0,04	0,005

Die Konzentration der einzelnen Kühlmittel, die in ein und demselben geschlossenen Raume während der gleichen Zeit auf den Menschen die gleiche Wirkung ausübt, ist ungefähr durch die folgenden Verhältniszahlen veranschaulicht.

Kohlensäure	100	Ammoniak	2
Chloräthyl	80	Schwefeldioxyd	1
Chlormethyl	70		

In größeren Mengen von 10 bis 20 % verursacht Chlormethyl Gefühllosigkeit (Anästhesie).

---

[1] Nach: Chemisch-technische Untersuchungen von Lunge.

Isobutan. Seine Wirkungen sind wahrscheinlich denen des Butans und Propans gleich.

Propan. Den Versuchen Dr. E. E. Smiths zufolge, die er mit weißen Mäusen gemacht hatte, wirkt Propan bei einem Gehalte von 6,3% in Luft bei einstündigem Einatmen leicht einschläfernd. 38 bis 52% bewirken bei zweistündigem Einatmen eine Muskelermattung und eine mäßige Gefühllosigkeit. 70% verursachen bei verschiedener Einatmungsdauer Muskelermattung, Muskelkrampf, erhöhte Atmungstätigkeit, Gefühllosigkeit, Atmungsunterbrechungen. Tritt nicht während der Atmungsunterbrechung der Tod ein, so gelangt der Organismus auch nach achtstündigem Einwirken des Propans in seinen normalen Zustand. Hört die Atmung auf, so kann eine Wiederbelebung durch künstliche Atmung bei Sauerstoffverwendung erreicht werden.

Bis zu einem Gehalte von 50% Propan in der Luft ist es ungefährlich und bewirkt nicht schwere Störungen, wie die ätzenden Gase Schwefeldioxyd und Ammoniak.

Schwefeldioxyd. Nach Fieldner und Katz ist SO_2 ein reizendes, unatembares Gas, welches im Vergleich zu Kohlenmonoxyd verhältnismäßig ungiftig ist. Eine Vergiftungsgefahr ist überhaupt sehr gering, weil die Dämpfe durch ihr Reizen den Angefallenen zwingen, schleunigst frische Luft aufzusuchen. In Fällen starker Konzentrationen, wo ein Entweichen nicht möglich ist, erfolgt der Tod durch Krämpfe der Atmungsorgane und Ersticken. Ist SO_2 in kleinen Mengen in der Luft enthalten, so beklagen sich die in dieser Atmosphäre arbeitenden Menschen über Kopfschmerzen, krampfartigen Husten, Entzündung der Bronchien, Brustdruck, Magen- und Darmstörungen, Augenschmerzen, Tränen und Blutarmut. Durch Einatmen großer SO_2-Mengen werden die Schleimhäute gestört.

Durch Versuche an sehr vielen Menschen wurde festgestellt[1]:

3 bis 5 Volumteile in 1 000 000: werden durch Geruch und Geschmack fast überhaupt nicht wahrgenommen;

8 bis 12 Teile in 1 000 000: leichter Reiz in der Kehle und zum Husten;

20 Teile in 1 000 000: bedeutender Reiz in der Kehle und zum Husten, Brustbeklemmungen, Tränen und Augenschmerzen;

50 Teile in 1 000 000: Reizen der Augen, der Kehle und der Atmungsorgane, jedoch Atmungsmöglichkeit während einiger Minuten;

150 Teile in 1 000 000: sehr unangenehm, jedoch Möglichkeit, einige Minuten auszuhalten;

500 Teile in 1 000 000: Würgen beim ersten Einatmen.

Die Wirkung des Schwefeldioxyds ist noch lange nach dem Einatmen wahrnehmbar.

---

[1] Ausgeführt durch die „Selby Smelter Commission", Bureau des Mines, Bull. 98.

Zahlentafel 19. Verbrennungswerte für Kühlmittel.

| Kühlmittel | Verbrennungswärme an der Luft | | Gasvolumen bei 17,8° C | Gewichte bei Verbrennung von 1 kg Kühlmittel | | | | | | Volumina bei Verbrennung von 1 cbm Kühlmittel | | | | |
| | | | | Luftverbrauch | Verbrennungsprodukte kg | | | | Luftverbrauch | Verbrennungsprodukte cbm | | | |
	kgcal/cbm	kgcal/kg	cbm/kg	kg	CO_2	H_2O	Cl_2	N_2	cbm	CO_2	H_2O	Cl_2	N_2
Ammoniak	3850	5320	1,42	6,07	—	1,59	—	5,48	3,58	—	1,50	—	3,33
Butan	29800	11800	0,41	15,41	3,03	1,55	—	11,83	31,04	4,00	5,00	—	24,54
Kohlensäure	unbrennbar		0,55	—	—	—	—	—	—	—	—	—	—
Ethan	15700	12300	0,81	16,05	2,93	1,80	—	12,32	16,71	2,00	3,00	—	13,21
Chloräthyl	15900	5330	0,343	6,94	1,36	0,70	0,55	5,33	15,52	2,00	2,50	0,50	12,27
Chlormethyl	7600	3500	0,475	4,78	0,87	0,54	0,70	3,67	8,36	1,00	1,50	0,50	6,61
Propan	22800	12000	0,541	15,63	3,00	1,63	—	12,00	23,88	3,00	4,00	—	18,88
Schwefeldioxyd . .	unbrennbar		0,374	—	—	—	—	—	—	—	—	—	—

b) Entzünd- und Explodierbarkeit der Kühlmittel.

Unter Entzündbarkeit eines Stoffes in der Luft versteht man die niedrigste Temperatur, bei welcher der Stoff entzündet werden kann.

Die Entzündungs- und Explosionswerte der einzelnen Kühlmittel sind in den zwei Zahlentafeln 19 und 20 enthalten.

Resumé: Aus den Ausführungen geht deutlich hervor, daß Chloräthyl für unter Tage aufgestellte Kühlmaschinen am tauglichsten ist. Dieser Stoff besitzt neben den auf Seite 213 angeführten guten technischen Eigenschaften keine Gefahrmomente für die Gesundheit der Arbeiterschaft. Auf Seite 213 haben wir berechnet, daß auch im ganz unwahrscheinlichen Falle einer Maschinenbeschädigung die Konzentration der Dämpfe in der Luft nur Bruchteile eines Prozents erreichen kann. Der Mensch kann aber ohne Gefahr eine Konzentration bis zu 3% dauernd vertragen. Kurze Zeit hindurch sind noch weit höhere Konzentrationen unschädlich.

Trotzdem wir heute für Kühlmaschinen solche Kühlmittel wählen können, bei welchen jede Gefahr für die Belegschaft praktisch ausgeschlossen ist, hat einer der Autoren dieses Buches unter den südafrikanischen Ingenieuren Herren gefunden, die trotzdem für die Einführung der Kühlmaschinen in die Grube aus den oben angeführten Gründen Befürchtungen hegen.

Zahlentafel 20. **Explodierbarkeit von Gemischen aus Kühlmittel bzw. Leuchtgas und Luft.**

Kühlmittel und Leuchtgas	Diffusionsfaktor (Luft = 1)	Zur vollständigen Verbrennung nötiges Gas %	Zündtemperatur °C	Explosionsgrenze (% in Luft) untere	obere	Maximaldruck bei d. Explosion in der Luft kg/cm²	Zur Erreichung des Maximaldr. nötige Zeit s
Ammoniak	1,301	21,83	—	13,1	26,8	3,72	0,213
Butan	0,705	3,12	430	1,65	5,7	7,15	0,027
Kohlensäure	nicht explosiv	—	—	—	—	—	—
Ethan	0,977	5,65	510	3,1	10,7	7,6	0,018
Chloräthyl	0,658	6,05	—	4,3	14,0	6,88	0,049
Leuchtgas	1,240	—	590	7	21	6,68	0,017
Chlormethyl	0,750	10,69	—	8,9	15,5	5,69	0,099
Propan	0,814	4,02	466	2,4	8,4	7,15	0,0215
Schwefeldioxyd . .	nicht explosiv	—	—	—	—	—	—

Die Herren vergessen, daß wir mit der Luft nicht nur Sauerstoff und Stickstoff einatmen, sondern auch CO_2, ohne gefährdet zu werden. Die Arbeiter in Kohlenbergwerken atmen auch Methan ein, ohne daß es ihrer Gesundheit schadet. Wenn nicht Methan explosionsgefährlich wäre, würde sich in Kohlengruben niemand um dieses Gas kümmern, weil man sogar 40% in der Luft einatmen kann, ohne es zu verspüren. Es fällt auch niemandem ein, eine mit Methan geschwängerte Grube zu schließen, trotzdem Explosionsgefahr besteht. Die Gefahr in solchen Gruben kann aber mit der Gefahr, die die Kühlmaschine für die Grube bedeutet, überhaupt nicht verglichen werden.

Eine richtig gewählte Kühlmaschine bedeutet für die Grube eine tausendmal kleinere Gefahr als Leuchtgas im Haushalte und trotzdem wird dieses im Haushalte ganz allgemein verwendet.

Auch Dynamit ist in Gruben gefährlich, ja sogar giftig. Seine Verbrennungsgase sind unvergleichlich giftiger als die Gase eines richtig gewählten Kühlmittels, welches noch dazu in der Maschine hermetisch eingeschlossen ist; diese müßte erst beschädigt werden, um die Gase frei zu lassen. Der ganze Inhalt der Maschine beträgt aber nur einige Kubikmeter solcher Gase. Trotzdem wird aber Dynamit in Gruben verwendet!!!

4. Kälteübertragung an die Luft.

In den Kühlmaschinen, die hier erörtert wurden, wird eigentlich nur das Kühlmedium, welches in geschlossenem Zyklus zirkuliert, abgekühlt. Es muß aber die Kälte noch an die Wetter überführt werden. Dies erfolgt auf zweifache Art:

1. Entweder zirkuliert das Kühlmedium in Schlangen oder in Kammern, welche mit Rippen, ähnlich den bei der Zentralheizung verwendeten Radiatoren, versehen sind; die Luft umstreicht diese Körper oder das Rohrsystem und kühlt sich dadurch ab.

2. Wir kühlen mittels Kühlmaschinen Wasser oder Salzsole, mit welchen die zu kühlende Luft direkt oder indirekt in Berührung kommt, wodurch sie sich abkühlt.

Bei direkter Berührung der Luft mit Kaltwasser sprechen wir von einer **Berieselungskühlung**, bei der indirekten Kühlung von einer **Oberflächenkühlung**.

In dieser Hinsicht haben die Luftkältemaschinen einen gewissen Vorteil, da man die Kälte direkt in der Luft erzeugt, so daß eine kälteübertragende Fläche überflüssig ist. Man muß wohl vorher auch die komprimierte Luft abkühlen, doch ist ihre Temperatur nach der Kompression ziemlich hoch, so daß der Wärmeaustausch leichter vor sich gehen kann, als beim Wärmeaustausch zwischen Luft und dem Kühlmedium einer Kompressionskühlmaschine.

Bezüglich der Wärmeübertragung aus der Luft siehe Kapitel XXXIII.

5. Zentrale oder lokale Kühlanlagen.

Bei der Wahl einer Kühlanlage ist es am wichtigsten, zu entscheiden, ob eine lokale oder zentrale Kühlanlage gebaut werden soll. Mittels einer zentralen Anlage kann die gesamte, in die Grube oder einen größeren Teil der Grube strömende Luft gekühlt werden. Wie aber im Kapitel über die Wettererwärmung durch Gestein ausgeführt wurde, ist es schwer, eine Wiedererwärmung unterwegs zu verhindern. Aus dem auf Seite 14 angeführten Diagramme Abb. 6 ist zu ersehen, daß es bei längeren Wetterwegen im großen und ganzen gleichgültig ist, mit was für einer Temperatur die Wetter in die Grube einfallen, ob sie warm oder kalt sind. Vgl. auch Abb. 40. Nach einem bestimmten, verhältnismäßig kurzen Wege erwärmen sie sich auf die Stoßtemperatur. Nur durch eine gute Isolation kann dieser Weg verlängert werden. Bei langen Wetterwegen hilft selbst eine Vergrößerung der Wettermenge nicht viel, wie aus dem Vergleiche der Diagramme Abb. 7 auf S. 17 und aus dem Kapitel XXIX zu ersehen ist[1]. Will man aber eine größere Wettermenge kühlen, so verbraucht man eine größere Energiemenge.

Deshalb muß man bei der Wahl einer Kühlanlage genau berechnen, mit was für einer Temperatur die Wetter am Arbeitsorte ankommen und wie weit von der Arbeitsstelle die Anlage gebaut werden kann. Man darf nicht vergessen, daß man kalte Luft in warmen Strecken nicht weit führen kann.

---

[1] Nur sehr große Mengen sehr kalter Luft, welche lange Zeit in die Grube eingeführt werden, können die Ulme auch in größere Distanz vom Eingange durchkühlen; dadurch können auch die weiter entfernteren Orte mit kalter Luft versorgt werden.

Ansonsten kann es passieren, daß man die Luft wohl kühlt, daß sie aber trotzdem zur Arbeitsstelle warm gelangt, wie es in der Grube Morro Velho ist, wo die Wetter am Arbeitsorte eine Temperatur von 37 bis 39⁰ C haben, trotzdem sie obertage auf 6⁰ C gekühlt werden, wozu Maschinen mit 700 PS erforderlich sind und in die Anlage 4000000 RM (Maschinen + Investition obertags und in der Grube) investiert wurden[1]. Näheres siehe Seite 227ff. Bei der zentralen Kühlanlage muß man auch jene Vorkehrungen einkalkulieren, die notwendig sind, um die kalten Wetter zu den Arbeitern zu führen, wie z. B. Isolation der Strecken und Lutten usw. Diese Posten können eventuell einen größeren Betrag erfordern, als die Kühlanlage selbst.

Die Ansicht der Autoren geht dahin, daß die lokale Kühlung eine weit größere Zukunft hat. Die Luft soll erst am Arbeitsorte selbst oder in seiner Nähe gekühlt und gegen den arbeitenden Bergmann mittels geeigneter Düsen geblasen werden. Zu diesem Zwecke haben wir derartige Düsen konstruiert, die es ermöglichen, die kalte mit der umgebenden Luft auf eine geeignete Temperatur zu mischen. Siehe Abb. 85. Bei einer lokalen Kühlanlage hat man keine Kälteverluste und es entfallen die teuren Einrichtungen für die Zuleitung der kalten Luft; dafür muß man aber die elektrische Energie zuleiten und die Kompressions- und Kondensationswärme von der Arbeitsstelle ableiten. Es hängt also von den lokalen Verhältnissen ab, was leichter durchführbar und ökonomischer ist.

Es ist aber manchmal sehr schwer, das Kühlwasser bis in die Nähe des Arbeitsortes zu führen. Dann ist es vorteilhaft, die Kältemaschine dort aufzustellen, wo die Zu- und Ableitung des Kühlwassers leicht möglich ist. Ist aber dieser Platz von der Arbeitsstelle zu weit entfernt, so kühlen wir in der Kühlmaschine nur Wasser, welches dann in die Nähe des Arbeitsortes geführt wird; hier ist ein Luftkühler, in welchem die Kälte vom Wasser an die Luft übertragen wird, aufgestellt. Siehe Abb. 77 b, Seite 209. Die ganze Distanz von der Kühlwasserquelle bis zum Arbeitsorte ist dann in drei Strecken geteilt, und zwar I. von der Quelle bis zur Kühlmaschine, II. von der Kühlmaschine bis zum Luftkühler, III. vom Luftkühler bis zur Arbeitsstelle.

Bei dieser Anordnung kann man wie für die Kühlmaschine, so für den Luftkühler sehr passende Stellen finden, weil man die Strecke II ziemlich lang, mehrere Hundert, ja sogar 1000 m und mehr, machen kann.

Da die Kühlmaschine längere Zeit, wenn nicht immer, auf ein und derselben Stelle bleibt, kann man auch ziemlich schwere Kühlmaschinen

---

[1] Siehe den Artikel: Chalmers: Mining Methods Past and Present in the Morro Velho Mine of the St. John del Rey Mining Co., 1929; weiter The Colliery Guardian 1922, 1543; H. K. Scott: Air Cooling at the Morro Velho Mine.

verwenden, die auch ein entsprechendes Fundament in gut geschütztem Raume erhalten können. Das Kühlwasser braucht nicht zu kalt zu sein, so daß man auch gewöhnliche Grubenwässer verwenden kann, welche in beliebige Distanzen geführt werden können.

Auch der Luftkühler kann eine längere Zeit auf ein und derselben Stelle stehen bleiben, da das Arbeitsfeld mit nachrückbaren Lutten bewettert werden kann. Besonders wenn die Lutten isoliert sind, kann die Luttenlänge mehrere Hundert Meter betragen. Erst wenn das Nachrücken nicht mehr vorteilhaft ist, verlegt man den Luftkühler.

Die lokale Wetterkühlung nach Abb. 77b verfolgt folgendes Prinzip: auf längere Entfernungen ist es leichter kaltes Wasser als kalte Wetter zu führen. Auch ist das Verlängern der Wetterlutten bzw. der Wasserleitung, sowie das Übertragen eines einfachen, leichten Luftkühlers leichter wie das Transportieren einer schwereren Kühlmaschine.

Bei der zentralen Kühlanlage wird die Kältemaschine meistens obertags aufgestellt und die kalte Luft in die Grube geleitet (z. B. die Anlage von Morro Velho[1]), oder aber wird mittels der Kühlmaschine das Wasser oder die Sole für die Kühler, die in den entsprechenden Horizonten untergebracht sind, am Tage gekühlt.

Wird die Kühlanlage obertags aufgestellt, so hat es gewisse Vorteile. Die Bedienung ist bequem. Ein geeigneter Platz für das Unterbringen der Anlage ist obertags leichter zu finden, wie in der Grube, wo ein entsprechender Raum eventuell erst ausgebrochen werden muß. Der obertags abgekühlte Wetterstrom wird aber schon beim Strömen durch den Schacht erwärmt, so daß schon am Füllorte die Wirkung der Kühlmaschine stark verringert sein kann. Da aber am Tage kühles Wasser leichter zu haben ist, wie in der Grube, haben die Maschinen pro 1 PS eine größere Leistung. Demgegenüber muß man in der Grube nicht so stark kühlen, wie obertags.

Wird durch die Kühlmaschine am Tage das Kühlwasser oder die Sole für die sich untertags befindlichen Oberflächenkühler gekühlt, so muß eine kostspielige Isolation der Rohrleitung im Schachte angewendet werden; trotzdem entstehen aber thermische Verluste. Diese Verluste muß die Kühlmaschine durch Erhöhung ihrer Leistung ausgleichen.

Ing. Moog will zwecks Verkleinerung der thermischen Verluste in der Schachtleitung folgende Einrichtung treffen: Die Kompression soll obertags erfolgen und der verflüssigte Ammoniak in den Schacht geführt werden, wo ein Verdampfer untergebracht sein soll.

Diese Idee ist gut, wenn man von Gefahrmomenten absieht. Für die Leitung des Ammoniaks unter einem Drucke von 10 at sind zwar dickwandige Röhren notwendig, es genügt aber nur ein kleiner Durchmesser, weil 1 kg Ammoniak ca. 300 kgcal mit sich in die Grube trägt,

---

[1] Glückauf **1922**, 1197.

wogegen die Salzsole nur höchstens 20 bis 25 kgcal. Es müßte also ungefähr 12- bis 15mal so viel Salzsole in die Grube geschafft werden, als an flüssigem Ammoniak nötig wäre. Führt man aber statt Ammoniak C_2H_5Cl, so genügt ein Überdruck von 1,2 at, also eine dünnwandige Leitung, und es ist bei einem eventuellen Entweichen eine kleinere Gefahr vorhanden. 1 kg C_2H_5Cl erzeugt aber nur 90 kgcal.

Da sich die Luft auf eine größere Entfernung schwer führen läßt, erreicht man durch eine zentrale Kühlanlage eine wirkliche Abkühlung der Grubenwetter am Arbeitsorte ziemlich schwierig. Dafür erreicht man aber leicht ein Herabsetzen der Luftfeuchtigkeit. Wo wir also die Luft nur trocknen wollen, ist eine zentrale Kühlung am Platze. Aus diesem Grunde wurde auch die Kühlanlage in der Grube Morro Velho in Brasilien gebaut.

6. Ableitung der Kompressions- oder Kondensationswärme aus der Kühlmaschine in der Grube.

Steht Wasser zur Verfügung, so bietet die Ableitung der Kompressions- und Kondensationswärme keine Schwierigkeiten. Man muß aber die Maschinen derart konstruieren, daß sie kühlen, auch wenn das Kühlwasser eine höhere Temperatur hat.

Ist genügend Wasser vorhanden, so braucht man es nicht allzusehr auszunützen, d. h. man läßt es nur wenig erwärmen. Besteht Wassermangel, so muß man mit einer großen Temperaturdifferenz zwischen dem eintretenden und austretenden Wasser arbeiten, was allerdings auf Kosten der Betriebsenergie erfolgt. Dabei erspart man wieder an der Wasserzuleitung, ihrem Pumpen usw.

Manchmal muß das Wasser in Schlangen oder in Kühlern, welche den Automobilkühlern ähnlich sind, wieder gekühlt werden, oder aber man läßt sie über geneigte Siebe fließen usw. Natürlich wird man das Wasser immer in den Ausziehwettern oder dort abkühlen, wo es nicht schaden kann.

Wo wenig Wasser vorhanden ist und die Zuleitung kostspielig wäre, kann die Kompressions- und Kondensationswärme mittels Luft abgeleitet werden. Dies muß aber so eingerichtet werden, daß die Ableitung der Wärme durch die Ausziehwetter erfolgt. Wie aus den beigefügten Schemen zu ersehen ist, läßt es sich in den meisten Fällen erreichen.

I. Bei einer Methode der Wärmeableitung verwendet man Wetter, die den Arbeitsort bereits verlassen haben, siehe Abb. 78 bis 82. In diesem Falle erfolgt die Ableitung eigentlich durch die Wetter, welche vorher abgekühlt wurden; infolgedessen ist die Ableitung sehr intensiv und der Wirkungsgrad der Maschine wird erhöht.

II. Eine andere, weniger ökonomische, aber einfache Methode besteht darin, daß die zum Arbeitsorte ziehenden Wetter in zwei Ströme geteilt werden, siehe Abb. 83. Ein Strom streicht durch die Maschine, wird abgekühlt und zur Arbeitsstelle geleitet. Der andere Strom zieht ebenfalls durch die Maschine, aber nur, um die Kompressions- und Kondensationswärme abzuleiten, und wird direkt in die Ausziehwetter geführt.

In der englischen Patentschrift Nr. 222559 Cooling of Mines[1] wird

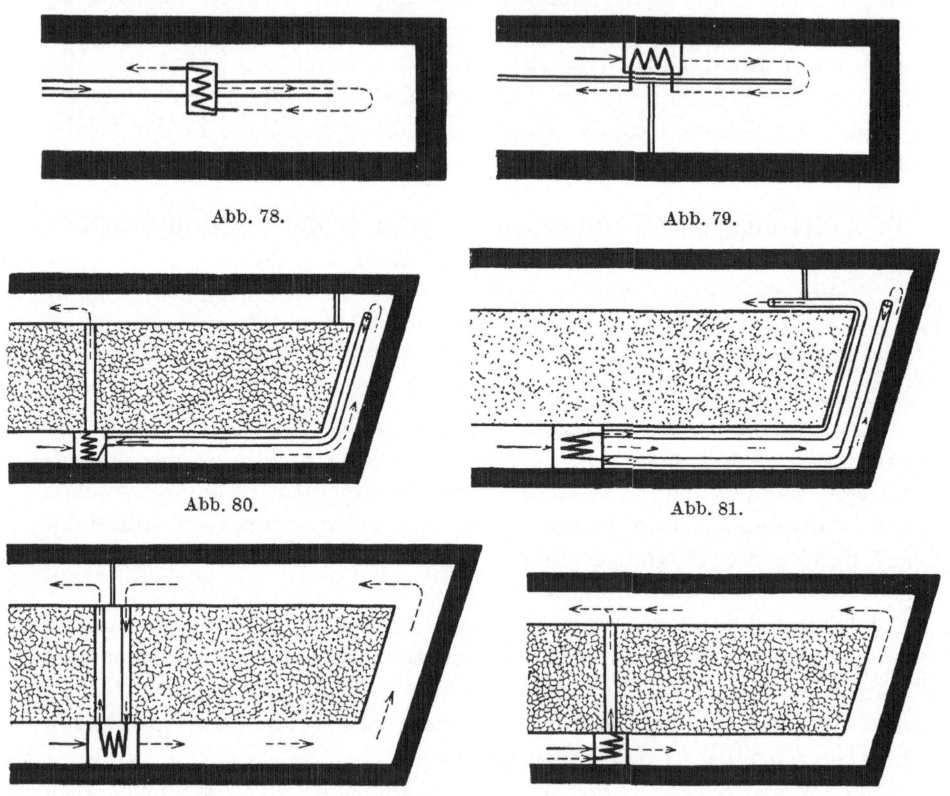

Abb. 78.   Abb. 79.

Abb. 80.   Abb. 81.

Abb. 82.   Abb. 83.

Abb. 78 bis 83. Schema der Kompressions- und Kondensationswärmeableitung aus der Kühlmaschine mittels Abluft.

eine besondere Anordnung der einzelnen Bestandteile einer Kühlanlage vorgeschlagen, und zwar für den Fall, daß der Einziehschacht oder die -strecke unweit des Ausziehschachtes oder der -strecke liegt. Der Evaporator soll im einziehenden Wetterstrome untergebracht, Abb. 84, der Kondensator aber soll in den Ausziehschacht verlegt werden. Die Erwärmung des Ausziehwetterstromes wird auf diese Weise sogar willkommen sein, weil dadurch der natürliche Wetterzug unterstützt wird.

---

[1] Colliery Guardian **1925**, 112.

Die oben angeführten Schemen, Abb. 78 bis 84, müssen als Durchführungsbeispiele betrachtet werden. Die Art, wie die Wetter zu- und abgeleitet werden, richtet sich nach der Anlage der Grubenbaue.

7. Wie stark soll die Grubenluft gekühlt werden?

Es ist ungemein wichtig zu bestimmen, wie stark die Grubenwetter gekühlt werden sollen. Aus dem Diagramme Abbildung 75 ist zu ersehen, daß man 2000 bis 6000 Kalorien pro 1 PS erzielen kann, wenn man auf 0⁰ C, aber 3000 bis 10000 kgcal/1 PS, wenn man auf 10⁰ C kühlt.

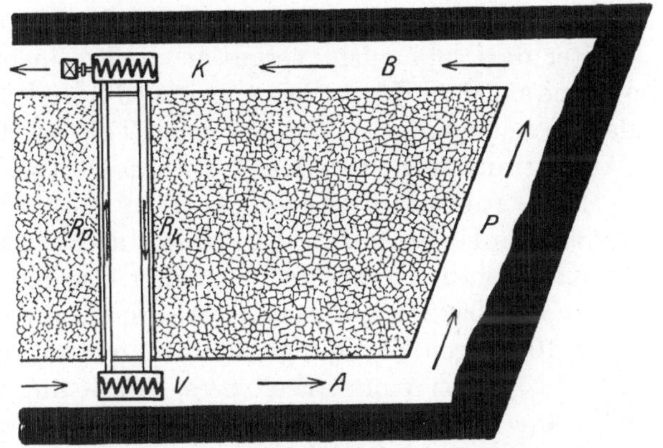

Abb. 84. Schema der Wärmeableitung aus der Kühlmaschine mittels Abluft: Verdampfer im einziehenden, Kondensator im ausziehenden Wetterstrom.

Schon diese Tatsache beweist uns, daß wir auf möglichst hohe Temperaturen kühlen sollen.

Man muß allerdings in Betracht ziehen, daß man nicht immer die Wetter in unmittelbarer Nähe der Arbeitsorte kühlen kann und daß sie sich unterwegs erwärmen. Auch kann die Arbeitsstelle ausgedehnt sein und die Wetter müssen bis zum letzten Arbeiter kühl gelangen. Man muß also berechnen, wieweit sich die Wetter auf ihrem Wege von der Kühlmaschine zum Arbeitsorte erwärmen und die Abkühlung dementsprechend einrichten.

Kühlen wir auf eine höhere Temperatur, so sind die Kälteverluste unterwegs nur gering; man muß dann aber eine größere Menge kühlen. Dort wo die Wetter in isolierten Lutten geführt werden müssen, kann es vorteilhaft sein, eine kleinere Wettermenge, damit der Luttendurchmesser nicht allzu groß ausfalle, dafür aber auf eine tiefere Temperatur zu kühlen, und diese Wetter erst am Arbeitsorte mit der warmen Luft auf die normale Temperatur zu mischen.

Wie aus dem Kapitel XXV zu ersehen ist, ist die Kühlwirkung der Luft durch ihre Temperatur, Feuchtigkeit und Geschwindigkeit, mit welcher sie den Arbeiter bestreicht, gegeben. Aus dem Diagramm Tafel I läßt sich entnehmen, daß die Kühlwirkung der Luft, ohne Verringerung ihrer Temperatur und Feuchtigkeit, durch bloße Geschwindigkeitsvergrößerung erhöht werden kann. Die Geschwindigkeitserhöhung ist aber ein verhältnismäßig billiges Mittel. Man muß daher die Kühlwirkung der Luft in erster Linie durch Vergrößerung der Geschwindigkeit und dann erst durch Verringerung der Temperatur und Feuchtigkeit erhöhen, weil dies schon ziemlich teure Mittel sind. Dabei darf man allerdings nicht vergessen, daß bei extrem hohen Temperaturen eine Vergrößerung der Geschwindigkeit nicht viel hilft (siehe Tafel I), ja sogar schädlich sein kann. Weiter darf man nicht vergessen, daß es nicht gelegen ist, die gesamte Wärme aus dem Körper des Arbeiters durch Schweiß abzuführen, sondern daß es notwendig ist, den größeren Teil durch Leitung, Strahlung und Atmung und nur den Rest durch Schweiß zu entziehen.

Man soll also nur so weit kühlen, daß bei einer Wettergeschwindigkeit von 1 bis 4 m/s die Kühlwirkung etwas über 14 Katagrade beträgt; es genügt also bei einer Wettergeschwindigkeit von 1 bis 2 m am Arbeitsorte eine Temperatur von 25⁰ C, auch bei einer 100%igen Sättigung. Nehmen wir an, daß sich die Wetter durch das Zuströmen zum Arbeitsorte, sowie durch das Durchströmen um ungefähr 5⁰ C erwärmen, so sehen wir, daß in den meisten Fällen eine Kühlung auf 20⁰ C genügt.

Da 14 KG auch stagnierende Luft bei 15⁰ C und 100% Feuchtigkeit besitzt, ersieht man, daß es vollkommen überflüssig ist, die Wetter stärker als auf 15⁰ C zu kühlen.

Eine stärkere Wetterkühlung würde eine Energieverschwendung bedeuten. Der Arbeiter würde sich in diesem Falle einfach mehr bekleiden und zu diesem Zwecke wird nicht die Luft auf teure Weise gekühlt. Die Entkleidung ist sicherlich ein einfacheres Kühlmittel, als die Wetterkühlung. Man muß auch erwägen, daß ein akklimatisierter Arbeiter bei verhältnismäßig hohen Temperaturen eine volle Leistung entfalten kann.

Daß sich die Temperatur, auf welche wir kühlen, auch nach dem Preise der Energie, dem Lohn, den wir dem Arbeiter zahlen, sowie auch nach der Gattung der Arbeit richtet, ist selbstverständlich. Ist die Energie sehr billig und die Arbeitskraft sehr teuer, so können wir, um den Arbeitern ein angenehmeres Arbeiten zu ermöglichen, tiefer als auf 25⁰ C und 100% Feuchtigkeit kühlen. Das gleiche gilt für besonders schwere Arbeiten.

Wenn wir alle bei der Arbeit entwickelte Wärme durch Atmung, Leitung und Strahlung[1] abführen wollen, müssen wir bei einer Wettergeschwindigkeit von 2 m/s auf 18 bis 20⁰ C kühlen. In diesem Falle entfällt auf den Schweiß kein oder nur ein ganz geringer Anteil.

Die Temperatur, auf die man kühlt, muß niedriger sein, wenn der Arbeiter nicht nackt arbeiten kann.

---

[1] Achtung! Der Strahlungsanteil richtet sich nach der Temperatur der Wände und nicht nach der Temperatur der Luft!

8. Berechnung einer lokalen Kühlanlage.

Damit wir uns eine Vorstellung machen können, wieweit eine lokale Kühlung die Regie für einen Arbeiter belastet, wollen wir ein elementares Beispiel durchrechnen.

Zur Kühlung von 6 an zwei nahe gelegenen Arbeitsorten beschäftigten Arbeitern wird in einer Erzgrube eine Kühlmaschine der kleinsten Dimensionen mit einer Leistung von 3000 kgcal pro Stunde verwendet. Die Maschine kostet mit allen Nebenauslagen und dem Transporte in die Grube ungefähr 2500 RM. Der Energieverbrauch dieser Maschine ist gerade 1 KWh. Der Preis für 1 KWh beträgt 4 Pf.

Die Maschine ist imstande, bei Benützung einer Mischdüse, durchschnittlich 360 cbm Wetter pro Stunde von 35° C auf 25° C abzukühlen, wenn die warme Luft 80% relative Feuchtigkeit besitzt. Auf einen Mann entfällt also 1 cbm Wetter in einer Minute.

a) Investition:

1. Maschine loco Grube . . . . 2500 RM
2. Elektroinstallation und Montage der Maschine. . . . . . 60 „
3. Zuleitung von Kühlwasser, Düse mit Lutte für Kaltluft,
   Bestandteile usw. 175 „

   Gesamtinvestition ca. . . . . 2735 RM

b) Betriebsauslagen, bei 16stündiger Verwendung, betragen jährlich:

1. Amortisation und Verzinsung der Investition . . . . . . 330 RM
2. Stromkosten bei einem 300tägigen Betriebe (300·1·16·0,04) 192 „
3. Schmiermittel . . . . 8 „
4. Maschinenreparaturen, Ersetzen der Schläuche, Kabeln, Transport der Maschine von Stelle zu Stelle und Beaufsichtigung der Maschine . . . . 150 „

   Betriebskosten im ganzen . . . . 680 RM
   Pro Mann und Schicht . . . . 0,19 „

Der Posten für den Strom beträgt nur 35%; wir sehen also, daß selbst der billigste Strom auf den Preis der lokalen Kühlung keinen entscheidenden Einfluß ausübt.

Nach dem Diagramm Tafel I ist die Leistung bei 35° C, 80% Feuchtigkeit und einer Wetterstromgeschwindigkeit von 1 m/s nur 33%. Bei 25° C, 100% Feuchtigkeit und 2 m/s Geschwindigkeit kann man aber eine volle Leistung erzielen.

Für die 33%ige Leistung wurden 6 RM bezahlt (Gesamtauslagen pro Schicht und Arbeiter samt sozialen Lasten usw.). Nun kann man aber für den fast gleichen Preis (6,19 RM) eine 2- bis 3mal so hohe Leistung erzielen.

Wenn in Wirklichkeit statt einer Verdreifachung nur eine Verdoppelung der Leistung eintritt, so erspart man täglich $2 \times 6 \times (6 - 0,19) = 69,72$ RM; die ganze Investition von 2735 RM also in 40 Tagen. Wenn noch eine kleinere Leistungserhöhung eintritt und nur in einer Schicht gearbeitet wird, so ist doch die Anlage hoch aktiv und macht sich in wenigen Monaten bezahlt.

9. Berechnungsbeispiel einer halbzentralen Kühlanlage.

Eine Wetterabteilung soll mittels einer halbzentralen Kühlanlage gekühlt werden. Die Abteilung braucht 1000 cbm/min frischer Wetter, was für 250 Arbeiter genügt. Die Wettertemperatur beträgt bei ihrem Eintritte in den Abteilungsquerschlag 40° C, bei einer relativen Feuchtigkeit von 70%. Die erwähnte Wettermenge soll auf 25° C gekühlt werden.

Stočes-Černík, Grubentemperaturen. 15

Dazu sind stündlich für die Abkühlung der Luft 270000 kgcal und für die Kondensation der Feuchtigkeit 424000 kgcal nötig.

Der Gesamtkältebedarf für die Abkühlung der verlangten Wettermenge und die Verringerung des Feuchtigkeitsgehaltes beträgt 694000 kgcal/h $\doteq$ 700000 kgcal/h.

Für eine Kühlanlage einer Leistung von 700000 kgcal/h, einer Temperatur des Kühlwassers im Kondensator von 15 bis 20° C und bei einer verlangten Temperatur im Evaporator von 10 bis 14° C sind einschließlich der Betriebsenergie für die Kühlwasserpumpe und für den Ventilator 150 PS nötig, was 4650 kgcal/1 PS/h ausmacht.

Der Kühlwasserverbrauch sei 1 cbm/min.

A. Anschaffungskosten.

a) Maschinenposten.

1. Antriebmotoren . . . . 6000 RM
2. Kühlmaschinen für 700000 kgcal/h, einschließlich der Armatur . . . . 30000 „
3. Wetterverteilung an die Arbeitsstellen . . . . 6000 „
4. Leitung für das Kühlwasser . . . . 1000 „
5. Vier Transmissionsriemen, Isolationsmasse, Hülle, Transport und Montage . . . . 4500 „

   Zusammen . . . . 47500 RM

b) Maschinenhalle.

1. Ausbrechen eines Raumes von 15·5·3cbm samt Stützausbau 3000 RM
2. Umführungsdurchhieb zwecks Unterbringung des Wetterkühlers . . . . 2000 „
3. Fundamente und Mauerung . . . . 1000 „

   Zusammen ca. 6000 RM

Die gesamten Einrichtungskosten belaufen sich daher auf ca. 53500 RM.

B. Betriebsauslagen.

Die Betriebskosten bestehen aus den Auslagen für den elektrischen Strom, das Pumpen des Kühlwassers, die Bedienung, Schmierung, Reinigung, Nachschaffung des Kühlmediums, die Verzinsung des investierten Kapitales und dessen Amortisation, usw.

In der folgenden Bilanz rechnet man mit 0,02 RM pro 1 KWh. Der Betrieb dauert täglich 16 Stunden bei 300 Arbeitstagen jährlich. Die Lebensdauer ist mit 15 Jahren bestimmt.

Übersicht der Betriebsauslagen.

1. Ausgaben für elektrischen Strom (einschließlich des Betriebes der Pumpen) . . . . 10600 RM
2. Bedienung . . . . 6000 „
3. Reinigungsmaterial und Schmierung . . . . 1000 „
4. Verzinsung und Amortisation des Anschaffungspreises . . 4300 „
5. Instandhaltungskosten (Kühlmedium) . . . . 300 „

   Im ganzen jährlich . . . . 22200 RM

Da die Maschine Wetter für 250 Arbeiter kühlt und täglich in zwei Schichten gearbeitet wird, werden Wetter für 250·2·300 = 150000 Schichten jährlich gekühlt. Pro Schicht entfallen daher ca. 0,15 RM für die Kühlung.

10. Die Kühlanlage der Grube Morro Velho als Beispiel einer zentralen Kühlanlage.

Eine künstliche Kühlanlage wurde in der Grube Morro Velho in Brasilien im Staate Minas Geraes, welche der St. John del Mining Company, Ltd. gehört, eingerichtet.

Die tiefste Arbeitsstelle erreichte schon im Jahre 1924 die Tiefe von 2050 m. Die Gesteinstemperatur in dieser Tiefe beträgt 49,4° C [1]. Der Wetterstrom besaß auf der tiefsten Stelle eine Temperatur von 39° C. Diese Temperatur hat sich im Laufe des Jahres nicht sehr geändert.

Die Wetterzufuhr besorgte vorerst ein einziger Ventilator. Damit die Wettermenge erhöht werden könne, wurde im Jahre 1920 am 14. Horizonte ein zweiter, gleich großer Ventilator (200 PS) untergebracht. Die Depression des Ventilators am Tage betrug 207 mm, die des Ventilators am 14. Horizonte 225 mm. Beide Ventilatoren waren hintereinander geschaltet. Die zugeführte Wettermenge wurde dadurch um 40% erhöht. Da sich die Verhältnisse durch Vergrößerung der eingeführten Wettermenge nicht sehr verbesserten, war man gezwungen, zu einer künstlichen Kühlung und Entfeuchtung der Luft zu greifen.

Die Feuchtigkeit der Obertagsluft schwankt in den Grenzen von 21 bis 4,5 g/cbm Durch eine Oberflächenkühlanlage wird in der heißen Jahreszeit die Feuchtigkeit der einziehenden Luft auf 8 g/cbm reduziert. Die Kühlanlage kühlt 2960 cbm Wetter pro Minute von 22,3° C auf 6,4° C. Durch Herabsetzung der Feuchtigkeit sollen dann die Arbeitsbedingungen in der Grube verbessert werden.

Die Kühlanlage besteht aus 6 selbständigen Ammoniakmaschinen mit einer Gesamtleistung von 25100 kgcal/min, d. i. 1500000 kgcal/h [2].

Wir wollen nun analysieren, was man durch diese Anlage erzielte und ob die Durchführung der Kühlung in der Grube Morro Velho technisch richtig war.

Die Ventilatoren brauchen 400 PS und die Kühlanlage 700 PS, zusammen also 1100 PS. Da in der Grube in einer Schicht nur etwa 400 Arbeiter beschäftigt sind, entfallen auf einen Arbeiter 2,75 PS. Berechnen wir 1 PS mit 2,5 Pf., so sind dies 55 Pf. nur an Stromkosten pro Mann und Schicht.

Von der gesamten eingetriebenen Wettermenge geht sicherlich ⅓ durch Kurzschlüsse verloren, so daß wir annehmen können, daß pro Arbeiter etwa 5 cbm/min verbleiben.

Die Temperatur der Wetter ist aber auch nach Einführung der künstlichen Kühlung 37 bis 39° C, also nur um ca. 1 bis 2° C niedriger, als es ohne die Kühlung der Fall war. Die Feuchtigkeit ist aber um etwa 8 g/cbm reduziert, so daß man eine größere Leistung erzielen kann.

Der Maschinenteil kostete 90000 £, also ungefähr 1856250 RM. Mit der Maschinenzufuhr und der Installation, sowie den Vorkehrungen in der Grube, welche die Anlage erforderte, betrugen die Ausgaben rund 4000000 RM [3].

Wenn wir diesen Betrag jährlich mit nur 300000 RM, also sehr niedrig, amortisieren und verzinsen und wenn täglich 1000 Schichten verfahren werden, somit in einem Jahre 300000 Schichten, so entfällt auf eine Schicht nur an Verzinsung und Amortisation etwa 1 RM. Da aber die Anlage nicht das ganze Jahr hindurch in

---

[1] Im Jahre 1930 wurde der 26. Horizont mit einer Tiefe von 2325 m unter der Erdoberfläche (1480 m unter dem Meeresspiegel) erreicht; hier hat das Gebirge eine Temperatur von 54,5° C, so daß die Wetter 52° C erreichen.

[2] Eine eingehende Beschreibung siehe Glückauf **1922**, 1197.

[3] Siehe The Colliery Guardian **1922**, 1543. Mitteilung des Herrn H. K. Scott am General Meeting of Institution of Mining Engineers in Sheffield.

Betrieb ist, also nur einem Teil der oben angegebenen Schichtenzahl einen Nutzen bringt, erhöht sich dieser Betrag auf mindestens 2 RM. Ziehen wir nun noch die gesamten Betriebskosten in Betracht, so steigt dieser Posten sicherlich auf etwa 3 RM.

Was erzielt man nun für diesen hohen Betrag? Die Arbeiter müssen dort in einer Temperatur von 39° C arbeiten. Es wurde lediglich die Feuchtigkeit um ca. 8 g/cbm Wetter erniedrigt. Der Wärmeinhalt der Luft an der Arbeitsstelle wird also nur um ungefähr 5 bis 6 kgcal/cbm Wetter verringert. Man führt den Arbeitern zwar viel, aber warme Luft zu.

Welche Ursachen ergaben trotz der hohen Auslagen einen so niedrigen Effekt?

Der erste Fehler war in diesem Falle, eine obertätige Kühlanlage zu bauen. Trotzdem die Luft obertags auf 6,4° C abgekühlt wird, erwärmt sie sich auf ihrem langen Wege, was durch die Ausführungen des Kapitels II, 3 begründet wurde.

Es wäre viel besser gewesen, eine kleinere Wettermenge zu kühlen, jedoch in der Grube selbst, eventuell in mehreren kleinen Kühlmaschinen, in unmittelbarer Nähe der Arbeitsstellen. Für 400 Arbeiter genügen 400 bis 800 cbm Wetter vollkommen, wenn sie nur genügend kühl und trocken sind. Wenn man statt 3000 cbm nur 1000 cbm Wetter in die Grube treiben würde, würde man für die Ventilatoren 35 mal weniger Antriebsenergie verbrauchen, so daß anstatt der 400 PS nur 12 PS genügen würden.

Diese Wetter könnte man mittels einer Maschine von 100 bis 200 PS (je nach der Temperatur des Kühlwassers) von 40° C auf 20° C, also sehr stark, abkühlen und austrocknen. Dabei rechnen wir mit einer Wärmeinhaltverringerung von 22 kgcal, wogegen die Maschine am Tage, trotz ihres ungeheuren Preises und Energieverbrauches, eine Verringerung von nur 5 bis 6 kgcal erzielt. Setzen wir für die Wetterverteilung an die Arbeitsstellen 18 PS, so könnte man mit ca. 15 bis 20% der Betriebskraft eine weit höhere Verbesserung der Arbeitsbedingungen erreichen, als es heute der Fall ist. Dabei könnte man die kleinen Maschinen mit dem Fortschreiten der Förderung in tiefere Horizonte übertragen. Die Einrichtungskosten könnten auch nicht mehr als 20% der Ausgaben betragen, welche die Obertagsanlage erforderte.

Im großen und ganzen kann man sagen, daß die Durchführung der Kühlanlage auf Morro Velho nicht gerade glücklich war. Dies ist darauf zurückzuführen, daß die Anlage in einer Zeit gebaut wurde, wo die Frage der Grubenkühlung noch nicht so weit gelöst war, und daß für die Grube einfach die in Obertagskühlhallen gewonnenen Erfahrungen angewendet wurden. Das Ausarbeiten des Projektes einer Grubenkühlanlage kann man aber nur einem Techniker anvertrauen, welcher nicht nur die Kühltechnik, sondern auch den Betrieb in der Grube sehr genau kennt.

Trotzdem führt aber die Betriebsleitung der Grube an, daß sich die Anlage bewährt habe und daß die Ausgaben durch Erhöhung der Arbeitsleistungen sehr bald eingebracht wurden. Daraus ist zu ersehen, wie ungewöhnlich hoch die Rentabilität einer wirklich ökonomisch durchgeführten Kühlanlage sein müßte.

In der letzten Zeit wird am Morro Velho eine untertägige Kühlanlage gebaut, ein Beweis, daß unsere Ausführungen richtig sind.

Unseren Informationen zufolge wurde diese Untertagskühlanlage in einer Tiefe von 1770 m unter der Erdoberfläche aufgestellt. Es ist eine der obertägigen Kühlanlage analoge Einrichtung: eine mit einem Wasserkühler System Carrier und einem Ventilator verbundene Dichlorethylen-Kompressionsmaschine. Die ganze Anlage wird mit zwei 125 PS Motoren angetrieben. Der Ventilator saugt in einer Minute 26000 Kubikfuß ≐ 740 cbm Luft an, wovon 60% durch den Kühler geht, wo sie auf ca. 21° C abgekühlt wird. Sodann wird diese gekühlte Luft mit den restlichen 40% vermischt und zur Schachtsohle und von hier aus aufsteigend zu den Vororten geführt. An der Schachtsohle kann die Wettertemperatur auf 32,2⁰ C erhalten werden; sie sinkt aber noch mehr und wird noch weiter sinken, sobald das Gebirge einigermaßen durchgekühlt ist. Dabei ist aber die Maschine noch nicht voll ausgenützt: bei voller Ausnützung der Maschine kann die Luft um weitere 8,3⁰ C abgekühlt werden. Die Betriebsleitung führt dies aber vorläufig nicht aus, um die Arbeiter nicht zu verwöhnen; sie will die bequemeren Arbeitsverhältnisse nur allmählich einführen, um bei eventuellen örtlichen höheren Temperaturen keine Schwierigkeiten zu haben.

Beide Maschinen — die alte Ober- und die neue Untertagsmaschine — arbeiten gleichzeitig. Die Obertagsmaschine wird später abgetragen werden.

XXXI. Erhöhung der Kühlwirkung der Luft mittels Lokalventilatoren.

Wie in den Kapiteln XXV und XXVI ausgeführt wurde, ist es für die Kühlung des Arbeiters von großer Bedeutung, daß sich die Luft um ihn stets in Bewegung befinde. Dies kann durch Vergrößerung der durch die Grube strömenden Luftmenge erzielt werden.

In manchen Fällen ist aber das Zuführen großer Wettermengen auf eine bestimmte Stelle mit einem großen Kostenaufwande verbunden. Man muß die Depression entweder in der ganzen Grube oder in einem bestimmten Teile erhöhen, oder durch kostspielige Vorrichtungen die

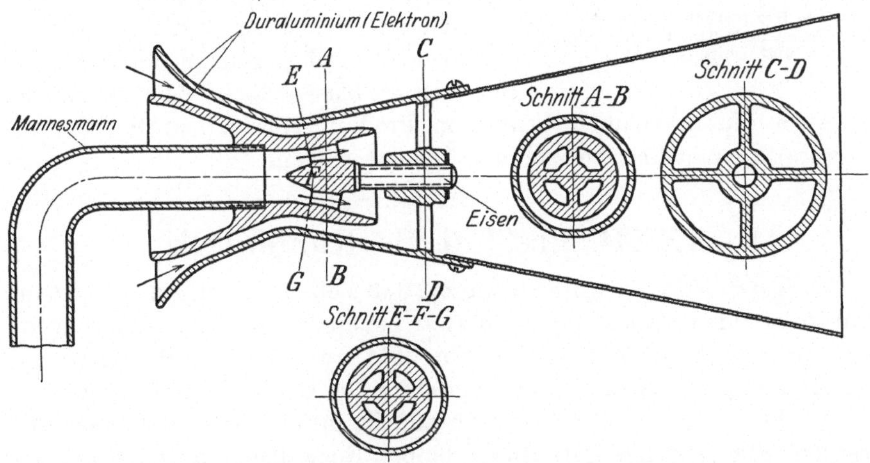

Abb. 85. Regulierbare Bewetterungsdüse für lokale Wetterstromerzeugung und Mischung kalter Luft mit der Umgebungsluft auf eine entsprechende Temperatur.

Richtung der Wetter und die zu den einzelnen Orten strömende Luftmenge regulieren. Abhilfe bietet nur eine umfangreiche Anwendung der Lokalventilation. In sehr breiten Grubenräumen ist es fast unmöglich, eine solche Wettermenge zuzuführen, daß die Wetter mit einer größeren Geschwindigkeit strömen. Es wäre dies oft eine Vergeudung der Luft, weil der größte Teil durch Stellen strömen würde, an welchen sich keine Arbeiter befinden. Manchmal ist der Arbeiter in einer Nische beschäftigt, wohin der Wetterstrom ohnedies nicht gelangen könnte.

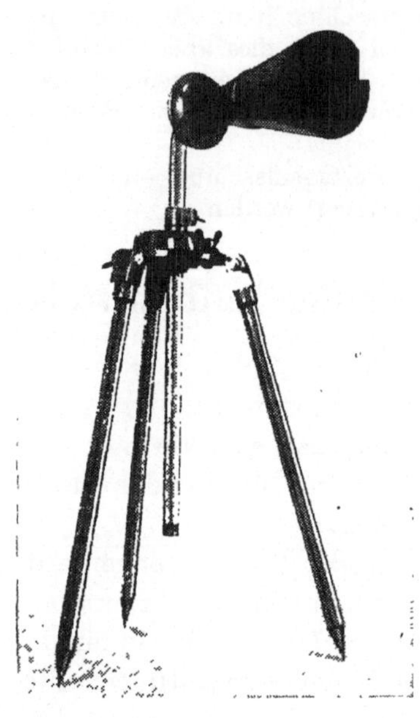

Abb. 86. Regulierbare Bewetterungsdüse für lokale Wetterstromerzeugung
und Luftmischung.

Oft genügt es aber, wenn man nur die am Orte selbst befindliche Luft in Bewegung setzt und nur so viel frische Wetter zuführt, als zur Verdünnung der in der Luft enthaltenen schädlichen Gase notwendig ist. Dies kann dadurch bewerkstelligt werden, daß man neben dem Arbeiter kleine Ventilatoren oder Turbinen aufstellt, welche die um ihn befindliche Luft gegen ihn treiben. Man kann auch komprimierte Luft verwenden, die man durch eine Düse ausströmen läßt, welche die umgebenden Wetter ansaugt. Das Gemisch beider leitet man gegen den beschäftigten Arbeiter.

Prof. Beran konstruierte auf Vorschlag der Autoren eine besondere Düse, welche man auf einem dem photographischen Stative ähnlichen, aber starken Gestelle befestigen kann, wodurch es ermöglicht wird, die Luft gegen den Arbeiter in jeder Lage zu blasen. Siehe Abb. 85 und 86.

Auch die in Gruben benützten Preßluftgebläseapparate (Venturi blowers) können hier vorzügliche Dienste leisten.

XXXII. Preßluft als Kühlmittel.

Im Kapitel XVIII wurde erwähnt, daß sich die unter Arbeitsleistung expandierende Luft abkühlt, und zwar bei einer Expansion von 6 at auf 1 at theoretisch um 222° C, d. h. von 30° C auf —192° C. Man kann daher die komprimierte Luft zur Abkühlung der Grubenluft verwenden.

An dieser Stelle soll aber gleich auf die falsche Ansicht hingedeutet werden, daß sich die Luft durch bloßes Entweichen aus der Leitung abkühlt. Dies ist nicht der Fall. Lassen wir Preßluft von z. B. 6 at Überdruck durch eine Düse frei ausströmen, so ist zwar ihre Temperatur in derselben und solange die Luft in Bewegung ist, niedriger, aber nach der Stillegung und vollen Expansion unterscheidet sich ihre Temperatur nicht besonders von der Temperatur der Preßlust. Die Ursache dessen liegt darin, daß sich die Druckenergie der Preßluft in kinetische Energie umwandelt, diese aber wieder durch Reibung an der Luft sofort in Wärme übergeht, so daß die Temperaturerniedrigung nach der Expansion eine minimale ist. Die im Kapitel XVIII besprochene **starke und ständige Temperaturerniedrigung kann nur dann erzielt werden, wenn die expandierende Luft Arbeit leistet.** Dann ist die Luft auch nach der Stillegung kühl.

Die Kühlung mittels Düsen ist aber trotzdem möglich. Wenn der Arbeiter in dem aus der Düse austretenden Strome steht, wird er von kalter Luft umweht. Steht er aber in bereits ruhender Luft, dann ist die Temperatur der Luft dieselbe, wie vor der Expansion. Doch hat auch diese Luft den Vorteil, daß vor Ort Luft mit einem sehr geringen Feuchtigkeitsgehalte anlangt, so daß sie Wasser und Schweiß sehr schnell verdampft und dadurch abkühlt. Abgesehen von der Lufttemperatur wirkt die mit großer Geschwindigkeit aus der Bewetterungsdüse austretende Luft auf den Arbeiter erfrischend.

Vorschlag von Tübben. Tübben[1] hat im Jahre 1899 vorgeschlagen, die Wirkung der Düsen zur Luftkühlung in der Weise auszunützen, daß eine Düse an der Stelle, wo die Preßluft eine große Geschwindigkeit besitzt und folglich kühl ist, von einem Wassermantel umgeben wird. Das Wasser sollte hier gekühlt und dann zur Kühlung der Luft benützt werden. Wegen der kleinen Berührungsdauer der Luft mit dem Wasser, sowie der kleinen Düsenfläche wäre aber diese Methode nicht leistungsfähig, wenn man schon vom geringen Wirkungsgrade der Preßluftanlagen absieht.

1. Kühlung durch preßluftbetriebene Arbeitsmaschinen.

Eine andere Frage wäre, ob es sich lohnen würde, die Luft obertags zu komprimieren und sie dann erst in beliebigen[2] Arbeitsmaschinen in der Grube expandieren zu lassen, um diese stark abgekühlte Luft der Bewetterungsluft beizumischen (Vorschlag Dietz).

Erfahrungsgemäß braucht man zur Kompression von 10 cbm pro Stunde angesaugter Luft auf 6 at Überdruck ca. 1 PS. Kostet nun eine Kilowattstunde 0,04 RM, so stellt sich die Kompression von 10 cbm auf 0,0294 RM. Für diesen Betrag kann man etwa 400 kgcal erzeugen, wenn wir die Arbeitsleistung der Maschine nicht anders ausnützen. Unter sonst auch ungünstigen Bedingungen kann man in einer Kompressionskühlmaschine um 0,3 RM etwa 3000 bis 6000 kgcal erzielen; man kann also mittels einer solchen Kühlmaschine 7- bis 15mal vorteilhafter arbeiten. In dieser Berechnung haben wir nicht die Einrichtungskosten berücksichtigt, die sich zwar von Fall zu Fall ändern, aber für beide Systeme etwa gleich wären.

Wenn jedoch die Arbeitsleistung der Luftmaschine ausgenützt wird (zum Betrieb von Pumpen, Ventilatoren, Haspeln; Erzeugung elektri-

---

[1] Tübben: Glückauf 1899, 577ff.

[2] Wir dürften jedoch die Arbeit der auf der Arbeitsstelle befindlichen Maschine nicht durch Reibung vernichten, da die Reibung wieder in Wärme umgesetzt wird. Der Gewinn wäre also gleich Null. Man könnte höchstens elektrischen Strom erzeugen oder einen Ventilator betreiben.

scher Energie usw. (zweiter Vorschlag Dietz), oder wenn wir mit der Luft gar eine gewöhnliche Evaporationskühlmaschine betreiben, kann die Kalkulation ganz anders ausfallen. Die gewonnenen 400 kgcal können dann nur als Abfallkälte berücksichtigt werden.

Komprimierte Luft, wie sie zum Antriebe verschiedener Preßluftwerkzeuge verwendet wird (Abbauhämmer, pneumatische Haspeln, Bohrmaschinen usw.), hat für die Herabsetzung der Grubenlufttemperatur dadurch eine große Bedeutung, daß sie nach der Expansion eine niedrige Temperatur und Feuchtigkeit, sowie auch eine große Geschwindigkeit besitzt und daß sie direkt am Arbeitsorte verwendet wird. Ihre Kältewirkung kommt also voll zur Geltung.

Die Auspuffluft von Bohrhämmern und ähnlichen Arbeitsmaschinen hat auch andere vorzügliche Eigenschaften; sie ist sehr rein und enthält weder Staub noch andere schädliche Beimengungen, noch Grubengase. Hauptsächlich aber ist sie frei von giftigen Produkten, welche durch die Schießarbeit mit Dynamit gebildet werden. Diese Luft entweicht größtenteils aus der Maschine, ohne daß sie für die Kühlung und Atmung des Arbeiters genügend verwertet werden würde. Sie entweicht meistens in einer anderen Richtung, als der Arbeiter beschäftigt ist, und mischt sich sofort mit der anderen Luft. Dadurch wird ihre gute Eigenschaft verringert und sie wirbelt sogar Staub auf.

Diese Luft kann aber ausgenützt werden, wenn man sie in einem kleinen, beim Bohrhammer aufmontierten Rezipienten auffängt und in einem gepanzerten Kautschukschlauche zu einem kleinen, leichten, leicht übertrag- und aufstellbaren Untergestell (am besten zu einem Dreifuß) leitet, welches derart aufgestellt und konstruiert ist, daß man ein Endstück anmontieren kann: aus diesem soll die Luft so ausströmen, daß sich die Arbeiter im Streukegel der Auspuffluft befinden. Diese soll hauptsächlich gegen die oberen Körperteile: Stirn, Rücken, Brust usw. strömen, wo die Arbeiter am meisten schwitzen. Auch soll der Arbeiter diese Luft einatmen. (Siehe Abb. 86.) Je nach Bedarf kann die Luft in zwei oder mehrere Ströme geteilt werden, damit der Arbeiter von allen Seiten gekühlt werde.

Dasselbe kann auch mittels einer direkt am Bohrhammer angeschraubten Düse (siehe Abb. 87) erzielt werden.

Sollte die Luft sehr kühl und daher der Gesundheit des Arbeiters schädlich sein, so kann die Düse in weiterer Entfernung aufgestellt werden oder aber kann die Luft in einem entsprechend konstruierten Injektor mit einer angemessenen Menge warmer Grubenluft gemischt werden, wodurch sie auf eine günstige Temperatur gebracht werden kann (siehe Abb. 85). Ein schwer arbeitender Mensch verträgt aber auch ziemlich kalte Luft, besonders wenn er sich seit Arbeitsbeginn in einem kalten Luftstrom befindet, was an Arbeitern, die in

Eisfabriken, Kellern, oder im Winter im Freien beschäftigt sind, beobachtet werden kann.

Zwecks Niederschlagens der Öltropfen und anderer Verunreinigungen, welche durch den Auspuff heraustreten, kann vor dem Auspufff ein Entöler angebracht werden.

Der unbedeutende Druckverlust ist durch die höhere Leistung des Arbeiters, welche bei hohen Temperaturen nur sehr gering wäre, reichlich ersetzt.

Die Luft, welche die Bohrhämmer antreibt, ist gewöhnlich auf 6 at Überdruck komprimiert. Zur Erreichung eines intensiven Stromes der Auspuffluft genügt ein Überdruck von 100 mm Wassersäule vollkommen, also $^1\!/_{600}$ des ganzen Druckes. Es gehen somit höchstens 0,15 % verloren.

Es ist zwar wahr, daß sich der Bohrhammer nicht während der ganzen Schicht in Tätigkeit befindet, doch aber gerade zu der Zeit, wo sich der Arbeiter am meisten anstrengt.

Erwägen wir nun, daß ein Bohrhammer normalerweise in 1 Minute 1 cbm Luft verbraucht, so sehen wir, daß man mit dieser Luft viel erreichen kann. 1 cbm/min strömende Luft, von niedriger Temperatur und Feuchtigkeit, genügt doch, um zwei Arbeiter zu kühlen.

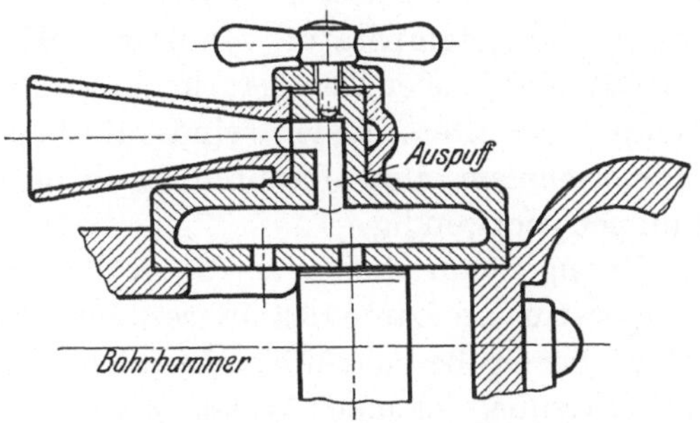

Abb. 87. An einen Bohrhammer angesetzte Bewetterungsdüse.

Bei größeren Maschinen, wie Pumpen, Haspeln u. dgl., kann die Auspuffluft noch anders ausgenützt werden.

Die Luft kühlt sich gewöhnlich bei der Expansion in der Arbeitsmaschine sehr stark ab; diese Kälte kann durch die Wände der Arbeitsmaschine und einen entsprechenden Radiator auf den Luftstrom übertragen werden. Manchmal kann das dadurch erreicht werden, daß um die Arbeitsmaschine entweder Wasser oder eine andere Flüssigkeit, die bei einer tiefen Temperatur nicht gefriert, zirkuliert, welche sodann durch einen Kühler, der evtl. ähnlich einem Automobilkühler konstruiert ist, geführt wird; durch diesen leitet man die zur Kühlung bestimmte Luft. Die erwärmte Flüssigkeit wird zur Arbeitsmaschine zurückgeführt.

Die Arbeitsmaschinen verlieren dadurch überhaupt nichts an ihrer Leistung; ja gerade im Gegenteil: dadurch, daß bei der Expansion die Arbeitsluft gleichzeitig erwärmt wird, wächst ihr Druck sowie die Leistung der Maschine. Man nützt also nicht nur die komprimierte Luft zu zweierlei Zwecken aus, sondern erhöht auch ihren Effekt in der Arbeitsmaschine selbst. Erwärmen wir die Luft bei der Expansion derart, daß ihre Temperatur nicht unter Null sinkt, so beseitigen wir auch manche Nachteile und Unannehmlichkeiten, wie z. B. das Einfrieren der Maschine u. ä.

XXXIII. Kühlung mittels Kaltwassers.

Das Wasser ist infolge seiner hohen spezifischen Wärme und seines großen spezifischen Gewichtes, im Vergleiche mit der Luft, ein gutes Kühlmittel. Die spezifische Wärme des Wassers ist gleich 1, die der Luft 0,24, also nur ein Viertel. Das Wasser wiegt ca. 770 mal soviel wie das gleiche Volumen Luft. Ein weiterer Vorteil des Wassers ist seine Billigkeit und Unschädlichkeit. In jeder Grube stehen große Wassermengen kostenlos zur Verfügung.

Kaltes Wasser ist jedoch nicht immer ohne weiteres zu erreichen. Das Flußwasser unserer Gegenden hat gewöhnlich im Sommer eine Durchschnittstemperatur von etwa 16° C, so daß man nicht mit der Ausnützung großer Temperaturunterschiede rechnen kann. Bei kleinen Temperaturunterschieden sind aber große Kühler und ungeheure Wassermengen und dadurch auch große Betriebsenergien für das Pumpen notwendig.

Unangenehm sind auch die großen Schwankungen der Flußwassertemperatur im Laufe des Jahres. Im Sommer, wo es am notwendigsten wäre, die Grube zu kühlen, ist auch das Wasser am wärmsten, so daß in die Grube viel mehr Wasser als im Winter zugeführt werden müßte. Die Pumpen müssen aber für die größte Wassermenge dimensioniert werden und die Folge davon ist ihre schlechte Ausnützung im Winter.

1. Wie kann Wasser zur Wetterkühlung verwendet werden? Wie wird die Wasserkälte an die Luft übertragen?

Die Wirkung und Benützung des Wassers für Kühlzwecke kann folgendermaßen vor sich gehen:

1. Kühlung durch Temperaturausgleich zwischen Luft und Wasser, also durch Wärmeleitung, und zwar:

a) Geschlossene, auch Oberflächenkühlung genannt, wo das Wasser in geschlossenen Kühlkörpern zirkuliert.

b) Offene Kühlung, wo das Wasser in unmittelbare Berührung mit der Luft kommt (Brausen, Wasserschleier und künstlicher Regen).

2. Kühlung durch Wasserverdunstung.

3. Kombinierte mittelbare und unmittelbare Kühlung: sie ist dadurch gekennzeichnet, daß man die Stöße der Grubenbaue mit Kaltwasser berieselt, um damit auch die Gebirgswärme abzuleiten. Dabei wird durch Wasserverdunstung weitere Wärme abgeführt.

Die Wirkung der Wasserkühlung können wir dadurch steigern, daß wir statt Wasser einen anderen Kälteträger benützen, z. B. Salzsole, welche dem Wasser gegenüber den Vorteil hat, daß man sie auch unter den Nullpunkt abkühlen kann. Durch die Naturkälte kann man dies jedoch nur im Winter erzielen. Erreichen wir dies aber im Sommer mittels Kühlmaschinen, so handelt es sich um maschinelle Kühlung und das Wasser spielt nur die Rolle des Kälteträgers.

Benützt man Wasser als Kühlmittel für die Grubenwetter, so muß man vor allem bestimmen, wie weit man das kalte Wasser in der warmen Grube leiten kann und wie groß seine evtl. Erwärmung sein wird.

2. Wie weit kann Kaltwasser in einer Rohrleitung geführt werden?

Im folgenden geben wir zwei Grundfälle der Wasserleitung wieder, wo die die Rohrleitung umgebende Luft eine steigende und eine konstante Temperatur aufweist.

a) Wasserleitung in einer Umgebung mit steigender Temperatur.

Wie sich die Wassertemperatur ändert, wenn man das Wasser durch ein Rohr in warmer Umgebung leitet, ist dem Diagramme 89 und der Zahlentafel 21 leicht zu entnehmen. Beide sind für folgende Umstände berechnet: Das Wasser einer Anfangstemperatur von 8^0 C wird durch einen Schacht geleitet, durch welchen Wetter einer Anfangstemperatur von 15^0 C hindurchströmen. Die Wettertemperatur (Linie L Abb. 89) steige mit der Tiefe gleichmäßig, so daß sie in einer Tiefe von 2000 m 40^0 C erreicht.

Das Wasser wird durch eine isolierte und eine unisolierte Leitung eines lichten Durchmessers von 5, 10 und 15 cm geführt. Die Isolationsschicht beträgt 5 cm und hat $\lambda = 0{,}2$.

Wir setzen voraus, daß sich die Leitung einmal im direkten Wetterstrome befindet ($\alpha_a = 10$), ein andermal jedoch einigermaßen geschützt ist ($\alpha_a = 5$). Das Wasser strömt mit verschiedenen Geschwindigkeiten, und zwar mit $c = 0{,}5$, $1{,}0$, $1{,}5$ und $2{,}0$ m/s.

Der Verlauf der Wassertemperatur t in der Rohrleitung ist nach der der Formel (22b) analogen Gleichung

$$t = T_0 + ax - \frac{a}{S} + \frac{a - S\,m}{S\,e^{s\,x}} \qquad (181)$$

berechnet, und es bedeutet:

$$S = \frac{k \cdot U}{3600 \cdot G \cdot c_p}, \qquad (182)$$

U = der äußere Rohrleitungsumfang,
G = die in einer Sekunde durchfließende Wassermenge in kg/s,
T_0 = die Umgebungstemperatur am Rohrleitungsanfang,
m = der Anfangstemperaturunterschied $= T_0 - t_0$,
a = 0,0125 ^{0} C/m.

t_0 = die Anfangswassertemperatur,
c_p = die spezifische Wärme des Wassers = 1,
k = die Wärmeübergangszahl, die nach Kapitel XXVIII, Gleichung (178), folgendermaßen lautet:

$$\frac{1}{k} = \frac{1}{\alpha_a} + \frac{r_a}{r_i \alpha_i} + \frac{r_a}{\lambda}\,2{,}3026\,\lg\frac{r_a}{r_i}. \tag{183}$$

Dabei sehen wir vom Widerstande der Metallrohrwand ab, da er im Vergleiche zu anderen Widerständen ziemlich klein ist. In dieser Formel bedeutet:

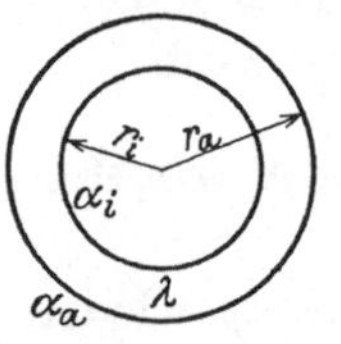

Abb. 88. Bestimmungsfaktoren des Wärmedurchganges bei einem Rohre.

α_i die Wärmeübergangszahl aus dem Wasser in die Rohrwand, die von 2000 bis 5000 beträgt,

r_i der innere Rohrhalbmesser,

r_a der äußere Rohrhalbmesser samt Isolation,

λ die Wärmeleitfähigkeit der Isolationsmasse, welche 0,1 bis 0,3, je nach der Güte der Isolation, beträgt,

$\alpha_a = 2 + 5\sqrt{c}$, die Wärmeübergangszahl aus der Isolation in die Luft,

c die Geschwindigkeit der den Rohrstrang umgebenden Luft in m/s,

Für unisolierte Leitungen können wir ohne weiteres $k = \alpha_a$ setzen. Siehe Abb. 88.

Sonst sind die Bezeichnungen wie früher (siehe Kapitel II). Da der Temperaturverlauf unter gleichen Umständen durch S bestimmt wird, haben wir diese Größe, nach der Gleichung (182) und (183), für die verschiedenen Fälle berechnet und intabuliert (siehe Zahlentafel 21). Die charakteristischen Kurven wurden im Diagramme 89 eingetragen. Die uneingezeichneten Fälle kann man leicht interpolieren.

Zahlentafel 21. Datenzusammenstellung für die Wassererwärmung in isolierten und unisolierten Rohrleitungen.

1000·S

α_a	d cm	$c = 0{,}5$ m/s	$c = 1{,}0$ m/s	$c = 1{,}5$ m/s	$c = 2{,}0$ m/s
		Keine Isolation			
5	5	0,222	0,111	0,074	0,056
	10	0,111	0,056	0,037	0,028
	15	0,074	0,037	0,025	0,018
10	5	0,444	0,222	0,148	0,111
	10	0,222	0,111	0,074	0,056
	15	0,148	0,074	0,049	0,036
		Isolation 5 cm			
5	5	0,218	0,109	0,072	0,055
	10	0,081	0,041	0,027	0,020
	15	0,047	0,024	0,016	0,012
10	5	0,261	0,130	0,087	0,065
	10	0,100	0,050	0,033	0,025
	15	0,060	0,029	0,020	0,015

b) Wasserleitung in einer Umgebung mit konstanter Temperatur.

Wird jedoch die Temperatur der die Wasserleitung umgebenden Luftkonstant = T_0 = konst., $a = 0$, so vereinfacht sich die Gleichung (181) auf die Form

$$t = T_0 - \frac{T_0 - t_0}{e^{Sx}}. \tag{184}$$

Dieser Fall ist in der Zahlentafel 22 und der Abb. 90 dargestellt.

Aus den Zahlentafeln 21 und 22 und den Abb. 89 und 90 ist zu ersehen, daß man auch mittels unisolierter Rohre kaltes Wasser relativ

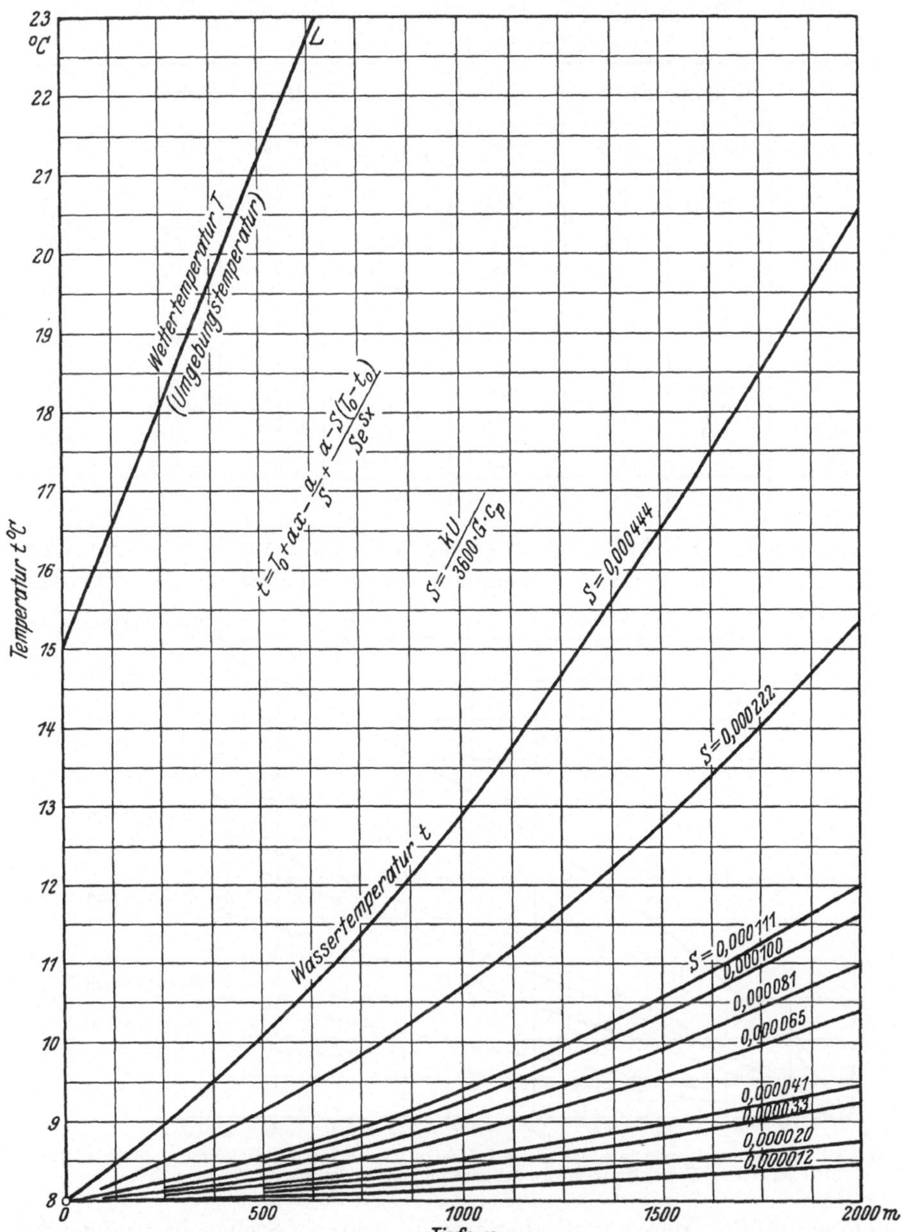

Abb. 89. Wassererwärmung in isolierten und unisolierten Rohrleitungen. Umgebungstemperatur steigend nach der Gleichung: $T = 15 + 0{,}0125\,x$. Da die Wassertemperatur unter sonst gleichen Umständen durch S bestimmt wird, haben wir die Kurven der typischen Fälle von S eingezeichnet.

weit führen kann. In isolierten Rohren kann man das Wasser in große Entfernungen leiten, wobei seine Temperatur nur unbedeutend steigt.

Zahlentafel 22. Wassererwärmung in isolierten und unisolierten Rohrleitungen. Umgebungstemperatur konstant.
Wassergeschwindigkeit $c = 0,5$ m/s.

	Isolierte Rohre				Blanke Rohre		
x \ r_i	0,025	0,05	0,075	x \ r_i	0,025	0,05	0,075
0	0,0	0,0	0,0	0	0,0	0,0	0,0
50	0,2	0,1	0,05	50	0,4	0,2	0,1
100	0,4	0,2	0,1	100	0,9	0,4	0,3
200	0,8	0,3	0,2	200	1,7	0,9	0,6
300	1,1	0,5	0,3	300	2,4	1,2	0,9
400	1,5	0,6	0,4	400	3,0	1,6	1,1
500	1,8	0,8	0,5	500	3,6	2,0	1,4
600	2,1	0,9	0,6	600	4,1	2,4	1,7
700	2,4	1,1	0,7	700	4,6	2,7	1,9
800	2,7	1,2	0,8	800	5,1	3,0	2,1
900	3,0	1,4	0,8	900	5,5	3,3	2,3
1000	3,3	1,5	0,9	1000	5,9	3,6	2,6
Kurve	1	2	3	Kurve	4	5	6

Obertags steht kaltes Flußwasser leider nur im Winter zur Verfügung. Im Sommer ist es ziemlich warm, so daß man Quellwasser

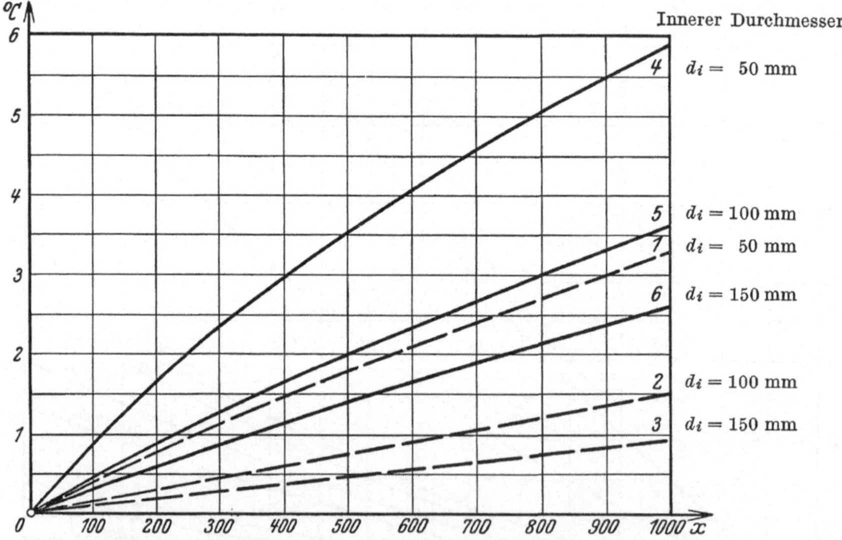

Abb. 90. Wassererwärmung in isolierten (strichlierte Kurven) und unisolierten (vollausgezogenen Kurven) Rohrleitungen. Umgebungstemperatur konstant. $T_0 - t_0 = 7^0$ C.

nehmen müßte; dieses wird aber nur an wenigen Stellen in genügender Menge vorhanden sein. Man wird deshalb in den meisten Fällen zur künstlichen Wasserkühlung schreiten müssen.

3. Wasserkühlung mit geschlossenem Kreislaufe.

Den einziehenden Wetterstrom läßt man um ein Rohrbündel oder um verschiedene Arten von Rippenkühlapparaten[1], durch welche kaltes Wasser strömt, zirkulieren (Abb. 91). Durch die Wände des Kühlkörpers wird der Temperaturausgleich zwischen dem kalten Wasser und der strömenden Luft bewirkt.

Als Vorteil dieser Methode gibt man an, daß das Wasser nicht verdunsten kann, da es mit der Luft nicht in Berührung kommt. Dadurch wird eine überflüssige Luftfeuchtigkeitssteigerung vermieden. Dieser Vorteil ist jedoch ziemlich problematisch, da die Lufttemperatur bei einer einigermaßen größeren Abkühlung immer unter den Taupunkt sinkt, so daß die Wetter immer voll gesättigt den Kühler verlassen.

Wird aber zerstäubtes Wasser als Kühlmittel verwendet, kann die Luft wohl auch unverdampftes Wasser in Form feiner Tropfen mit-

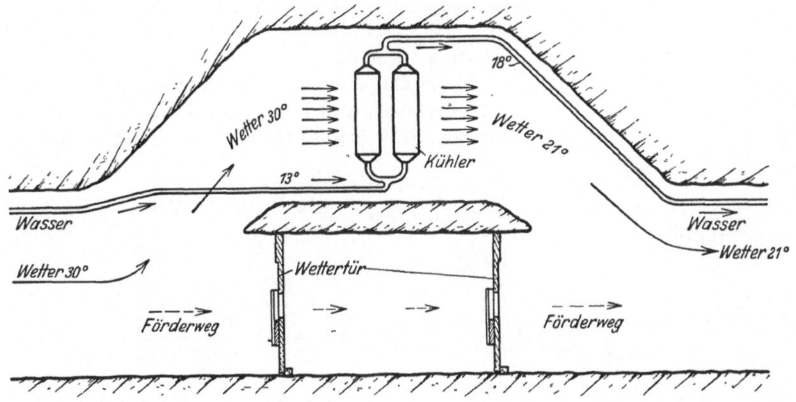

Abb. 91. Schema einer Oberflächenkühlung untertags. (Nach Herbst: Glückauf 1920, 454, Abb. 19.)

reißen, was natürlich die Luftfeuchtigkeit später unnütz vergrößert. Dies könnte auch hier, wenn auch in kleinem Maße, eintreten, wenn die Wettergeschwindigkeit groß und das Wegschaffen der niedergeschlagenen Feuchtigkeit nicht entsprechend wäre.

Damit wir uns klar werden, wie groß die Berührungsfläche zwischen dem Kühler und der Luft bei Bedingungen, die in der Grube herrschen, sein muß, wie lang die Rohrleitung, wie groß die Geschwindigkeit des in der Rohrleitung strömenden Wassers sowie der um die Rohrleitung strömenden Luft, wie groß die Berührungsdauer zwischen dem Kühler und der Luft sein muß, wird das folgende Beispiel angeführt, welches als erste Information zwecks Beurteilung dienen mag, ob die Wasserkühlung in einem bestimmten Falle überhaupt erwogen werden kann.

---

[1] Z. B. ähnlich den Automobilkühlern.

4. Beispiel der Kühlung mittels naturkalten Wassers.

Wir haben an 5 verschiedenen, in einer Tiefe von 1000 m gelegenen Orten zu je 100 cbm Luft pro Minute, also insgesamt 500 cbm Luft zu kühlen. Das Obertagswasser hat eine Temperatur von 10° C. Dieses Kühlwasser kann man nicht direkt an die zu kühlenden Orte leiten, da die nötigen Rohrleitungen zu starkwandig ausfallen würden; sie hätten nämlich einen Druck von über 100 at auszuhalten. Auch kann man mit dem Wasser besser manipulieren, wenn jede Kühlstelle an eine separate Niederdruckleitung angeschlossen ist (Abb. 92).

Deswegen teilen wir die ganze Grubenkühlung in zwei separate Kühlkreise ein:

Im primären Kühlkreise, welcher im Schacht angebracht ist, zirkuliert das kalte Obertagswasser und gibt seine Kälte an den sekundären Kühlkreis ab, welcher sie auf die einzelnen Kühlstellen verteilt. Jede Arbeitsgruppe hat sodann auf diese Weise ihren eigenen Kühlkreis[1].

Berechnen wir nun die Ausmaße des sekundären Kühlkreises — welcher die Luft unmittelbar an den zu kühlenden Orten kühlt —, um zu erfahren, wie groß der Wasserverbrauch im primären Kreise sein wird.

Es sollen also an einer Kühlstelle 100 cbm/min $= G \doteq 130$ kg/min Luft gekühlt werden. Wir setzen voraus, daß die Luft vor dem Kühler 36° C und

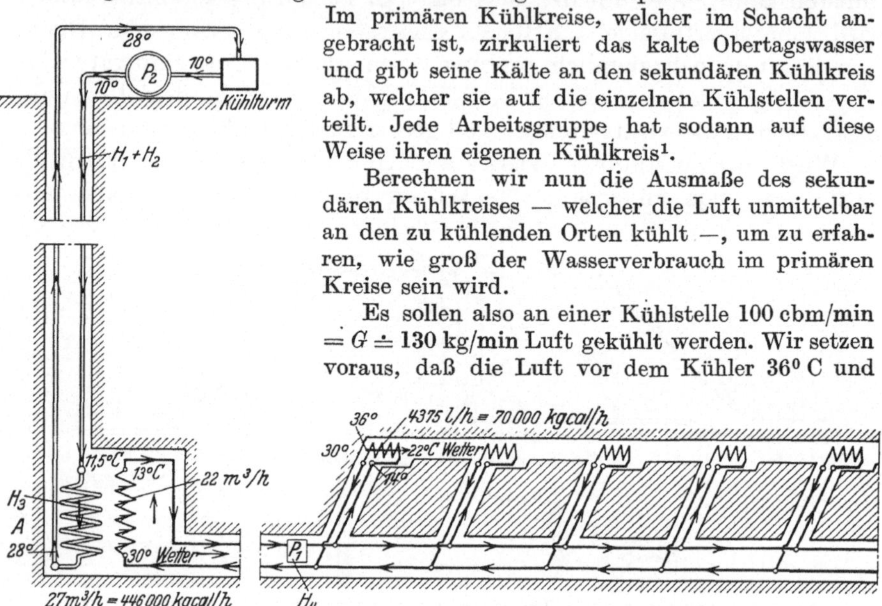

Abb. 92. Schema der Gesamtanordnung einer Oberflächenkühlanlage.

80% Feuchtigkeit hat, also 32,8 g/cbm enthält. Die gekühlte Luft soll mit 22° C aus dem Kühler treten. Da sie naturgemäß gesättigt sein wird, also 19 g/cbm enthalten muß, sind 13,8 g/cbm auszuscheiden.

Demzufolge ergibt sich folgende Wärmemenge, die der Kühler ableiten muß:

1. Die eigentliche Wetterabkühlung:

$$Q_1 = 100 \cdot 60 \cdot 0{,}24 \cdot 14 = 20160 \text{ kgcal/h} . \tag{185}$$

2. Die Kondensationswärme:

$$Q_2 \doteq 100 \cdot 13{,}8 \cdot 0{,}60 \cdot 60 = 49680 \text{ kgcal/h} . \tag{186}$$

Die Summe beträgt:

$$Q_3 = Q_1 + Q_2 = 69840 \doteq 70000 \text{ kgcal/h} . \tag{187}$$

---

[1] Die Methode der Teilung des Wasserleitungsrohrstranges stammt von Wilhelm Ulrich Arbenz und Hugo Junkers (D.R.P. Nr. 298196). Die Beschreibung wurde von Herbst in der Zeitschrift Glückauf 1920, 449ff. veröffentlicht.

Das Wasser soll derart ausgenützt werden, daß es von der Eintrittstemperatur von 14⁰ C auf 30⁰ C erwärmt wird. Daraus ergibt sich die Kühlfläche eines jeden Abteilungskühlers F aus der Gleichung $Q_3 = F \cdot k \cdot \Delta t$. Mit Rücksicht darauf, daß Feuchtigkeit niedergeschlagen wird, wählen wir die Wärmeübergangszahl $k = 15$. Der Temperaturunterschied beträgt

$$\Delta t = \frac{(36 + 22) - (14 + 30)}{2} = 7, \tag{188}$$

also

$$F = 70\,000 : (15 \cdot 7) = 670 \text{ qm}. \tag{189}$$

Wählt man einzöllige Rohrleitungen, also $d = 25$ mm, so beträgt die Gesamtlänge der Kühlrohrleitung

$$L = F : (\pi d) = 670 : 0{,}08 = 8375 \text{ m}. \tag{190}$$

Das Gewicht dieser Rohre ist sodann ca. 35 t. Die Länge ließe sich natürlich bedeutend verkleinern, wenn man Rippenrohre verwenden würde; wir wollen aber davon in unserem Beispiele absehen. Die Größe der Kühlfläche bliebe aber in beiden Fällen die gleiche.

Wird der Abteilungskühler nach Abb. 93 hergestellt, so kann man im Querschnitte a ungefähr 40 Rohrreihen anordnen. Ist nun jede Reihe 2 m lang, so be-

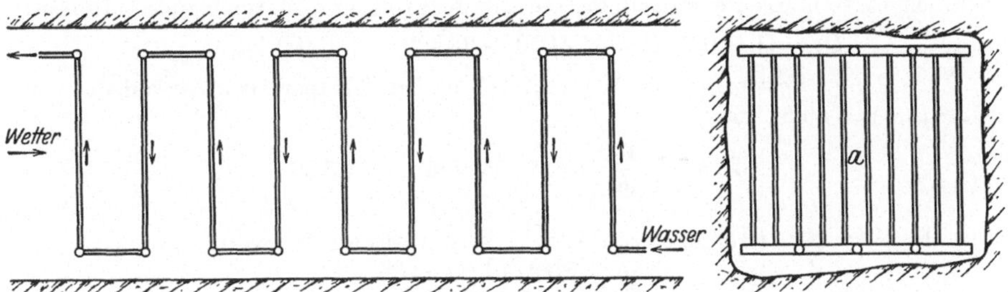

Abb. 93. Gruppenförmige Rohrstranganordnung einer Oberflächenkühlanlage. Alle Röhrengruppen hintereinander geschaltet.

trägt die gesamte Rohrlänge einer jeden Vertikalreihe, in welcher die einzelnen Rohre parallel geschaltet sind, $40 \cdot 2 = 80$ m. Man braucht also ungefähr 100 solcher Reihen, die man zu parallelen Gruppen anordnen kann. Die einzelnen parallelen Gruppen schaltet man hintereinander, so daß man auch in diesem Falle eine Art von Gegenstromprinzip erhält. In unserem Falle sind alle Reihen in Serie geschaltet. Je nach der Entfernung der einzelnen Vertikalreihen wird die Länge des Abteilungskühlers verschieden sein. Das Profil des Abteilungskühlers beträgt somit beiläufig $2{,}2 \cdot 2{,}2$ qm und seine Länge 6 bis 12 m und mehr.

a) Wasserverbrauch.

Wir setzen voraus, daß das Wasser in den Kühler mit 14⁰ C eintritt und ihn mit 30⁰ C verläßt. Das Wasser erwärmt sich somit um 16⁰ C und der Wasserverbrauch in einem Abteilungskühler beläuft sich auf

$$W = 70\,000 : 16 = 4375 \text{ kg/h} = 1{,}215 \text{ kg/s}.$$

Da wir 5 solcher Kühler haben, ist die gesamte Wasserverbrauchsmenge gleich $4375 \cdot 5 = 21\,875$ Liter pro Stunde $\doteq 22$ cbm/h $= 6{,}0$ kg/s.

Je nachdem wieviel Vertikalreihen man parallel schaltet, bekommt man die Wassergeschwindigkeit $c = 0{,}06$ dm/s (10 parallele Gruppen) oder $0{,}6$ dm/s (alle Gruppen sind in Serie geschaltet).

Die Wettergeschwindigkeit im Kühler beträgt

$$c = \frac{100}{60 \cdot 2} = 0,83 \text{ m/s} .$$

Unter der Voraussetzung, daß wir das Wasser in isolierten Röhren vom Schachte zu den Abteilungskühlern führen, wird die Gesamterwärmung des Wassers 1^0 C nicht übersteigen, schon mit Rücksicht darauf, daß die Entfernung vom zentralen Kühler am Füllorte bis zu den Abteilungskühlern nicht besonders groß ist. Der anfangs gemachten Annahme zufolge müssen wir das Wasser in der sekundären Leitung auf 13^0 C abkühlen, damit es mit den geforderten 14^0 C bei den Abteilungskühlern ankommt.

Um das Wasser für die Abteilungskühler im Kälteaustauschbecken A auf 13^0 C zu bringen, leiten wir in dieses das primäre Wasser mit $11,5^0$ C und lassen es mit 28^0 C abfließen. Wir arbeiten nach dem Gegenstromprinzipe.

Im Zentralkühler (Wärmeaustauschbecken) haben wir sodann in 1 Stunde die 21875 Liter Wasser von der Temperatur $t_2 = 30^0$ C auf $t_1 = 13^0$ C zu kühlen. Die entzogene Wärme ist:

$$Q_2 = 21875 \cdot (31 - 14) = 21875 \cdot 17 \doteq 372000 \text{ kgcal/h} .$$

Rechnen wir mit einem Verluste von 20%, welcher bei dem Kälteaustausch zwischen dem primären Kühlwasser und dem gekühlten sekundären Wasser unvermeidlich ist, so müssen wir aus dem Zentralkühler folgende Wärmemenge abführen:

$$Q_1 = Q + 0,2 \cdot Q = 372000 + 74400 = 446400 \text{ kgcal} .$$

Die Menge des primären Wassers bei einem Temperaturunterschiede von $28 - 11,5) = 16,5^0$ ist:

$$W = \frac{446400}{16,5} = 27054 \text{ cbm/h} = 7,5 \text{ l/s} .$$

b) Der für die Zirkulation des primären Wassers nötige Arbeitsaufwand.

Die Druckhöhe im Schachte $H_1 = 1000$ m. Die Druckhöhe für die Überwindung der Strömungswiderstände in den Röhren ist H_2. Die Druckhöhe für die Überwindung der Strömungswiderstände in der primären Schlange des Austauschbeckens, im Kühlapparate obertags, sowie in der Pumpe ist H_3. Die Menge des primären Kühlwassers ist 7,5 Liter pro Sekunde. Wir wählen den lichten Durchmesser des Schachtrohrstranges mit $D = 4''$. Die Wassergeschwindigkeit $c = 7,5 : 0,817 \doteq 1$ m/s. Der Wasserströmungswiderstand ist nach Weißbach[1] gleich 13,5 mm W.S. pro laufenden Meter. Dementsprechend ist der Gesamtwiderstand im Schachtrohrstrange für $2 \cdot 1000$ m $= H_2$ ungefähr 30 m W.S. Den Widerstand H_3 schätzen wir auf $H_3 = 70$ m. Die Gesamtdruckhöhe $H = H_1 + H_2 + H_3 = 1000 + 30 + 70 = 1100$ m. Der Gegendruck $H' = 1000$ m. Es ist somit der Druck $H_c \doteq 1100 - 1000 = 100$ m W.S. zu überwinden.

Die von der Pumpe P_2 geforderte Leistung ist bei einem Wirkungsgrade $\eta = 0,75$ folgende:

$$N'_e = \frac{7,5 \cdot 100}{75 \cdot 0,80} = 12,5 .$$

Die von der Pumpe P_1 zum Wasserdurchtreiben durch die Abteilungskühler geforderte Leistung: Ist die Druckhöhe der Pumpe für die Speisung der Abtei-

---

[1]
$$H = \varepsilon \frac{L \cdot c^2}{D \cdot 2 \cdot g} ; \qquad \varepsilon = 0,024 \ (\text{für } D = 4'') , \tag{191}$$

L = Länge in m, D = Durchmesser in m, c = Geschwindigkeit in m/s, $g = 9,81$.

lungskühler samt dem Zuleitungsrohrnetz 60 m, so ist die Leistung der Pumpe P_1

$$N_e'' = \frac{5 \cdot 1{,}215 \cdot 60}{75 \cdot 0{,}8} \doteq 6 \text{ PS}.$$

Der gesamte Energieverbrauch ist

$$N_e = N_e' + N_e'' = 12{,}5 + 6 = 18{,}5 \text{ PS}.$$

Wie schon früher erwähnt wurde, werden mittels der 5 Abteilungskühler $5 \cdot 70000$ kgcal/h erzielt. Der Energieverbrauch hierfür ist 18,5 PS. Durch 1 PS erzielt man also in 1 Stunde

$$\frac{350\,000}{18{,}5} = 18\,900 \text{ kgcal/PS/h}.$$

Da in einer Kühlmaschine unter ähnlichen Verhältnissen mit 1 PS nur etwa 3000 bis 6000 kgcal/h erzielbar sind, mit naturkaltem Wasser aber in unserem Falle ca. 19000 kgcal, liegt es klar an der Hand, daß eine Kühlung mittels Wassers vorteilhaft wäre, wenn die hohen Anschaffungskosten der ziemlich voluminösen Anlage den Vorteil des kleinen Energieverbrauches nicht aufheben würden.

Dem Obertagswasser haben wir eine Temperatur von 10° C beigemessen. In vielen Gegenden ist aber das Obertagswasser viele Monate hindurch kälter. Doch wird man nicht im Sommer über so kaltes Flußwasser verfügen, so daß man seine Temperatur mittels Kühlmaschinen wird künstlich herabsetzen müssen.

Beispiele aus der Praxis.

Die Durchführungsart der Kühler nach Arbenz und Junkers ist in Glückauf 1920, 449 von Herbst beschrieben worden. Im Prinzipe besteht die Anlage aus einem oder mehreren parallel geschalteten Bündeln, die aus Kupferröhren zusammengestellt sind.

Eine Oberflächenkühlanlage wurde am Schachte Radbod verwendet[1]. In einen Querschlag von 20 qm Querschnittfläche, durch welchen 120 cbm/s Wetter strömten, wurde ein Rohrbündel von ca. 105 m Länge und einer Kühlfläche von 1800 qm gelegt. Das Kühlwasser wurde anfänglich dem Flusse entnommen und in einer unisolierten Leitung in die Grube geführt, wo es das Kühlwerk mit einer Temperatur von ungefähr 19° C erreichte. Die Wirkung dieser Einrichtung blieb aus, da sich die Wetter höchstens um 0,5 bis 1,0° C abkühlten.

Diesen Mißerfolg konnte man voraussehen, wenn man die hohe Wassertemperatur und die geringe Kühlfläche berücksichtigt hätte. Nimmt man auf Grund der großen Wettergeschwindigkeit die Wärmedurchgangszahl mit $k = 20$ an und rechnet man zwischen der Wetter- und Wassertemperatur einen durchschnittlichen Unterschied von 4° C, wie aus dem von Stapf veröffentlichten Diagramme hervorgeht, so ist die durch die gegebene Kühlfläche maximal hindurchgehende Wärmemenge

$$Q = \frac{20}{3600} \cdot 1800 \cdot 4 = 40 \text{ kgcal/s}. \tag{192}$$

Da 120 cbm/s Wetter durch den Kühler streichen, beträgt die entsprechende Temperaturerniedrigung

$$\varDelta t = \frac{40}{120 \cdot 1{,}3 \cdot 0{,}24} \doteq 1^\circ \text{C}. \tag{193}$$

Unter den gegebenen Verhältnissen konnte man also von der Einrichtung keine größere Leistung erwarten.

---

[1] Siehe die Abhandlung von Stapf in Glückauf **1925**, 661 ff.

Deshalb baute man nachher am Schachte Radbod eine obertägige Ammoniak-kühlanlage, mittels welcher man das Wasser obertags bis auf $1{,}5^0$ C abkühlte und es durch den Schacht in einer 80 mm weiten Rohrleitung führte, so daß es in den eigentlichen Kühler mit einer Temperatur von ca. 4 bis 5^0 C eintrat. Durch den Wetterstrom erwärmte sich das Wasser (620 Liter/min) auf ca. 15 bis 16^0 C; die Wetter (120 cbm/min) kühlten sich von 22 bis 23^0 C auf 19 bis 20^0 C ab.

5. Vergrößerung der Kühlfläche.

Wie man sieht, könnte man die Oberflächenkühlung mittels natur-kalten Wassers verwenden, falls man genügend kühles Wasser in aus-reichender Menge, sowie eine entsprechend große Kühlfläche zur Ver-fügung hätte. Soll man aber eine größere Wettermenge kühlen, so fällt die Kühlfläche zu groß aus. Da außerdem auch noch größere Betriebs-schwierigkeiten vorkommen[1], kann man von folgender Einrichtung Gebrauch machen. Man füllt den Zwischenraum zwischen den Kühl-röhren mit einem wärmeleitenden, losen und nicht rostenden Materiale aus, wie z. B. mit Metallspiralen, Metallschwämmen usw. Die auf diese Weise vergrößerte Oberfläche nimmt größere Wärmemengen sehr leicht auf. Die zahlreichen Berührungspunkte des Füllmateriales unterein-ander, sowie mit der Rohrleitung, ermöglichen ein leichtes Überführen der Wärme in die Rohrleitungswand und aus dieser in das Wasser.

Es muß nicht betont werden, daß sowohl die Rohre als auch die Füllung aus nichtrostendem Materiale sein müssen, da sie wäh-rend des ganzen Betriebes in einer feuchten Atmosphäre unter-gebracht sind.

Da sich neben der Feuchtigkeit am Füllmateriale auch Staub niederschlägt, müssen Einrichtungen vorgesehen werden, mittels welcher das ganze Kühlwerk von Zeit zu Zeit mit Wasser durch-gespült und gereinigt werden kann. Dies ist nicht beschwerlich, da die Anlage auch für größere Leistungen nur ganz geringe Dimensionen hat. Die Länge beträgt nur einige dm, die Breite richtet sich nach der Wettermenge.

Das erwärmte Wasser muß obertags wieder gekühlt werden. Im Winter kann es dadurch erfolgen, daß man es einfach in offene Behälter oder über Wehre oder Kühltürme fließen läßt. Es ist nicht ratsam, immer wieder neues Wasser aus den Flüssen zu beziehen, wenn man es nicht wenigstens vom groben Schmutze durch Filtration befreit, da es die Röhren und Kühler verlegt.

---

[1] Die vielen Rohrverbindungen geben zu Beschädigungen und Undichtig-keiten Anlaß, die im ganzen Rohrbündel schwer zu finden und zu beseitigen sind. Mit der Zeit verlegen sich ferner die Rohre sehr leicht, was einerseits den Wärme-übergang und andererseits den Wetterdurchgang erschwert. Die Reinigung ist aber äußerst beschwerlich, da das Innere der großen Anlage nicht leicht zugänglich ist.

Wollen wir mit einer kleineren Wassermenge arbeiten, so müssen wir maschinell kühlen. Da aber das Wasser mit 30° C zutage gebracht wird, kann man ihm einen Teil der Wärme in einem Kühlturme abnehmen, da es billiger wie eine maschinelle Kühlung ist, und erst den Rest durch eine Kühlmaschine kompensieren.

6. Kühlung mittels direkter Berührung des Kaltwassers mit Luft.

Wie aus den vorhergehenden Kapiteln zu ersehen ist, besteht die Hauptschwierigkeit der Wetterkühlung in der Beschaffung einer genügend großen Kühlfläche, da sich die Wärmeübergangszahl in engen Grenzen und dazu noch schwierig ändern läßt, und da man die wärmetreibende Temperaturdifferenz nicht beliebig hoch steigern kann. Die Wärmeübergangszahl wächst zwar mit der Geschwindigkeit, ihr Wert wird auch bei gleichzeitiger Kondensation der Feuchtigkeit größer, doch ist sie auch im günstigsten Falle immer so gering, daß die Kühlfläche enorm groß sein muß, falls nur einigermaßen größere Wärmemengen abzuleiten sind. Man hat deshalb versucht, die Kühlfläche auf die Weise herzustellen, daß man das Kühlwasser in die zu kühlenden Wetter fein zerstäubte, oder daß man es über Drahtnetze und ähnliches herunterfließen ließ, wodurch es in fein zerteilten Zustand gebracht wurde[1]. In beiden Fällen erzielt man eine große Oberfläche.

Diese Methode hat im Vergleiche zur vorhergehenden den Vorteil, daß die Berührung mit dem Wasser unmittelbar erfolgt, so daß der Wärmeaustausch vollkommener ist. Ein nicht geringer Vorteil dieser Methode besteht weiter darin, daß die Luft durchgewaschen und vom Staube gereinigt wird.

Man muß nur trachten, daß keine freien Tropfen vom Luftstrome mitgerissen und aus der Berieselungsanlage weitergeführt werden. Deswegen ist immer ein Wasserabscheider anzubringen.

7. Wasserzerstäubungsmethode.

Was die Anwendung des zerstäubten Wassers angeht, können wir folgendes sagen: Wie die angeführte Zahlentafel 23 zeigt, wächst die Oberfläche der aus 1 kg Wasser gebildeten Tropfen gewaltig mit dem

Zahlentafel 23. Oberfläche F der aus 1 kg Wasser gebildeten Tropfen vom Durchmesser d. $F = 6 \cdot d^{-1} \cdot 10^6$.

d mm	0,02	0,10	0,15	0,20	0,25	0,30	0,35	0,40	0,45	0,50
F qm	300	60	40	30	24	20	17,1	15	13,3	12

d mm	0,6	0,7	0,8	0,9	1,0	1,5	2,0	2,5	3,0	3,5
F qm	10,0	8,5	7,5	6,7	6,0	4,0	3,0	2,4	2,0	1,7

[1] Vgl. Kapitel XXX, Absatz 4.

Kleinerwerden ihrer Durchmesser. Wenn die bisherigen Versuche doch wenig Erfolg hatten, ist es darauf zurückzuführen, daß man entweder zu wenig Wasser hatte oder dasselbe auf ungenügend langer Strecke oder sogar auf einer zu langen Strecke (im Schachte) auf die Wetter einwirken ließ, was aus den folgenden Angaben hervorgeht.

Da die genaue Berechnung zu weit führen würde, begnügen wir uns damit, daß wir die Endformeln mit entsprechenden Erklärungen und Erwägungen anführen.

Das Wasser kann man bekanntlich auf verschiedene Art und Weise zerstäuben. Entweder verwendet man Düsen (von Körting u. a.), in welchen dem Wasser vor seinem Austritte ein Drall erteilt wird, oder man läßt das Wasser nach dem Austritte aus der Düse gegen ein feines Drahtnetz anprallen u. dgl. m.

Was den Tropfendurchmesser betrifft, sollte er so klein wie möglich sein, damit die Oberfläche groß sei. Der Verkleinerung ist aber eine Grenze nach unten gesetzt, da sonst die Tropfen vom Wetterstrom mitgerissen werden würden. Handelt es sich jedoch um Verdunstungskühlung, so ist der Tropfengröße keine Grenze gesetzt. Gerade umgekehrt: je kleiner die Tropfen sind, desto besser verdunsten sie in der Luft. Bei der Oberflächenkühlung müssen sich aber die Tropfen durch den Wetterstrom bewegen können, um eine intensive Kühlwirkung zu erzielen.

Betrachten wir frei fallende Wassertropfen in ruhender Luft. Je kleiner der Durchmesser ist, desto größer ist verhältnismäßig der Luftwiderstand, der sich den frei fallenden Tropfen entgegensetzt und desto kleiner ist ihre Endgeschwindigkeit, bzw. desto kleiner kann evtl. die entgegengesetzt gerichtete Wettergeschwindigkeit sein, welche die Tropfen im Schweben erhält, ohne sie mitzureißen.

Wird nämlich der Tropfen mit einer gewissen Geschwindigkeit in den Wetterstrom geschleudert, so stellt sich seine Geschwindigkeit nach ganz kurzer Zeit auf einer gewissen Größe ein, die einzig und allein von der Geschwindigkeit der Luft und der Tropfengröße abhängt.

In Zahlentafel 24 sind die Endgeschwindigkeiten (cm/s) eines in ruhender Luft frei fallenden Tropfens vom Durchmesser d mm zusammengestellt. Die Zahlentafel wurde nach Hann und Süring[1] angefertigt.

Zahlentafel 24. Endgeschwindigkeit c eines in ruhender Luft frei fallenden Tropfens vom Durchmesser d.

d mm	0,02	0,10	0,15	0,20	0,25	0,30	0,35	0,40	0,45	0,50
c cm/s	1,3	26	53	78	105	130	155	180	205	228

d mm	0,6	0,7	0,8	0,9	1,0	1,5	2,0	3,0	3,5	4,5
c cm/s	275	320	360	395	426	525	583	690	740	800

[1] Hann u. Süring: Lehrbuch der Meteorologie, Ausgabe 1926, 322.

Befindet sich nun der Tropfen im Luftstrome, so ist die Endgeschwindigkeit gleich der Summe bzw. der Differenz beider Geschwindigkeiten. Es wird wohl überflüssig sein, zu bemerken, daß für die Tropfengeschwindigkeit nur die in ihre Richtung fallende Wettergeschwindigkeitskomponente ausschlaggebend ist.

Bei der Wetterkühlung durch Wasserzerstäubung kann man 3 Fälle unterscheiden, je nach der gegenseitigen Bewegungsrichtung der Tropfen und der Wetter:

1. Die Kühlung erfolgt nach dem Gegenstromprinzipe, wobei die Tropfen- und Wetterbewegungsrichtung einander entgegengesetzt sind. Die Bewegungsrichtung der Wetterströmung ist meistens hinauf, die der Tropfen nach unten gerichtet.

2. Die Wetterkühlung erfolgt nach dem Gleichstromprinzipe, wo die Wassertropfen entweder im Schachte mit den Wettern herunterfallen oder in einer Strecke gleichgerichtet mit den Wettern horizontal ausgespritzt werden.

3. Die Kühlung erfolgt nach dem Querstromprinzipe, wobei die Tropfen in die vorbeiströmenden Wetter quer hineingespritzt werden.

Die Oberfläche des zerstäubten Wassers muß so groß sein, damit sie nicht nur die zur Abkühlung der Wetter nötige Wärme, sondern auch die Kondensationswärme der evtl. niedergeschlagenen Feuchtigkeit ableiten kann. Demnach kann man folgende zwei Gleichungen aufstellen:

$$\alpha_s \, U \, (T - t) \, dx = g \, c_p \, dt \tag{194}$$

$$\pm \alpha_s \, U \, (T - t) \, dx = V \, (c_p + r \, n) \, dT = V \, C \, dT \tag{195}$$

Das Minuszeichen gilt für das Gleichstromprinzip, das Pluszeichen für das Gegenstromprinzip.

Die linke Seite beider Gleichungen bedeutet die aus der Luft auf einer Oberfläche $U \cdot dx$ einer Wärmeübergangszahl $\alpha_s = \alpha : 3600$ in 1 Sekunde übergeführte Wärmemenge.

Die rechte Seite der Gleichung (194) bedeutet die Wärmemenge, die der Wassermenge g kg/s bei der spezifischen Wärme c_p und der Wassererwärmung um dt mitgeteilt wird.

Die rechte Seite der Gleichung (195) bedeutet die Wärme, die der Wettermenge V cbm/s entzogen werden muß, um dieselbe um dT bei gleichzeitiger Kondensation der Feuchtigkeit, deren Einfluß durch das Glied nr dargestellt wird, abzukühlen.

In diesen Gleichungen bedeutet:

V Wettermenge in cbm/s,
g Wassermenge in kg/s,
U der wasserbenetzte Wetterwegumfang, welcher zahlenmäßig gleich der Oberfläche der in 1 laufenden m des Wetterweges schwebenden Wassertropfen ist.
α_s die Wärmeübergangszahl $= \alpha : 3600$,

$C = c_p + n \cdot r$,
T die aktuelle Wettertemperatur,
t die aktuelle Wassertemperatur,
r Verdampfungswärme des Wassers bei der Wettertemperatur T,
$n =$ die Verhältniszahl der Feuchtigkeits- und Temperaturzunahme der Luft im gegebenen Temperaturintervalle. Da es sich um kleine Temperaturdifferenzen handelt und da die Abhängigkeit der Feuchtigkeitsmenge in der Luft (g/cbm) von der Lufttemperatur sehr kompliziert ist, ziehen wir für das in Betracht kommende Temperaturintervall, nach der Gleichung $q = a + nT$, eine lineare Abhängigkeit in Erwägung. Die Gleichung gilt wohl nur angenähert, doch ermöglicht sie eine sehr große Vereinfachung der Berechnung.

Die Berechnung des Temperaturverlustes des Wassers und der Wetter gestaltet sich folgendermaßen: Man isoliert in den Gleichungen (194) und (195) dt bzw. dT und bekommt:

$$dt = \frac{\alpha_s \cdot U}{g \cdot c_p} (T - t) \, dx \qquad (196\,\mathrm{a})$$

bzw.

$$dT = \pm \frac{\alpha_s \cdot U}{V \cdot C} (T - t) \, dx \, . \qquad (196\,\mathrm{b})$$

Dann subtrahiert man die obere Gleichung von der unteren und bekommt nach einer kleinen Umformung

$$\frac{d(T - t)}{(T - t)} = \pm \, \alpha_s \cdot U \left\{ \frac{1}{V \cdot C} \mp \frac{1}{g \cdot c} \right\} dx = \pm \, \alpha_s \cdot U \cdot \gamma \cdot dx \, . \qquad (196\,\mathrm{c})$$

Das obere Vorzeichen gilt für das Gegenstromprinzip, das untere für Gleichstromprinzip. Durch einfache Integration dieser letzten Gleichung erhalten wir die folgenden Gleichungen.

1. Beim Gegenstromprinzipe (Abb. 94) kann man bekanntlich die Wasserkälte am besten ausnützen, so daß man die Wetter bis auf die Wassereintrittstemperatur abkühlen kann. Für diese Kühlungsart bekommen wir aus den oben angeführten Gleichungen:

a) die Endtemperatur der Wetter:

$$T_n = \frac{T_0 (1 - \varrho) + t_0 (E_n - 1)}{E_n - \varrho}, \qquad (197)$$

b) die Endtemperatur des Wassers:

$$t_n = \frac{T_0 \varrho (E_n - 1) + t_0 (1 - \varrho) E_n}{E_n - \varrho}, \qquad (198)$$

c) den Wettertemperaturverlauf:

$$T_x = \frac{(T_0 - t_0) E_x + t_0 - \varrho \, T_n}{1 - \varrho}, \qquad (199)$$

d) den Wassertemperaturverlauf:

$$t_x = \frac{(T_0 - t_0) \varrho \, E_x + t_0 - \varrho \, T_n}{1 - \varrho}, \qquad (200)$$

e) den Verlauf der Temperaturdifferenzen:

$$T_x - t_x = (T_n - t_0)\, e^{\frac{\alpha \gamma U x}{3600}} = (T_n - t_0)\, E_x. \tag{201}$$

In diesen Gleichungen bedeutet:

$$\gamma = \frac{1}{VC} - \frac{1}{gc},$$

$$\varrho = \frac{VC}{gc},$$

$$E_x = e^{\frac{\alpha U \gamma}{3600} x},$$
$$C = c_p + rn, \tag{202}$$

c_p = die spez. Wärme der Luft kgcal/cbm,
T_0 = Wettereintrittstemperatur,
t_0 = Wassereintrittstemperatur.

2. Beim Gleichstromprinzipe (Abb. 95) erhalten wir ähnliche Formeln:

a) die Endtemperatur der Wetter:

$$T_\infty = \frac{T_0 \varrho + t_0}{1 + \varrho}, \tag{203}$$

b) die Endtemperatur des Wassers:

$$t_\infty = T_\infty = \frac{T_0 \varrho + t_0}{1 + \varrho}, \tag{204}$$

c) den Wettertemperaturverlauf:

$$T_x = \frac{T_0}{1 + \varrho}\left(\varrho + \frac{1}{E_x}\right) + \frac{t_0}{1 + \varrho}\left(1 - \frac{1}{E_x}\right), \tag{205}$$

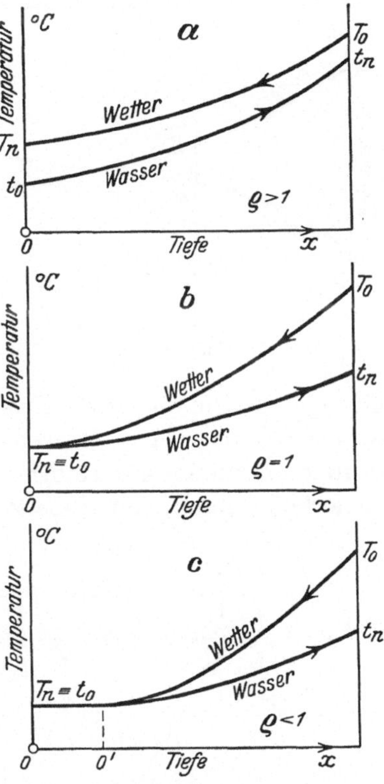

Abb. 94. Kühlung nach dem Gegenstromprinzipe.

d) den Wassertemperaturverlauf:

$$t_x = \frac{T_0 \varrho}{1 + \varrho}\left(1 - \frac{1}{E_x}\right) + \frac{t_0}{1 + \varrho}\left(1 + \frac{\varrho}{E}\right), \tag{206}$$

e) den Verlauf der Temperaturdifferenzen:

$$T_x - t_x = \frac{T_0 - t_0}{e^{\frac{\alpha \gamma U x}{3600}}} = \frac{(T_0 - t_0)}{E_x}. \tag{207}$$

Die Bedeutung der einzelnen Buchstaben ist in diesen Gleichungen bis auf γ dieselbe wie beim Gegenstromprinzipe:

$$\gamma = \frac{1}{VC} + \frac{1}{gc}.$$

3. Beim Querstromprinzipe könnte man ähnliche Formeln erhalten, doch ist es einfacher, mit denjenigen des Gegenstromprinzipes zu

rechnen, und zwar aus folgenden Gründen: Wollte man z. B. in einer horizontalen Strecke auf der ganzen Berieselungsfläche durch Düsen gleich kaltes Wasser treiben, so würde man viel zu viel Wasser verbrauchen, ohne es gut auszunützen. Es ist deshalb besser, folgende Einrichtung

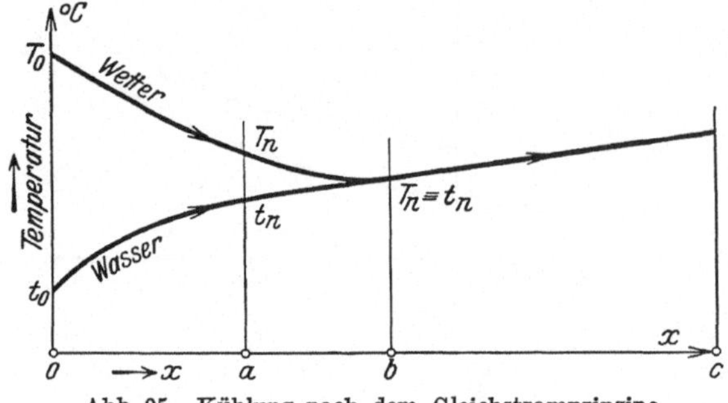

Abb. 95. Kühlung nach dem Gleichstromprinzipe.

zu verwenden: Man bringt beispielsweise an der Firste einer horizontalen Strecke auf einer gewissen Länge, z. B. 10 bis 20 m, mehrere Düsen an, die man folgendermaßen zu Gruppen schaltet (Abb. 96). Man treibt das frische Wasser mittels der Rohrleitung a durch die letzte Düsengruppe I. Das an der Sohle in 1 gesammelte und bereits etwas erwärmte Wasser wird in die nächste Gruppe II durch die Rohrleitung b geleitet, was sich mehrere Male wiederholen kann. Auf diese Weise kommt das kälteste Wasser mit den schon vorgekühlten, das erwärmte Wasser dagegen mit den wärmsten Wettern zusammen, wodurch man eine Art von Gegenstromprinzip erhält. So kommt man mit der kleinsten Wassermenge aus und ihre Kälte kann voll ausgenützt werden. Natürlich braucht man so viel Pumpen, als man Gruppen hat.

4. Kühlungskombination nach dem Gleich- und Gegenstromprinzipe.

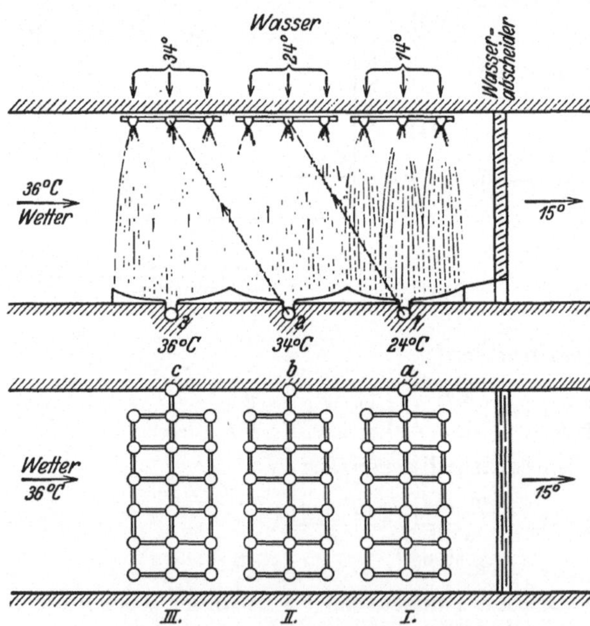

Abb. 96. Kühlung nach dem Querstromprinzipe.

Es ist besser, beide Methoden — Gleich- und Gegenstrom — zu kombinieren, da man die Wasserkälte besser ausnützen kann und da kleinere Tiefen nötig sind. Das Frischwasser wird in der Gegenstromanlage verwendet und das in dieser Anlage teilweise erwärmte Wasser wird in die Gleichstromanlage gepumpt (siehe Abb. 97).

Auf dem kombinierten Gleich- und Gegenstromprinzipe beruht die Kühlung nach dem Patente der Fa. Moll & Co. (D.R.P. Nr. 289340),

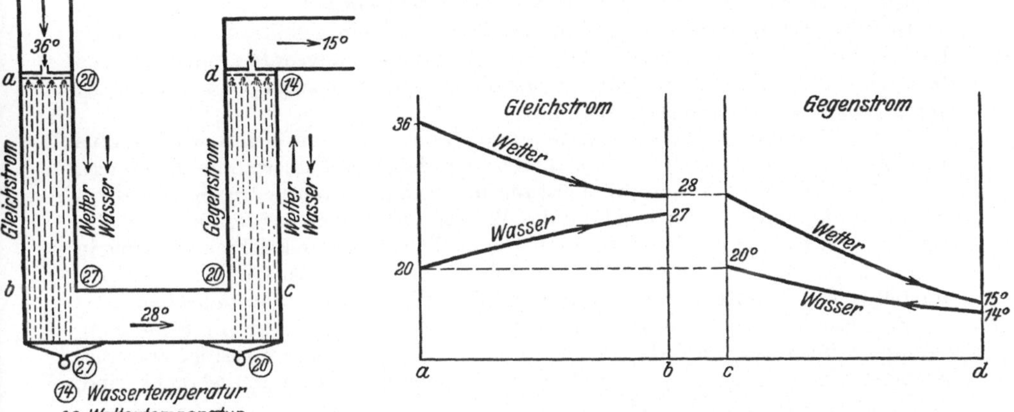

Abb. 97. Kombinierte Kühlanlage nach dem Gleich- und Gegenstromprinzipe.

wo man mit dem Druckwasser, welches gleichzeitig als Kühlwasser dient, die Wetter in Bewegung bringt.

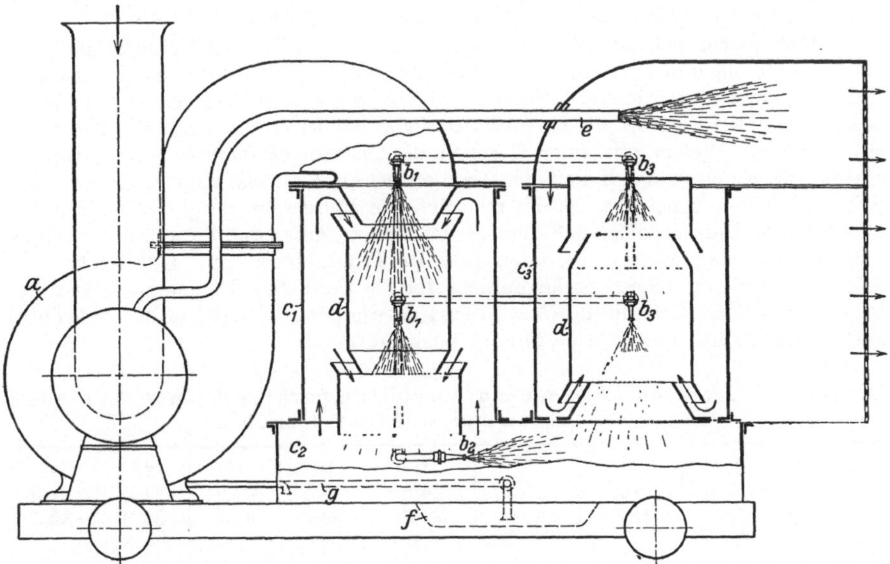

Abb. 98. Übertragbare Kühlanlage der Fa. Moll & Co. (Nach Herbst: Glückauf 1920, 436, Abb. 13.)

Die Beschreibung ist in der Zeitschrift Glückauf **1920**, 436 enthalten, wo auch die Abb. 98 entnommen wurde.

„Ein mittels Druckwasser angetriebener fahrbarer Ventilator a, der vor Ort aufgestellt ist, wälzt die dort (im Kühler) vorhandene Luftmenge um und führt sie den Kühlräumen c_1, c_2 und c_3 zu, in welchen die Luft durch mittels Düsen b_1, b_2 und b_3 hergestellte Wassernebel abgekühlt wird. Zur Unterstützung der Luftbewegung und weiteren Abkühlung des Luftstromes wird mittels einer Düse e hochgespannte und gekühlte Luft in Richtung des Luftstromes in den Luftweg injektorartig eingeführt." (Zitiert nach der früher erwähnten Patentschrift.)

In jedem der Kühlzylinder c_1 und c_3 befindet sich ein geteiltes weites Rohr d, deren Teile trichterartig ausgeweitet und so ineinander angeordnet sind, daß die durch sie strömende Luft die Umgebungsluft aus den Zylindern c_1 bzw. c_3 ansaugt, so wie es aus der Abb. 98 ersichtlich ist.

Das Kühlwasser sammelt sich unten im Sammelbecken f und wird daraus mittels einer von der Ventilatorwelle direkt angetriebenen Wasserpumpe abgesaugt.

Ersichtlicherweise könnte die Leistung und Temperaturerniedrigung nur dann größer werden, wenn man recht kühles Wasser verwenden würde, da die Kühlstrecke doch zu kurz ist, wenn wir auch die ziemlich unsichere Rücksaugwirkung in Betracht ziehen. Da sich jedoch die Maschine den zu kühlenden Stellen recht nahe aufstellen läßt, könnte sie mit genügend kühlem Wasser gute Dienste leisten.

Eine ähnliche Maschine baut die amerikanische Firma Carrier. Diese kann abwechselnd für Trocknung oder Befeuchtung der Luft dienen. Sie besteht aus einer Kammer, in welcher sehr viele Wasserzerstäubungsdüsen untergebracht sind, durch welche die Luft getrieben wird.

Hat das Wasser normale (höhere) Temperatur, so kühlt es die Luft, welche gleichzeitig mit Feuchtigkeit nachgesättigt wird, nur mäßig; ist es aber recht kalt, so erfolgt eher eine Kondensation der Feuchtigkeit, falls die Temperatur der durch Wasser gekühlten Luft unter den Taupunkt sinkt.

Beispiel. Wir wollen im folgenden dasselbe Beispiel wie in Abt. 4 dieses Kapitels, Seite 240 für zwei Fälle dieser Wetterkühlungsart durchrechnen.

1. Gegenstromprinzip. 100 cbm/min Wetter, d. i. $V = 1,67$ cbm/s, strömen durch einen seigeren Schacht einer Querschnittsfläche von 4 qm nach aufwärts. Von oben spritzen wir mittels Düsen $g = 1,215$ kg/s Kühlwasser ein, so daß durch das ganze Profil Tropfen mit einem Radius von ca. 0,1 mm gleichmäßig herunterfallen. Da die Wetter mit einer Geschwindigkeit von ca. 0,5 m/s hinaufströmen, und da die Endgeschwindigkeit der Tropfen besagter Größe nach Zahlentafel 24, Seite 246 0,78 m/s beträgt, ist die resultierende Fallgeschwindigkeit der Tropfen ca. 0,28 m/s. Daraus folgt, daß sich im laufenden Meter des Schachtes ungefähr $1,215 \cdot 4 = 4,86$ kg Wasser befinden und in Tropfenform eine Kühlfläche von $4,86 \cdot 30 = 146$ qm bilden. Siehe Zahlentafel 23, Seite 245. Dementsprechend beträgt der Kühlflächenumfang $U = 146$ m, da die gesamte auf 1 m des Schachtes entfallende Kühlfläche $U \cdot 1 = 146$ qm ausmacht.

Zahlentafel 25. Wetter- (T_n) und Wasserendtemperatur (t_n) in verschieden tiefen Schächten bei Gegenstromkühlung.

x m	0	1	2	5	10	15	20	∞
T_n	36/32,5	29,5	27,5	24,5	22,5	21,7	21,4	21,0
t_n	14,0	18,9	22,0	27,0	30,1	31,3	31,9	32,5

Da jedoch die Wetter nicht vollgesättigt in den Kühlschacht eintreten, sättigen sie sich zuerst auf 100%, was mit einer Temperaturabnahme verbunden ist. Demnach sinkt ihre Temperatur auf 32,5° C nur infolge der Feuchtigkeitsaufnahme. Die Feuchtigkeit steigt dabei auf 34,5 g/cbm, was fast augenblicklich eintritt, sobald die Wetter in den Regen gelangen. Da dadurch die Wassertemperatur nicht tangiert wird, können wir rechnen, als ob die Wetter in den Kühlschacht mit

$32,5^0$ C $= T_0$ und vollgesättigt eintreten würden. Die Wassertemperatur $t_0 = 14^0$ C bleibt unverändert.

Daraus ergibt sich n für das Temperaturintervall $(32,5 \sim 22^0)$ als $n = 1,48$. Daraus erhalten wir:

$$C = 0,31 + 1,48 \cdot 0,58 = 1,167,$$

$$\gamma = \frac{1}{1,67 \cdot 1,167} - \frac{1}{1,215} = -0,311,$$

$$\varrho = \frac{1,67 \cdot 1,167}{1,215} = 1,608.$$

Daraus ergeben sich die Endtemperaturen der Wetter und des Wassers für verschieden tiefe Schächte nach den Gleichungen (197) und (198). Diese Temperaturen sind in der Zahlentafel 25 und in Abb. 99 durch die strichpunktierten Kurven dargestellt.

Man sieht, daß die tiefste Temperatur der Wetter (für $x = \infty$) 21^0 C beträgt, und nicht 22^0 C, wie wir im Beispiele Seite 240 vorausgesetzt haben. Dies ist einerseits darauf zurückzuführen, daß die Wassermenge ($g = 1,215$ kg/s) etwas höher als nötig berechnet wurde, andererseits ist aber auch n keine konstante, sondern eine veränderliche Größe. Doch ist ihr Einfluß, wie man sieht, ziemlich klein.

Als Tiefe des Schachtes ist im Sinne der Gleichung (197) die Entfernung der Kaltwassereintrittsstelle (Düsen) von der Warmwettereintrittsstelle zu verstehen, und nicht etwa verschiedene Entfernungen in ein und demselben Schachte, an dessen Kopfe sich die Düsen befinden und an dessen Füllorte die zu kühlenden Wetter eintreten.

Man sieht, daß schon ein beiläufig 10 m tiefer Schacht genügt, um die Wasserkälte fast vollständig auszunützen, so daß eine größere Entfernung der Düsen über dem Füllorte nicht nötig ist. Größere Entfernungen haben nur kleine und unbedeutende Temperaturerniedrigungen zur Folge. Dies ist andererseits für den Pumpenbetrieb von großer Wichtigkeit, weil man das erwärmte Wasser zurück, also hinauf, pumpen muß.

Umgekehrt sieht man, daß kleine Tiefen (1 bis 2 m) wenig ausmachen, so daß man unbedingt mit einer gewissen minimalen Tiefe rechnen muß.

Würde man die gleiche Wassermenge, jedoch mit einer tieferen Eintrittstemperatur, z. B. $t_0 = 10^0$ C, verwenden, so würde sich die Endtemperatur der Wetter auf $18,5^0$ C einstellen. Würde das Wasser mit 0^0 C eintreten, so würde man eine Endtemperatur von $12,2^0$ C erreichen.

Wollte man die Endtemperatur der Luft gleich der Eintrittstemperatur des Wassers haben, so müßte man eine größere Wassermenge verwenden, und zwar so viel, daß $\varrho = 1$ wäre. Wählt man aber noch mehr Wasser, so daß $\varrho < 1$ wäre, so erreichen die Wetter die Wassertemperatur entsprechend früher.

Das Diagramm Abb. 94 stellt diese Verhältnisse graphisch dar. Unser Fall ist in der Figur a festgehalten. Hier ist also $\varrho > 1$. Wählt man $\varrho = 1$, so erreichen die Wetter die anfängliche Wassertemperatur (Abb. 94, Fig. b).

Man kann aber auch $\varrho < 1$ wählen, so daß beide Temperaturen — T_n und t_0 — nicht nur gleich werden, sondern auf einer gewissen Strecke gleich bleiben (Abb. 94, Fig. c). Dies wäre wohl eine unnütze Energievergeudung, da man das Kühlwasser überflüssigerweise längs der Höhe $0-0'$ heben müßte.

2. Gleichstromprinzip. Wird dasselbe Beispiel nach dem Gleichstromprinzipe gelöst, so ist folgendes zu erwägen:

Da sich beide Geschwindigkeiten — die des Wetterstromes und die der Wassertropfen — addieren, ist die resultierende Geschwindigkeit der Tropfen gleich 1,28, so daß sich im Schachte in jedem laufenden Meter nur ca. $1,215 : 1,28 = 0,95$ kg

Wasser befindet, welches in Tropfenform eine Fläche von $0,95 \cdot 30 = 28,5$ qm, d. h. fast fünfmal weniger wie früher, darstellt.

Wir wollen aber diese Tropfengröße noch beibehalten, damit wir die gleichen Bedingungen wie bei der Gegenstromkühlung haben und beide Systeme untereinander vergleichen können. Erzeugt man kleinere Tropfen, so wächst wohl die Oberfläche, doch wird die gegenseitige Geschwindigkeit der Tropfen den Wettern gegenüber geringer oder sogar aufgehoben. Größere Tropfen haben zwar eine größere gegenseitige Geschwindigkeit, doch ist wieder die Oberfläche kleiner.

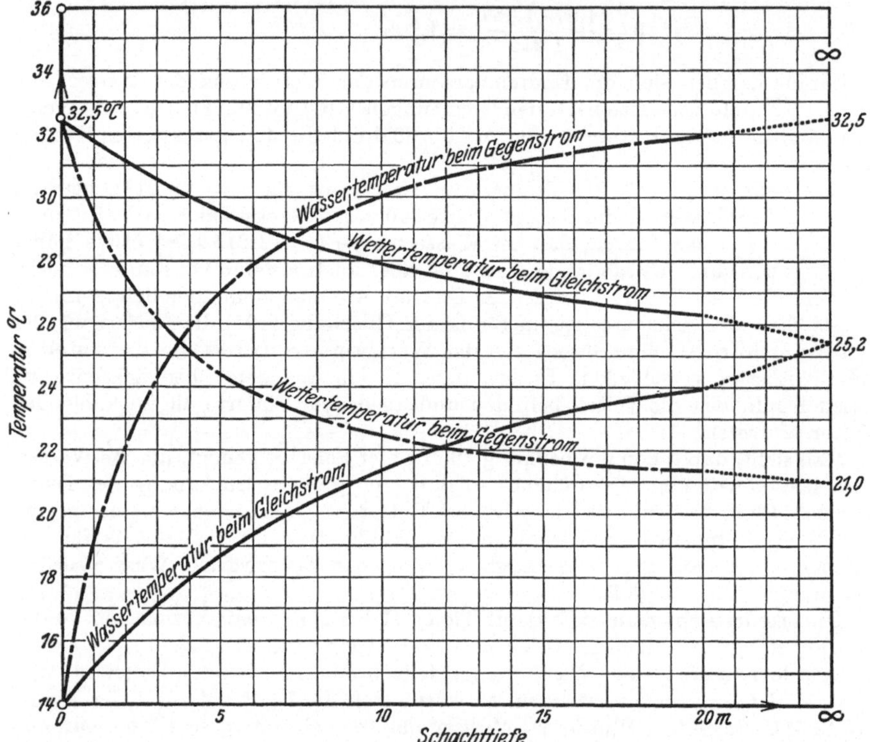

Abb. 99. Verlauf der Wasser- und Wettertemperatur bei Gleich- und Gegenstromkühlung.

Erzeugt man also dieselbe Tropfengröße, so bleibt die Wärmeübergangszahl α gleich wie früher, da dabei nur die gegenseitige Verschiebung der Tropfen und der Luft — die in beiden Fällen gleich ist — maßgebend ist.

Wir haben sodann:

$$\gamma = \frac{1}{1,67 \cdot 1,17} + \frac{1}{1,215} = 1,33.$$

Die übrigen Größen bleiben dieselben wie früher. Berechnet man den Temperaturverlauf in verschiedenen Tiefen, so erhält man die Zahlentafel 26 und die vollausgezogenen Kurven der Abb. 99.

Zahlentafel 26. Wetter- (T_x) und Wasserendtemperatur (t_x) in verschieden tiefen Schächten bei Gleichstromkühlung.

x m	0	1	2	5	10	15	20	∞
T_x	36/32,5	31,8	31,2	29,6	27,9	26,9	26,3	25,4
t_x	14,0	15,3	16,2	18,7	21,4	23,1	24,0	25,4

Die Wettertemperatur ist überall höher als im früheren Falle. Die niedrigste erreichbare Temperatur der Wetter beträgt 25,4⁰ C, also bedeutend mehr als bei der Gegenstromkühlung.

Tritt das Kühlwasser mit 10⁰ C ein, so ist die Wetterendtemperatur gleich 23,8⁰ C; tritt es mit 0⁰ C ein, so ist sie 20,0⁰ C. Unter diese Temperaturen kann man natürlich nicht gelangen.

Die Wetterendtemperatur würde theoretisch erst in unendlich großer Tiefe erreicht werden, doch wird sie praktisch in 10 bis 20 m erreicht.

Es ergibt sich somit von selbst, daß es keinen Sinn hat, die Düsen hoch im Schachte anzubringen, da die Endtemperatur praktisch nach einer ziemlich kurzen Strecke erreicht wird. Ja es ist sogar schädlich, die Düsen im Schachte hoch anzubringen, da sich die Wetter und das Wasser beim Herunterfallen durch Kompression erwärmen. Dies gilt besonders für den Fall, wenn man dieses Verfahren im Hauptschachte anwendet.

Die Verhältnisse erhellt sehr leicht das Diagramm 95. Unser Beispiel ist durch die Strecke $0 \sim a$ dargestellt. Im weiteren Verlaufe nähern sich beide Temperaturen, bis sie im Punkte b zusammentreffen. Dies ist wohl der tiefste Punkt, den die Wettertemperatur erreichen kann. Beim weiteren Verlaufe ist höchstens eine Erwärmung durch das Gestein, durch Kompression usw. zu erwarten. Läßt man also das Wasser weiter fallen (von b hinab gegen c), so wird nicht nur keine Wettertemperaturerniedrigung eintreten, sondern man verschwendet auch Energie, da man das Wasser zwecklos längs der Höhe $b \sim c$ hinaufpumpen muß.

3. Querstromprinzip. Je nachdem wieviel Düsengruppen man bildet, d. h. je mehr man sich mittels dieser Gruppenbildung dem eigentlichen Gegenstromprinzipe nähert, desto enger schließt sich der Temperaturverlauf dem des Gegenstromprinzipes an. Die jeweilige Temperatur befindet sich zwischen denjenigen, die aus dem Gleich- und Gegenstromprinzipe resultieren. Verwendet man eine sinngemäß angeordnete Gruppenbildung, so kann man in einer horizontalen Strecke bei dieser Kühlungsart fast dieselbe Kühlung erzielen wie beim Gegenstromprinzipe. Eine detaillierte Berechnung kann daher unterbleiben. In unserem Beispiele wird also die jeweilige Wettertemperatur höchstens derjenigen bei Gegenstromkühlung gleich, im allgemeinen aber höher sein.

a) Beispiel aus der Praxis.

Die Luftkühlung mittels Kaltwassers hat man mit Vorteil im Simplontunnel verwendet. Dort, wo dies die Förderung und der sonstige Stollenbetrieb erlaubte, verwendete man Strahldüsen, die, an der Sohle angebracht, das Wasser gegen die Firste spritzten. Diese Anordnung befand sich sowohl draußen vor dem Wettereintritte in den Paralleltunnel, als auch in diesem, und zwar am Ende des fertiggemauerten Stollens.

Im Richtstollen, der im kleineren Profile getrieben war und wo das herausgewonnene Material gefördert wurde, mußte man anstatt Düsen eine Rohrleitung (50 mm l. W.) an den Ulmen anbringen, in welche in Abständen von je 300 mm ein 3 mm großes Loch gebohrt wurde, durch welches das Druckwasser heraustrat und die Ulme berieselte.

Da man im Simplontunnel Bohrmaschinen mit Druckwasser antrieb, war das Druckwasser zwar in genügender Menge vorhanden, doch mußte man mit der Zeit eine andere, separate Rohrleitung legen, die nur die Wetterkühlung besorgen sollte und durch Holzkohlenklein in einer Blechverschalung gegen Wärme isoliert war. Man hat eine 10 420 m lange isolierte Rohrleitung angewendet, durch welche bis 75 l/s Wasser mittels eines Druckes von 22,5 bis 45 atü hindurchgetrieben wurden. Die Erwärmung und sonstige Angaben sind aus der Zahlentafel 27 ersichtlich.

Zahlentafel 27. Wassererwärmung im Simplontunnel.

Quartal	In den Tunnel geförderte Wassermenge Liter/s	Mittlere Wassereintrittstemperatur ^{0} C	Mittlere Wassertemperatur in Düsen ^{0} C	Länge der isolierten Leitung m
1904 I	65	5,9	10—12	10 400
II	73	7,8	11—15,5	10 420
III	75	7,7	15	10 420
IV	69	2,2	6—10	10 420

Auf diese Weise hat man den gesamten Wetterstrom gekühlt. Die Vororte der Richtstollen im Simplontunnel erforderten jedoch eine kleinere Wettermenge. Ihre Bewetterung erfolgte mittels separater Ventilatoren oder mittels Strahlgebläsen, die mit Druckwasser getrieben waren. Das dazu verwendete Wasser hatte 75 atü und wurde durch Düsen, die in Lutten angebracht waren, gedrückt. Der Wasserverbrauch betrug 1,8 l/s, die angesaugte Luftmenge war ca. 1 cbm, bei einem Luttendurchmesser von 40 cm und einer Luttenlänge bis 50 m. War die Lutte 100 m lang, so mußte man noch eine weitere Düse hintereinander schalten, so daß man bis 4 Düsen hintereinander schalten mußte, wenn die Luttenlänge mehr als 200 m betrug. Dadurch wurde nicht nur die Luft durch die Lutte getrieben, sondern auch gleichzeitig gekühlt. Doch war der Kraftverbrauch enorm groß. (Nach Prof. Andreae: Bau langer tiefliegender Gebirgstunnel.)

8. Wasserzerteilungsmethode.

Man kann auch auf die Weise eine sehr große Wasseroberfläche erreichen, daß man das Wasser oder die Salzsole über verschiedenes Füllmaterial herunterfließen läßt. Zu diesem Zwecke kann man zusammengerollte Drähte, Metallspäne, blanke oder mit Asbestzwirn umwickelte Drahtspiralen usw. verwenden. Mit diesem Materiale füllen wir Kammern aus, durch welche wir die Luft hindurchtreiben, die auf einer großen Oberfläche mit dem kühlen Wasser in Berührung kommt.

Die Spiralen haben den großen Vorteil, daß sie das Zusammendrücken der ganzen Masse verhindern und dem Luftstrome einen kleinen Widerstand leisten. Ihre Verfertigung ist leicht, sie unterliegen keinem Verschleiß, sind leicht zu reinigen und zersetzen sich auch beim langen Betriebe nicht.

Die große Oberfläche dieses Materiales kann daher auch viel Wärme aufnehmen, die einerseits sofort der Metallunterlage mitgeteilt wird und leicht in das Abwasser gelangt, andererseits auch selbst mit dem herunterfließenden Wasser abgeleitet werden kann.

Auf diese Weise kann man leicht, schnell und billig große Wettermengen kühlen. Die Methode ist sowohl für Verdunstungskühlung, als auch für Oberflächenkühlung und Kühlung mittels direkter Berührung anzuwenden.

Am Schachte Morro Velho in Brasilien hat man durch die abgekühlte Salzsole ein System von rotierenden Ringen geführt, über welche dann die zu kühlende Luft strömte und auf diese Weise in direkte Berührung mit der Sole gelangte.

9. Schlußwort über die Kühlung mittels Kaltwassers.

Betrachtet man die vorstehenden Ausführungen und Berechnungen, so kommt man zu dem Schlusse, daß die Kühlung mittels Wassers möglich und ökonomisch sein kann.

Das Kaltwasser kann überall und recht leicht sehr weit geführt werden. Die Wasserkühler sind ganz einfache, billige und ungefährliche Maschinen. Man kann auch von einer zentralen, evtl. in der Grube untergebrachten Kühlanlage die erzeugte Kälte mittels Kaltwassers in die Nähe der Verbrauchsstellen bringen und dort an die Luft ökonomisch übertragen.

10. Kühltürme.

Die Kühlung des aus der Grube erwärmt kommenden Wassers kann vorteilhaft in Kühltürmen erfolgen, welche jenen ähnlich sind, die zur Kühlung des Kondensationswassers von Dampfmaschinen oder des Kühlwassers von Gasmotoren verwendet werden.

Die durch den Turm strömende Luft entzieht dem ihr entgegenfließenden Wasser die Wärme und erwärmt sich selbst dabei.

Es gibt zwei Arten von Kühltürmen:

a) mit natürlichem Luftzuge,

b) mit Ventilatorbetrieb.

Die Türme mit natürlichem Luftzuge sind über einer rechteckigen Basis aufgebaute Balken- oder Betonkonstruktionen, innerhalb welcher schiefe Flächen aus Brettern oder Blech angebracht sind. Zum höchsten Punkte wird das warme Wasser geführt, von wo es über die schiefen Flächen herunterfließt, so daß der strömenden Luft eine möglichst große Abkühlungsoberfläche geboten wird.

Über der Konstruktion ist ein Kamin aus Brettern gemacht, durch welchen die erwärmte Luft steigt und unten immer frische, kalte Luft ansaugt. Der Kamin pflegt ca. 4mal so hoch zu sein wie die Konstruktion selbst.

Die Kühltürme mit Ventilatoren unterscheiden sich von den vorherigen dadurch, daß die Luft mittels des Ventilators durch den Kühlturm von unten nach oben getrieben wird. Der natürliche Luftzug wird zu dem des Ventilators gezählt, so daß die Leistung dieser Türme bei gleichen Ausmaßen viel größer ist.

Die Wärmemenge, welche die Luft dem Wasser entzieht, ist:

$$Q = G\{c_p \cdot (t_a - t_e) + \varDelta q \cdot 0{,}6\} \; \text{kgcal/h}. \tag{208}$$

Darin bedeutet:

G die durch den Turm hindurchgehende Luftmenge in kg,
t_a die Temperatur der aus dem Turme tretenden Luft,
t_e die Temperatur der in den Turm eintretenden Luft,
$\varDelta q$ Erhöhung der absoluten Feuchtigkeit in g/kg Luft,
0,6 Verdampfungswärme des Wassers bei 10 bis 20° C (angenähert).

Was die Temperatur betrifft, auf welche das Wasser in einem Kühlturme abgekühlt werden kann, können wir als praktische Grenze jene Temperatur bezeichnen, die ein wenig höher ist als jene Temperatur, die das feuchte Thermometer zeigt[1]. Man kann also das Wasser im Winter bis eventuell zum Gefrierpunkte abkühlen, im Sommer aber nur bis ca. 10 bis 15 bis 20° C, je nach der Sommertemperatur und Feuchtigkeit der betreffenden Gegend.

XXXIV. Verhinderung der Wetteranfeuchtung.

Wie schon in den vorstehenden Kapiteln erwähnt wurde, liegt eine sehr wichtige Forderung darin, daß die Wetter möglichst trocken zum Arbeitsorte gelangen.

Die Anfangsfeuchtigkeit der Bewetterungsluft ist im Winter 2 bis 6 g/cbm, im Sommer, je nach der Gegend, in welcher sich die Grube befindet, 10 bis 18 g/cbm. Nur in feuchten Tropengegenden enthalten die Wetter etwa 25 g/cbm. Trotzdem begegnen wir an den Arbeitsorten regelmäßig Wettern, welche mit Wasserdampf geradezu gesättigt sind, und welche in heißen Gruben 30 bis 40 g/cbm und mehr Wasser enthalten. Der Grund liegt darin, daß die Wetter auf ihrem Wege durch die Grubenräume mit Grubenwasser auf großen Flächen zusammenkommen. Außerdem werden die Wetter durch den Atem der Arbeiter, durch das beim Brennen der Lampen, bei der Explosion der Sprengmittel, bei der Oxydation der Kohle, des Holzes usw. entstandene Wasser angefeuchtet.

Die erste Stelle, an der sich die Wetter gewöhnlich anfeuchten, ist schon der Schacht selbst. Man läßt das Wasser — soweit es nicht in großen Mengen vorkommt — von den obersten Schachtpartien bis zum Schachtsumpfe abfließen, so daß, obwohl z. B. ¾ des Schachtes ansonsten trocken wären, es vorkommt, daß die Schachtstöße vom Wasser bis zur Sohle berieselt werden. Es kommt oft vor, daß es im Schachte direkt regnet. Es ist klar, daß sich die Wetter beim Strömen durch einen solchen Schacht mit Feuchtigkeit sättigen müssen.

Siehe Abb. 48 und Kapitel XVI.

Man muß also den Wetterstrom im Schacht in jenen Zonen, wo er wasserreiche Schichten durchquert, oder wo in den Schacht Quellen einmünden, vor Wasser gehörig schützen. Das kann eventuell dadurch geschehen, daß wir in den Einziehschacht eine breite Lutte legen, durch welche die Wetter geführt werden.

Eine weitere Stelle, an welcher die Wetter angefeuchtet werden, sind die Strecken, in welchen das Wasser, oft sogar den einziehenden Wettern entgegengesetzt, zum Schachte geführt wird. Das Wasser läßt man gewöhnlich in einer Rösche frei fließen, so daß die ganze Sohle vom Wasser oft überschwemmt wird. Man gibt also den Wettern reichlich Gelegenheit, sich anzufeuchten.

Die erste Regel des Bergtechnikers muß daher sein: Das gesamte Wasser, welches mit den einziehenden Wettern in Berührung kommen könnte, in abgeschlossenen Leitungen zu führen. Man merke sich überhaupt die Regel: Es ist schwer, ja unmöglich, eine Erwärmung der Wetter am Wege zum Arbeitsorte zu verhindern, weil alle Stoffe wärmedurchlässig sind. Eine Verhinderung der Wetteranfeuchtung ist aber leichter möglich.

Manchmal kann man das Wasser durch die Ausziehstrecken leiten. Kann dies bewerkstelligt werden, so muß es getan werden. Wir trachten überhaupt, die Pumpstationen, wenn sie nicht geschlossen sind, in die Ausziehpartien zu verlegen, was schon mit Rücksicht auf die durch die mechanische Arbeit der Pumpen und auf die durch die elektrische Energie entwickelte Wärme empfehlenswert ist.

Das Wasser ist aber oft direkt im Schichtkomplex enthalten. In solchen Fällen trachten wir, die einziehenden Wetter durch Strecken zu führen, welche in möglichst trockenem oder wasserundurchlässigem Gestein getrieben sind. Ist es nicht möglich und enthält das Gestein so viel Wasser, daß das Austrocknen sehr lange dauern würde, oder fließt in dieses Gestein immer neues und neues Wasser hinzu, so müssen die Stöße derart isoliert werden, daß die Wetter nicht direkt mit dem feuchten Gestein in Berührung kommen können.

Bei der Wasserableitung mittels einer Rohrleitung können Zement- oder Gußeisenrohre verwendet werden. Der Preis der Gußeisenrohre ist bei einem Durchmesser von 100 mm ca. 6 RM pro laufenden Meter und ist ungefähr drei- bis fünfmal so hoch als für Zementrohre; dafür kann man mit ihrer Hilfe die Wasserisolation vollständig sicher ausführen. In manchen Fällen, wo in der Strecke bereits eine Rösche ausgeführt ist, kann man sie durch ein zweckmäßiges Betonieren herrichten und mit Betonplatten bedecken. Klarerweise ist diese Vorkehrung nicht so vollkommen wie die Ableitung in einer Rohrleitung, doch ist die Berührungsmöglichkeit der Wetter mit dem Wasser stark beschränkt.

Eine andere und häufige Möglichkeit der Wetteranfeuchtung erfolgt dort, wo in die Strecke Quellen einmünden — durch Risse in der Firste oder in den Stößen —, oder dort, wo die Strecke wasserhaltige Schichten durchschneidet.

Im Falle großen Druckes und Wasserzuflusses kann das Zuströmen nicht eingestellt werden, weil das Wasser an einer anderen Stelle hervorbrechen würde. Dann ist es am besten, die Strecke zu beiden Seiten der Quelle mit einer wasserdichten Betonmauer zu versehen und das Wasser in einer Rohrleitung aufzufangen und abzuleiten. Man kann auch in die Strecke eine Lutte von großem Durchmesser bringen, durch welche die Wetter über die gefährliche Stelle hinweggebracht werden; das Wasser wird außerhalb der Lutte abgeführt.

Dort, wo das Wasser keinen allzu großen Druck hat und wo es nicht in großen Mengen aus dem Gestein strömt, genügt es, die Stöße mit Beton anzuwerfen.

Am besten eignet sich dafür ein 1 bis 5 cm starker Bewurf aus Zementmörtel oder feinkörnigem Beton, in welchen bei großen Drücken ein Drahtgeflecht eingelegt werden kann. An Stellen, wo das Wasser den größten Druck ausübt, kann Band- oder Rundeisen eingelegt werden. Ein manuelles Auftragen ist nicht angezeigt, weil der Bewurf nicht nur das Wasser hindurchlassen, sondern auch bei einem größeren Drucke durchbrechen würde. Selbst ein Einstampfen bietet keine genügende Sicherheit für die Festigkeit und Wasserundurchlässigkeit.

Man kann auch die bekannte, von der Firma „Cement-Gun-Company" eingeführte Methode verwenden, welche grundsätzlich auf folgendem beruht:

Auf trockenem Wege wird ein Gemisch von Zement mit Sand, einer Korngröße bis zu 5 mm, in einem Mischverhältnisse 1 : 3 bis 1 : 5 gemacht. Dieses trockene Gemisch wird mittels Preßluft in einem Schlauche zur Verbrauchsstelle befördert, wo es mittels einer besonderen Düse gegen die Stöße geschleudert wird. Das zur Bindung nötige Wasser wird erst im letzten Augenblicke in der Enddüse beigegeben, wohin es in einem eigenen Schlauche gebracht wird.

Das Einstampfen des Materiales wird hier dadurch durchgeführt, daß es aus der Enddüse durch einen Luftdruck von $2 \sim 3$ Atmosphären gegen den Stoß geschleudert wird. Beim ersten Anprall des Mörtels gegen den Stoß wird nur fast reiner Zement und die feinsten Sandkörner hängen bleiben, wogegen die gröberen Sandkörner abprallen und abfallen. In dem Maße wie das hängengebliebene feingekörnte Material am Stoße anwächst, bleiben auch immer größere und größere Körner haften. Dadurch wird ein doppeltes Resultat erreicht. Erstens ist die unterste Schicht, also am Stoß, derart fein aufgetragen, daß sie für das Wasser undurchlässig wird, und zweitens wird durch das weitere Auftragen des Materials die untere Schicht so vollkommen eingestampft, wie es manuell nie möglich wäre. Das beim Spritzen abgefallene Material wird wieder dem frischen Gemische beigemengt.

Die Fabrik gibt bei ihrer Maschine „Zement-Gun-Normal" folgende Leistung an:

Luftverbrauch pro Minute 5 cbm, Luftdruck 3,5 atü, Kompressorleistung 32 PS, Menge des aufgetragenen Mörtels pro Stunde 1,5 ~ 2 cbm, maximale Sandkorngröße 8 mm.

Zur Bedienung einer Maschine sind 6 Mann nötig. Die Kosten für 1 qm angespritzter Streckenfläche stellen sich bei einer Schichtstärke von 2,5 cm auf ca. 0,60 bis 0,75 RM.

Was die Wahl eines vorteilhaften Mischungsverhältnisses für den Mörtel und die Wahl des Materiales betrifft, muß folgendes beachtet werden:

Der verwendete Zement muß ein Schnellbinder sein, damit er spätestens in 20 Minuten gebunden sei, ehe der Druck hinter der Dichtungsschicht eine beträchtliche Stärke erreicht. Auch soll ein Zement abnormaler Festigkeit verwendet werden, nämlich mit einer Druckfestigkeit von 400 bis 500 kg/cm² und einer Zugfestigkeit von 30 kg/cm².

Der verwendete Sand soll möglichst lehmfrei sein. Schlacke ist kein vorteilhafter Ersatz für Sand, weil die Festigkeit des Betons in erster Linie von der Kornfestigkeit des verwendeten Materiales abhängig ist. Die Festigkeit des Schlackengunits wäre nicht nur klein, sondern auch ungleichmäßig; von der Durchlässigkeit nicht zu reden.

Soll die Wirkung einer solchen Wand noch erhöht werden, so werden in diese nach ihrem Erhärten Bohrlöcher gebohrt, in welche mit einem Drucke von einigen Atmosphären Zementmilch gespritzt wird, welche alle Poren und Öffnungen im Gestein ausfüllt und die Wand dadurch undurchlässig macht.

Im Falle eines größeren Wasserzuflusses wird das Auftragen der Gunitschicht nicht direkt auf die Wandfläche, sondern auf eine Holzverschalung bewerkstelligt, so daß zwischen dem Gestein und der Gunitschicht ein Zwischenraum bestehen bleibt, in welchem sich das Wasser ansammeln kann, von wo es mittels einer Rohrleitung abgeleitet wird.

Oft tritt der Fall ein, daß die Streckenstöße aus einem stark porösen Gestein bestehen, z. B. aus Sandstein, welcher mit Wasser so stark vollgesogen ist, daß es zwar nicht an den Wänden herabfließt, daß die Stöße aber ständig so feucht sind, daß es genügt, die einziehenden Wetter vollkommen anzufeuchten. In diesem Falle ist es nicht nötig, eine so teure Vorkehrung wie das Gunitieren anzuwenden; hier genügt ein wasserdichter Anstrich mit Asphalt, Ceresit, Gummotekt, Zelluloidlack usw. Die Stärke der Anstrichschicht beträgt 0,2 bis 2 mm.

Heute werden bereits Anstrichstoffe verfertigt, welche feuerfest sind und weder durch Feuchtigkeit noch durch die in der Luft enthaltenen Stoffe beschädigt werden; sie wirken schon in einer 0,1 mm starken Schicht absolut wasserdicht.

Dieses Abdichten wird ungefähr folgendermaßen durchgeführt:

Da die genannten Stoffe an einer feuchten Fläche nicht haften bleiben würden, muß man die betreffenden Stellen vorerst gründlich austrocknen. Dazu werden entweder den üblichen Benzinlötlampen ähnliche Lampen verwendet oder aber es werden die Stöße mittels komprimierter Luft getrocknet, welche vorerst in einem glühenden Metallrohr, in welchem sich ein Netzgeflecht befindet, erwärmt wird.

Jedenfalls muß aber das Gestein in eine Tiefe von 0,5 bis 2 cm, je nach der Porosität des Gesteines, ausgetrocknet werden. Der Anstrich wird mittels einer beim Lackieren üblichen Pistole aufgetragen. Das Dichtungsmaterial wird vor dem Eintritt in die Pistole erwärmt, so daß es nach dem Auftragen sofort erhärtet. Dieses Spritzen hat vor dem Pinselanstrich den Vorteil, daß das Material in alle Risse dringt, in welche der Pinsel nicht gelangen kann. Zur Bedienung sind 3 bis 5 Mann nötig. Ein Mann bringt, erwärmt und verdünnt das Material, ein bis drei Mann trocknen die Stöße aus und einer spritzt. Ein geschickter Arbeiter bespritzt in einer Stunde, je nach der Stärke des Anstriches, 6 bis 10 qm.

Der Preis pro 1 qm aufgetragener Asphaltschicht von 1 mm stellt sich auf 0,30 bis 0,40 RM. Wird Zelluloidlack verwendet, so wird die Leistung des Arbeiters um 50% größer und der Preis pro 1 qm sinkt auf 0,2 bis 0,25 RM.

Diese Anstriche haben den Vorteil, daß sie alle Öffnungen, Poren und Risse verschließen, so daß sie für Feuchtigkeit vollkommen undurchlässig werden, und außerdem wird die Reibung herabgesetzt. Man kann sodann, bei einer gleichen Depression, durch die Strecke viel mehr Wetter führen.

Manchmal genügt es, wenn die gefährlichen feuchten Stellen mit Zellophanpapier, welches auf Drahtnetze gespannt wird, verkleidet werden. Diese Netze nehmen nicht viel Platz ein, sind dauerhaft, können rasch angebracht und gegebenenfalls ausgebessert werden.

XXXV. Verhinderung der Wettererwärmung bei der Kohlenoxydation.

Aus dem Kapitel über Oxydation und chemische Prozesse in der Grube war zu ersehen, daß durch Oxydation nicht nur in Kohlengruben, sondern auch in Erzgruben sehr viel Wärme entwickelt wird. Diese Wärmemenge umfaßt manchmal ⅓, ja manchmal ½ der Gesamtwärme. Es ist also angebracht, diese sehr intensive Quelle wenigstens etwas einzudämmen.

Wir sind in erster Linie bemüht, dies durch an der Hand liegende Mittel zu erreichen. Solche Mittel sind:

1. Verlegung des Einziehwetterstromes aus der Kohle in Gestein und in Erzgruben in ein Gestein, wo keine Sulfide oder überhaupt oxydationsfähigen Stoffe vorhanden sind.

2. Kohlenförderung in Auszieh- und nicht in Einziehwetterstrecken. Ist die geförderte Kohle den einziehenden Wettern auf einem langen Wege ausgesetzt, so erwärmen sie sich merklich, um so mehr, da der Wetterstrom gebremst wird und da Wirbel entstehen, wodurch die

Wetter gut durchgemischt werden[1]. Ferner kann nicht verhindert werden, daß sich die Kohle unterwegs zerkleinert und der Kohlenstaub aus den Hunten herausfällt, was eine stärkere Oxydation zur Folge hat.

3. Das Zerbröckeln der Kohle soll möglichst vermieden werden, weil dadurch eine größere Berührungsfläche geboten wird.

4. Die gewonnene Kohle soll möglichst rasch aus dem Abbau weggefördert werden, um die Oxydation auf das Mindestmaß zu beschränken.

5. Da der Kohlenstaub der Oxydation am leichtesten anheimfällt, muß man trachten, ihn aus jenen Strecken zu entfernen, wo die einziehenden Wetter strömen. 1 dm³ in Kohlenstaub einer Korngröße von 0,001 mm verwandelte Kohle bietet eine Oberfläche von 6000 qm.

Der Kohlenstaub, welcher bei der Arbeit mit Schrämmaschinen erzeugt wird, sollte soweit wie möglich sofort in geschlossenen Hunten weggefördert werden.

6. Durch Kühlung und Trocknung der Wetter läßt sich die Oxydation insofern beschränken, als bei niedrigen Temperaturen und Feuchtigkeitsgraden eine geringere Oxydation erfolgt.

7. Sind wir in der Lage, die Kohlenstöße und den Kohlenstaub so stark zu benetzen, daß die Luft keinen Zutritt hat, so vermindern wir auch die Oxydationswärme. Ein Vorteil liegt auch darin, daß der Staub nicht aufgewirbelt wird. Die schwache Anfeuchtung kann aber die Oxydation noch unterstützen.

8. Mittels der Ventilation muß wenigstens so viel Wärme entführt werden, wie durch Oxydation gebildet wird. Wird dies nicht eingehalten, so tritt eine Erwärmung der Kohle ein, was bis zur Selbstentzündung gesteigert werden kann.

9. Ist man gezwungen, die Wetter durch eine in Kohle oder in pyrithaltigem Gestein getriebene Strecke zu führen, so ist es vorteilhaft, die Wetter gegen die Stöße luftdicht abzuschließen, damit sie mit ihnen nicht in Berührung kommen. Man kann dies durch Errichtung einer Schutzmauer, welche gleichzeitig auch hinsichtlich der Wärme isoliert, erreichen; es genügt aber ein Bewurf der Stöße mit einer Zementschicht, eventuell nur ein Anstrich mit Zementmilch.

Gründlicher kann es dadurch erzielt werden, daß längs der Stöße Drahtnetze aufgestellt werden, auf welche Zement aufgetragen wird, was am besten mittels einer Betonpistole, wie im Kapitel XXXIV erwähnt wurde, gemacht werden kann.

Vorteilhaft ist es, hinter eine derart entstandene Wand Zementmilch

---

[1] Bei der Förderung mittels Schüttelrinnen kommt die Kohle mit der Luft in gründliche Berührung, um so mehr, da die Förderung dem frischen Wetterstrome entgegengerichtet ist. Besonders unten bei der Füllbank macht sich die Lufterwärmung infolge der Oxydation stark fühlbar.

zu spritzen, wodurch alle Risse verstopft werden, so daß die Wand für Luft undurchlässig wird.

Sehr billig kann der Luftzutritt durch einen Anstrich aus Zellit verhindert werden, wobei der Streckenquerschnitt nicht verkleinert wird. Ähnliche Anstrichmittel werden unter den verschiedensten Namen in ausgezeichneter Qualität auf den Markt gebracht. Sie sind schon in Anstrichschichten von 0,1 mm absolut luftundurchlässig. Manche dieser Stoffe haben den Vorteil, daß sie die Poren gut verstopfen und dabei durchsichtig sind, so daß man die Strecken fortwährend beobachten kann, was im Hinblick auf das Loslösen der Steine und auf die Vorschriften der Brandpolizei sehr wichtig ist.

Eine mit Anstrich verdeckte Streckenwand kann aber oft besser beobachtet werden, weil jeder Riß sogleich sichtbar wird.

Verhindert man den Wetterzutritt zum Stoße, so verhindert man auch die Entstehung von Bränden und in vielen Fällen, durch Verhinderung der Oxydation, die Zersetzung des Gesteines; die Stöße sind sodann widerstandsfähiger und bröckeln sich nicht.

XXXVI. Leistungserhöhung des Wärmeausgleichsmantels.

Zuerst wollen wir an einem typischen Beispiele veranschaulichen, wann ein Temperaturausgleich nützlich sein kann.

Stellen wir uns eine 1500 m tiefe Grube vor, in welche im Winter Wetter von -10^0 C, im Sommer von 30^0 C einfallen.

Würde in der Grube kein Temperaturausgleich erfolgen, so würden sich im Sommer die 30^0 C warmen Wetter beim Einfallen in die Grube nur durch Kompression auf 45^0 C erwärmen und die Arbeit in der Grube wäre fast unmöglich. Da sich aber die Temperaturen in der Grube ausgleichen, kommen diese Sommertemperaturspitzen überhaupt nicht zur Geltung und die Wettertemperatur erreicht nach dem Einziehen in die Grube z. B. nur 35^0 C statt der früheren 45^0 C.

Wenn es uns gelingen würde, die Leistung des Ausgleichsmantels auf irgendeine Art zu steigern, so könnte die Wettertemperatur auch in den Sommermonaten noch mehr sinken und könnte sogar unter 30^0 C betragen. Es wäre dies besonders dann der Fall, wenn wir die Möglichkeit hätten, in den Wintermonaten genug Kälte in der Grube anhäufen zu können.

Ein idealer Fall wäre der, wenn man durch zweckmäßige Regulierung der Wetterstrecken, der einziehenden Wettermengen und der Grubenbaue nicht nur einen Ausgleich der Wettertemperatur, sondern sogar auch eine Abkühlung der Arbeitsorte unter die mittlere Jahrestemperatur erzielen könnte.

Aber auch die Erwärmung der -10^0 C kalten Wetter hat eine gewisse Bedeutung: derart kalte Wetter sind nicht erwünscht und können schon im Einziehschachte manche Unannehmlichkeiten, hauptsächlich das Einfrieren des Wassers an der Zimmerung, Einfrieren der Leitungen usw., verursachen.

Ganz unrichtig wäre es, wenn man die Temperatur auf irgendeine Weise ausgleichen würde, nur um die Schwankungen zu entfernen, wenn nicht dadurch die Arbeitsverhältnisse wenigstens während gewisser Zeiträume gebessert werden würden.

Die Leistungsfähigkeit des Ausgleichsmantels kann durch folgende Einrichtungen erhöht werden:

1. Als Einziehschacht werden mehrere engere Schächte statt eines breiten, eventuell nur Bohrlöcher, benützt. Die Einziehquerschläge werden in mehrere mit kleineren Querschnitten geteilt.

2. Man soll die Wetter nicht direkt in den Abbau, sondern hauptsächlich durch kalte Strecken leiten, um durch längeren Kontakt einen besseren Ausgleich mit dem Gestein zu erzielen.

3. Im Winter oder in der Nacht kann man in die Grube eine größere Wettermenge einführen, als im Sommer oder bei Tage, um einen Kälteüberschuß der im Gebirge zirkulierenden Wärme zu gewinnen.

Da aber eine größere in die Grube einfallende Wettermenge den Ventilator stark belastet, wäre es nicht überall vorteilhaft, die gesamte Wettermenge durch die ganze Grube zu führen, sondern es würde genügen, nur einen Teil der Wetterstrecke durchzukühlen und den Wetterüberschuß nach Durchstreichen durch diesen Abschnitt mittels Kurzschlusses mit dem Ausziehschachte direkt ausströmen zu lassen. Der übrige Teil der Wetter könnte dann auf normalem Wege die Grube durchziehen.

4. Man kann die Wetter bei Nacht, an Sonn- und Feiertagen und überhaupt in der Ruhezeit künstlich anfeuchten, um die Temperatur zu erniedrigen, und zwar sowohl obertags als auch untertags, wo es sich eben als notwendig erweisen würde. Dadurch speichert sich Kälte im Gesteine auf.

Erwägen wir, daß die normale Arbeitszeit nur 96 Stunden in der Woche beträgt, auf welche eine Ruhezeit von 48 Nachtstunden und die 24 Sonntagsstunden entfallen, dann sehen wir, daß genügend Zeit zur Kühlung der Streckenstöße durch feuchte Wetter gegeben ist. Kurze Zeit vor Betriebsanfang ist die Sättigung der Wetter zu beendigen und die ganze Grube mit trockenen Wettern durchzuspülen.

Die Feuchtigkeitserhöhung kann aber den unangenehmen Nachteil haben, daß dadurch die Gesteinsfeuchtigkeit erhöht wird, welche dann während der Arbeitszeit wieder abgegeben wird. In diesem Falle ist es notwendig, wenigstens in den Hauptwetterwegen, wie im Schachte, in Querschlägen usw., die Stöße mit einem wasserdichten Anstriche zu versehen, um den Einfluß der Hygroskopizität des Gesteines zu beseitigen oder wenigstens zu erniedrigen.

Dieses Verfahren eignet sich allerdings nur für Gruben, wo die eigene Gebirgsfeuchtigkeit sehr gering ist, wie z. B. in den Gruben zu Příbram und anderen.

5. Es wurde auch vorgeschlagen, zur stärkeren Durchkühlung des Ausgleichsmantels Wasser zu benützen, welches mittels Leitungen, die entweder an den Schachtwänden angebracht oder direkt im Mauerwerk eingebaut sind, geführt wird.

Durch diese Anordnung kann man viele Vorteile erreichen: man kann den Ausgleichsmantel in eine weit größere Tiefe und Breite durchkühlen, weil es möglich ist, das Wasser in große Tiefen kalt zu führen. Man kann eventuell, unter bestimmten Voraussetzungen, das Gestein bis unter den Gefrierpunkt abkühlen, wenn der Gefrierpunkt des Wassers durch Zugabe eines Salzes erniedrigt wird.

Durch Anwendung des Gegenstromprinzipes erreicht man bei diesem Verfahren eine stärkere Kühlwirkung, und zwar so, daß man das frische Wasser in einer breiten Leitung direkt zur Schachtsohle führt, von wo aus man das Wasser in den eigentlichen Kühlleitungen längs des Schachtes aufsteigen läßt. Dadurch erzielt man gerade an der Schachtsohle die größte Kälteanhäufung. Der Energieverbrauch beschränkt sich sodann nur auf die Überwindung der Widerstände in den Leitungen und auf das Heben des Wassers auf die Kühltürme.

6. Ein anderes Verfahren besteht darin, daß man die Wetter vor dem Einziehen in die Grube durch Stollen hindurchleitet, die sich nicht allzu tief unter der Oberfläche befinden. In Erzgruben sind solche Stollen in den oberen Horizonten häufig zu finden.

Ein solches Verfahren hat Friedrich Voerster (D.R.P. Nr. 353547) ausgearbeitet. Nach diesem Verfahren müssen alle Wetter, bevor sie in den Schacht b einziehen, durch einen besonderen Kühlstollen a (siehe Abb. 100 und 101), der durch einen kleinen Schacht c und d mit der Oberfläche verbunden ist, durchziehen. Der Hauptschacht b ist obertags mit einem Wetterverschlusse versehen, damit ein Wetterkurzschluß nicht entstehen könne. Der Kühlstollen wird in der neutralen Zone getrieben, d. i. ca. 25 m unter der Oberfläche.

Da aber dieser Stollen mit der Zeit infolge des Temperaturaustausches erwärmt wird, wird in der Patentliste empfohlen, zwei solche Stollen zu bauen und alternativ in Betrieb zu setzen.

Dieses System kann aber größere Dienste nur dann erweisen, wenn man auf irgendeine Art die Akkumulationsfähigkeit des Stollens a vergrößert.

Auf der Zeche Sachsen in Westfalen wurde nach dem Kriege ein Versuch gemacht, in den warmen Sommermonaten frische und kalte Wetter aus dem nahen Walde durch einen ca. 30 m unter der Oberfläche in Mergel aufgefahrenen Stollen, in welchem eine konstante Temperatur von 9⁰ C war, in die Grube zu führen.

Diese Vorkehrung hatte aber keinen großen praktischen Wert, denn ehe die Wetter in die Hauptstrecke kamen, betrug die Abkühlung kaum 1⁰ C und in den Abbauen nur noch 0,5⁰ C.

Es kann z. B. durch alternatives Hindurchleiten von Wasser und Wettern durch den Kühlstollen seine Wirkung verstärkt werden. Man könnte weiter während der Winterfröste das im Stollen befindliche Wasser mittels der

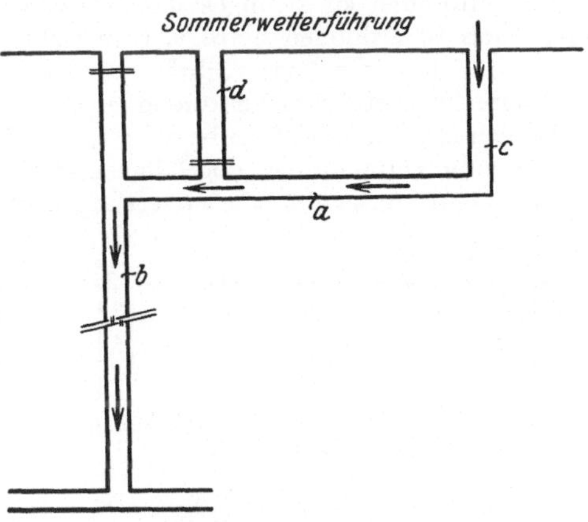

Abb. 100. Wetterkühlung mittels Kältevorratskammern. Wetterweg in warmer Jahresperiode.

Leitungen, in welchen Salzsole strömt, einfrieren lassen. Als Stollen a können auch Wasser- und Erbstollen verwendet werden, falls das in ihnen strömende Wasser nicht zu warm ist. Die Feuchtigkeitszunahme ist nur scheinbar, da die Wetter meistens sowieso bis zum Taupunkte abgekühlt werden.

Man kann auch die Wirkung des Stollens a durch Akkumulation der Kälte während der Wintermonate verstärken. In diesem Falle sprechen wir von sog. Kältevorratskammern.

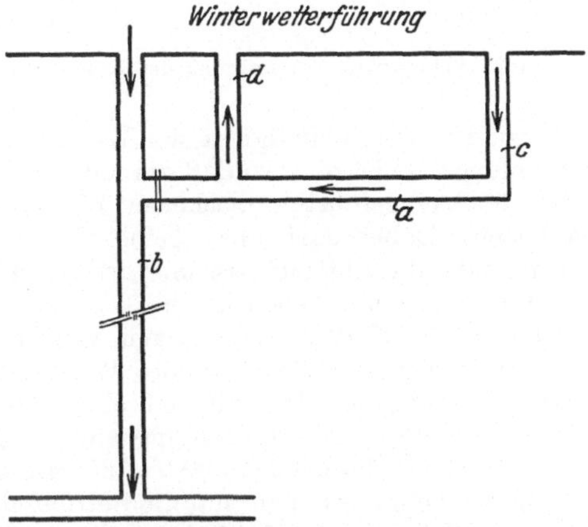

1. Kältevorratskammern.

Setzen wir voraus, daß wir in der neutralen Zone einen 500 m langen Stollen vom Querschnitte $2 \cdot 2$ qm zur Verfügung haben. Wir wollen ihn während der Nachtzeit

Abb. 101. Wetterkühlung mittels Kältevorratskammern. Wetterweg in kalter Jahresperiode.

in den drei Wintermonaten (Dezember, Januar und Februar), wo eine mittlere Nachttemperatur von — 8⁰ C herrscht, durchkühlen (siehe Abb. 102).

Wir setzen voraus, daß der Stollen zwecks Vergrößerung der Wärmekapazität mit großen Steinen ausgefüllt ist. Nach Durchkühlung des Stollens lassen wir ihn während der drei folgenden Frühlingsmonate stehen, um sonach in den drei Sommermonaten (Juni, Juli und August) 500 cbm/min Wetter, zwecks deren Durchkühlung, hindurchzuleiten.

Da wir den Stollen nur während der Nachtzeit kühlen wollen, beträgt die gesamte Kühlzeit $3 \cdot 30 \cdot 12 = 1080 \doteq 1000$ Stunden. Liegt der Stollen in der neutralen Zone, so beträgt die Gesteinstemperatur in unseren Gegenden ca. 10^0 C.

In den erwähnten drei Wintermonaten werden in den Steinen und Stollenulmen ca. 180 Millionen kgcal angesammelt[1], wovon die in den Steinen akkumulierte Kälte bloß 10 Millionen beträgt. Man sieht, daß das Ausfüllen des Stollens mit Steinen für die eigentliche Kühlung eine kleine Wirkung hat. Ja im Gegenteil, es wird beim Durchströmen der kühlenden und abzukühlenden Wetter der Widerstand wesentlich erhöht, so daß es besser ist, den Stollen nicht auszufüllen.

Die zum Durchkühlen der Ulme und Steine nötige Wettermenge wurde auf ca. 13,5 cbm/s unter der Voraussetzung berechnet, daß die ausziehenden Wetter mit einer Temperatur von ca. $+ 5^0$ C heraustreten sollen. Die dazu nötige Leistung beträgt ca. 10 PS.

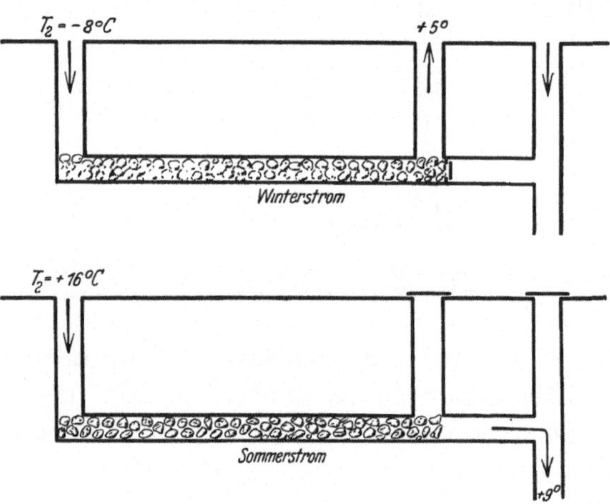

Abb. 102. Schematische Anordnung der Kältevorratskammer.

Während der Zwischenperiode der drei Frühlingsmonate, wie auch während der eigentlichen Kühlzeit, gehen ca. 25 % der angesammelten Kälte verloren, so daß nur 135 Millionen kgcal nutzbar gemacht werden können.

Während der eigentlichen Kühlperiode der drei Sommermonate wird man durch den abgekühlten Stollen, bei Tag und bei Nacht, 500 cbm/min zwecks ihrer Abkühlung hindurchtreiben. Die Geschwindigkeit der Wetter sei derart, daß die äquivalente Wetterabkühlung 7^0 C beträgt, so daß die mit der durchschnittlichen Eintrittstemperatur von 16^0 C eingeführten trockenen Wetter den Kühlstollen mit ungefähr 9^0 C verlassen. Dabei darf aber keine Feuchtigkeitsabscheidung stattfinden, was naturgemäß die Lufttemperatur stark beeinflussen würde.

Im Falle einer Feuchtigkeitsabscheidung würde die Wettertemperatur nach Verlassen der Kältevorratskammer viel höher als 9^0 C sein.

Vergleichen wir diese Art der Wetterkühlung mit der Methode der maschinellen Kühlung, so sehen wir, daß eine Kühlmaschine von 10 PS, die ca. 3000 bis 6000 kgcal/PS/h zu erzeugen imstande ist, in den erwähnten 3000 Stunden[2] $3000 \cdot 10 \cdot (3000 \text{ bis } 6000) = 90$ bis 180 Millionen kgcal erzeugen kann.

Natürlich müssen nicht nur die Betriebskosten, sondern auch die Anschaffungskosten und deren Amortisation erwogen werden. Bei Kältevorratskammern spielen dieselben allerdings nur dann eine Rolle, wenn man den Stollen erst treiben müßte.

Aber nicht nur die Kosten der Kühlung sind entscheidend; man muß bei der Kältevorratskammer auch erwägen, wie kühl die Luft zum Arbeitsorte gelangt, da sie sich eventuell unterwegs soweit erwärmen kann, daß die Kühlung

---

[1] Die Berechnungen wurden ausgeführt nach Gröber: Die Grundgesetze der Wärmeleitung, und nach Heise-Drekopf: Der Wärmeausgleichsmantel und seine Bedeutung für Kühlhaltung tiefer Gruben. Die mathematische Durchführung wurde wegen Platzmängels weggelassen.

[2] 1000 (im Winter) $+$ 2000 (im Sommer) $=$ 3000 Stunden.

zwecklos werden würde. Erst dann werden wir über die Wirtschaftlichkeit der Einrichtung ein richtiges Bild bekommen.

Nehmen wir an, daß der Ventilator 750 RM und ein laufender Meter Stollen 75 RM kostet, so würde der ganze Stollen samt 2 Schächten zum Tage ca. $75 \cdot (500 + 50) = 41250$ RM kosten. Wenn das Kapital samt Zinsen mit 8% amortisiert wird, ist der Aufwand für eine Kühlperiode:

1. Zinsen und Amortisation, 8% von 42000 RM . . . . 3300 RM
2. Ventilatorbetrieb für die kühlenden und später die abzukühlenden
    Wetter, 10 PS à 0,12 RM für 3000 Stunden . . . . 3600 „
Zusammen: 6900 RM

Muß man den Stollen erst treiben, so würden daher 1000 derart erzeugte Kalorien $6900 : 135000 = 0,051$ RM kosten, sonst nur 0,011 RM.

Die Berechnung zeigt, daß die Methode der Kühlkammer stellenweise billiger als die maschinelle Kühlung sein kann. Es müßten jedoch ähnliche Verhältnisse, wie wir sie vorausgesetzt haben, herrschen.

Bei maschineller Kühlung kommen aber 1000 kgcal auch auf ähnliche Beträge; es ist aber möglich, die Kühlmaschine direkt am Verbrauchsorte aufzustellen und nur dann in Betrieb zu setzen, wenn man die kalten Wetter braucht. Dies ist ein derart wichtiger Umstand, daß sogar eine eventuelle kleine Ersparnis an Betriebskosten keine Rolle spielt.

2. Einfluß der Bewetterungsunterbrechung auf die Wettertemperatur.

Zum Schlusse soll noch erwähnt werden, welchen Einfluß die Bewetterungsunterbrechung auf die Wettertemperatur haben kann.

Wird der Wetterstrom unterbrochen, so wird auch die normale Wärmeentnahme aus den Ulmen unterbrochen, so daß sich diese durch die aus dem Inneren des Gesteines zuströmende Wärme erwärmen. Die Ulme werden aber auch durch die warmen, aus den tieferen Horizonten zuströmenden Wetter erwärmt.

Die Folge davon ist, daß sich die Wetter bei Wiederaufnahme der Bewetterung von den Stößen stärker erwärmen, als wenn die Bewetterung ununterbrochen aufrechterhalten worden wäre. In warmen Gruben, auch wenn sie nicht gasreich sind, ist es daher nötig, den Wetterstrom ständig in Bewegung zu erhalten, auch zu jener Zeit, wo der Grubenbetrieb ruht, besonders aber zur Nachtzeit, wo es sogar angezeigt ist, den Wetterstrom zu verstärken.

Diese Regel gilt jedoch nur dort, wo wir eine Erwärmung der Wetter durch die Gesteinstöße unterwegs zum Arbeitsorte verhindern wollen. Wo wir aber direkt am Arbeitsorte oder sehr nahe davon die Luft künstlich kühlen, ist diese Vorkehrung nicht von so großer Bedeutung. Dann kann die durch zeitweise Unterbrechung des Ventilators erzielte Ersparnis einen Teil der Betriebskosten der Kühlmaschinen decken.

XXXVII. Wettertrocknung.

Wo die Obertagsluft trocken ist, kann man ihre starke Kühlwirkung dadurch beibehalten, daß man eine Anfeuchtung der Wetter auf ihrem Wege durch die Grube verhindert. Ähnliche Vorkehrungen sind aber nicht überall möglich. In diesen Fällen muß die Luft direkt getrocknet werden.

Dies kann z. B. durch einfache Kühlung erreicht werden. Im Kapitel XVI wurde auf Seite 106 ausgeführt, daß kalte Luft weniger Wasserdampf enthalten kann als warme Luft.

Eine andere Möglichkeit, den Wettern ihre Feuchtigkeit zu entziehen, beruht auf ihrer isothermischen Kompression. Da bei gegebener Temperatur das gegebene Volumen nicht mehr Wasserdampf enthalten kann, als dem gesättigten Zustande entspricht, muß die überschüssige Feuchtigkeit ausgeschieden werden, falls das Volumen kleiner wird.

Eine weitere Trocknungsart läßt sich dadurch durchführen, daß man die Wetter über feuchtigkeitentziehende Stoffe leitet. Solche Stoffe können viele Chemikalien sein. Für unsere Zwecke kommt hauptsächlich Kalziumchlorid und Kieselsäuregel in Betracht.

1. Trockunng der Luft mittels $CaCl_2$.

Das Molekulargewicht des Kalziumchlorides, $CaCl_2$, beträgt 110,9. Dieser Stoff bildet in Gegenwart von Wasser Hydrate, und zwar Monohydrate $CaCl_2 . H_2O$, Dihydrate $CaCl_2 . 2H_2O$, Tetrahydrate $CaCl_2 . 4H_2O$ und schließlich Hexahydrate $CaCl_2 . 6H_2O$.

Die Entstehung dieser oder jener Verbindungen ist nicht nur von der Menge des gegenwärtigen Wassers abhängig, sondern auch von der Temperatur, bei welcher die Reaktion erfolgt. So entsteht bis zu $29,8^0$ C Hexahydrat, welches sich nach Überschreiten dieser Grenze in Tetrahydrat verwandelt. Die Bildungsgrenze für Tetrahydrat ist 43^0 C, für Dihydrat 175^0 C; Monohydrat beginnt sich bei 230^0 C zu zerlegen.

Bei verschiedenen Temperaturen kann man daher mit gleicher Kalziumchloridmenge eine verschiedene Luftmenge austrocknen.

Die Feuchtigkeitsaufnahme ist weiters von der in der Luft enthaltenen Feuchtigkeit, resp. der Dampftension abhängig. Ist die Dampftension in der Luft gering, so bilden sich nur niedere Hydratationsstufen. Folglich kann bei einer gewissen Temperatur und Feuchtigkeit das Kalziumchlorid die Luft nur bis zu einer bestimmten Grenze trocknen.

Wir müssen daher darauf achten, daß die Trocknungsschicht die niedrigste Temperatur habe, wie noch weiter unten angeführt sein wird.

Praktisch können wir bei Temperaturen und Feuchtigkeitsgraden, die in der Grube vorkommen, bis 20% trocknen, allerdings nur dann, wenn wir die Chlorkalziumschicht regelmäßig erneuern und kühlen.

Wir haben gesehen, daß 1 Molekül $CaCl_2$ höchstens 6 Moleküle Wasser aufnehmen kann, d. h. 1 kg $CaCl_2$ bis maximal 0,973 kg Wasser. Da sich das gebildete Hexahydrat bei normalen Temperaturen von $0 \sim 30^0$ C in Wasser auflöst, und zwar $0,6 \sim 1$ kg Hexahydrat in 1 kg Wasser, können wir schließlich 1 kg wasserfreien Kalziumchlorides auf 2 kg Wasser rechnen.

Da in 1 cbm Luft bei 35⁰ C und 80% Feuchtigkeit 31,2 g Wasser enthalten sind und wir die Luft auf ca. 20 g absoluter Feuchtigkeit austrocknen, könnte man mit 1 kg Kalziumchlorid ungefähr 120—180 cbm Luft, je nach der Temperatur der Kühlschicht, austrocknen.

1 kg $CaCl_2$ kostet beim Großeinkauf, trotzdem es ein Abfallprodukt bei der Sodagewinnung ist, ca. 25 Pf. Dies ist ein stattlicher Betrag, und wenn es nicht möglich wäre, das Kalziumchlorid zu regenerieren, könnte es nicht in Betracht kommen. Bei Erwärmung scheidet das $CaCl_2$ das aufgenommene Wasser wieder ab. Es genügt, das $CaCl_2$ auf 230⁰ C oder etwas mehr zu erwärmen, um es von Wasser zu befreien.

Man darf allerdings nicht annehmen, daß man mit ein und derselben $CaCl_2$-Menge bis ins Unendliche arbeiten kann. Durch Hindurchtreiben von Luft wird $CaCl_2$ verunreinigt, was aber nicht so schlimm wäre, da man es durch Auflösen in Wasser wieder reinigen kann. Bei einer Temperatur von 400⁰ C wird aber ca. ⅓% in Chlorwasserstoff umgewandelt. Dieser Vorgang erfolgt nach der Gleichung

$$CaCl_2 + HOH = CaOHCl + HCl.$$

Mit diesem Verluste muß bei jeder Regeneration gerechnet werden; da ein Teil auch beim Manipulieren verloren geht, muß man im ganzen mit wenigstens ½% Verlust rechnen. $CaCl_2$ zeigt auch nach einer gewissen Anzahl von Regenerationen Ermüdungserscheinungen.

Um die Feuchtigkeit in 1 cbm Luft um 15 g zu verringern, sind 15 g $CaCl_2$ nötig. Pro 1 cbm getrockneter Luft geht dabei wenigstens $^1/_{16}$ g $CaCl_2$ verloren. Bei einer Trocknung von 500 cbm Luft in 1 Minute ergibt es in 24 Stunden, dem Preise nach, 12 RM.

Der Wärmeverbrauch zur Regeneration ist folgender: Eine Erwärmung des Hydrates auf 230⁰ C erfordert ungefähr 115 kgcal/kg. Außerdem muß die Bildungswärme zwischen $CaCl_2$ und $CaCl_2.6H_2O$ kompensiert werden. Diese Wärme beträgt bei einer Umwandlung von 1 kg $CaCl_2.6H_2O$ auf $CaCl_2$ pro 1 kg $CaCl_2$ 196 kgcal. Der Gesamtwärmeverbrauch pro 1 kg regenerierten $CaCl_2$ beträgt sodann:

$$115 \cdot 2 + 196 = 230 + 196 = 426 \text{ kgcal.}$$

Würde die Regeneration in einem kleinen Schacht- oder Rotationsofen, dessen Wärmeeffekt ca. 30% beträgt, erfolgen, so würde man für 1 kg $CaCl_2$ ungefähr 1420 kgcal benötigen, was für eine Minutenmenge von 500 cbm Wetter in 24 Stunden ca. 3100 kg Kohle ausmacht. 100 kg Kohle eines Heizwertes von 5000 kgcal mögen 1,25 RM kosten; es erstehen also Auslagen von 38,75 RM.

Beide Posten, Kalziumchlorid- und Brennstoffverbrauch, betragen bei einem Luftverbrauche von 1 cbm pro Minute und Mann in einer Schicht ca. 0,033 RM; in einer Kohlengrube, wo 4 cbm Wetter verbraucht werden, ca. 0,13 RM.

Sollten wir obertags oder zentral eine bestimmte Wettermenge, z. B. 500 cbm pro Minute, trocknen, so müßten wir wenigstens eine vierfache Menge des für eine Stunde nötigen Kalziumchlorides in Vorrat haben. Würden wir in der Grube trocknen, so müßten wir wenigstens 4 mal so viel haben, als in 8 Stunden verbraucht wird. Ein Teil würde getrocknet werden, 2 Teile würde man regenerieren und der vierte Teil würde nach der Regeneration auskühlen und für die nächste Lufttrocknung vorbereitet werden. In Wirklichkeit braucht man aber einen viel größeren Vorrat. Für eine Minutenmenge von 500 cbm Wetter würde man also wenigstens 10000 kg $CaCl_2$ benötigen. Die Amortisation und Verzinsung des Kaufpreises und die Zufuhr kosten etwa 1 RM/Tag. Dazu kommt noch die Bedienung der Apparate, die Verzinsung und Amortisation der Einrichtung usw., so daß die Trocknung für 1 Arbeiter bei einem Wetterverbrauche von 1 cbm pro Minute wenigstens 0,05 RM kosten würde. Im Vergleiche zu Kühlmaschinen ist es wenig. Die Kühlmaschinen haben aber den großen Vorteil, daß ihr Betrieb viel einfacher als der einer derartigen Trocknungsvorrichtung ist und daß die Luft nicht nur getrocknet, sondern auch gekühlt wird.

a) Notwendigkeit der Trocknungsschichtkühlung beim Luftdurchgang.

Bei Trocknung der Luft mittels $CaCl_2$ entwickelt sich vor allem Bildungswärme. Bei Bildung von Hexahydrat aus Anhydrid entstehen 21,75 kgcal pro g-Mol, oder ca. 196 kgcal pro kg $CaCl_2$. Dazu kommt noch die Kondensationswärme, und zwar 63 kgcal/g-Mol bzw. 568 kgcal/kg $CaCl_2$ (bei 20^0 C). Im ganzen also 84,8 kgcal/g-Mol bzw. 764 kgcal/kg $CaCl_2$.

Bei der Feuchtigkeitsentziehung aus der Luft mit $CaCl_2$ bilden sich also im ganzen 0,785 kgcal/g niedergeschlagener Flüssigkeit[1].

Wird Luft über Kalziumchlorid geleitet, so erwärmt sie sich daher. 30^0 C warme Luft erwärmt sich z. B. bei einer Feuchtigkeitsverringerung um 15 g Wasser auf $69,2^0$ C. Solche Wetter müßten vor ihrer Zuführung zur Arbeitsstelle gekühlt werden, was schon auch deswegen notwendig ist, um die Kalziumchloridschicht feuchtigkeitsaufnahmefähig zu machen.

Bei unseren Versuchen mit Kalziumchlorid haben wir die Erfahrung gemacht, daß es vorteilhaft ist, die Luft direkt bei der Trocknung dadurch zu kühlen, daß man Schlangen, durch welche kaltes Wasser strömt, direkt in das $CaCl_2$ hineinlegt. Der Kontakt mit dem $CaCl_2$, sowie der Wärmeübergang sind gut. Der Wärmeübergang aus der Luft in feste Stoffe ist ziemlich schlecht ($\alpha \doteq 5$ bis 20). Werden aber in das $CaCl_2$ Kühlschlangen gelegt, so wird die Wärme „in statu nascendi" direkt aus dem neu gebildeten Kalziumchloridhydrate in diese Schlangen, also aus einem festen Stoffe, in einen anderen festen Stoff, entführt. Der Übergang der Wärme aus diesem Stoffe auf die Schlangen ist sehr gut, um so eher, da der Stoff feucht ist.

Die Luft selbst wird von der neu entstandenen Wärme nicht sehr tangiert. Die Reaktion erfolgt eigentlich nur zwischen dem in der Luft enthaltenen Wasserdampf und dem Kalziumchlorid. Die Luft ist nur ein Träger dieses Wasserdampfes und erwärmt sich erst nachträglich durch das neugebildete Kalziumchloridhydrat. Es ist daher gut, die Luft über die Trocknungsschicht rasch zu treiben, damit sie keine Zeit finde, sich merklicher zu erwärmen. Dadurch steigt die Temperatur der Trocknungsschicht, in welcher sich die gesamte Wärme konzentriert und die Wärmeübertragung in das Kühlwasser ist infolge des großen Temperaturunterschiedes um so besser.

Bei unseren Versuchen haben wir die Erfahrung gewonnen, daß eine 30 bis 50 cm starke Chloridschicht vollkommen genügt, die Luft auszutrocknen. Die Schicht besteht aus walnußgroßen Stückchen. Der Widerstand der Schicht ist bei einer Geschwindigkeit von 2 m/s ungefähr 50 mm Wassersäule.

Zu Beginn unserer Versuche hegten wir Befürchtungen, daß sich die Schicht durch die entstehenden Hydrate, besonders nach Beendigung der Trocknungsperiode, wo die Hydrate erstarren, verstopfen wird[2]. Diese Befürchtungen erwiesen sich aber als grundlos und die getroffenen Vorkehrungen als überflüssig.

---

[1] Unter der Voraussetzung, daß das Endglied Kalziumhexachlorid ist. Wird 1 Mol $CaCl_2 . 6 H_2O$ in überschüssigem Wasser aufgelöst, so verbraucht es für 1 Mol 4,4 kgcal.

[2] Die niedrigste Erstarrungstemperatur der Hydrate, d. i. die Temperatur der eutektischen Erstarrung, ist sehr tief; bei Hexahydrat erreicht sie beispielsweise bis -55^0 C.

Man braucht nur Sorge zu tragen, daß das entstehende Hydrat frei abfließen kann.

Die Trocknungsapparate sind derart gebaut, daß man einfach auf ein Sieb eine Kalziumchloridschicht gibt, durch welche die Luft von unten getrieben wird. Das Hydrat fließt nach unten, wo es gesammelt wird (siehe Abb. 103). Die Trocknung soll natürlich nach dem Gegenstromprinzipe erfolgen, wobei die obere Schicht langsam ergänzt wird.

Die Trocknungs- und Regenerationseinrichtungen können je nach der Luftmenge, die getrocknet werden soll, verschieden sein. Über die Einzelheiten dieser Einrichtungen kann in diesem Buche wegen Raummangels nicht gesprochen werden, ganz abgesehen davon, daß diese Methode nur in vereinzelten Fällen Verwendung finden kann.

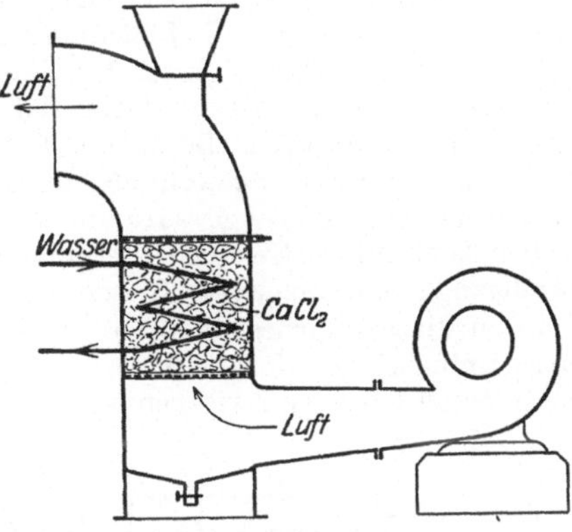

Abb. 103. Wettertrocknungsapparat mit Benützung von CaCl₂.

Da die Trocknungsapparate mit würfeligem $CaCl_2$ gefüllt werden müssen, ist es vorteilhaft, bei der Regeneration Gefäße mit tiefen Einschnitten zu verwenden, damit das Chlorid sofort in die gewünschte Form gebracht werden kann.

2. Trocknung der Luft mittels Kieselsäure-Gel.

In letzter Zeit wurde in die Industrie ein neuer Trocknungsstoff, nämlich Kieselsäure-Gel, eingeführt. Ein derartiges Gel erzeugt die amerikanische Firma Silica-Gel-Corporation, Baltimore (Vertreter für Deutschland: Borsig, Berlin).

Dieses Gel ist eine hydrierte Form reiner Kieselsäure, die entweder Wasser aufnimmt oder abgibt, je nach der Temperatur und dem Wassergehalte des Gels und der Luft. Verwendung findet es in Pulver- oder Kornform. Für unsere Zwecke (Wettertrocknung) verwendet man Körner von 3 bis 9 mm Durchmesser und noch mehr. Größere Körner setzen dem Wetterdurchgang einen kleineren Widerstand entgegen, doch ist das Innere der Körner an der Trocknung nicht so aktiv beteiligt.

Wird das Gel während 2 Stunden auf ca. 150⁰ C bei gleichzeitiger Luftdurchspülung erhitzt, so verringert sich der Wassergehalt bis auf 7%, was wegen der leichteren Wettertrocknung am besten ist. Man könnte zwar den ursprünglichen Wassergehalt bis auf 2% verringern, doch ist es für unsere Zwecke nicht geeignet, da dabei eine sorgfältige Durchführung notwendig wird.

Das auf diese Weise reaktivierte Gel muß man vor feuchter Luft bis zu der Zeit schützen, wo es wieder verwendet wird. Da es reine Kieselsäure ist, unterliegt der Stoff keinen Veränderungen, so daß er theoretisch unbegrenzt haltbar ist. Man muß nur bedacht sein, das Gel bei der Trocknung keiner übermäßig hohen Temperatur auszusetzen, da dadurch die letzten Wasserspuren beseitigt werden würden, was einen Strukturzusammenbruch zur Folge hat. Auch darf das Gel mit keiner Flüssigkeit (Wasser) in Berührung kommen. Ein großer Vorteil des Gels liegt darin, daß es bei der Wasserabsorption das Volumen nicht ändert.

1 kg Gel nimmt ca. 400 g Wasser auf[1]. Da es sich nur um eine Absorptions-

---

[1] Das Aufnehmen erfolgt auf Grund der großen Oberflächenspannung und der Kapillarkräfte. Gel ist nämlich ein sehr poröser Stoff. 1 g Gel hat eine Oberfläche von ungefähr 450 qm.

Stočes-Černík, Grubentemperaturen. 18

erscheinung handelt, wird dabei nur wenig Wärme entfaltet. Dazu tritt allerdings noch die Kondensationswärme, so daß man, wie beim Kalziumchlorid, die getrocknete Luft gleichzeitig kühlen muß, was wieder durch Einlagerung von Kühlschlangen direkt in die Gelschicht erfolgt. Dem Kalziumchlorid gegenüber hat Gel den Vorteil, daß es der Luft die Feuchtigkeit bis zum vollkommenen Austrocknen entzieht (die Luft wird bis unter 1 g Wasserdampf pro 1 cbm Luft ausgetrocknet). Ein weiterer Vorteil beruht darin. daß die Luft nicht verdorben wird. da sie nur mit einem Kieselstoff in Berührung kommt.

Gel ist aber ein ungewöhnlich teurer Stoff. 1 kg kostet ungefähr 10 RM. Bei einer größeren Luftmenge wäre die Investition in die Gelvorräte sehr groß. Einen großen Nachteil des Gels bedeutet auch der Widerstand, den die Schicht dem Luftdurchgange entgegensetzt. Diesem Übelstande kann nach dem Vorschlage der Autoren dieses Buches dadurch vorgebeugt werden, daß man das Gel in Kammern unterbringt, die aus Sieben gebildet werden. Zwischen den einzelnen Kammern lassen wir enge Zwischenräume, durch welche die Luft hindurchgehen kann.

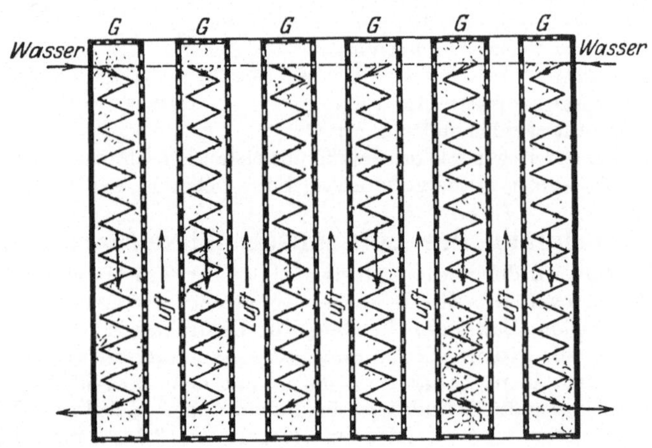

Abb. 104. Wettertrocknungsapparat mit Benützung von Kieselsäure-Gel.

Das Gel nimmt die Feuchtigkeit so gierig auf, daß es auch jene Luft austrocknet, die nur vorbeiströmt (infolge der Tensionsverringerung nahe der Gelschicht und der Diffusionserscheinungen). (Siehe Abb. 104.) Da für unsere Zwecke ein vollkommenes Austrocknen nicht in Betracht kommt, genügt es, aus der Luft nur einen Teil der Feuchtigkeit (einige g) zu entfernen, wozu ein derart konstruierter Apparat gute Dienste leistet.

Wollen wir 500 cbm/min Luft von 36° C und 80% Feuchtigkeit auf 50% austrocknen, so müssen wir $32,8 - 20,5 = 12,3$ g/cbm oder $500 \cdot 12,3 = 6150$ g/min entziehen. Dazu sind minimal $6150 : 400 = 15,4$ kg/min oder $15,4 \cdot 60 \cdot 7 = 6468$ kg Gel pro 1 Schicht nötig. Da ein Teil des Gels regeneriert wird, muß man wenigstens 3 mal soviel, d. h. 20 000 kg Gel zur Verfügung haben. Dies erfordert aber einen Betrag von 200 000 RM. Die Verzinsung und Amortisation entspricht 20 000 RM. Die Umrechnung auf einen Arbeiter und eine Schicht ergibt bei einem Verbrauche von 1 cbm getrockneter Luft pro Kopf und Schicht 6,7 Pf.

Da zur Verdampfung von 1 kg Wasser ungefähr 0,2 kg Brennstoff nötig sind und da der Widerstand, den die Gelschicht dem Luftdurchtritt entgegensetzt, ungefähr 200 mm W.S. beträgt, werden an Betriebsauslagen pro Mann und Schicht wenigstens 12 Pf. benötigt, wobei die Bedienung und Amortisation der Trocknungs- und Regenerationsanlage nicht berücksichtigt wurde. Wenn man jedoch die unten geschilderten Trocknungsapparate benützt, braucht man nicht einen Vorrat für volle 8 Stunden, so daß der Preis der Trocknung sinkt.

Da durch das wiederholte Herausnehmen des Gels aus dem Apparate eine Bröckelung eintreten muß, muß die Einrichtung so konstruiert werden, daß sich die Gelschichten in Drahtkammern befinden, welche als Ganzes mit der Gelschicht in die Regenerationsöfen gelegt werden. Besser ist es mit zwei Kammern zu arbeiten, wobei eine getrocknet und die andere regeneriert wird. Nach einiger Zeit wird der Luftstrom in die zweite Kammer übergeleitet. Nach der Regeneration muß man allerdings die Gelschicht abkühlen. Aus diesem Grunde ist es gar nötig, drei Kammern zu haben, schon deshalb, weil die Regeneration nicht so rasch wie die Sättigung erfolgt, besonders aber, wenn wir nicht bei übermäßig hohen Temperaturen regenerieren wollen, was für unsere Zwecke weniger vorteilhaft wäre.

Wenn wir direkt an der Stelle, an welcher wir trocknen, auch regenerieren können, so ist es auf Vorschlag der Autoren am besten, direkt in die Gelschicht einen elektrischen Widerstandserhitzer (Drahtspirale) zu legen. Auch die Drahtnetze, in welchen Gel untergebracht ist, sowie die Kühlwasserschlangen können elektrisch erhitzt werden. Da aber elektrische Heizung zu teuer ist, kann auch in Schlangen, in welchen bei der Trocknung Kühlwasser zirkuliert, heißes Wasser (unter Druck) strömen oder wir können endlich direkt einen Strom von heißer Luft oder Gasen durch den Apparat hindurchleiten. In allen diesen Fällen ist es nicht nötig, einen großen Gelvorrat zu haben und es entfällt auch das Herausnehmen und Bröckeln des Gels, wodurch sich die Kosten der Trocknung verringern.

Die Umleitung der Luft in eine andere Kammer kann automatisch vor sich gehen. Dazu könnte man Schalter, welche entweder auf die Feuchtigkeit der Luft oder auf die Gewichtszunahme des gesättigten Gels eingerichtet sind, verwenden. Die Beschreibung dieser und anderer Vorrichtungen muß wegen Raummangels unterbleiben.

3. Trocknung der Luft mittels Zentrifugen und mittels der auf verschiedener Diffusionsgeschwindigkeit der Gase beruhenden Apparate.

Gase verschiedener spezifischer Gewichte können auch dadurch getrennt werden, daß wir sie zentrifugieren. Ähnliche Apparate wurden zwar schon konstruiert, doch größtenteils nur für Laboratoriumszwecke. Analog könnte man mittels Zentrifugation Luft trocknen.

Die Lufttrocknung mittels derartiger Apparate hätte eine große Bedeutung. Alle bisherigen Apparate trocknen die Luft auf die Weise, daß sie den in der Luft enthaltenen Wasserdampf in Wasser umwandeln. Dies erfolgt durch Kühlmaschinen oder mittels $CaCl_2$, Gel usw. Bei allen diesen Methoden wird aber Kondensationswärme frei, die abgeführt werden muß. Dies kann nur durch einen Luft- oder Wasserstrom erfolgen.

Obertags, wo genügend Wasser zur Verfügung steht, bereitet es keine besonderen Schwierigkeiten. Dort, wo kein Wasser vorhanden ist, besonders aber in der Grube, bereitet das Ableiten dieser Wärme merkliche Schwierigkeiten. Sollte es nun gelingen, mittels Zentrifugen die Luft in wasserarme und wasserreiche Teile zu zerlegen, ohne daß Kondensationswärme frei werden würde, hätte es eine geradezu epochale Bedeutung.

Bis nun ist es allerdings nur ein frommer Wunsch.

Ähnlich gestaltet ist auch die Methode, die auf der Verschiedenheit der Diffusionsgeschwindigkeit der Gase verschiedener spezifischen Gewichte beruht. Gase verschiedener spezifischen Gewichte diffundieren durch durchlässige Wände verschieden rasch. Würden wir nun feuchte Luft durch durchlässige Wände absaugen, müßte die abgesaugte Luft eine größere Feuchtigkeit aufweisen, als die abzusaugende. Dadurch würde sie sich wieder in zwei Teile teilen: auf wasserreiche und wasserarme Luft. Auch hier würde also die Feuchtigkeit in Form von Wasserdampf abgeteilt werden und es wäre nicht nötig, die Kondensationswärme abzuleiten. Aber auch diese Methode ist nur ein theoretisches Problem ohne praktische Bedeutung.

Man könnte z. B. auch die sich in einer Expansionsdüse abkühlende Preßluft (2 bis 3 ata) dadurch entfeuchten, daß man die dabei in Tropfenform kondensierte Feuchtigkeit mittels elektrischen Hochspannungsstromes niederschlägt und auf diese Weise aus dem Wetterstrome beseitigt.

Ähnliche Methoden haben wir nur interessehalber und auch deswegen erwähnt, um die Erfinder auf dieses Gebiet aufmerksam zu machen.

XXXVIII. Temperaturregulation der Grubenwetter durch deren Befeuchtung.

Im Kapitel XVI wurde erklärt, daß sich 1 cbm Wetter durch Aufnahme von 1 g Wasser um 2^0 C abkühlt. Es wäre also möglich, durch Befeuchtung der Grubenwetter deren Temperatur auf einfache und wirkungsvolle Weise zu erniedrigen. Diese Methode hat aber in der Grubenpraxis eine kleine Bedeutung, weil die Wetter oft ohnedies schon so feucht sind, daß sie eine weitere Wassermenge nicht mehr aufnehmen. Auch hat feuchte Luft, wie im Kapitel XXV und XXVI ausgeführt wurde, bei hohen Temperaturen auf den Arbeiter einen ebenso verderblichen Einfluß wie die hohe Temperatur selbst.

Trotzdem ist es aber möglich, diese Methode stellenweise anzuwenden. Ein kleines Beispiel wird dies erhellen: Die Wetter hätten in einer bestimmten Grube, z. B. in einem Kalibergwerke, eine Temperatur von 35^0 C, ihre Feuchtigkeit wäre aber infolge der Wasseraufnahme durch das Stoßgestein nur 10%. Derartige Wetter nehmen leicht 5 g Wasser auf, wobei ihre Feuchtigkeit nur auf 45% gesteigert, ihre Temperatur aber auf 25^0 C vermindert wird.

Wie aus der Tafel I zu ersehen ist, haben derartige Wetter auf den arbeitenden Bergmann eine bessere Kühlwirkung als Wetter von 35^0 C mit einem Feuchtigkeitsgehalt von nur 10%, schon deswegen, weil sie dem Körper viel mehr Wärme durch Leitung und weniger durch Schweiß abführen.

Übrigens kann diese Methode auch in anderen Fällen in Betracht kommen. Wir hätten eine Grube, deren Arbeitsorte vom Tagkranze des Einziehschachtes sehr weit entfernt wären, so daß sich die Wetter auf dem Wege dahin auf 38^0 C erwärmen. An der Arbeitsstelle selbst können die Wetter wegen Wassermangel und wegen schwieriger Ableitung der Kondensations- bzw. Kompressionswärme aus einer Kühlmaschine nicht gekühlt werden. Hier können die Wetter nur in einer größeren Entfernung vom Arbeitsorte durch Kühlung ausgetrocknet werden; mittels der im Kapitel XXXIV angegebenen Methoden muß man dann eine Anfeuchtung der Wetter auf ihrem Wege zum Arbeitsorte verhindern.

Die Wetter gelangen zwar zur Arbeitsstelle mit einer Temperatur von 38° C, aber mit einer Feuchtigkeit von beispielsweise 20%. Solche Wetter können durch Befeuchtung sehr leicht auf eine Temperatur von 26° C abgekühlt werden, wobei ihre Endfeuchtigkeit nur 60% beträgt. Bei 38° C und 20% Feuchtigkeit wird keine Wärme aus dem menschlichen Körper durch Leitung abgeführt, bei 26° C und 60% dagegen erfolgt dies jedoch leicht. Bei niederer Temperatur kann auch die Geschwindigkeit des Wetterzuges besser ausgenützt werden. Gelingt es ·uns, die Wetter sehr trocken bis zur Arbeitsstelle zu führen, so kann man sie durch angemessene Befeuchtung kühlen. Dies kann besonders im Winter oder in sehr trockenen Gegenden erfolgen.

Auch die Stöße des Arbeitsortes können durch mäßige Befeuchtung auf eine niedrige Temperatur gebracht werden, weil die trockenen Wetter von ihnen sehr leicht Feuchtigkeit aufnehmen. Dadurch unterbinden wir auch die Wärmezufuhr aus dem Gestein selbst und erreichen zugleich eine Verbesserung der hygienischen Bedingungen durch Verhinderung der Staubbildung.

Bei allen diesen Arbeiten muß man sich vor Augen halten, daß die Luftfeuchtigkeit nicht übermäßig steigen darf, weil man ansonsten das Gegenteil erreichen würde. Es ist gut, den Wettern nur so viel Wasser zuzuführen, als zur Erzielung einer bestimmten Abkühlung nötig ist. Jeder Wasserüberschuß soll vermieden werden. Mit Hilfe des Diagrammes Tafel I kann man immer bestimmen, ob, wann und in welchem Maße die Sättigung die Kühlwirkung der Wetter erhöht. Wir müssen unbedingt verhindern, daß das Wasser in den Luftstrom in Tropfen- anstatt in Dampfform gelangt. Wieviel Wasser die Wetter bei verschiedenen Temperaturen und Sättigungsgraden aufnehmen und wie weit sie sich dabei abkühlen, ist aus dem Diagramme Abb. 48 zu entnehmen. Siehe auch Seite 106. Aus diesem kann man auch ablesen (auf der Ordinate), wieviel Wasser 1 cbm Wetter zugeführt werden muß, wenn man eine bestimmte Abkühlung erzielen will. Daraus kann man sodann den Gesamtwasserverbrauch berechnen.

1. Wetterbefeuchtungsvorrichtungen.

Die Wetterbefeuchtung kann durch verschiedene Zerstäuber erfolgen. Aber alle diese Apparate sind für den Grubenbetrieb wenig geeignet. Einesteils benötigen sie Preßluft oder Druckwasser, hauptsächlich aber deshalb, weil es bei ihnen schwer ist, die aus der Düse heraustretende Wassermenge zu regulieren; bei kleineren Wettermengen ist es überhaupt nicht erzielbar, daß nur eine so kleine Wassermenge heraustritt, die gerade nötig ist. Stellen wir uns vor, daß zur Arbeitsstelle in 1 Minute 2 cbm Wetter strömen und daß wir diesen minutlich im ganzen 20 g Wasser zuführen. Eine derart kleine Wassermenge kann man aus einer Düse nicht zerstäuben. Düsen arbeiten eher mit einer großen Wassermenge vorteilhaft. Aus diesem Grunde haben die Autoren vorliegenden Buches unter Mithilfe des Herrn Ing. J. Erlebach einen Befeuchter folgender Konstruktion gebaut:

Die Wetter werden durch ein Gehäuse getrieben, welches mit Metallspiralen, die mit Asbestzwirn umwickelt sind, ausgefüllt wird, ähnlich wie es auf Seite 243 Kapitel XXXIII beschrieben wurde.

Der Asbestzwirn saugt sich sehr gut mit Wasser voll, verdirbt nicht und kann nach einer gewissen Zeit mittels Durchspülens oder Ausbrennens wieder gereinigt werden.

Über dem Gehäuse ist ein Reservoir angebracht, welches Wasser enthält. Dieses tropft durch kleine Öffnungen in das Gehäuse und befeuchtet die Ausfüllung. Infolge der großen Kapillarität der Asbestzwirnsfäden verteilt sich das Wasser vollkommen gleichmäßig über die ganze Füllmasse. Das überschüssige Wasser sammelt sich am Boden des Reservoirs und kann mittels einer kleinen Pumpe in das obere Reservoir zurückgebracht werden. Mittels eines Hahnes kann man aber den Wasserzufluß so regulieren, daß kein Überschuß entsteht.

Schon durch den Wasserzufluß kann der Sättigungsgrad reguliert werden. Besser kann man es dadurch erzielen, daß man das ganze Gehäuse in Segmente teilt und die einzelnen Segmente je nach Bedarf ausschaltet. Es kann auch nur ein Teil der Füllung befeuchtet werden.

Eine Regulation des Feuchtigkeitsgrades kann auch dadurch erreicht werden, daß wir durch das Gehäuse nur einen Teil der Wetter ziehen lassen und diesen sodann in gewünschtem Maße mit den umgebenden Wettern mischen.

Bei kleineren Wettermengen (lokale Kühlung) kann das nötige Wasser zugetragen werden, denn eine kleine Berechnung wird uns überzeugen, daß für die üblichen Wettermengen ganz geringe Wassermengen nötig sind. So genügen z. B. für eine Minutenwettermenge von 5 cbm bei einer Nachsättigung um 5 g/cbm für 7 Stunden nur 10 Liter Wasser.

Es hat nichts zu sagen, wenn das Wasser warm ist, weil hier nur die Verdampfungswärme des Wassers in Betracht kommt.

Oben wurde gesagt, daß wir einem Wasserüberschuß vorbeugen müssen. Dies ist auch aus dem Grunde wichtig, weil sodann die zum Verdampfen nötige Wärme auf Kosten der Wetterkühlung auch dem umliegenden Wasser entzogen wird. Ist das Wasser nur in einer angemessenen Menge vorhanden, so verdampft es vollkommen und die ganze Verdampfungswärme muß aus der vorbeiströmenden Luft gedeckt werden.

XXXIX. Verwendung des Eises zur Kühlung der Grubenwetter.

Diese Kühlmethode wurde schon beim Bau des Simplontunnels verwendet[1], wo das Gestein, in welchem der Tunnel gebaut wurde, eine Temperatur bis 55⁰ C hatte. Hier wurde das Eis durch Kühlmaschinen in eigenen fahrbaren Kästen erzeugt, welche gegen Wärme gut geschützt waren. Zollinger bewertet das Verfahren im großen und ganzen ziemlich ungünstig. Das Eis war immer nach 2 Stunden verbraucht und die Kühlwirkung war nur in einer Entfernung von kaum 100 m wahrzunehmen.

Wiesmann[2] beweist, daß die Verwendung des Eises beim Tunnelbau sehr teuer ist, besonders wenn künstliches Eis verwendet wird. In der Grube bereitet die Verwendung dieses Kühlmittels noch größere Schwierigkeiten, und die Hunte mit dem Eise behindern die Förderung. Auch Prof. Andreae[3] betrachtet die Wetterkühlung durch Eis für nicht nur unökonomisch, sondern sogar, vom Standpunkte der Förderung, für ein Ding der Unmöglichkeit, wie er dies für den Fall der Wetterkühlung im Simplontunnel berechnet.

Auch in Comstock in Amerika wurde diese Methode verwendet, wo man das nötige Eis vom nahen Gletscher zuführte. Die Folge war, daß sich ein reger Eishandel entwickelte, wo 1 Tonne je nach der Jahreszeit um 20 bis 25 Dollar abgegeben wurde. Die Arbeiter brachten sich in Tüchern Eis in die Grube, nahmen es in den Mund, steckten es in Taschen, tranken Eiswasser und bespritzten sich gegenseitig damit. In der Nähe des Arbeitsortes waren Erholungsräume, in denen mit Eis gefüllte Fässer standen. Diese Methode wurde auch in anderen amerikanischen Gruben verwendet.

In der südafrikanischen Grube Village Deep wurde in den letzten Jahren ein Versuch gemacht, mit Eis zu kühlen, doch erzielte man keinen Erfolg.

Aus diesen wenigen Zeilen ist zu ersehen, daß diese Methode nur in Ausnahmefällen in Betracht kommen kann. Wir wollen aber deren Anwendungsmöglichkeiten trotzdem einer Analyse unterwerfen.

Bei Verwendung des Eises zu Kühlzwecken wird teils seine niedrige Temperatur, teils die latente Verflüssigungswärme und weiter auch die niedrige Temperatur des aus dem Eise entstandenen Wassers ausgenützt, so daß 1 kg Eis von −10⁰ C ca. 110 kgcal abgibt, ehe es 1 kg Wasser von +25⁰ C liefert.

---

[1] Schweiz. Bauzg. **1906**, 249 ff.

[2] Wiesmann: Künstliche Lüftung im Stollen- und Tunnelbau, S. 4, Zürich 1919.

[3] Andreae: Der Bau langer tiefliegender Gebirgstunnel, S. 89 u. 90.

1 kg Eis würde also ausreichen, 10 cbm feuchter Luft um ca 10° C abzukühlen und aus jedem cbm 15 g Wasserdampf niederzuschlagen. Nehmen wir an, daß in einer Erzgrube einem Arbeiter in 1 Minute 1 cbm Luft zugeführt wird und daß sich der Arbeiter an der Arbeitsstelle 8 Stunden aufhält; so würde man 48 kg Eis pro Schicht und Arbeiter benötigen.

Es interessiert uns nun zu wissen, wie hoch sich der Preis dieser Eismenge stellt.

Zur Erzeugung von 1 kg Eis braucht man, je nach der Größe der Kühlanlage, 120 bis 150 kgcal, die man durch 0,05 bis 0,06 KWh erzeugen kann. Erfahrungsgemäß kann man 1 kg Eis um ca. 1,25 Pf. herstellen, falls 1 KWh 0,06 RM kostet und die übrigen Auslagen für eine mittlere Anlage angenommen werden. Die oben erwähnten 48 kg kann man also um 60 Pf. erzeugen.

Dieser Berechnung zufolge würde die Kühlung der Wetter in einer Erzgrube für einen Arbeiter in einer Schicht auf 0,5 bis 1,0 RM zu stehen kommen. Wir haben nämlich nur den Preis des Eises obertags berechnet. Das Eis muß aber zur Arbeitsstelle gebracht werden. Bei einer Menge von 48 kg besteht die Möglichkeit, daß sich der Arbeiter das Eis selbst mitnimmt. In den meisten Fällen wird es aber nötig sein, die Eiszustellung besonderen Arbeitern zuzuweisen. Die Zustellung von 48 kg Eis in einer Erzgrube und von x mal 48 kg in einer Kohlengrube ist ein Posten, der nicht übersehen werden darf. Es muß aber auch erwogen werden, daß bis 10% und mehr des Eisgewichtes unterwegs verlorengehen und daß sich das Eis dabei durchwärmt, so daß es zur Arbeitsstelle mit einer Temperatur ankommt, die nahe 0° C sein wird. An der Arbeitsstelle selbst entsteht wieder Wasser, welches ausgepumpt werden muß. Diese Wassermenge fällt zwar im Vergleich zur ganzen aus der Grube zu pumpenden Menge nicht ins Gewicht, doch spielt sie eine Rolle, wenn man das Wasser in eigenen Rohrleitungen von den Arbeitsorten ableiten müßte, damit es die Wetter in den Strecken nicht übermäßig anfeuchte.

Durch das Unterbringen des Eises am Arbeitsorte ist noch nicht alles getan. Wir wollen mit dem Eise die Wetter kühlen und es muß daher noch ein Ventilator gebaut werden, welcher die Wetter über das Eis treiben würde. Das Eis muß man in eine bequeme Form bringen. Dort, wo es nicht möglich ist, diese Einrichtung direkt am Arbeitsorte unterzubringen — und in den meisten Fällen wäre es viel zu kostspielig, für jede Arbeitsgruppe eine eigene Einrichtung zu errichten —, muß das Eis außerhalb des Arbeitsortes, z. B. an einer Kreuzstelle, untergebracht werden. Von da aus muß dann die Luft zu den einzelnen Arbeitsstellen zugeführt werden. In den meisten Fällen müssen zu diesem Zwecke isolierte Lutten verwendet werden, weil man mit ihrer Hilfe, wie im Kapitel XXVIII gezeigt wurde, die kalten Wetter weit führen kann.

Aus all dem ersieht man, daß die Kühlung mittels des Eises nicht billig zu stehen kommt.

Die Kühlung mittels des Eises hat aber neben dem hohen Preise und der Betriebsschwerfälligkeit noch andere Nachteile. Zu Beginn der Schicht, wo reichlich Eis vorhanden ist, erreicht man auch eine starke Abkühlung, am Ende der Schicht aber, wo der müde Bergmann die meiste Erfrischung braucht, ist das Eis aufgetaut. Dem kann man allerdings dadurch vorbeugen, daß wir den Eisvorrat ergänzen.

Damit die Wetter aus dem Eise kein Wasser aufnehmen können[1], kann man Eisstücke in ein Gefäß legen, unter welchem ein den Automobilkühlern ähnlicher Kühler angebracht ist. Die Wetter, welche zum Arbeitsorte geführt werden sollen, werden durch den Automobilkühler geleitet, wobei sie sich abkühlen, aber mit dem aus dem Eis gebildeten Wasser nicht in direkte Berührung kommen können.

Da man aber die Kühlung mittels des Eises durch andere Methoden (transportable Kühlmaschinen) ersetzen kann, so hat sie nur eine untergeordnete Bedeutung. Man könnte sie höchstens dort verwenden, wo obertags im Winter Eis erzeugt werden kann und wo an den heißen, schlecht ventilierten Stellen nur kleinere Arbeiten verrichtet werden, deren Durchführung man eben für diese Zeit anstehen läßt.

Bei Verwendung natürlichen Eises ist es nicht immer vorteilhaft, das Eis von Flüssen und Teichen zu beziehen und teuer zur Verbrauchsstelle zu befördern. Oft ist es besser, das Eis mittels kalter Luft an Ort und Stelle in Form entsprechender Würfel zu erzeugen. Das natürliche Eis muß aber auch nicht immer billiger als Kunsteis sein.

XL. Kühlung mit flüssiger Luft.

Im Jahre 1899 wurde in Deutschland auf den Namen Dr. Tübben (D.R.P. 103912) eine damals neue Kühlungsart der Grubenbaue mit flüssiger Luft patentiert.

1 kg flüssiger Luft braucht zur Verdampfung und zur Erwärmung auf 30° C ca. 120 kgcal. Sollen wir am Arbeitsorte Wetter mit einer Temperatur von 34° C und einem Feuchtigkeitsgehalte von 80% auf eine Temperatur von 24° C bringen, so würde sich für 1 cbm Wetter folgender Verbrauch an flüssiger Luft ergeben:

$$Q = 0,31 \cdot (34 - 24) + (7,6 \cdot 0,58) = 7,44 \ \text{kgcal/cbm},$$

wozu 7,44 : 120 = 0,062 kg flüssiger Luft nötig sind.

Bei der gleichzeitigen Kühlung von 200 Arbeitern, von denen einem jeden in 1 Minute 1 cbm Luft von 24° C zukäme, wäre der Stundenverbrauch an flüssiger Luft $200 \cdot 1 \cdot 60 \cdot 0,062 \doteq 750$ kg/h.

---

1 Kühlen wir die Wetter intensiv ab, so sind sie sowieso gesättigt.

Nach Lisse: „Das Sprengluftverfahren", kostet die Anlage für 750 kg flüssiger Luft pro Stunde ca. 150000 RM. Für den Antrieb sind für 1 kg flüssiger Luft 2,5 KW notwendig, so daß der Motor 1875 KW hätte. Sein Preis, samt der Installation und dem Schaltbrette, würde 40000 RM betragen. Mit dem erforderlichen Gebäude und den Hilfsmaschinen, im Preise von 35000 RM, würde die Investition für die Produktionsstelle im ganzen 225000 RM betragen.

Der Herstellungspreis für 1 kg flüssiger Luft beträgt demnach ca:

1. Amortisation und Verzinsung zusammen 10% vom Betrage
225000 RM jährlich . . . . 22500 RM
2. Der Antrieb der Verflüssigungsstelle bei einem Preise
von 0,05 RM für 1 KW/h und bei 300 Arbeitstagen:
$300 \cdot 24 \cdot 750 \cdot 0,05 \cdot 2,5$ . . . . 675000 „

Im ganzen jährlich . . . . 697500 RM

Wenn jährlich $300 \cdot 3 \cdot 200 = 180000$ Arbeitsschichten verfahren werden, so entfällt auf die Kühlung pro Schicht und Arbeiter $697500 : 180000 = 3,88 \doteq 4$ RM.

Auch wenn man pro Mann und Minute nur 0,5 cbm Luft verbrauchen würde, würden die Kosten für einen Mann und eine Schicht noch immer 2 RM betragen, besonders wenn die Luft feuchter wäre, als oben angegeben ist.

Dagegen betragen die Auslagen, bei lokaler Kühlung mittels kleiner übertragbarer Kühlmaschinen und den gleichen Bedingungen (derselbe Strompreis), nur 0,20 RM bei 1 cbm Wetterverbrauch pro Mann und Minute. **Die Kühlung mit flüssiger Luft ist also ca. 20 mal teurer als die Kühlung mit kleinen Kühlmaschinen.**

Dabei ergeben sich noch andere Nachteile: Die flüssige Luft müßte man in Rohrleitungen, die gegen Wärmeverluste und außerdem gegen Explosionsgefahr gesichert sein müssen, führen. Anderenfalls müßte sie in armierten Dewargefäßen transportiert werden, wobei sehr viele dieser Behälter vernichtet werden. Auf der Stelle, wo die Verdampfung der flüssigen Luft und ihre Mischung mit der Grubenatmosphäre erfolgt, entwickelt sich ein beschwerlicher Wassernebel.

Wie wir sehen, wäre eine ähnliche Kühlung sehr umständlich und teuer. Es muß aber betont werden, daß sich die Grubenwetter auf diese Art nicht nur abkühlen, sondern auch mit Sauerstoff anreichern würden, weil die flüssige Luft einen höheren Prozentgehalt an Sauerstoff als gasförmige Luft enthält.

XLI. Herabsetzung der Wettertemperatur und -feuchtigkeit durch entsprechende Wahl der Wetterwege.

Die Bewetterung einer Grube wird entweder auf die Art durchgeführt, daß man nahe voneinander zwei Schächte errichtet, von denen einer der Einziehwetterschacht ist. Da diese Schächte gewöhnlich in der Mitte des Grubenfeldes zu sein pflegen, nennt man dieses System zentrale Bewetterung. Siehe Abb. 105 $a_1 \sim b$.

Oder aber wird der Ausziehwetterschacht in einer größeren Entfernung, gewöhnlich am Rande des Grubenfeldes, errichtet. Die Wetter werden dann am häufigsten von dem im Zentrum gelegenen Schächte zum Rande geführt und wir nennen deshalb eine derartige Bewetterung „grenzläufig" (Abb. 105 $c_1 \sim d$).

Bei beiden Systemen können die Wetter so geführt werden, daß sie nach Bewetterung eines Feldes sofort zum Ausziehwetterschachte geführt werden; die einzelnen Felder sind also „parallel geschaltet" (siehe Abb. 105 $a_1 \sim a_3$ und $c_1 \sim c_3$) oder derart, daß die Wetter aus einem Abbaue in den nächstfolgenden geführt werden; die einzelnen Abbaue sind also „serienweise geschaltet" (Abb. 105 b, d). Im zweiten Falle kann man also mit ein und derselben Wettermenge mehrere Abbaue bewettern.

Im Falle der parallelen Schaltung kann der Strom entweder gleich beim Schachte geteilt werden (Abb. 105, a_1, c_1), oder aber kann er im

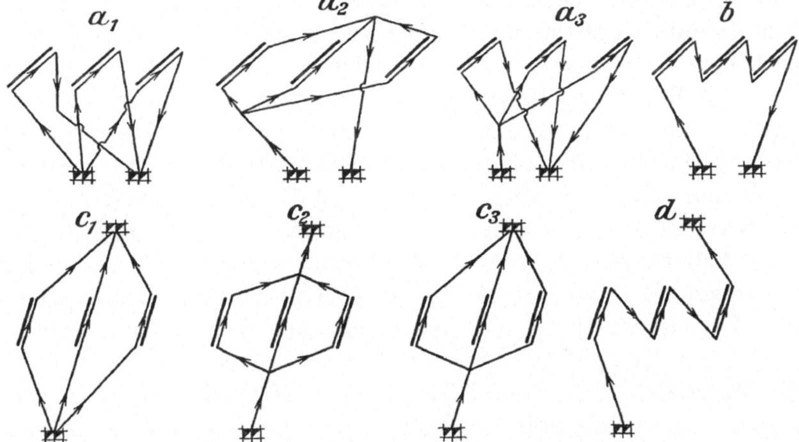

Abb. 105. Schema der zentralen Wetterführung (a_1, a_2 und a_3 — Parallelschaltung, b Serienschaltung) und der grenzläufigen Wetterführung (c_1, c_2 und c_3 — Parallelschaltung, d Serienschaltung).

Gegenteil konzentriert bis zu den Abbauen geführt und dort erst in Einzelströme geteilt werden (Abb. 105 a_2, a_3, c_2, c_3).

Vom Standpunkte der Wettererwärmung und -anfeuchtung haben alle Methoden ihre Vor- und Nachteile.

Bei der Methode a_1 wird der Wetterstrom gleich beim Schachte geteilt und strömt daher durch die Einziehwetterstrecken mit einer kleineren Geschwindigkeit und kommt mit dem Stoßgestein auf einer großen Fläche in mehreren Einziehstrecken in Berührung. Seine Temperatur und Feuchtigkeit ist daher bei seiner Ankunft im Abbaue bedeutend. Dem kann oft insofern vorgebeugt werden, als man den Wetterstrom erst vor den Abbauen teilt, wie es in den Figuren a_2 und c_2 angedeutet wurde. Aber auch dann strömen die Wetter durch den Abbau mit einer kleinen Geschwindigkeit und erwärmen sich hier bedeutend. Infolge der kleinen Geschwindigkeit haben sie eine ziemlich kleine Kühlwirkung.

Das Vereinigen der Einzelströme gleich hinter den Abbauen kann stellenweise vorteilhaft sein, weil sich die Wetter weniger rasch abkühlen, was die Bewetterung unterstützt. Bei einem konzentrierten

Wetterstrome ist auch die Möglichkeit der Kurzschlüsse leichter auszuschalten; die Oxydation der Stöße ist geringer. Da aber sodann die Depression im allgemeinen größer ist, sind die Kurzschlüsse verlustbringender. Aus diesem Grunde ist es manchmal vorteilhafter den Strom gleich hinter den Abbauen zu vereinigen (a_2, c_2), manchmal wieder nicht (a_3, c_3).

Beide Methoden haben aber den großen Vorteil, daß jeder Abbau seinen Wetterstrom erhält, was bei der Methode b nicht der Fall ist; hier gelangen die Wetter, welche schon durch einen oder mehrere Abbaue hindurchgegangen waren, in den nächstfolgenden, so daß sie im letzten Abbaue bereits eine bedeutende Temperatur aufweisen.

Demgegenüber hat die Methode b und ebenso d den Vorteil, daß der konzentrierte Wetterstrom durch die Zuführungswege rasch durchstreicht und daß die Berührungsfläche mit dem Gestein vor seiner Ankunft in den Abbau nur klein ist. Die Wetter erwärmen sich daher vor ihrer Ankunft in den ersten Abbau nur sehr wenig und die Erwärmung in den Abbauen selbst ist infolge der großen Geschwindigkeit auch nur gering. Nur aus diesem Grunde ist es möglich, den Wetterstrom durch mehrere Abbaue hintereinander zu führen. Außerdem hat er infolge seiner großen Geschwindigkeit eine große Kühlwirkung. Dafür ist eine größere Depression nötig, so daß auch der Betriebskraftverbrauch größer ist. Der Temperaturausgleich ist wohl gering.

Die Methoden c_1, c_2, c_3 und d haben den Methoden a_1, a_2, a_3 und b gegenüber den Vorteil, daß der Wetterstrom gewöhnlich einen kürzeren Gesamtweg zurückzulegen hat, so daß der Kraftverbrauch kleiner ist. Außerdem mischen sich nicht die Einziehwetter mit den ausziehenden mittels der Kurzschlüsse in so großem Maße, wie es bei den Methoden a_1, a_2, a_3 und b der Fall ist, wo die Wetter durch parallele Strecken zum Ausziehwetterschachte strömen, welcher in der Nähe des Einziehwetterschachtes liegt. Besonders dort, wo im Hauptquerschlag oder im Schachte selbst nur ein Wetterscheider verwendet wird, ist dazu reichlich Gelegenheit geboten. Hier kann außer der Wetterdurchmischung ein Wärmeübergang aus einer Abteilung in die andere eintreten.

Da die Verhältnisse in Schächten mit mehreren Horizonten bis zu einem gewissen Maße verschieden sind, mögen noch zwei Beispiele angeführt werden.

Abb. 106 und 107 zeigen zwei schematisch dargestellte Bewetterungsmöglichkeiten. Die Art a, Parallelbewetterung nach Abb. 106 hat folgende Vorteile: Die Wetter bewettern die Arbeitsorte nur eines Horizontes und sinken in der Grube nicht tiefer, als absolut nötig ist.

Die Methode b, Serienbewetterung nach Abbildung 107, hat folgende Vor- und Nachteile:

Es ist sehr bequem, die Wetter direkt im Schachte bis zur tiefsten

Sohle zu führen, um sie sodann aufsteigend über alle Arbeitsorte zum Ausziehschachte zu leiten.

Führt man aber die Wetter bis zur Schachtsohle, so erwärmen sie sich sehr leicht, und zwar wie durch Kompression, so auch durch andere Einflüsse, so daß sie sich dadurch intensiver mit Feuchtigkeit nachsättigen. Steigen sie sodann in der Richtung zum Arbeitsorte, so können sie bei einer genügend hohen Sättigung den Taupunkt noch vor dem Arbeitsorte erreichen; aber auch

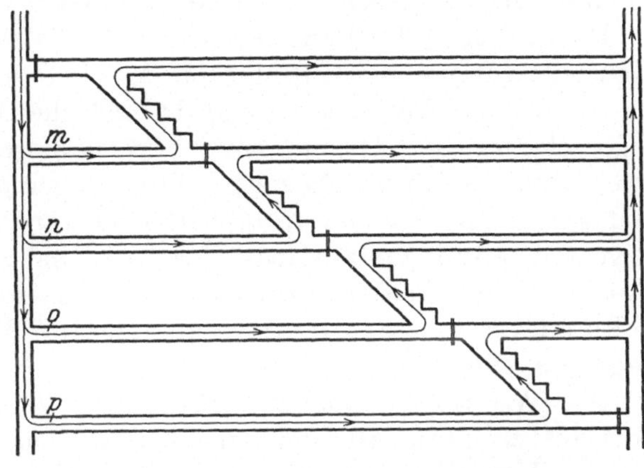

Abb. 106. Parallele Bewetterung von vier Horizonten.

wenn sie diesen Punkt nicht erreichen, ist ihre Güte infolge ihrer hohen Temperatur sowie ihres hohen Feuchtigkeitsgehaltes sehr schlecht.

Führt man aber die Wetter in absteigender Richtung nur bis zu den Streichstrecken (Abbildung 106) m, n, o, p, so können sie sich nicht mehr erwärmen, als unbedingt nötig ist, und die Feuchtigkeit wird in den oberen Abbauen viel niedriger, als bei der zweiten Bewetterungsart (Abb. 107) sein.

Dort, wo sich die Wetter mit Feuchtigkeit nicht nachsättigen

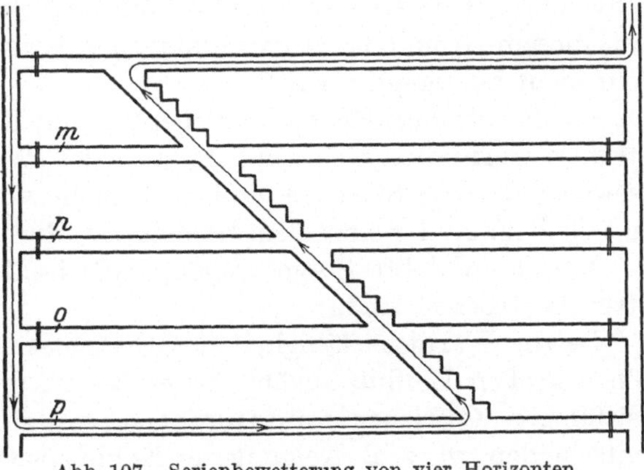

Abb. 107. Serienbewetterung von vier Horizonten.

können, ist der Nachteil der Wetterführung bis zur tiefsten Sohle nicht so groß. Auf ihrem aufsteigenden Wege kühlen sich die Wetter durch Expansion ab.

Die Methode b (Abb. 106) hat im Vergleiche zur Methode a (Abb. 107) den Nachteil, daß die Wetter in viele parallele Ströme geteilt werden, deren Geschwindigkeit nur klein und daher die Berührungsdauer mit dem Gestein sehr groß ist[1]. Auch an den Arbeitsorten selbst ist die

---

[1] Schon im unteren Teile des Einziehschachtes sinkt die Geschwindigkeit.

Geschwindigkeit der Wetter kleiner. Die Wetter erwärmen auch in den Zuführungsstrecken der einzelnen Horizonte (m, n, o, p usw.) sehr stark, wogegen die Erwärmung in den Strecken (m, n und o) im Falle b vollkommen ausgeschlossen und in der Strecke p weit niedriger ist.

Da die Länge der Einziehstrecken von Fall zu Fall verschieden ist, ebenso ihre Breite, die Leitfähigkeit des Gesteines, die Menge der durch sie strömenden Wetter usw., und da auch die Größenverhältnissse und Eigenschaften der Abbaue, sowie ihre gegenseitige Lage verschieden sind, kann man nicht allgemein gültige Regeln, wie man vorgehen soll und welche Methode am vorteilhaftesten wäre, angeben. Man muß im Gegenteil jeden Spezialfall für sich lösen und dabei auf die Betriebsverhältnisse eines jeden einzelnen Falles Rücksicht nehmen. Nur die allgemeinen Grundsätze können hier angegeben werden.

Die Wetter sollen am kürzesten Wege zum Arbeitsorte geführt werden. Alle unnützen Knickungen, Biegungen und Verteilungen, besonders aber Nischen und Blindstrecken sollen vermieden werden, weil dadurch die Berührungsfläche mit dem Gestein — die eigentliche Heizfläche — vergrößert wird. Man muß überhaupt trachten, die Heizfläche möglichst klein zu machen. Alle Einziehstrecken sollen nur so breit sein, daß die nötige Wettermenge durchgehen kann. Die Geschwindigkeit des Wetterstromes muß möglichst groß gewählt werden. Aus diesem Grunde ist es vorteilhaft, den Wetterstrom zu konzentrieren und nicht zu zersplittern.

Die Berührungsflächenverkleinerung und Konzentration des Wetterstromes darf aber nicht auf Kosten der Wettermenge durchgeführt werden; zu enge Strecken sind auch nicht vorteilhaft. Man muß eben in jedem Falle die einzelnen Maßnahmen durchrechnen.

Man muß dafür Sorge tragen, daß die Durchhiebe und Einziehstrecken trocken sind.

Da die Wärmeleitfähigkeit des Gesteines auf die Wettererwärmung einen großen Einfluß ausübt, ist es besser, die Einziehorte in weniger leitfähigen Gesteinen unterzubringen, soweit nicht andere Umstände entscheiden, wie z. B. Neigung der Kohle zur Oxydation, Notwendigkeit eines Wettertemperaturausgleiches usw.

Vom Standpunkte der Wärmeleitfähigkeit allein wäre es also am besten, die Strecken in Kohle zu treiben, welche von den festen Gesteinen die kleinste Wärmeleitfähigkeit besitzt. Hier genügt eine Ulmdurchkühlung in ganz geringe Tiefen, damit der Einfluß der ursprünglichen Gesteinstemperatur sehr abgeschwächt werde, was aus den Diagrammen Abb. 68 bzw. 74, Kapitel XXVIII zu ersehen ist.

XLII. Regulierung der Wettertemperatur durch entsprechende Wahl der Abbaumethode.

Von Prof. Dr.-Ing. Alois Parma.

Den größten Einfluß auf die Temperaturänderung im Abbau hat:

1. die Größe des Abbaues,
2. das Fortschreiten des Abbaues,
3. die Wetterführung längs des Abbaues,
4. die Art des Versetzens oder des Verbruches,
5. die Methode des Abbauens und der Förderung aus dem Abbaue,
6. die Menge des gewonnenen Hauwerkes,
7. das Ausbringen des abgebauten Flözes,
8. die Größe der Belegschaft,
9. die gegenseitige Lage der Abbaue, d. i. ihre Gruppierung im abzubauenden Felde.

Die Größe der Abbaukammer hat auf die Wettertemperatur einen großen Einfluß, denn sind die Räume groß, so ziehen die Wetter nur langsam hindurch und erwärmen sich weit mehr als in kleinen Räumen. Man muß hier allerdings zwischen den Flächen- und Höhenausmaßen unterscheiden. Bei einem niedrigen Raume (z. B. beim Abbau niedriger Steinkohlenflöze) entstehen der Regel nach nicht so viele tote Räume als bei hohen Kammern (z. B. beim Kammerabbau der Braunkohlenflöze im Nordböhmischen Revier) und die Durchmischung mit frischen Wettern ist in den Abbauen vollkommener.

Das rasche Fortschreiten des Abbaues, besonders in Kohlengruben, kann einen bedeutenden Einfluß auf das Herabsetzen der Wettertemperatur haben, weil die Wärme, welche durch Oxydation der Kohlenreste im Alten Mann entsteht, merklich kleiner ist, da die Wetter bei einer kürzeren Gewinnungsdauer durch den Alten Mann nur eine viel kürzere Zeit streichen können. In heißen Gruben kann aber ein rasches Fortschreiten des Abbaues eine Vergrößerung der entblößten warmen Gebirgsfläche, mit welcher der Wetterstrom in Berührung kommt, wodurch seine Temperatur erhöht wird, bedeuten.

Mit diesem Umstande hängt auch die Wetterführung um den Abbau eng zusammen. In erster Linie muß das Ziehen der Wetter durch den Alten Mann verhindert werden, ferner muß man besonders den eckigen Ausläufen des Alten Mannes ausweichen, welche in die Abbaufront hineinragen (Abb. 108). Die über solche Ausläufe streichenden Wetter erwärmen sich sehr stark. Dies ist besonders beim Pfeilerbau sehr wichtig, wo ein übermäßig rasches Fortschreiten des Abbaues der oberen Pfeiler ein Zubruchgehen der Firste zur Folge hat, so daß die Wetter durch den Verbruch, anstatt durch den Raum zwischen dem Verbruche und den Pfeilern, strömen.

Wird mit Verbruch gearbeitet, so entstehen um so größere Räume, je fester das Hangendgestein ist. Die Geschwindigkeit der Wetter in solchen Räumen vermindert sich und sie erwärmen sich, wobei die im

Verbruch zurückgebliebene Kohle u. ä. der Temperaturerhöhung der Wetter grundsätzlich beiträgt. Versetzen wir aber gleichzeitig die abgebauten Räume mit festem Bergeversatz, so kann die Wettergeschwindigkeit im Abbau ziemlich hoch. erhalten werden, wodurch die Erwärmung der Wetter bedeutend kleiner wird. Der Bergeversatz muß allerdings kohlenfrei sein (man kann z. B. durchwachsene Berge aus der Kohlenwäsche nicht verwenden), damit

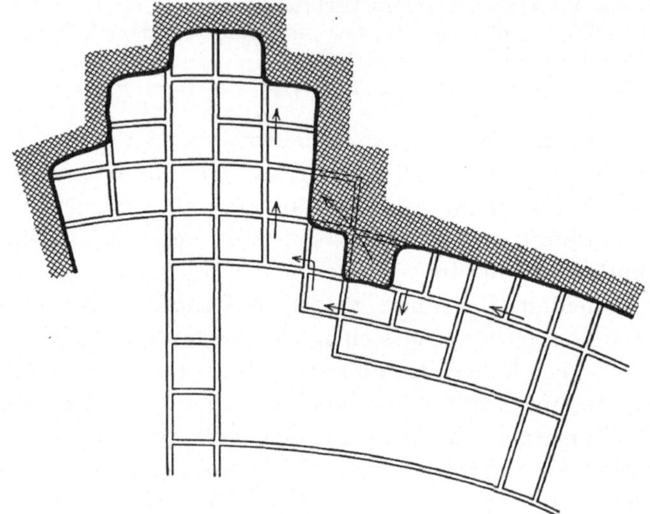

Abb. 108. Einfluß der von den Wettern durchzogenen Vorsprünge des alten Mannes auf die Lufttemperatur.

nicht bei undichtem oder unvollkommenem Versetzen die Temperatur im Alten Mann durch Oxydation der Kohle erhöht werde.

Durch einen festen Versatz verringern wir auch den Einfluß des Druckes des Hangenden auf die Wettertemperatur. Mit Rücksicht auf die Wettertemperatur ist Spülversatz am besten, es wird aber dabei die Wetterfeuchtigkeit erhöht. Die Hauptursache, daß bei Verwendung von Spülversatz kältere Wetter sind, ist:

1. Wärmeentziehung aus den Wettern durch den feuchten Versatz;

2. Verhinderung der Wetterverluste durch dichten Versatz;

3. der Umstand, daß der Versatz keine Pfeiler enthält, welche zerdrückt werden könnten.

Erwägen wir noch, daß bei einem Abbau mit Versatz die Brandgefahr praktisch nicht besteht, so daß dadurch diese starke Wärmequelle ausgeschaltet ist, so sehen wir, daß in Gruben mit hoher Temperatur, mit Rücksicht auf diesen Umstand, die beste Abbaumethode die mit Versatzverwendung ist.

Was die Gewinnungsart des abgebauten Minerales betrifft, hat auf die Erwärmung der Wetter in erster Linie die Schießarbeit einen gewissen

Einfluß. Verwendet man maschinelle Abbaumethoden, wie auch mechanische Fördermittel in Form der heute, besonders in niedrigen Steinkohlenflözen, verwendeten Schüttelrinnen, so haben sie einen indirekten Einfluß dadurch, daß in einer Schicht große Mengen Hauwerkes gewonnen werden, welche einesteils den Wettern ihre Wärme mitteilen und anderenteils einer Erwärmung dadurch Vorschub leisten, daß sich große Staubmengen bilden, welche der Oxydation sehr leicht anheimfallen. Auch die Umwandlung der mechanischen Arbeit in Wärme spielt hier eine Rolle.

Im allgemeinen kann man sagen, daß die Temperaturerhöhung, welche durch das Hauwerk hervorgerufen wird (Abkühlung und Oxydation), bei mächtigen Flözen größer als bei schwachen Flözen ist. Dies kann aber durch die größeren Wettermengen, welche durch die breiten und hohen Abbaue der mächtigen Flöze streichen, ausgeglichen werden.

Über den Einfluß des Ausbringens des abgebauten Flözes wurde schon beim Einfluß des kohlenfreien Versatzes und Verbruches Erwähnung getan. Man kann sagen, je reiner ein Abbau ist, desto günstiger ist er für eine niedrige Temperatur der Grubenwetter.

Eine Konzentrierung der Grubenabbaue hat ihren Vorteil darin, daß man in ein bestimmtes Grubenfeld einen stärkeren Wetterstrom führen kann. Die Wetter ziehen mit einer größeren Geschwindigkeit, erwärmen sich weniger als in dem Falle, wo die einzelnen Abbaue über ein großes Feld ausgedehnt sind, wo die Wetter mit einer kleinen Geschwindigkeit zu den Arbeitsorten strömen und wo auch die Verluste an kalten frischen Wettern größer sind.

Es ist aber auch die Konzentration der Abbaue begrenzt, und zwar durch die Temperaturerhöhung in den Abbauen (Oxydation, Atmung der Belegschaft, Beleuchtung, mechanische Arbeit usw.). Ist durch einen der oben genannten Umstände die Temperatur im Abbaue zu groß, so wird es mit Rücksicht auf die Erhaltung einer niedrigen Temperatur vorteilhafter sein, die Abbaue sowie den Wetterstrom zu verteilen, damit nicht die in den Abbauen erwärmten Wetter in weitere Abbaue strömen, sondern direkt durch die Ausziehstrecke entführt werden.

Es muß nicht betont werden, wie groß die Bedeutung einer gewissenhaften Erhaltung aller Wettereinrichtungen, besonders aller Wettertüren, für den Wetterwechsel ist.

Verfolgen wir nun noch den Einfluß einiger der wichtigsten Abbaumethoden auf die Erwärmung der Wetter.

Beim Sohlen- und Firstenbau, also bei Methoden, die oft in Erzgruben angewendet werden, unterscheiden sich die Verhältnisse der Wettererwärmung voneinander sehr stark. Bei der ersten Methode (Abb. 109) strömen die Wetter zuerst in absteigender Richtung, wobei ein Teil der frischen Wetter durch den Versatz in die obere Streichstrecke zieht, eventuell durch die Einfallende in die oberen Räume. Infolge des bedeutenden Profiles der Abbaue strömen die Wetter langsam und ihre Erwärmung sowie Befeuchtung ist ziemlich groß.

Beim Firstenbau ist die Erwärmung gewöhnlich kleiner als beim Sohlenbau. Die Wetter ziehen immer in aufsteigender Richtung, und zwar fast ohne Verluste mit einer merklichen Geschwindigkeit längs der einzelnen Staffeln,

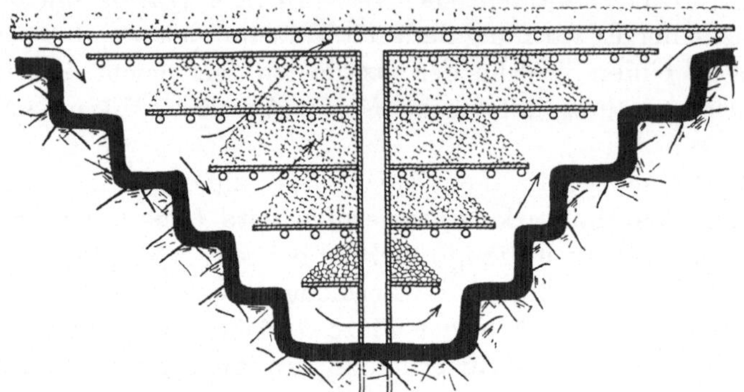

Abb. 109. Bewetterung beim Sohlenbau.

so daß ihre Erwärmung kleiner ist. Ebenso sind die Verluste an Wettern im Versatz kleiner (siehe Abb. 110).

Werden steilstehende Steinkohlenflöze durch Firstenbau abgebaut, so kann sich die Temperatur der Grubenwetter durch diejenige Wärme bedeutend erhöhen, die durch Oxydation des zermalmten Kohlenkleines und Staubes, welcher in den

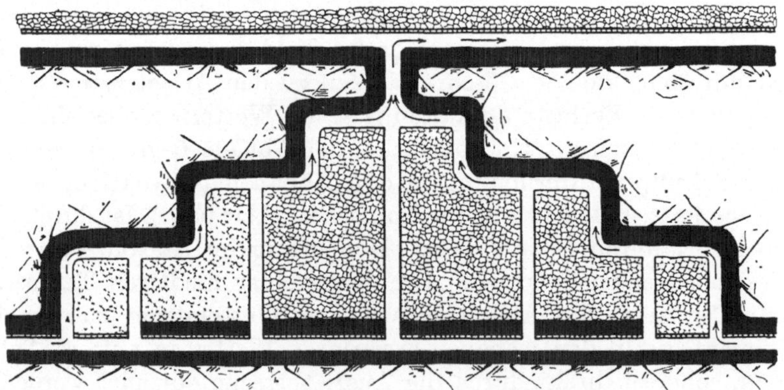

Abb. 110. Bewetterung beim Firstenbau.

Sturzschächten entsteht, hervorgerufen wird. Auch die in den Sturzschächten angehäufte Kohle erwärmt die Wetter, wenn die Flöztemperatur hoch ist. Mit Rücksicht darauf, daß bei dieser Methode oft feuchter Versatz verwendet wird, d. i. Taubes aus den Aufbereitungen, muß man auch das Steigen der Wetterfeuchtigkeit beachten.

Bezüglich der Erzgruben muß noch der Querbau erwähnt werden, welcher besonders bei vielen Erzlagerstätten verwendet wird. Die Wetterstrecken pflegen Abbaustrecken und daher kurz zu sein, so daß die in ihnen erfolgte Erwärmung nicht groß ist. Im Abbau selbst entstehen aber beim

Querbau reichlich große Räume, durch welche die Wetter langsam strömen, so daß sie sich bedeutend erwärmen. Auch die Wetter, die durch den Verbruch oder Versatz streichen, werden erwärmt, so daß besonders zu weiteren Abbauen die Wetter eventuell stark erwärmt gelangen.

Beim Strebbau, welcher bei schwachen Flözen in Verbindung mit maschineller Gewinnung und mechanischer Förderung in Schüttelrinnen verwendet wird, entsteht beim Schrämen oder Gewinnung mit dem Abbauhammer und auch beim Fördern sehr viel Staub, welcher sich oxydiert und die Temperatur der Wetter erhöht. Was die Räume, eventuell ihre Profile, betrifft, durch welche die Wetter ziehen, sowie die Geschwindigkeit der Wetter, ist all dies von der Durchführung des Versatzes abhängig, d. h. ob ein dichtes oder nur ein sogenanntes Kastenversetzen erfolgt, oder ob das Versetzen sofort nach dem Abbau oder mit Belassung größerer Räume erfolgte. Der schlechteste Fall ist der, wo die entstandenen Räume nur teilweise versetzt werden und der Versatz Kohlenzwischenmittel enthält, welche sich oxydieren. In diesem Falle entweicht ein großer Teil der Wetter durch den Versatz, um erwärmt in andere Abbaue zu gelangen. Das beste Mittel gegen die Erhöhung der Temperatur ist in diesem Falle ein vollständiges Versetzen mit kohlenfreiem Versatz, gleich hinter dem Abbau.

Beim schwebenden Strebbau mit breitem Blick erreicht die Länge der Front eventuell 250 m und mehr. Am Ende der Front ist die Temperatur hauptsächlich auf Grund der Erwärmung durch Oxydation viel höher als beim Eintritt in den Abbau, um so mehr, weil die Verluste der durch den Versatz ziehenden Wetter sehr groß sein können.

Beim Pfeilerbau haben auf die Temperaturerhöhung der Wetter die großen Räume einen Einfluß. Die Wetter ziehen durch diese mit einer kleinen Geschwindigkeit und werden daher, auch auf einem verhältnismäßig kürzeren Wege, stärker erwärmt. Einen weiteren Einfluß üben die Kohlenreste im Verbruch aus, welche allerdings größer als beim Strebbau sind. Der Einfluß der Erwärmung der Wetter ist hier auch dadurch größer, daß die Mächtigkeit des Flözes, welches im Pfeilerbau abgebaut wird, größer ist. Beim Pfeilerbau muß auch beachtet werden, ob im streichenden, einfallenden, schwebenden oder diagonalen Pfeilerbau abgebaut wird, denn die Länge des Wetterweges hat auf die Erwärmung der Wetter einen großen Einfluß; beim streichenden Pfeilerbau ist der Wetterweg regelmäßig am kürzesten.

Beim Pfeilerbau und besonders beim Kammerbau in mächtigen Flözen, z. B. in den Nordböhmischen Braunkohlenflözen, liegt die Quelle besonderer Wettererwärmung in:

1. der kleinen Geschwindigkeit der Wetter und

2. der Erwärmung der Wetter durch die Kohlenwände und das gewonnene Hauwerk, welches besonders beim Kammerbau bedeutend ist und einige Zehner Eisenbahnwaggons beträgt.

Die Oxydation und die durch sie entstandene Wärme spielt die größte Rolle im Verbruch, welcher beim Pfeilerbau 10 bis 15% Kohle enthält, beim Kammerbruchbau aber 50% und noch mehr. Diese Abbaumethode ist aber heute nur mehr eine Ausnahme, da sie fast überall durch den rationellen Etagenpfeilerbau ersetzt ist.

Beim Abbau flacher Lagerstätten, z. B. schwacher Steinkohlenflöze, wird die Bewetterung der ganzen Abbaue leichter als bei mächtigen Flözen sein, weil bei diesen kammerartige Räume entstehen, in welchen kein besonders guter Wetterwechsel erzielt wird.

XLIII. Kühlung der Grubenluft durch Umwandlung der Wärme in eine andere Energieart.

Wissenschaftlicher Interesse halber haben wir dieses Kapitel, ähnlich wie das über Lufttrocknung durch Zentrifugen, angeschlossen.

Wie schon auf Seite 221 ff. und 275 gesagt wurde, bereitet die Wärmeabführung aus der Kühlmaschine[1] in der Grube manche Schwierigkeiten, ja es ist mancherorts sogar unmöglich, die Wärme ökonomisch abzuleiten. Es wäre wohl am besten, die Wärme direkt in eine andere Energieform umzuwandeln, welche man leicht abführen oder am Orte selbst ausnützen kann.

Wir haben uns auch bemüht, mittels des sogenannten Peltiereffektes Herr der Frage zu werden. Geht nämlich elektrischer Strom in einer Richtung durch die Kontaktfläche gewisser Metalle, so bewirkt er eine Erwärmung, in umgekehrter Richtung auch eine Abkühlung. Hier hat wieder die Joulesche Wärme unser Bestreben zunichte gemacht.

Dieses Problem bleibt somit den glücklicheren Forschern vorbehalten. Wir hoffen, daß unsere kurzen Bemerkungen das Suchen auf diesem Gebiete anregen werden und bringen jetzt schon dem Löser dieses Problems einen aufrichtigen Glückwunsch.

XLIV. Wirtschaftlichkeit einer Grubenluftkühlanlage.

Kühlen wir nicht die Grubenluft lediglich aus Rücksicht auf die Gesundheit der Arbeiter oder überhaupt aus sozialen Gründen, so ist die Wirtschaftlichkeit irgendeiner Kühlanlage durch die einfache Formel gegeben: Die Einrichtung ist nur dann wirtschaftlich, wenn die Betriebsauslagen und die Amortisationsbeträge zugleich mit der Verzinsung des investierten Kapitales kleiner sind, als die Ersparnisse, die durch die erhöhte Leistung erzielt werden.

In den vorstehenden Kapiteln wurde berechnet, um wieviel die Leistung eines normalen Arbeiters durch Herabsetzung der Temperatur oder Feuchtigkeit erhöht werden kann. Kennen wir den Wert der durch den Arbeiter verrichteten Arbeit, so können wir leicht errechnen, welchen Wert die erhöhte Leistung für uns hat.

Bei ähnlichen Berechnungen dürfen wir aber folgenden Umstand nicht außer acht lassen: Ist beispielsweise die Leistung des Hauers pro 1 Schicht 1 t und zahle ich ihm 8 RM täglich, und vergrößert er die Leistung bei demselben Lohne auf 1,5 t, so beträgt der Gewinn nicht 4 RM. Seine Arbeit, resp. das von ihm gewonnene Hauwerk hat gewiß einen höheren Wert, als diese 8 RM vorstellen. Erstens läßt man die Arbeit verrichten, damit man daraus einen Gewinn erzielt; man muß also zum Lohne die entsprechende Gewinnquote zuzählen. Weiter muß man

---

[1] In einer Kühlmaschine wird die Wärme nicht vernichtet, sondern nur in einem Stoffe konzentriert und mittels Wassers abgeleitet.

die Quote der General- und der Regie überhaupt zuzählen. Ferner muß erwogen werden, daß an dem Preise des Hauwerkes auch viele Hilfsarbeiten und eine ganze Reihe anderer Posten partizipieren.

Aus der Grube muß Wasser gepumpt werden, man muß Wetter zuführen, es muß gezimmert und ausgemauert werden und alle diese Arbeiten belasten bei erhöhter Leistung des Hauers die Gewinnungskosten einer Tonne weniger.

Die Summe dieser Arbeiten ist während des besseren Betriebes nicht nur relativ, sondern sogar absolut kleiner, weil die Grube bei einer erhöhten Leistung rascher abgebaut wird, wodurch kleinere Posten durch das Pumpen, Wetterzuführen, Zimmern usw. verursacht werden. Aber auch bei diesen Arbeiten können die Arbeiter in kalten Wettern eine größere Leistung erzielen, wodurch diese Posten wieder nicht nur relativ, sondern auch absolut verkleinert werden. Diese Arbeiten müssen immer auf eine Tonne gewonnenen Materiales bezogen werden.

Der eigentlichen Gewinnungsarbeit wegen mußten aber viele Querschläge getrieben und zahlreiche Nebenarbeiten verrichtet werden, welche die Gewinnungsauslagen für 1 t Hauwerk belasten. Geht sodann die Arbeit im Abbau rascher vor sich, so ist die Verzinsung und Amortisation, welche auf diese Arbeiten entfällt und 1 t Hauwerk belastet, wieder kleiner.

Bei einem raschen Abbaue kann sich auch der Druck weniger äußern, was wieder eine Verminderung der Maurer- und Zimmerarbeiten zur Folge hat.

Erwägen wir all dies, so sehen wir, daß der Preis einer Tonne gewonnenen Hauwerkes mehrfach höher ist, als die Hauerlöhne für ihre Gewinnung betragen. Wenn man wie vorher für 1 t 8 RM an Hauerlohn bezahlte, so beträgt der Preis für 1 t wenigstens 30 RM[1]. Wird die Leistung des Hauers um 100% erhöht, so kann der Preis z. B. auf 20 RM sinken; er sinkt also eventuell um mehr, als der ganze Hauerlohn ausmacht.

Dies soll durch ein Beispiel erklärt werden.

I. Fall: Vor Einführung der Kühlung. Ein bestimmtes Feld wurde durch einen Querschlag von 300 m Länge und eine streichende Richtstrecke von 150 m Länge aufgeschlossen. Außerdem war es nötig, den Schacht um 50 m nachzuteufen, zwei Sturzschächte, ein Füllort und eine Pumpstation zu errichten. Weiter mußte der Horizont ausgemauert, ausgezimmert und mit Maschinen ausgestattet werden. All dies forderte einen Aufwand von 120000 RM, wovon wir 60000 RM abziehen, weil der Schacht, die Pumpstation, das Füllort usw. gleichzeitig auch für andere Abteilungen verwendet werden.

Das Volumen des Feldes beträgt $1 \cdot 50 \cdot 150 = 7500$ cbm, was 20000 Tonnen gleichkommt. Das Aufschließen, Einrichten und die Aus-

---

[1] Im Bergwesen gilt die Handregel, daß 1 t Erz ca. 4 mal so viel kostet, als für ihre Gewinnung an Hauerlohn gezahlt wurde. Allerdings ändern sich die Verhältnisse von Grube zu Grube, so daß man in jedem einzelnen Falle eine eigene Bilanz machen muß.

gewinnung des Feldes nehmen 3 Jahre in Anspruch, und zwar 20 Monate der Abbau und 16 Monate der Aufschluß.

Die einzelnen Posten werden sich folgendermaßen äußern:

Aus dem Posten „Aufschluß und Ausrichtung" entfallen auf das betreffende Feld 60 000 RM. Der Amortisationsposten dieser Summe belastet 1 t Hauwerk mit 3 RM (60 000 RM : 20 000 t = 3 RM). Die Zinsen für den Betrag von 60 000 RM betragen bei einer 8%igen Verzinsung pro 1 t 0,36 RM[1]. Bei diesem Vorgang wird also 1 t Hauwerk mit 3,36 RM belastet.

Die zentralen Einrichtungen der ganzen Grube belasten 1 t mit einem Amortisationsbetrage von 2 RM. Rechnen wir, analog wie oben, daß die Verzinsung dieses Betrages 0,24 RM beträgt. Zählen wir nun alle genannten Posten zusammen, so ergibt sich pro 1 t eine Gesamtbelastung (Amortisation und Verzinsung) von 5,60 RM.

In dem erwähnten Felde sind 10 Hauergruppen von je 2 Mann beschäftigt. Die Leistung beträgt pro 1 Arbeiter und 1 Schicht 1 t Hauwerk. In einem Tage werden also 40 t Hauwerk gewonnen, da in zwei Schichten gearbeitet wird. In einem Jahre würden 12 000 t gewonnen werden, so daß das Ausgewinnen, wie schon erwähnt, 20 Monate in Anspruch nehmen würde.

Der Arbeiter verbraucht $\frac{1}{3}$ kg Dynamit im Werte 1 RM, sein Geleuchte kostet 10 Pf., die komprimierte Luft 1 RM; die Bohrer und deren Instandhaltung erfordern 1,50 RM. Die Förderung im Schachte kostet 1 RM pro 1 t Hauwerk. Die Hilfsmaterialien betragen für 1 t 1 RM. Die Bewetterung der Grube kostet jährlich 40 000 RM, wovon 8000 RM auf unser Feld entfallen. Das Pumpen des Wassers erfordert jährlich 150 000 RM, wobei $\frac{1}{5}$ davon = 30 000 RM dem besagten Felde zukommt. Außerdem ist das Feld mit 6 Förderern (in 2 Schichten), 4 Zimmerleuten und 2 Maurern (in 1 Schicht) belegt. Ferner entfällt auf dieses Feld $\frac{1}{2}$ Aufseher, 1 Obertags- und 1 Untertagsanschläger. Aus dem Maschinen- und Kesselhause zusammen entfällt auf dieses Feld 1 Arbeiter. In der Kanzlei entspricht diesem Felde $\frac{1}{8}$ aller Angestellten, d. i. 1 Angestellter. Von der Arbeiterschaft obertags kommen $\frac{1}{8}$ aller Angestellten, das sind 3 Arbeiter, von der Voraufbereitung ebenfalls $\frac{1}{8}$, das sind 4 Arbeiter, hinzu.

---

[1] Die jährlichen Zinsen für das investierte Kapital von 60 000 RM betragen bei einer 8%igen Verzinsung 4800 RM.

Diese Zinsen können wir nicht für ganze 3 Jahre rechnen und auf die gesamte Förderung gleichmäßig verteilen, denn das in die Ausrichtung des Feldes investierte Kapital wurde nicht gleich am Anfange ausgegeben, sondern allmählich mit dem Fortschreiten der Ausrichtungsarbeiten. Das zu Beginn ausgeförderte Material wird durch die Zinsen weniger belastet und die investierte Summe wird allmählich, mit dem Fortschreiten der Ausgewinnung, verkleinert. Hier haben wir aber die Tonne mit einem mittleren Betrage von 0,36 RM belastet. Allfällige Ungenauigkeiten sind durch den hohen Zinsfuß (8%) gut gedeckt.

Die Löhne sind derart festgesetzt, daß ein qualifizierter Arbeiter 10 RM, ein Hauer 8 RM und eine Hilfskraft 6 RM erhält.

Die sozialen Posten, Pension, Krankenkasse usw. betragen ca. 20% des ausgezahlten Lohnes. Betragen die Löhne 6 bis 10 RM für einen Arbeiter, so entfallen auf diese Posten 1,2 bis 2 RM. Die Regie und Generalregie beläuft sich für 1 t Erz auf 2 RM, also etwa 6% der Selbstkosten des Erzes und ungefähr 15% der ausgezahlten Löhne.

Zählen wir alle diese Posten zusammen, so erhalten wir für 1 t Erz 33,13 RM. Siehe die auf Seite 299 angeführte Zahlentafel 28.

Die Löhne für 1 Tag betragen:

40 Hauer à 8 RM	320 RM
12 Förderer à 6 RM	72 „
6 Zimmerleute und Maurer à 10 RM	60 „
½ Aufseher à 12 RM	6 „
2 Anschläger à 8 RM	16 „
1 Heizer + Maschinist à 10 RM	10 „
1 Kanzleiangestellter à 14 RM	14 „
3 Obertagsarbeiter à 6 RM	18 „
4 Voraufbereitungsarbeiter à 6 RM	24 „
Summe	540 RM
Soziale Posten 20%	108 „
Zusammen	648 RM

Nachdem 40 t täglich gefördert werden, entfallen auf 1 t 648 : 40 = 16,2 RM.

II. Fall: Nach Einführung der feuchtigkeitsvermindernden Vorkehrung. Wir haben soeben berechnet, wie hoch 1 t Erz in einer ungekühlten Grube zu stehen kommt und wie hoch sich die Gesamtauslagen belaufen, wobei eine Temperatur von 34° C, eine Feuchtigkeit von 85% und eine durchschnittliche Wettergeschwindigkeit von 1 m/s vorausgesetzt war.

Die Leistung war im Vergleich zu der möglichen maximalen Leistung 35%ig. Siehe Tabelle I und Kapitel XXV.

Nun muß noch berechnet werden, wie sich das Verhältnis ändern würde, wenn in der Grube Vorkehrungen zur Verbesserung der klimatischen Verhältnisse ausgeführt worden wären.

Die Trocknung sei derart durchgeführt, daß das gesamte Wasser in einer Rohrleitung zusammengeführt und mittels dieser aus der Grube geleitet wird. Schon der Förderschacht sei derart eingerichtet, daß an seinen Wänden kein Wasser herabfließen kann, sondern gänzlich in einer Rohrleitung aufgefangen und abgeleitet werde. Dies erfordert für einen seigeren Schacht einen Aufwand von 40000 RM, wovon nur ¹/₂₀, d. i. 2000 RM das betreffende Feld belastet und zwar aus dem Grunde, weil die Anlage gleichzeitig auch anderen Feldern zugute kommt.

Außerdem werden nach der Ausgewinnung dieses Feldes noch weitere Felder aufgeschlossen, denen der Förderschacht erhalten bleibt.

Die Einschränkung der Wetteranfeuchtung im eigentlichen Horizonte und im Abbaufelde kostet 4000 RM.

Die Anlage im Schachte wollen wir im Laufe von 10 Jahren amortisieren. Die Zinsen, die wir mit 8% berechnen, betragen jährlich für das Kapital von 6000 RM, welches auf unser Feld entfällt, 480 RM. Die Amortisationsquote wird mit 0,2 RM/1 t Hauwerk festgesetzt, da es sich meistens um Rohre handelt, die nach der Ausgewinnung des Feldes wieder anderweitig verwendet werden können.

Die Anlage bewirkt, daß sich die Feuchtigkeit der Arbeitsorte im betreffenden Felde auf 60% vermindert. Die Temperatur ist auf Grund der Wettertrocknung im Schachte und den Einziehstrecken und der Feuchtigkeitsentnahme aus dem Gestein am eigentlichen Vororte[1] um 1° C, also auf 33° C gesunken.

Die Temperaturverringerung um 1° C und die Herabsetzung der Feuchtigkeit von 85% auf 60% ermöglicht nach dem Diagramme, Tafel I, eine Leistungserhöhung von 35% auf 75%. Ein Arbeiter gewinnt nun effektiv statt 1 t durchschnittlich 2 t[2]. Das ganze Feld wird nun statt in 20 Monaten in 1 Jahre ausgewonnen. Die Vorrichtungsarbeiten werden ebenfalls in 1 Jahre (früher 16 Monate) beendet sein, so daß das ganze Feld in 2 Jahren ausgewonnen sein wird[3].

Der Erzeugungsaufwand äußert sich nun folgendermaßen:

Durch die Leistungserhöhung sinkt auch das in die Aufschluß- und Einrichtungsarbeiten investierte Kapital von 60000 RM auf 50000 RM.

In diesem Falle belastet die Amortisation 1 t gewonnenen Materials mit einem Betrage von 2,5 RM, die Verzinsung, nunmehr von einem Kapitale von 50000 RM für eine Zeit, die um ⅓ kürzer ist, mit 0,2 RM.

Der Amortisationsbetrag für die Zentralausgaben bleibt gleich (2 RM), aber seine Verzinsung belastet nun, mit Rücksicht auf die kürzere Dauer der Ausgewinnung, nur mit 0,16 RM. Das Konto „Amortisation und Verzinsung" belastet nun 1 t nicht mehr mit 5,60 RM, sondern nur mit 4,86 RM.

Wird nun die Leistung von 1 t auf 2 t gesteigert, so belastet der Lohn samt den sozialen und oben angeführten Beträgen statt mit 16,20 nur mit 10,26 RM.

---

[1] Wir ermöglichen, daß sich die Wetter am eigentlichen Arbeitsorte und in der nächsten Umgebung zwecks Verminderung der Temperatur ein wenig anfeuchten.

[2] Es wird wohl nicht in allen Fällen die Leistung um so viel erhöht, um wieviel sie theoretisch gesteigert werden kann.

[3] Auch wenn die Leistung verdoppelt wird, dauert die Ausgewinnung mehr als die Hälfte, da die Leistungserhöhung auf den Fortschritt vieler Arbeiten keinen Einfluß ausübt.

Die Löhne für 1 Tag betragen nun:

40 Hauer à 8 RM	320 RM
20 Förderer à 6 RM	120 „ [1]
9 Zimmerleute und Maurer à 10 RM	90 „
½ Aufseher à 12 RM	6 „
3 Anschläger à 8 RM	24 „
1 Heizer + Maschinist à 10 RM	10 „
1 Kanzleiangestellter à 14 RM	14 „
3 Obertagsarbeiter à 6 RM	18 „
8 Voraufbereitungsarbeiter à 6 RM	48 „
Summe	650 RM
Soziale Lasten 20%	130 „
Zusammen	780 RM

Auf 1 t entfallen somit 780 RM : 80 t = 9,75 RM.

Die Amortisation und Verzinsung der Preßluftanlage und der Bohrmaschinen sind nun kleiner. Auch der Preßluftverbrauch wird relativ kleiner. Die Verluste, welche manchmal bis 30% betragen, mußten bei der kleineren Förderung auf weniger Tonnen aufgeteilt werden.

Der Sprengmittelverbrauch pro 1 t wird ebenfalls kleiner sein. Diese Verminderung tritt deshalb ein, weil der Arbeiter durch die Hitze geistig und körperlich nicht so erschöpft ist und daher zielbewußter arbeitet. Er bohrt tiefere, besser angelegte Bohrlöcher, stampft sie besser ein und steigert dadurch die Leistung pro 1 kg Sprengmittel. Der Wasserzufluß ist der gleiche und es entfällt nun auf 1 t viel weniger. Ebenso verhält es sich mit der Bewetterung. Das Pumpen des Wassers und die Ventilation belasten 1 t fast immer umgekehrt proportional der Leistung.

Im ganzen kostet nun 1 t Erz 24,46 RM, wogegen sie früher 33,13 RM kostete (siehe Zahlentafel 28). Ist der Verkaufspreis oder der Wert 1 t 38 RM, so steigt der Gewinn pro 1 t von 4,87 auf 13,54 RM. Die Vorkehrung gegen die Anfeuchtung belastet 1 t mit 0,25 RM, da aber die Erzeugungskosten um 8,67 RM niedriger sind, ist die Anlage hoch aktiv.

III. Fall: Kühlung. Die Betriebsleitung hat sich für eine künstliche Kühlung mittels kleiner, tragbarer Maschinen, die durch elektrischen Strom betrieben werden, entschlossen[2].

Für 10 Arbeitsgruppen in besagtem Felde braucht man 3 solcher Maschinen. Der Kaufpreis der Maschinen war 6000 RM. Die Leitung für den elektrischen Strom, die Rohre für die Zu- und Ableitung des

---

[1] Der Arbeiter kann bei einer niedrigen Temperatur und Feuchtigkeit mehr Material wegschaffen, ohne eine größere Ermüdung zu empfinden. Es kostet nun die Abförderung zum Füllorte pro 1 t 1,5 RM, früher aber 1,8 RM.

[2] Man könnte nun eine weitere Verbesserung der Verhältnisse durch eine Wettergeschwindigkeitssteigerung erzielen. Da die Luft aber sehr warm ist (33° C), ist es besser, zur Kühlung zu schreiten, um den auf das Schwitzen entfallenden Teil der Wärmeabfuhr zu verringern.

Kühlwassers kosteten 2000 RM. Setzen wir für die gesamten Betriebsausgaben, samt Amortisation und Verzinsung, jährlich 2000 RM[1].

Durch diese Anlage wurde die Temperatur an den Arbeitsorten auf 18° C herabgesetzt, wobei auf einen Arbeiter 2 cbm gekühlter Wetter entfielen. Außerdem wurde auch die Wettergeschwindigkeit vergrößert. Durch diese Vorkehrungen konnte die Leistung der Arbeiter von 75% auf 100% steigen. Im Vergleich zu der ursprünglichen Leistung, welche nur 35% betrug, konnte sie nunmehr fast verdreifacht werden.

Die wirkliche Leistung betrug nun 2,5 t pro Mann und Schicht, und das ganze Feld von 20000 t wurde in 10 Monaten ausgewonnen. Für diese Zeit mußten nun alle Posten verzinst werden.

Die Löhne für 1 Tag betrugen nun:

40 Hauer à 8 RM	320 RM
22 Förderer à 6 RM	132 „
10 Zimmerleute und Maurer à 10 RM	100 „
½ Aufseher à 12 RM	6 „
3 Anschläger à 8 RM	24 „
1 Heizer + Maschinist à 10 RM	10 „
1 Kanzleiangestellter à 14 RM	14 „
3 Obertagsarbeiter à 6 RM	18 „
10 Voraufbereitungsarbeiter à 6 RM	60 „
Summe	688 RM
Soziale Lasten 20%	137 „
Zusammen	825,6 RM

Auf 1 t entfallen somit 825,6 RM : 100 t = 8,26 RM.

Der Preis für 1 t betrug sodann 21,80 RM (siehe Tafel 28), früher aber 24,46 RM. Man kann also an 1 t 2,66 RM mehr gewinnen, ja sogar noch mehr. Der Mehrgewinn des betreffenden Feldes beläuft sich auf 43 200 RM, und wenn wir die indirekten Ausgaben erwägen (Einfluß auf die Gesundheit der Arbeiter u. dgl.), so steigt der Gewinn noch höher, obwohl die ganze Investition nur 8000 RM erforderte.

Vergleichen wir den Fall I (ungekühlt) mit dem Falle III (getrocknet und maschinell gekühlt), so ergibt sich ein Preisunterschied pro 1 t von 11,33 RM. Der Mehrgewinn am Felde beträgt 226 600 RM, wobei die ganze Investition nur 52 000 RM erforderte; davon entfällt aber auf das Feld selbst nur ein Betrag von 16 000 RM. In dieser Summe sind auch die Maschinen und Kabel inbegriffen, die auch später beim Abbau anderer Felder verwendet werden können.

Da die Ausdehnung des Feldes ziemlich klein ist (150 × 50), kann eine einzige Kühlanlage errichtet werden, welche für alle in diesem Felde arbeitenden Bergleute kalte Wetter erzeugt und zu den einzelnen Arbeitsstellen führt. Diese Einrichtung kostet sodann noch weniger und

---

[1] Vgl. S. 225 ff., Kapitel XXX.

Zahlentafel 28. Zahlenmäßige Gegenüberstellung der Wirtschaftlichkeit eines Grubenbetriebes: 1. Grube ungekühlt, 2. Grube getrocknet,
3. Grube getrocknet und maschinell gekühlt.

Laufende Nr.	Belastungsposten	Ausgaben in RM pro 1 Tonne bei Verhältnissen		
		Temperatur 34° C Feuchtigkeit 85 % Wettergeschwindigkeit 1 m/s Mögliche Leistung 35% Förderleistung pro 1 Hauer und 1 Schicht = 1 Tonne	Temperatur 33° C Feuchtigkeit 60 % Wettergeschwindigkeit 1 m/s Mögliche Leistung 75% Förderleistung pro 1 Hauer und 1 Schicht = 2 Tonnen	Temperatur 18° C Feuchtigkeit 100 % Wettergeschwindigkeit 1,5 m/s Mögliche Leistung 100% Förderleistung pro 1 Hauer und 1 Schicht = 2,5 Tonnen
1	Löhne mit sozialen Lasten	16,20	9,75	8,26
2	Verzinsung und Amortisation der zentralen Einrichtungen und der im betreffenden Felde, Aufschluß des Feldes. . . .	5,60	4,86	4,50
3	Preßluft	1,00	0,90	0,85
4	Bohrer und deren Instandhaltung, Reparaturen der Bohrhämmer und der Rohrleitung	1,50	1,50	1,50
5	Amortisation der Preßluftbohranlage (Kompressoren, Rohrleitung, Bohrhämmer).	1,50	1,30	1,20
6	Dynamit	1,00	0,90	0,80
7	Ventilation und Pumpen des Wassers	3,33	2,00	1,66
8	Förderung im Schachte .	1,00	1,00	1,00
9	Hilfsmaterialien(Holz,Baumaterial, Schienen, Gezähe usw.)	1,00	0,80[1]	0,70
10	Regie und Generalregie .	2,00	1,20	1,00
11	Trocknungsvorkehrungen:			
	a) Amortisation	—	0,20	0,20
	b) Verzinsung	—	0,03	0,03
	c) Betrieb	—	0,02	0,02
	Zusammen . .	—	0,25	0,25
12	Kühlmaschinen	—	—	0,08[2]
	Summe in RM	33,13	24,46	21,80
	Wert einer Tonne (Verkaufspreis)	38,—	38,—	38,—
	Gewinn pro 1 Tonne . .	4,87	13,54	16,20

[1] Wird das Feld in einem Jahre ausgebaut, die Temperatur herabgesetzt und
die Wetter getrocknet, so wird die Zimmerung länger aushalten und man muß
sie nicht so weitgehend erneuern, weil sich der Gebirgsdruck in der kürzeren Zeit
nicht so sehr auswirken kann. Auch der Verbrauch an Geleisen ist in einer kürzeren
Zeit kleiner. Selbst die Hunte werden bei einer kürzeren Ausgewinnungsdauer,
also bei einer intensiveren Förderung, besser ausgenützt, weil die natürliche Abnützung während der gleichen Zeit in vielen Fällen fast die gleiche ist. Aus diesen
Gründen kann man um 0,20 RM weniger pro 1 Tonne als Ausgaben für Hilfsmaterial annehmen.

[2] Pro 1 Mann und 1 Schicht sind die Kosten der maschinellen Kühlung 0,20 RM.

man erspart somit an 1 t noch mehr, weil auch der Betrieb einer einzigen Maschine billiger als der dreier kleinen ist.

Die hier angeführte Berechnung soll nur als Beispiel und Anleitung dienen, wie man errechnen kann, ob sich die Einrichtung einer Grubenkühlung auszahlt oder nicht.

Man muß immer die Gestehungskosten pro 1 t und für die Jahresförderung vor der Einführung einer Kühlanlage berechnen und sodann die aproximativen Gestehungskosten nach Einführung der Kühlanlage. Aus den Unterschieden können wir dann leicht ersehen, ob man mit einer Rentabilität einer Kühlanlage rechnen kann, oder nicht.

Es ist klar, daß in jeder Grube andere Verhältnisse herrschen werden und daß es unmöglich ist, allgemein gültige Zahlen anzugeben.

Aus der obigen Berechnung ist zu ersehen, daß die Kühlung der Luft in den Gruben hochrentabel ist, und zwar auch dann, wenn wirklich nur eine kleinere Leistungserhöhung eintritt und wenn größere Investitionen notwendig sind, als hier angegeben wurde! Man darf nicht vergessen, daß in einer Grube die Leistung heute noch in erster Reihe von der körperlichen Anstrengung des Arbeiters abhängig ist. Ein Mann kann nur dann Arbeit leisten, wenn er in guter, kühler und trockener Luft arbeitet. Was die Luft für lebende Wesen bedeutet, und ein Arbeiter ist doch ein „Lebewesen", muß hier nicht erst betont werden.

XLV. Schlußwort.

Die vorstehenden Kapitel lehren, daß sich die Kühlung einer Grube nicht nach einer allgemein gültigen Methode durchführen läßt, denn es ist unbedingt notwendig, sich jeweils nach den lokalen Verhältnissen zu richten. Jede Grube ist räumlich anders beschaffen. Die Gesteins-, Temperatur- und Feuchtigkeitsverhältnisse ändern sich von Fall zu Fall. Die Temperatur und Feuchtigkeit der Obertagsluft unterliegen ebenfalls starken Änderungen. Die Gestehungskosten, die Betriebsenergie, die Verteilung der Arbeiter und deren Löhne sind verschieden. Alle diese wechselvollen Faktoren spielen beim Entwerfen eines Projektes eine große Rolle.

Die Ausführungen dieses Buches lassen an Hand vieler Beispiele erkennen, daß die ungenaue Durchrechnung aller in Betracht kommenden Einflüsse Verfügungen treffen läßt, die nur zu Enttäuschungen führen können. Ohne die genaue Kenntnis der Wärmetechnik, der Beschaffenheit der Gesteine und der Betriebsverhältnisse der betreffenden Grube läßt sich kein Projekt ausarbeiten.

Im großen und ganzen kann man aber sagen, daß man in einer Grube in erster Linie jene Vorkehrungen treffen soll, die eine übermäßige Anfeuchtung der Wetter verhindern. Weiter soll man durch Vergrößerung der Wettermenge und -geschwindigkeit eine Erleichterung der Arbeitsbedingungen für die Bergleute schaffen. Ferner soll man die Arbeitsorte so gestalten, daß dort die Wetter eine große Geschwindigkeit erreichen. Ist dies durch Gestaltung der Arbeitsorte nicht möglich, so muß man zur lokalen Ventilation schreiten.

Auch soll man die Entstehung der Oxydationswärme durch Belegung der Streckenstöße und Entfernung des Kohlenstaubes zu verhindern suchen. Weiter soll man alle wärmeerzeugenden Maschinen usw. in die Ausziehstrecken verlegen. Wenn dies alles noch nicht genügt, soll man erst dann an Streckenisolation und zuletzt an eine künstliche Kühlung, an eine Verlegung der Strecken in ein Gestein mit passender Gesteinsleitfähigkeit oder an eine Änderung des Fördersystemes denken.

Der in einer heißen Grube arbeitende Techniker sollte bei der Ausarbeitung eines Projektes und überhaupt bei der Lösung aller Ventilationsfragen die Regeln des folgenden Zehngebotes befolgen.

Die zehn Gebote des Bergtechnikers in heißen Gruben.

I. Nicht das billigste Bewetterungssystem ist immer am vorteilhaftesten, sondern das, welches eine maximale Leistung bei geringsten Gestehungskosten ermöglicht.

II. Weniger aber kühle, trockene und gesunde Wetter sind besser als viel schlechte Wetter.

III. Bei höheren Temperaturen ist die Feuchtigkeit ebenso verderbend wie große Wärme.

IV. Ein Erwärmen der Wetter auf einem langen Wege zu verhindern ist fast unmöglich, wohl aber ein Anfeuchten.

V. Bei jeder Wärmequelle achte nicht nur auf die durch sie erzeugte Wärmemenge, sondern auch auf ihre Lage.

VI. Trachte alle Wärmequellen in Ausziehwetterstrecken zu verlegen.

VII. Verkleinere die Berührungsfläche der Luft mit Gestein, also die Erwärmungsfläche, auf ein Minimum; führe die Wetter auf dem kürzesten Wege und verschließe alle überflüssigen Strecken und Abbaue.

VIII. Trachte, daß die Wetter um den Bergmann in Bewegung sind. Verwende daher enge Abbauorte und Lokalventilation.

IX. Konzentriere die Ventilation, die nicht unterbrochen werden soll, auf eine Grubenpartie, in welcher auch der Abbau konzentriert sei.

X. An heißen Arbeitsorten beschäftige nur gesunde, des Schwitzens fähige, an die Arbeit in der Hitze langsam und graduell angewöhnte Arbeiter, welchen gutes, kühles und gesalzenes Trinkwasser zur Verfügung stehen soll. Der Körper werde mit breitäugigen, passenden Hemden bekleidet und eventuell mit Wasser bespritzt. Trachte die Körperwärme der Belegschaft nicht nur durch Schweiß, sondern auch durch Leitung, Strahlung und Atmung abzuführen.

Tabelle I. Die wichtigsten Konstanten der Luft,

Temperatur	Trockene Luft		Feuchte Luft				Wasserdampf		Wasser		
	Spezif. Gewicht bei einem Drucke von 760 mm Hg	1 kg trock. Luft nimmt an gesättigtem Wasserdampf auf	1 cbm feuchter Luft enthält		1 kg feuchter Luft enthält		Spannung des trockenen und gesättigten Wasserdampfes	Spezif. Volumen des trockenen und gesättigten Wasserdampfes	Wärmeinhalt		Verdampfungswärme
			an gesättigtem Dampf	an trockener Luft	an gesättigtem Dampf	an trockener Luft			des Wassers	des Dampfes	
°C	kg/cbm	g	g	g	g	g	mm Hg	cbm/kg	kgcal	kgcal	kgcal
−20	1,396	0,8	1,1	1393	0,9	999	0,960	995			
19	1,390	0,9	1,2	1388	0,9	999	1,044	920			
18	1,385	0,9	1,3	1383	0,9	999	1,135	848			
17	1,379	1,0	1,4	1376	1,0	999	1,233	782			
16	1,374	1,1	1,5	1371	1,1	999	1,338	722			
15	1,368	1,2	1,6	1365	1,2	999	1,451	667			
14	1,363	1,2	1,7	1360	1,2	999	1,573	615			
13	1,358	1,4	1,9	1355	1,4	999	1,705	568			
12	1,353	1,5	2,0	1349	1,5	998	1,846	526			
11	1,347	1,6	2,2	1343	1,6	998	1,997	486			
−10	1,342	1,7	2,3	1338	1,7	998	2,159	451			
9	1,337	1,8	2,5	1332	1,8	998	2,335	418			
8	1,332	2,0	2,7	1327	2,0	998	2,521	388			
7	1,327	2,2	2,9	1322	2,2	998	2,722	359			
6	1,322	2,3	3,1	1318	2,3	998	2,937	332			
5	1,317	2,6	3,4	1312	2,6	997	3,167	307			
4	1,312	2,8	3,6	1306	2,8	997	3,413	282			
3	1,307	3,0	3,9	1301	3,0	997	3,677	262			
2	1,303	3,2	4,2	1295	3,2	997	3,958	244			
−1	1,298	3,5	4,5	1290	3,5	996	4,258	227			
0	1,293	3,8	4,9	1285	3,8	996	4,579	211	0,0	594,8	594,8
+1	1,288	4,1	5,2	1280	4,0	996	4,921	198			
2	1,284	4,4	5,6	1275	4,4	996	5,286	185			
3	1,279	4,7	6,0	1270	4,7	995	5,675	172			
4	1,274	5,1	6,4	1265	5,0	995	6,088	161			
5	1,270	5,4	6,8	1259	5,4	995	6,528	150	5,0	597,1	592,1
6	1,265	5,8	7,3	1254	5,8	994	6,997	141			
7	1,261	6,2	7,7	1248	6,1	994	7,494	132			
8	1,256	6,7	8,3	1244	6,6	993	8,023	123			
9	1,252	7,1	8,8	1238	7,0	993	8,584	116			
10	1,247	7,6	9,4	1233	7,5	992	9,21	106,4	10,0	599,4	589,4
11	1,243	8,2	10	1226	8,1	992	9,84	99,7			
12	1,239	8,7	11	1221	8,6	991	10,52	93,7			
13	1,234	9,3	11	1217	9,2	991	11,23	87,9			
14	1,230	9,9	12	1211	9,8	990	11,99	83,0			
15	1,226	11	13	1205	10	990	12,79	77,95	15,0	601,8	586,8
16	1,221	11	14	1200	11	989	13,64	73,2			
17	1,217	12	14	1194	12	988	14,5	69,0			
18	1,213	13	15	1188	13	987	15,5	65,1			
19	1,209	14	16	1183	14	986	16,5	61,4			
20	1,205	15	17	1177	14	986	17,5	57,8	20,0	604,1	584,1

des Wasserdampfes und des Wassers.

| Temperatur | Trockene Luft | | Feuchte Luft | | | | Wasserdampf | | Wasser | | |
| | Spezif. Gewicht bei einem Drucke von 760 mm Hg | 1 kg trock. Luft nimmt an gesättigtem Wasserdampf auf | 1 cbm feuchter Luft enthält an gesättigtem Dampf | 1 cbm feuchter Luft enthält an trockener Luft | 1 kg feuchter Luft enthält an gesättigtem Dampf | 1 kg feuchter Luft enthält an trockener Luft | Spannung des trockenen und gesättigten Wasserdampfes | Spezif. Volumen des trockenen und gesättigten Wasserdampfes | Wärmeinhalt des Wassers | Wärmeinhalt des Dampfes | Verdampfungswärme |
⁰ C	kg/cbm	g	g	g	g	g	mm Hg	cbm/kg	kgcal	kgcal	kgcal
21	1,201	16	18	1172	15	985	18,65	54,5			
22	1,197	17	19	1166	16	984	19,8	51,4			
23	1,192	18	20	1159	17	983	21,1	48,6			
24	1,188	19	22	1154	18	982	22,4	45,9			
25	1,184	20	23	1148	20	980	23,8	43,4	25,0	606,5	581,5
26	1,180	21	24	1142	21	979	25,2	41,0			
27	1,177	23	26	1136	22	978	26,7	38,8			
28	1,173	24	27	1129	23	977	28,35	36,8			
29	1,169	25	29	1123	25	975	30,05	34,8			
30	1,165	27	30	1117	27	973	31,8	32,9	30,0	608,8	578,8
31	1,161	29	32	1110	28	972	33,7	31,2			
32	1,157	30	34	1103	29	971	35,7	29,6			
33	1,153	32	35	1096	31	969	37,7	28,0			
34	1,150	34	37	1090	33	967	39,9	26,6			
35	1,146	36	39	1083	35	965	42,2	25,2	35,0	611,1	576,1
36	1,142	39	41	1077	37	963	44,6	23,9			
37	1,139	41	44	1069	39	961	47,1	22,7			
38	1,135	43	46	1062	41	959	49,7	21,6			
39	1,132	46	48	1054	44	956	52,5	20,5			
40	1,128	49	51	1046	46	954	55,3	19,5	40,1	613,5	573,4
41	1,124	51	53	1038	50	950	58,4	18,6			
42	1,121	54	56	1031	52	948	61,5	17,7			
43	1,117	58	59	1023	54	946	64,8	16,8			
44	1,114	61	62	1014	58	942	68,3	16,0			
45	1,110	65	65	1005	61	939	71,9	15,3	45,1	615,8	570,7
46	1,107	69	68	997	64	936	75,7	14,6			
47	1,103	72	72	988	67	933	79,6	13,9			
48	1,100	76	75	979	71	928	83,7	13,2			
49	1,096	81	79	970	75	925	88,05	12,6			
50	1,093	86	82	960	79	921	92,5	12,02	50,1	618,0	567,9
55	1,076	115	104	909	103	897	117,7	9,581	55,1	620,3	565,2
60	1,060	152	130	853	132	868	149,2	7,677	60,1	622,6	562,4
65	1,044	205	161	788	170	830	187,4	6,200	65,2	624,8	559,6
70	1,029	277	198	714	217	783	233,5	5,046	70,2	627,0	556,8
75	1,014	385	242	629	273	727	288,8	4,123	75,3	629,2	553,9
80	1,000	550	293	533	355	645	355	3,406	80,3	631,3	551,0
85	0,986	834	354	424	453	547	433,5	2,835	85,3	633,5	548,1
90	0,973	1414	424	300	586	414	525,5	2,370	90,4	635,6	545,2
95	0,959	3180	505	159	761	239	633	1,988	95,5	637,6	542,2
100	0,946	∞	599	0	1000	0	760	1,674	100,5	639,7	539,1

Tabelle II. Zahlentafel der spezifischen Gewichte, spezifischen Wärme und Wärmeleitfähigkeit der für den Grubenbetrieb wichtigsten Stoffe.

	γ kg/cbm	c kgcal/kg$\cdot$1°C	λ kgcal/m$\cdot$1°C$\cdot$h
Metalle.			
Aluminium	2600	0,210	175
Blei	12000	0,031	30
Schweißeisen . . .	7800	0,120	30
Gußeisen	7300	0,140	55
Kupfer	8500	0,094	260—340
Messing.	8500	0,095	75
Gesteine.			
Kalksteine	2120	0,202	0,6—0,8
Marmor.	2600	0,2	1,8—3,0
Kreide	1800—2600	—	0,8
Steinkohle.	1200—1600	0,3	0,12—0,15
Granit	2800	0,2	3,0
Basalt	3000	0,2	1,15—2,4
Gneis.	2600	0,2	3,4
Sandstein	2200	—	1,1—1,5
Schiefer.	2600	0,18	—
Flußsand (trocken).	1500	0,28	—
„ (feucht) .	1650	0,5	1,0
Erdreich	1900	—	0,5
Gewachsener Boden	1900	—	2,0
Verschiedene Stoffe.			
Eichenholz (trocken)	700—1000	0,57	|| 0,31
„ (feucht)	900—1250	—	⊥ 0,18

	γ kg/cbm	c kgcal/kg$\cdot$1°C	λ kgcal/m$\cdot$1°C$\cdot$h
Verschiedene Stoffe.			
Kiefernholz (trocken) . .	300— 760	—	|| 0,31
„ (feucht). . .	380—1100	—	⊥ 0,14
Eis	880— 920	0,5	1,9
Korkschrot.	47	0,3	0,03
Sägemehl	220	—	0,055
Torfmull	150—190	—	0,045—0,07
Kieselgur.	250—350	0,2	0,055
Hochofenschaumschlacke.	360	—	0,1
Hochofenschlacke	2750	0,2	—
Asbest.	580	—	0,15
Asphaltkorkstein	200	—	0,04—0,06
Ziegelsteine.	1500	0,18—0,22	0,35—0,45
Ziegelmauerwerk (trocken)	1450	—	0,35—0,45
Hohlziegelmauerwerk . .	—	—	0,27
Bruchsteinmauerwerk . .	—	—	1,2—2,0
Beton	2100	0,2	0,7
Kalkmörtel.	1700	—	0,68
Gußasphalt.	2100	0,25	0,6
Isolierbimsstein	650	—	0,15
Porzellan.	2350	0,25	0,9
Kesselstein	—	—	1—3
Glas (Flint)	—	0,12	0,5
„ (Crown)	—	0,16	0,65
Wasser.	1000	1,00	0,475
Luft (0° C) 760 mm Hg .	1,29	$c_p = 0,24$ kgcal/kg	0,0204

Literaturverzeichnis.

André: Betriebserschwernisse in tiefen Gruben. Glückauf **1922**, 100.

Andreae: Der Bau langer tiefliegender Gebirgstunnel. Berlin: Julius Springer 1926.

Angus: The determination of the katathermometer. J. ind. Hyg. **6**, 20 (1924).

Armspach, Ingels u. Margaret: Temperature, Humidity and Air Motion Effects in Ventilating. J. Am. soc. Heating, Ventil. Eng. **1922**, 173.

D'Aubuisson: La chaleur dans les mines. J. Mines **1928**, 517 u. 181.

Benedict u. Carpenter: Food Ingestion and Energy Transformations. Carn. Inst. Washington. Publ. **1918**, Nr 261.

— — Muscular Work. Ibid. **1913**, Nr 187.

Benedict u. Murchhauser: Energy Transformations during horizontal Walking. Ibid. **1921**, Nr 302.

Bentrop: Arbeitszeit und Produktion in Rhein.-Westf. Steinkohlengruben. Glückauf **1922**, 213.

Beran: Die durch Umwandlung der mechanischen Arbeit gebildete Wärmemenge. Erschienen in tschechischer Sprache **1929**.

— Kühlung der Grubenwetter durch flüssige Luft. Ibid.

— Kühlung der Grubenluft mit Eis. Ibid.

Berg: Entwicklung der Wettereinrichtungen auf der Zeche Radbod. Bergbau **1923**, 1.

Brandan: Das Problem tiefliegender Alpentunnels. Schweiz. Bauzg. **54**, 193 (1919).

Briggs: Possibility of spontaneous Combustion. Trans. Inst. Min. Eng. **64**.

— Physical Work and the Humanmaschine. Trans. Inst. Min. Eng. **61**, 26.

— The Possibility of Spontaneous Combustion being initiated by the heat produced by Crushing. Iron Coal Trade **1922**, 715.

— Spontaneous Combustion and Heat through Crushing. Coll. Guard. **1922**, 1225.

Cadman, Sir John: Notes on the effect of Temperatures in Mines in Great Britain. Trans. Inst. Min. Eng. **41**, 509.

Carrier: The theory of atmospheric evaporation. J. Ind. Eng. Chem. **13**, 432.

Cathcart, E. P.: Method of estimating energy expenditure by indirect calorimetry. J. Army med. Corps **1918**, 339.

Černík, B.: Leitfähigkeit eines Schichtkomplexes, welcher aus verschieden leitfähigen Schichten besteht. Erschienen in tschechischer Sprache **1929**.

— Über einige besondere Fälle der Wärmeleitfähigkeitänderung der Gesteine. Ibid.

— Ursprung der Wärme, die durch Kompression bei einer Bewegung nach unten entsteht. Ibid.

— Temperaturerhöhung der Grubenwetter durch natürliche Kompression und die Möglichkeiten ihrer Beseitigung. Ibid.

— Einfluß der Wetterwegisolation auf die Wettertemperatur. Ibid.

— Einfluß der geothermischen Tiefenstufe und anderer Faktoren auf die Temperatur der Grubenwetter. Ibid.

Černík, B.: Berechnung der resultierenden Temperatur und Feuchtigkeit bei Luft-
    gemischen. Ibid.
— Graphische Bestimmung des Zustandes der Luft bei der Abkühlung. Ibid.
— Einfluß der Feuchtigkeit der Grubenbaue auf die Wettertemperatur. Ibid.
— Temperaturmessung der Erdkruste. Ibid.
— Der Wärmeausgleichsmantel. Ibid.
— Über einen allgemeinen Fall des Einflusses der Grubenbaue und der Ein-
    richtungen auf die Wettertemperatur. Ibid.
Chalmers, Alexander G. N.: Mining Methods Past and Present in the Morro
    Velho Mine of the St. John del Rey Mining Co. Inst. Civil Engineers. London
    1929.
Clifford: Scheme of Working the City Deep Mine at the depth of 7000 ft. Inst.
    M. M. Bull. 197.
— Of the City Deep. Coll. Guard. 18 (1921).
— Deep Mining problems. Coll. Guard. 121, 485 (1921).
Coal Age: Can Mines be cooled by refrigerators. 30, 216 (1926).
— Better Ventilation as an aid to Mining Efficiency. 17, 445 (1922).
Court, Sir Josiah: Salt Treatment for Miners' Fatigue. Trans. Inst. Min. Eng.
    68, 364.
Davies: Air-Cooling Plant at a Brasilian Mine. Coll. Guard. 1922, 1538.
— Air-Cooling Plant at Morro Velho Mine of St. John del Rey Mining Co. Ltd.
    Brazil. Iron Coal Tr. Rev. 1922, 937.
— Contribution to the 1st report to the Comm. on the Control of atm. Trans.
    IME. 68.
Dietz: Ist es möglich, die Grubentemperatur vor Ort dauernd unter 28° C zu
    erhalten? Halle 1911.
— Über die Grubentemperatur in Kalibergwerken und ihre Ursachen, S. 292.
Drescher: Beitrag zur Selbstentzündung der Steinkohle. Chem.-Zg. 1922, 802.
Dunker: Über die Wärme im Innern der Erde und ihre möglichst fehlerfreie
    Ermittlung. Stuttgart 1896.
Edwards: Properties of Refrigerants. Refrig. Eng. 1924, November.
Garforth: High Temperatures in Deep Mines. Trans. Inst. Min. Eng. 1919, 127.
Graham: The Composition of Mine Air and its Relation on the spontaneous
    Combustion in Coal underground. Coll. Guard. 1922, 54.
— The Absorption of Solutions of Methane and other Gases in Coal, Charcoal,
    and other materiales. Trans. Engl. Inst.
— Rock Temperature in the Coal Measures of Great Britain. Coll. Guard. 1922,
    1537; Iron Coal Tr. 1922, 920.
Gröber, H.: Die Grundgesetze der Wärmeleitung und des Wärmeüberganges.
— Die Erwärmung und Abkühlung einfacher geometrischer Körper. Z. V. d. I.
    1925, 703 ff.
Haldane: The Ventilation Problem in Deep Mines. Min. Eng. J. Univ. Bir-
    mingham 1909.
— Investigation of Mine Air.
— The Control of athmospheric conditions in Hot and Deep Mines. Trans. Inst.
    Min. Eng.
— Physiological problems in Mining. Trans. Inst. Min. Eng. 68, 40 (1924/25).
Haldane u. Meacham: Observation on the Relation of underground Tem-
    peratures and spontaneous Fires in the Coal Oxydation and to the Causes
    which favour it. Trans. Inst. Min. Eng. 45, 457.
Hall, Dowson: Refrigerated Air, its cooling buildings and increasing use of coal.
    Coal Age 1926, 221.

Hancock: Local air-conditioning undeground by means of Refrigeration. Coll. Guard. **1927**, 176.

Harrington: Ventilation in Metal Mines. Eng. Min. J. **1921**, 735.
— Ventilation in Metal Mines. Prel. Rep. Gov. Print. Off. Washington **1921**.

Heise, Drekopf: Wärmeausgleichsmantel und seine Bedeutung für die Kühlhaltung tiefer Gruben. Glückauf **1923**, 81, 109.
— — Die Bildung der Grubentemperaturen und die Möglichkeiten deren Beeinflussung. Glückauf **1924**, 583, 607, 863; **1922**, 678.
— — Zur Frage der Ausnützung des Wärmeausgleichsmantels. Glückauf **1923**, 1073.

Heise, Herbst: Lehrbuch der Bergbaukunde.

Herbst: Über die Wärme in tiefen Gruben und ihre Bekämpfung. Glückauf **1920**, 419.

Herzer: The Cooling Effects of Ventilating Current. Coll. Guard. **1921**, 235.

Heymann u. Korff Petersen: Mitteilungen aus dem Hygien. Inst. Univ. Berlin. Das Verhalten der Hauttemperatur und d. subj. Empfindens bei verschied. katatherm. Werten. Z. Hyg. **105**, 450.

Hill: The Effect of Velocity on Cooling Effect. Paper Phil. Trans. Roy. Soc. **207**, 183.
— Heat Loss at body Temperature by Convection Radiating and Evaporation. Ibid. **207**, 198.
— Ventilation and Human Efficiency. Inst. Min. and Met. **1927**, 21.
— Cooling and Warming of the body by local application of Cold and Heat. J. of Physiol. **1921**, 54.
— The science of ventilation and open air treatment. Coll. Guard. **1919**.
— The katathermometer in studies of body-heat and efficiency. Coll. Guard. **1923**.

Hill u. Campbell: The physiological Cost of Muscular Work. Brit. M. J. I. **1921**, 733.
— Cooling power of the atmosphere and Comfort during work. J. ind. Hyg. **1922**, 246.

Hinz: Bericht über die Grubenwetterkühlung, gehalten bei der Wärmetechnischen Tagung der Gesellschaft Deutscher Metallhütten- und Bergleute.

Hollmann: Ventilation and Working Efficiency. Min. Mag. **1921**, 273.
— Ventilation and Working Efficiency. Min. Mag. **1922**, 305.

Hygiene: Untersuchungen in tiefen Steinkohlenbergwerken. **57**, 34 (1907).

Ingenieur-Wissenschaften: Tunnelbau. Handb. Ing.-Wissensch. **5**. Leipzig 1920.

Inst. Mining Engineering: A new Problem in Tunnel Ventilation. **1922**, 79.
— Physiological Problem in Mining. **68**, 40 (1924).
— Scheme of working the City Deep Mine at adepth of 7000ft. Bull. **197**.

Ireland: The Kata Thermometer and its practical Uses in Mining. J. chem. Met. Min. Soc. S. Africa **21**, 84 (1920).

Jansen: Die Erwärmung der Wetter in tiefen Steinkohlengruben und die Möglichkeiten einer Erhöhung der Kühlwirkung des Wetterstromes. Glückauf **1927**, 1, 50, 83.

Jones: Hygrometry in Deep Mines. Trans. Inst. M. M. **1924**; Coll. Guard. **1924**, 1347.
— Strata temperature in the South Wales Coalfield. Trans. Inst. Min. Eng. **66**, 315.

Kali: Untersuchungen über den Einfluß höherer Wärmegrade auf den Gesundheitszustand der Bergleute in tiefen Kalisalzbergwerken. **1908**, 185.

Knoch: Erdwärme und Tunnelbau im Hochgebirge. Wien 1882.

Kogelheide: Die Bekämpfung hoher Wettertemperaturen durch besondere Gestaltung der Bewetterung und der Grubenräume. Glückauf **1927**, 1489.

Lehman: Der Einfluß des Kältemantels und des Ausgleichsmantels auf die Erwärmung der Wetter. Glückauf **1924**, 107.

Liefermann u. Klostermann: Untersuchungen über den Einfluß höherer Wärmegrade auf den Gesundheitszustand der Bergleute in tiefen Kalibergwerken. Z. Hyg. **61**, 148; Kali **1908**, 185.

Macintire: The Cooling and Conditioning of Air. Chem. Met. Eng. **1925**, 437.

Maerks: Bergbaumechanik **1930**.

Medical Research Council: The Kata Thermometer in Studies of Body Heat Efficiency. London, Stat. Office **1923**.

Mém. Soc. Ing. Civ. France: Temperatures des Mines profondes **1891—1898**.

— Temperature du sol dans des grandes profondeurs. **1891**, 557.

— Temperature interieure du sol. **1891**, 1.

— La chaleur centrale et le percement des grands tunnels. **1890**, 529.

Měska: Kohlenstaubexplosion und die sie begleitenden Luftdruckwellen. Erschienen in tschechischer Sprache **1926**.

Mezger: Über die Temperatur der Erdrinde und ihre Beziehungen zum Luftdruck und zur Luftdichte. Glückauf **1915**, 1009, 1041, 1066, 1084.

— Über die Messung der Erdtemperatur und den wissenschaftlichen Wert der geothermischen Tiefenstufe. Glückauf **1917**, 435, 451, 486.

— Über die Bildung und Schichtung der Erdwärme. Glückauf **1919**, 317, 333, 356.

— Der Dampfgehalt der Grubenwetter in seiner Bedeutung für das Wohlbefinden und die Leistungsfähigkeit der Arbeiter. Kali **1922**, 1.

— Beobachtungen über natürlichen Wetterzug in zerklüftetem Gestein und seine Rückwirkung auf die Temperatur der Grubenluft. Glückauf **1918**, 296 ff.

Mining and Scientific Press: The Kata Thermometer. **1921**, 387.

Moss, Neville: Gases, Dust and Heat in Mines. London 1927.

— The mechanical Efficiency of the Human Body during work in High air Temperatures and the Physiological Standardisation of the Kata Thermometer. Trans. Inst. Mining Eng. **68**, 377.

— Coll. Guard. **128**, 869 (1924).

Newton: Coal Heating. Trans. Inst. Min. Eng. **1922**.

Niethammer: Die Wärmeverteilung im Simplon. Eclogae Geologicae Helvetiae **11**. Basel 1910.

Orenstein u. Ireland: A contribution to the study of Mine Atmospheric conditions on fatigue. J. S. Afric. Inst. Eng. **19**, 126 (1921); **20**, 44 (1921).

— Experimental Observations upon the relation between the atmospheric conditions and the production of fatigue in mine labourers. J. ind. Hyg. **1922**, 4, 30, 70.

Ostertag, P.: Versuche an einer Luftentfeuchtungsanlage. Z. V. d. I. **1930**, 1667 ff.

Pembrey: Some effects of high temperature upon the miner. Trans. Inst. Min. Eng. **66**, 284.

Penman: The principles and practice of Mines Ventilation. London: Ch. Griffin 1927.

— The Ventilation of deep mines. Min. Mag. **1920**, 337.

Pirow: Use of cold water for cooling. J. Chem. Metall. Min. Soc. S. Africa **26**, 207.

Pressel: Bauarbeiten im Simplontunnel. Schweiz. Bauzg. **1906**, 249.

Prockat: Wetterkühlung durch warme Grubenwetter. Z. V. d. I. **1925**, 508.

Prött: Das Pröttmeter.

Ranson: Temperatures and Ventilation in deep Level Mines on the Witwatersrand. Paper presented to the Third [Triennial] Empire Mining and Metal. Congress. S. Africa **1930**.

Rath u. Rossenbeck: Die künstliche Kühlung von Grubenwettern. Glückauf **1911**, 267.

Rees: The Effect of Ventilation on the cooling power of air. Trans. Inst. Min. Eng. **71**, 470.

— Ventilation Temperature Variations in Mines Iron Coal Tr. Rev. **113**, (1926).

— Effect of Ventilation on the Cooling Power of the Air. Ibid. **114**, 5180 (1927).

— Witwatersrand Mine Ventilation, Paper read before the Third Empire Mining and Metallurgical Congress at South Africa **1930**.

— First Report to the Commitee on the Control of Athmosperic conditions in hot and deep mines. Trans. Inst. Min. Eng. **58**, 231. — Third Report. Ibid. **61**, 101. — Tenth Report. Ibid. **70**, 300.

Reich: Beobachtungen der Temperatur des Gesteines in verschiedenen Tiefen in den Gruben des sächs. Erzgebirges. Freiberg 1884.

Reichenbach u. Heymann: Untersuchungen über die Wirkung klimatischer Faktoren auf die Menschen. II. Teil.

Report, Annual: 93rd, of The Directors of the St. John Del Rey Mining Co., **1924—1929**.

Rocker: Spontaneous Combustion in Mines. Iron Coal Tr. Rev. **1922**, 376; Coll. Guard. **1922**, 667.

Rosenthal-Werner: Das Grubenklima in tiefen Kalibergwerken und seine Einwirkung auf die Bergleute. Z. Hyg. **65**, 435 (1910).

Sainty: Cooling in Deep Mines. Min. Mag. **1924**, 250.

Sayers u. Surgeon: Prevention of illness anong Miners. Coll. Guard. **1922**, 192.

Schardt: Die geothermischen Verhältnisse in der Zone des Großen Tunnels. Zürich 1914.

Schmied: Zusammenhang zwischen Gestein und Wettertemperatur. Österr. Z. Berg-, Hütten-, Sal.-Wes. **1909**, 595.

Schnette: A Problem of Mine Ventilation. Eng. Min. J. Press. **114**, 54 (1923).

Schulte: Bericht über die Versuche von Henky mit isolierten Lutten. Glückauf **1923**, 1128.

Schulz u. Faber: Eichung von Katathermometern. Glückauf **1927**, 1673.

Skerret: Research Reveals how to ventilate the Hudson Tunnel. Comp. Air Mag. **1922**, 101.

Stapf: Ergebnisse der Wärmebekämpfung auf der Zeche Radbod. Glückauf **1922**, 835; **1925**, 661.

— .Studien über die Wärmeverteilung im Gotthard. Bern 1877.

Stočes, Bohuslav: Einfluß der Geschwindigkeit auf die Wettertemperatur. Erschienen in tschechischer Sprache **1929**.

— Der Gesteinsstaub und sein Einfluß auf die Gesundheit und die Leistung des Arbeiters. Erschienen in tschechischer Sprache **1930.**

Tillard u. Ranson: Rock and Air Temperatures in Deep Level. Mines J. chem. Met. Min. Soc. S. Africa **26**, 189.

Treptow: Grundzüge der Bergbaukunde.

Trick: Modern Mine must have such ventilation system that suits new conditions. Coal Age **29**, 595ff. (1926).

Tübben: Vorschläge zur Abkühlung warmer Betriebspunkte in Grubenbauen. Glückauf **1899**, 577.

Veasey: The Cooling of Mine air. J. chem. Met. Min. Soc. S. Africa **25**, 199—202.

Vernon u. Bedford: Influence of atmospheric conditions upon the working capacity of miners. Coll. Guard. **133**, 195 (1927); Iron.Coal Tr. Rev. **114**, 145.

Walton: Ventilation System and Conditions at the Crown Mines, Ltd. Paper read before the Empire Mining and Metallurgical Congress at South Africa **1930**.

Weiß: Die hygienischen Grundlagen der Lüftungstechnik mit spezieller Berücksichtigung der Katathermometrie zur Bestimmung der Entwärmungsverhältnisse. Arch. f. Hyg. **1925**, 1.

Wiesmann: Künstliche Abkühlung der Luft und der Tunnelwände beim Bau tiefliegender Gebirgstunnel.

Wigand: Zur Frage des Einflusses hoher Temperaturen in Kaligruben auf die Gesundheit. Kali **1922**, 361.

Winkhaus: Die Bekämpfung hoher Temperaturen in tiefen Steinkohlengruben. Glückauf **1922**, 613.

— Die Wetterkühlanlage der brasilianischen Grube Morro Velho. Glückauf **1922**, 1197.

— Gesundheitliche Einwirkungen hoher Temperaturen. Glückauf **1924**, 129.

— Gesamtwärme und die Kühlleistung der Wetter in heißen Gruben. Glückauf **1923**, 233.

— Die Einwirkung von Temperaturen, Feuchtigkeit und Bewegung der Wetter auf die Leistungsfähigkeit des Bergmannes. Deutsche Bergwerkszeitung und Gesolei Beilage 926, Nr 2; Z. Berg-, Hütten-, Sal.-Wes. **1925**, 235.

Winmill: Oxydation of Pyrites. Trans. Inst. Min. Eng. **60**.

— The absorption of Oxygen by coal. Ibid. **48**, 508.

Yaglaglou: Heat given up by the Human Body and its Effects upon Heating and Ventilation Problems. J. Amer. Soc. Heat. Vent. Eng. **30**, 597 (1924).

Patentverzeichnis.

Abels, Clemens: Anlage zur Kühlung der Wetter vor heißen Betriebspunkten in Bergwerken mit trockener Luft. D.R.P. Nr. 376172, Kl. 5d, Gr. 3.

Abraham, Albert: Imperméabilisation des roches. Franz. Pat. Nr. 451284, VIII, 1.

Ahlborn, Eduard: Verfahren, die Temperatur an den Arbeitsstellen in Bergwerken herabzumindern. D.R.P. Nr. 296794, Kl. 5d, Gr. 3.

Arbenz, Wilhelm Ulrich u. Hugo Junkers: Verfahren und Vorrichtung zur Kühlung der Luft in Bergwerken. D.R.P. Nr. 298196, Kl. 5d, Gr. 3.

Balcke, Maschinenbau Akt.-Ges.: Verfahren zur Kühlung von Grubenluft. D.R.P. Nr. 412754, Kl. 5d, Gr. 3.

— — — Verfahren zur Abkühlung warmer Gruben. D.R.P. Nr. 416490, Kl. 5d, Gr. 3.

Carrier, Engineering Corporation: Procédé et appareils de réfrigération. Franz. Pat. Nr. 567690, XV, 4.

— — — Système de réfrigération. Franz. Pat. Nr. 574841, XV, 4.

Carrier, Willis Haviland u. Carrier, Engineering Company Limited: A System for the Cooling of Mines or like Chambres Requiring Ventilation. Engl. Pat. Nr. 222559.

Douglas, Thomas: Improvements in Apparatus for Cooling Air. Engl. Pat. Nr. 20257.

Dietz, Eugen: Verfahren zur Bewetterung und Abkühlung von Grubenbauen. D.R.P. Nr. 277645, Kl. 5d, Gr. 3.

— — Verfahren zur Bewetterung und Abkühlung von Grubenbauen. D.R.P. Nr. 257607, Kl. 5d, Gr. 3.

Droste, Heinrich: Anordnung zur Kühlhaltung von Grubenbauen. D.R.P. Nr. 397679, Kl. 5d, Gr. 3.

— — Verfahren zur Kühlhaltung von Grubenbauen. D.R.P. Nr. 386553, Kl. 5d, Gr. 1.

Furber, Eric Leslie: Improvements in Moisture Absorbing Devices. Engl. Pat. Nr. 233773.

Heise, Fritz: Kühlverfahren für heiße Gruben. D.R.P. Nr. 406360, Kl. 5d, Gr. 3.
— — Verfahren zur Kühlung der Grubenwetter. D.R.P. Nr. 404863, Kl. 5d, Gr. 3.
— — Verfahren zur Verbesserung der Wetterführung in Bergwerken. D.R.P. Nr. 395039, Kl. 5d, Gr. 1.

Kietzer, Richard: Verfahren zur Kühlung von Gruben. D.R.P. Nr. 242829, Kl. 5d, Gr. 3.

Kober, Wilhelm: Vorrichtung zur Herabminderung der Temperatur vor Ort im Bergwerksbetrieb. D.R.P. Nr. 434677, Kl. 5d, Gr. 4.

Kruskopf, Hermann: Verfahren zum Dichten poröser Streckenwände in Bergwerken bei Anwendung der Berieselung mit hygroskopischen Breien. D.R.P. Nr. 232825, Kl. 5d, Gr. 9.
— — Verfahren und Vorrichtung zum Abkühlen und Kühlhalten des Wetterstromes in Luttenrohren. D.R.P. Nr. 379675, Kl. 5d, Gr. 3.

Moll, Gustav & Cie. Act. Ges., Westfälische Maschinenbau-Industrie: Luftkühler, insbesondere für Gruben. D.R.P. Nr. 289340, Kl. 5d, Gr. 3.

Paul, Alfred: Verfahren zur Abkühlung tiefer Gruben. D.R.P. Nr. 325393, Kl. 5d, Gr. 3.

Poetsch, Hermann: Vorrichtung zur Verhinderung der Entzündung schlagender Wetter durch Abkühlung derselben. D.R.P. Nr. 27312, Kl. 5.

Schultze-Rhondorf, Herbert: Vorrichtung zum Schutze von Grubenräumen gegen die eindringende Gebirgswärme. D.R.P. Nr. 400822, Kl. 5c, Gr. 4.

Senger, Charles: Dispositif destiné à la réfrigération, au chauffage ou à l'évaporation de liquides par leur contact direct avec de l'air ou un gaz, et utilisant les propriétés des petites corps de remplissage. Franz. Pat. Nr. 550268, XV, 4.

Silica Gel Corporation: Procédé et appareil de réfrigération. Franz. Pat. Nr. 589131, XV, 4.

Sulzer, Gebrüder: Wasserabscheider für mit Wasser gekühlte Ventilationsluft. Schweiz. Pat. Nr. 27062, Kl. 79.
— — Luftkühlvorrichtung für Stollen, Schachte, Tunnels u. dgl. Schweiz. Pat. Nr. 26460, Kl. 12.
— — Luftkühlungseinrichtung für Stollen und Tunnels. Schweiz. Pat. Nr. 26459, Kl. 12.

Tübben, Louis: Verfahren zur Bewetterung von Grubenbauen. D.R.P. Nr. 103912, Kl. 5.

Voerster, Friedrich: Verfahren zur Abkühlung warmer Gruben. D.R.P. Nr. 353547, Kl. 5d, Gr. 3.

Weiler, Anton: Verfahren zur Trocknung von Grubenwettern. D.R.P. Nr. 434678, Kl. 5d, Gr. 5 und engl. Pat. Nr. 254696.